D0204201

La bella salvaje

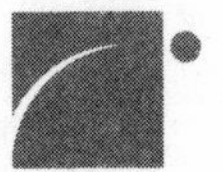

EL LIBRO DE LA OSCURIDAD. VOLUMEN I

La bella salvaje

Philip Pullman

Traducción de Dolors Gallart

Rocaeditorial

Título original: *La Belle Sauvage*

Primera edición: noviembre de 2017

Av. Marquès de l'Argentera 17, pral.
08003 Barcelona
actualidad@rocaeditorial.com
www.rocalibros.com

Impreso por LIBERDÚPLEX, S.L.U.
Ctra. BV-2249, km 7,4, Pol. Ind. Torrentfondo
Sant Llorenç d'Hortons (Barcelona)

ISBN: 978-84-17092-55-9
Depósito legal: B. 22406-2017
Código IBIC: YFB

RE92559

A Jude

«El mundo es más loco y más inmenso de lo que creemos,
incorregiblemente plural...»

LOUIS MACNEICE, *Snow*

Índice

PRIMERA PARTE

La Trucha

1

El Cuarto de la Terraza

A cinco kilómetros del centro de Oxford remontando el Támesis, no lejos de los grandes centros universitarios de Jordan, Gabriel, Balliol y de las dos decenas más de instituciones que se disputaban la supremacía en las competiciones de remo, a una distancia donde la ciudad quedaba reducida a una concentración de torres y campanarios que descollaban por encima de la bruma de Port Meadow, se hallaba el priorato de Godstow, donde las bondadosas monjas se consagraban a sus santos menesteres. Y, enfrente del priorato, en la otra orilla del río, había una posada llamada La Trucha.

La posada era un viejo edificio de piedra, laberíntico y acogedor. Delante del río había una terraza, donde dos pavos reales, que respondían a los nombres de *Norman* y *Barry*, se paseaban entre los clientes, sirviéndose sin permiso ni escrúpulos, algún que otro bocado de sus mesas y emitiendo de vez en cuando incomprensibles y feroces gritos. Había una sala donde los señores, en el supuesto de que los alumnos de la universidad pudieran considerarse como tales, tomaban cerveza y fumaban en pipa; había una taberna donde los barqueros y campesinos se calentaban junto a la chimenea o jugaban a los dardos, charlaban en la barra, se peleaban, o bien se emborrachaban en silencio; había una cocina donde la mujer del posadero preparaba una gran pieza de carne cada día, con un complicado engranaje de ruedas y cadenas que hacían girar el asador encima del fuego; y había un muchacho que servía las mesas y que se llamaba Malcolm Polstead.

Malcolm, el único hijo del posadero, tenía once años. Era un chico curioso y amable, corpulento y de pelo rojizo. Iba a la escuela primaria de Ulvercote. Aunque tenía bastantes amigos, a él le gustaba más jugar con su daimonion Asta en su canoa, que se llamaba *La bella salvaje*. Un conocido suyo tuvo la ocurrencia de garabatear una S encima de la V. Malcolm tuvo que poner tres capas de pintura encima para corregir aquel desaguisado, hasta que perdió la paciencia y, de un puñetazo, arrojó al agua a ese graciosillo. A partir de entonces, ambos firmaron una suerte de tregua.

Al igual que todos los hijos de los posaderos, Malcolm tenía que trabajar en la taberna, fregar platos y vasos, servir comida y jarras de cerveza. También debía recoger las mesas. Le parecía normal encargarse de aquellas tareas. Lo único que le importunaba en la vida era una muchacha de quince años llamada Alice, que ayudaba a fregar los platos. Era alta y flaca, con un pelo moreno lacio que llevaba recogido con una cola de caballo nada favorecedora. En la frente y en torno a la boca empezaban a formársele ya arrugas de insatisfacción. Desde el día en que llegó, siempre le estaba tomando el pelo: «¿Quién es tu novia, Malcolm? ¿No tienes novia? ¿Con quién estabas anoche? ¿La besaste? ¿No te han dado un beso nunca?».

Lo soportó sin protestar durante un tiempo, pero al final Asta se abalanzó sobre la esquelética grajilla que Alice tenía por daimonion y la arrojó de un golpe al agua de fregar. Después mordió una y otra vez a aquella criatura, empapada de arriba abajo, hasta que Alice suplicó a gritos que parase. Luego se fue a quejar a la madre de Malcolm.

—Te está bien empleado —le contestó esta—. No esperes que yo te compadezca. Lo mejor será que dejes de hacer burlas desagradables.

Y Alice lo hizo. A partir de entonces no se dirigieron la palabra; él ponía los vasos junto al fregadero, ella los lavaba, él los secaba y los volvía a llevar al bar sin dedicarle ni una palabra, ni una mirada, ni un pensamiento.

En cualquier caso, le gustaba vivir en la posada. Disfrutaba, sobre todo, con las conversaciones que tenía oportunidad de escuchar, tanto si tenían que ver con las traicioneras aguas del río Board, con la irremediable idiotez del Gobierno o con cuestiones de índole más filosófica, como si las estrellas tenían o no la misma edad que la Tierra.

A veces a Malcolm le suscitaba tanto interés aquel último tipo de conversaciones que dejaba su carga de vasos vacíos encima de la mesa y se sumaba a ellas, aunque solo después de haber estado escuchando con gran atención. Muchos eruditos y visitantes lo conocían y le daban generosas propinas, pero él no aspiraba a ser rico; aceptaba las propinas como una dádiva de la providencia. Así llegó a considerarse una persona afortunada, cosa que le resultó bastante útil en la vida. De haber sido la clase de chico a quien se le atribuía un apodo, seguramente le habrían puesto «Profesor». Pero él no era ese tipo de niño. Quienes reparaban en aquel chico lo apreciaban, pero normalmente llamaba poco la atención, lo que no le importaba.

El otro foco importante en la vida de Malcolm quedaba justo al otro lado del río, frente a la posada, en el recinto de edificios de piedra gris rodeados de verdes campos y primorosas huertas: el priorato de Saint Rosamund. Las religiosas cultivaban sus verduras y sus frutas, cuidaban de sus abejas y cosían sus elegantes vestiduras. Sin embargo, aun siendo casi del todo autosuficientes, de vez en cuando necesitaban un muchacho para hacer recados o para ayudar al señor Taphouse, el viejo carpintero, a reparar una escalera, o bien para llevarles pescado desde los estanques de Medley, situados un poco más lejos, río abajo. *La bella salvaje* solía transportar víveres o personas al servicio de aquellas amables monjas; Malcolm había llevado más de una vez a la hermana Benedicta hasta la Royal Mail Zeppelin Station, cargada con valiosos paquetes de estolas, de capas pluviales o de casullas para el obispo de Londres, que parecía desgastar mucho sus atuendos, pues los cambiaba con una rapidez fuera de lo normal. Malcolm aprendía mucho de aquellos tranquilos viajes.

—¿Cómo hace para que le salgan tan bien los atadijos, hermana Benedicta? —le preguntó un día.

—No son atadijos precisamente, sino paquetes —le hizo ver la hermana Benedicta.

—Bueno, esos paquetes. ¿Cómo hace para que no le salgan escacharrados?

—Los paquetes no se escacharran, Malcolm.

No le importaba que lo corrigiera siempre; era como una especie de juego entre ellos.

—Pues yo pensaba que sí —dijo.

—Hay cosas que se escacharran, como los cacharros, y otras que se pueden chafar o deshacer, como los paquetes, si no están bien liados.

—Ah, pues yo solo quiero saber cómo los lía.

—Te prometo que la próxima vez que tenga que preparar un paquete, te lo enseñaré —dijo la hermana Benedicta, y cumplió su promesa.

Malcolm admiraba a las religiosas por la pulcritud con que hacían las cosas, por cómo disponían los frutales en espalderas en el muro más soleado de la huerta, por la gracia y la delicadeza con que combinaban sus voces en los cantos de los oficios de la iglesia, por los detalles que solían tener con la gente. Le gustaba conversar con ellas sobre cuestiones de religión.

—En la Biblia pone que Dios creó el mundo en seis días, ¿no? —dijo una vez, mientras ayudaba a la anciana hermana Fenella en la espaciosa cocina.

—Eso es —confirmó la hermana Fenella, que estaba trabajando una masa.

—Entonces ¿por qué hay fósiles y cosas que tienen millones de años de antigüedad?

—Ah, es que entonces los días eran mucho más largos —explicó la hermana—. ¿No has acabado de cortar el ruibarbo? Mira, yo habré terminado antes que tú.

—¿Por qué usamos este cuchillo para el ruibarbo y no los viejos? Los viejos están más afilados.

—Es por el ácido oxálico —dijo la hermana Fenella, colocando la masa en una bandeja—. El acero inoxidable es mejor para el ruibarbo. Ahora, pásame el azúcar.

—Ácido oxálico —repitió Malcolm, saboreando las palabras—. ¿Qué es una casulla, hermana?

—Es un vestido que se ponen los sacerdotes por encima de las albas.

—¿Y por qué usted no cose como las otras hermanas?

Apoyado en el respaldo de una silla cercana, el daimonion ardilla de la hermana Fenella emitió una mansa exclamación.

—Cada cual hace lo que se le da mejor —respondió la monja—. A mí nunca se me dio muy bien bordar… ¡Fíjate en qué dedos más gordos tengo! En cambio, las otras hermanas consideran que me quedan bien los pasteles.

—A mí me gustan sus pasteles —confirmó Malcolm.

—Gracias, cariño.

—Son casi tan buenos como los de mi madre. A ella le quedan más… tupidos. Igual tiene que aplastar más la masa.

—Igual sí.

En la cocina del priorato no se desperdiciaba nada. Los pedazos que le habían sobrado a la hermana Fenella después de recortar las tartas de ruibarbo servían para formar rudimentarias cruces, hojas de palmera o peces que, recubiertos con pasas y espolvoreados con un poco de azúcar, hacían cocer por separado. Todos tenían un significado religioso, aunque a la hermana Fenella (¡con aquellos dedos tan gordos!) le quedaban todos bastante parecidos. Malcolm era más hábil, pero antes tenía que lavarse meticulosamente las manos.

—¿Quién se come estos pastelitos, hermana? —preguntó.

—Ah, siempre se dejan para el final. A veces, a las visitas les gusta comer algo con el té.

Al estar en el punto de intersección de la carretera con el río, el priorato era muy conocido entre los viajeros; las monjas solían tener visitas. En La Trucha también las tenían, por supuesto. En la posada casi siempre se quedaban a dormir dos o tres huéspedes, a los cuales Malcolm debía servir el desayuno, aunque por lo general eran pescadores o viajantes de comercio, que vendían hoja de fumar, herramientas o maquinaria agrícola. Los huéspedes del priorato eran de otra categoría: grandes señores y damas; a veces obispos y otros miembros del clero; personas importantes que no tenían ninguna conexión con las universidades de la ciudad y no podían recabar hospitalidad en ellas. En una ocasión, hubo una princesa que se quedó seis semanas, pero Malcolm solo la vio dos veces. La habían mandado allí como castigo. Su daimonion era una comadreja que le gruñía a todo el mundo.

Malcolm también ayudaba con esos invitados. Cuidaba de sus caballos, les limpiaba las botas, les llevaba mensajes. Y, de vez en cuando, recibía una propina. Todo ese dinero iba a parar a una morsa de hojalata que tenía en la habitación. Cuando se le apretaba la cola, abría la boca y uno podía poner la moneda entre sus colmillos, uno de los cuales se había roto; había vuelto a ocupar su sitio, recompuesto con pegamento. Malcolm ignoraba cuánto dinero tenía, pero la morsa pesaba bastante. Quizá podría comprarse una escopeta cuando tuviera suficiente, pero, como no creía que su padre se lo permitiera, tendría que esperar. Mientras tanto, se iba familiarizando con las costumbres de los viajeros, ya fueran normales o especiales.

Desde su punto de vista, probablemente no había otro lugar en la Tierra donde uno pudiera aprender tanto del mundo como en esa pequeña curva del río, con la posada a un lado y el priorato en el otro. Él suponía que, de mayor, ayudaría a su padre en el bar y después se quedaría llevando el establecimiento cuando sus padres fueran demasiado viejos para seguir. No le parecía una mala perspectiva. Sería mucho mejor regentar La Trucha que la mayor parte de las otras posadas, porque por allí pasaba gente de mundo y a menudo había personas eruditas y distinguidas con las que hablar. No obstante, no era eso lo que de verdad le habría gustado hacer. A él le habría gustado ir a la universidad, para ser astrónomo o teólogo experimental, y hacer grandes descubrimientos sobre la naturaleza oculta de las cosas. Le habría encantado, por ejemplo, ser aprendiz de filósofo. Pero tenía pocas probabilidades de cumplir ese sueño. En la escuela primaria de Ulvercote se educaba a los alumnos para ejercer oficios artesanales o, a lo sumo, de escribientes, antes de soltarlos en el amplio mundo a los catorce años. Por lo que Malcolm sabía, un muchacho listo con una canoa tenía pocas oportunidades de acceder a estudios superiores.

ϒ

Un día de pleno invierno, llegaron a La Trucha unos clientes bastante inusuales. Tres de ellos aparecieron en coche ambárico y se fueron enseguida al Cuarto de la Terraza, el comedor más pequeño de la posada, que ofrecía vistas de la terraza, el río y el priorato. Quedaba al final del pasillo y no se usaba apenas en invierno ni en verano. Tenía unas ventanas pequeñas y no permitía salir a la terraza, a pesar de su nombre.

Malcolm había terminado sus deberes de geometría y acababa de engullir un poco de rosbif con pudin de Yorkshire, seguido de una manzana asada con natillas, cuando su padre lo llamó desde el bar.

—Ve a ver qué quieren esos señores del Cuarto de la Terraza —dijo—. Seguramente son forasteros y no saben si hay que ir a recoger la bebida al bar. Supongo que querrán que los sirvan allí mismo.

Encantado con la novedad, Malcolm fue hasta aquel pequeño cuarto y encontró a tres caballeros, cuyo rango no pudo determinar a primera vista. Estaban encorvados delante de la ventana, mirando afuera.

—¿Se les ofrece algo, caballeros? —preguntó.

Se volvieron en el acto. Dos de ellos pidieron vino tinto; el tercero, ron. Cuando Malcolm volvió con las bebidas, preguntaron si podían cenar allí. Y, en tal caso, qué tenían de comer.

—Rosbif, señores, y muy bueno. Lo sé porque acabo de comerlo yo mismo.

—Ah, *le patron mange ici*, ¿eh? —dijo el mayor de los señores, mientras acercaban las sillas a la pequeña mesa.

Su daimonion, un bonito lémur blanco y negro, permanecía tranquilamente sentado sobre sus hombros.

—Yo vivo aquí, señor, el dueño es mi padre —explicó Malcolm—. Y mi madre es la cocinera.

—¿Cómo te llamas? —preguntó el más alto y delgado de los recién llegados, un hombre de aspecto instruido y pelo cano, que tenía un verderón por daimonion.

—Malcolm Polstead, señor.

—¿Qué es eso que hay al otro lado del río, Malcolm? —preguntó el otro, un individuo con unos grandes ojos oscuros y bigote negro, cuyo daimonion yacía enroscado en el suelo a sus pies, inidentificable.

Estaba todo a oscuras: lo único que podían ver en la otra orilla del río era el tenue brillo de las vidrieras de la capilla y la luz que siempre había encendida encima de la entrada.

—Es el priorato, señor, de las hermanas de la orden de Saint Rosamund.

—¿Y quién era Saint Rosamund?

—Nunca se lo he preguntado. Aunque hay una imagen de ella en las vidrieras: es como si estuviera de pie en el centro de una gran rosa. Supongo que de ahí le viene el nombre. Tendré que preguntárselo a la hermana Benedicta.

—Ah, entonces las conoces bien, ¿no?

—Hablo prácticamente con ellas todos los días, señor. Hago chapuzas, recados y cosas así.

—¿Y reciben algunas veces visitas? —quiso saber el hombre de más edad.

—Sí, señor, bastante a menudo. De toda clase de personas. Señor, no querría molestarlos, pero aquí hace mucho frío. ¿Quieren que encienda el fuego? O, si no, también pueden ir al salón. Allí se está muy bien y es muy bonito.

—No, nos quedaremos aquí, gracias, Malcolm. Pero sí nos gustaría que encendieras la chimenea.

Malcolm encendió una cerilla y el fuego prendió de inmediato. Su padre sabía preparar muy bien la chimenea; Malcolm lo había observado muchas veces. La leña era suficiente para toda la velada, si aquellos hombres se querían quedar.

—¿Hay mucha gente esta noche? —preguntó el individuo de ojos oscuros.

—Supongo que debe de haber una docena de personas más o menos, señor. Lo normal.

—Estupendo —dijo el mayor—. Bueno, tráenos un poco de rosbif.

—¿Con sopa de primero, señor? Hoy es de chirivía con especias.

—Sí. ¿Por qué no? Sopa para todos y después ese famoso rosbif. Y otra botella de vino.

Malcolm no creía que el rosbif fuera realmente famoso: era solo una manera de hablar. Se fue a buscar los cubiertos y a transmitir el pedido a su madre, que estaba en la cocina.

Asta, transformado en jilguero, le murmuró algo al oído:

—Ellos ya sabían lo de las monjas.

—Entonces ¿por qué han preguntado? —contestó Malcolm en voz baja.

—Era para probar si decíamos la verdad.

—¿Qué querrán?

—No parecen universitarios.

—Un poco sí.

—Parecen políticos —insistió el daimonion.

—¿Y cómo sabes tú qué aspecto tienen los políticos?

—Es una impresión.

Malcolm prefirió no discutir. Había otros clientes que atender y estaba ocupado. Además, compartía la impresión de Asta. Pocas veces tenía ese tipo de sensaciones con respecto a las personas (si eran amables con él, le caían simpáticas), pero su daimonion había demostrado muchas veces su buena intuición. Claro que, puesto que él y Asta componían una misma entidad, las intuiciones eran compartidas.

El padre de Malcolm sirvió en persona la comida a los tres huéspedes y descorchó el vino. Malcolm no había aprendido a llevar tres platos calientes al mismo tiempo. Cuando el señor Polstead volvió a la sala principal, indicó a Malcolm que se acercara con un gesto.

—¿Qué te han dicho esos señores? —preguntó en voz baja.

—Me han preguntado por el priorato.

—Quieren volver a hablar contigo. Dicen que eres un chico listo. Tienes que tratarlos con mucha educación, ¿eh? ¿Sabes quiénes son?

Malcolm sacudió la cabeza, con ojos como platos.

—El mayor es lord Nugent, el que antes era el lord canciller de Inglaterra.

—¿Cómo lo sabes?

—Lo he reconocido porque he visto su foto en el periódico. Ahora ve. Responde a todo lo que te pregunten.

Malcolm se fue por el pasillo.

—¿Lo ves? —le susurró Asta—. ¿Quién tenía razón, eh? ¡El lord canciller de Inglaterra, nada menos!

Los hombres comían las generosas raciones de rosbif que les había servido la madre de Malcolm y hablaban en voz baja. Aun así, callaron de repente en cuanto el chico entró.

—He venido para ver si quieren que encienda otra luz, caballeros —dijo—. Puedo traer una lámpara de petróleo, si lo desean.

—Sí, es una buena idea…, dentro de poco, Malcolm —respondió el hombre que había sido el lord canciller—. Pero antes dime: ¿cuántos años tienes?

—Once, señor.

Tal vez habría tenido que decir «milord», pero el antiguo lord canciller de Inglaterra pareció conformarse con «señor». Quizá viajaba de incógnito, en cuyo caso no querría que le dieran el tratamiento que le correspondía.

—¿Y dónde vas a la escuela?

—Voy a la escuela primaria de Ulvercote, señor. Está al otro lado de Port Meadow.

—¿Qué crees que vas a hacer de mayor?

—Seguramente seré posadero, igual que mi padre, señor.

—Una ocupación bastante interesante, diría yo.

—A mí también me lo parece, señor.

—Por eso de que hay un trasiego de gente muy variada, ¿verdad?

—Eso es, señor. Aquí viene gente de la universidad y barqueros y marinos de todas partes.

—Vosotros veis todo lo que pasa, ¿no?

—Bastante, señor.

—El tráfico del río, en un sentido y en otro, por ejemplo.

—Lo más interesante es en el canal, señor. Hay barcos giptanos que suben y bajan… y la Feria del Caballo…, en julio. Entonces el canal está lleno de barcos y de viajeros.

—La Feria del Caballo… y giptanos, ¿eh?

—Vienen de todas partes a comprar y vender caballos.

—Y las monjas del priorato —intervino el hombre que parecía más instruido—, ¿cómo se ganan ellas la vida? ¿Elaboran perfumes o algo por el estilo?

—Cultivan muchas verduras —explicó Malcolm—. Mi madre siempre les compra verduras y fruta. Miel también. Ah, y cosen y bordan ropa que lleva la gente del clero. Casullas y cosas así. Seguro que les deben pagar bastante por eso. Deben de tener algo de dinero, porque compran pescado del estanque de Medley, que queda río abajo.

—Cuando en el priorato reciben visitas, ¿de qué clase de gente se trata, Malcolm? —preguntó el antiguo lord canciller.

—Bueno, señoras, a veces..., damas jóvenes..., otras veces, algún cura u obispo anciano. Creo que vienen aquí a descansar.

—¿A descansar?

—Eso me dijo la hermana Benedicta. Dijo que antiguamente, antes de que hubiera posadas como esta y hoteles, y sobre todo hospitales, la gente solía quedarse en monasterios, prioratos y sitios así, pero que hoy en día eran casi siempre señores del clero o a veces monjas de otros lugares los que venían a pasar la convales..., conva...

—Convalecencia —lo ayudó lord Nugent.

—Sí, eso es, señor. Para ponerse bien.

El comensal de los ojos oscuros terminó el rosbif y colocó juntos el cuchillo y el tenedor en el plato.

—¿Y ahora hay alguien? —preguntó.

—Me parece que no, señor. A no ser que sea alguien que casi no sale. Normalmente a las visitas les gusta salir a pasear por el jardín, pero como tampoco ha hecho muy buen tiempo... No sé... ¿Quieren que les sirva ahora el postre, caballeros?

—¿Qué hay?

—Manzana asada con natillas. Las manzanas son de la huerta del priorato.

—Vaya, no podemos perder la ocasión de probarlas —dijo el hombre con aspecto de erudito—. Sí, tráenos manzanas asadas con natillas.

Malcolm empezó a recoger los platos y los cubiertos.

—¿Tú siempre has vivido aquí, Malcolm? —quiso saber lord Nugent.

—Sí, señor. Yo nací aquí.

—Y dada tu dilatada experiencia con el priorato, ¿sabes si alguna vez cuidaron de un niño?

—¿De un niño muy pequeño, señor?

—Sí. Un niño demasiado pequeño para ir a la escuela, un bebé incluso. ¿Sabes si han tenido a alguien así?

Malcolm se quedó pensando.

—No, señor, nunca —respondió—. Damas, caballeros o clérigos sí, pero nunca han tenido un bebé.

—Comprendo. Gracias, Malcolm.

Recogiendo las copas por los tallos, logró llevárselas las tres, además de los platos.

—¿Un bebé? —susurró Asta, de camino a la cocina.

—Es algo misterioso —comentó Malcolm con satisfacción—. Quizá sea un huérfano.

—O algo peor —dijo Asta con aire sombrío.

Malcolm dejó los platos junto al fregadero y, sin prestarle la menor atención a Alice, como de costumbre, encargó los postres.

—Tu padre cree que uno de esos señores es el anterior lord canciller —comentó la madre de Malcolm.

—Entonces será mejor que le pongas una manzana bien grande y hermosa —opinó Malcolm.

—¿Qué es lo que querían saber? —preguntó ella, mientras rociaba las manzanas con natillas.

—Eh, cosas del priorato.

—¿Vas a poder con todo eso? Está caliente.

—Sí, no ocupa mucho. Puedo solo, de verdad.

—Más te vale. Si dejas caer la manzana del lord canciller, vas a ir a parar a la cárcel.

Consiguió llevar los cuencos con esmero, aunque en el trayecto se fueron poniendo cada vez más calientes. Los caballeros no le hicieron más preguntas. Solo pidieron café. Malcolm les llevó una lámpara de petróleo antes de ir a buscar las tazas a la cocina.

—Mamá, tú ya sabes que en el priorato tienen invitados a veces. ¿Te enteraste de si alguna vez estuvieron cuidando de un bebé?

—¿Y para qué lo quieres saber?

—Me lo acaban de preguntar el lord canciller y los demás.

—¿Y tú qué les has dicho?

—Les he dicho que me parecía que no.

—Pues eso es lo que tenías que responder. Ahora sal de aquí y trae unos cuantos vasos.

En la sala principal, Asta le susurró algo, entre el ruido y las carcajadas.

—Se ha sobresaltado cuando le has preguntado eso. He visto cómo Kerin se despertaba y levantaba las orejas.

Kerin era el daimonion de la señora Polstead, un tejón hosco y tolerante.

—Es solo porque era algo sorprendente —opinó Malcolm—. Seguro que tú también has demostrado sorpresa cuando me lo han preguntado a mí.

—Ah, no. Yo soy inescrutable.

—Bueno, pues a mí sí deben de haberme visto cara de extrañado.

—¿Se le contaremos a las monjas?

—Creo que sí: es lo mejor —respondió Malcolm—. Mañana. Tienen que saber que alguien ha estado haciendo preguntas sobre ellas.

2

La bellota

El padre de Malcolm tenía razón. Lord Nugent había sido lord canciller, pero eso fue con el Gobierno anterior, que era más progresista que el actual. En aquel momento, lo que se estilaba en política era una obsequiosa sumisión a las autoridades religiosas y, en última instancia, a Ginebra. A consecuencia de ello, algunas organizaciones de tendencias religiosas afines vieron incrementado su poder, mientras que los funcionarios y ministros que habían apoyado el bando secular que ahora había quedado desbancado debían buscarse otras ocupaciones, o trabajar de manera clandestina, con el consiguiente riesgo de ser descubiertos.

Thomas Nugent era una de aquellas personas. Para el mundo, para la prensa y para el Gobierno, era un abogado jubilado de menguante prestigio, una personalidad del pasado, desprovista de todo interés. En realidad, dirigía una organización que funcionaba de forma parecida a un servicio secreto: hacía tan solo unos años, había formado parte de los servicios de seguridad y espionaje de la Corona. Ahora, bajo el liderazgo de Nugent, sus actividades estaban destinadas a obstaculizar la labor de las autoridades religiosas, detrás de una discreta e inofensiva fachada. Para ello se necesitaban buenas dosis de ingenio, valentía y suerte, que hasta entonces los habían acompañado. Escudados tras un inocente y engañoso nombre, llevaban a cabo toda clase de misiones, peligrosas, complicadas o aburridas. Y, en algunas ocasiones, totalmente ilegales. Hasta entonces, sin embargo, nunca habían tenido que actuar para impedir que una niña de seis meses cayera en manos de las personas que la querían matar.

El sábado, después de haber atendido sus quehaceres de la mañana en La Trucha, Malcolm dispuso de tiempo libre para cruzar el puente y visitar el priorato.

Llamó a la puerta de la cocina. Al entrar, encontró a la hermana Fenella raspando unas patatas. Había una manera más práctica de quitarles la piel, tal como le había visto hacer a su madre. De haber tenido un cuchillo afilado, se la habría enseñado a la hermana, pero prefirió callarse.

—¿Has venido a ayudarme, Malcolm? —preguntó ella.

—Si quiere..., pero en realidad quería decirle algo.

—Podrías preparar esas coles de Bruselas.

—De acuerdo —aceptó Malcolm.

Después de coger el cuchillo más afilado que encontró en el cajón, acercó varias coles que había al otro lado de la mesa, iluminada con la pálida luz del sol del mes de febrero.

—No te olvides de la cruz de abajo —le recordó la hermana Fenella.

Una vez le había dicho que eso servía para poner la marca del Salvador en cada col y asegurarse de que el diablo no pudiera entrar. Malcolm se quedó impresionado en su momento, pero entonces ya sabía que era para que se cocieran mejor, tal como le había explicado su madre: «Pero no vayas a contradecir a la hermana Fenella —le había advertido esta—. Es una anciana muy buena: si quiere pensar así, no vale la pena disgustarla».

Malcolm habría aceptado bastantes contrariedades antes de disgustar a la hermana Fenella, por quien profesaba una profunda y sencilla devoción.

—¿Y qué es eso que querías decirme? —consultó, mientras Malcolm se instalaba en un taburete a su lado.

—¿Sabe quién vino a La Trucha anoche? Tuvimos a tres caballeros para cenar, y uno de ellos era lord Nugent, el lord canciller de Inglaterra. Bueno, el antiguo lord canciller. Y la cosa no acaba ahí. Estuvieron mirando hacia el priorato por la ventana, con mucha curiosidad. Me hicieron muchas preguntas..., como qué clase de monjas había aquí, si tenían huéspedes, qué clase de personas eran... Y al final preguntaron si habían tenido un bebé aquí...

—Un niño pequeño —precisó Asta.

—Sí, un niño pequeño. ¿Alguna vez han tenido a un niño pequeño aquí?

—¿El lord canciller de Inglaterra? —dijo la hermana Fenella, parando de raspar las patatas—. ¿Estás seguro?

—Mi padre sí estaba seguro, porque había visto su foto en el periódico y lo reconoció. Quisieron comer solos en el Cuarto de la Terraza.

—¿En persona?

—El antiguo lord canciller. Hermana Fenella, ¿qué es lo que hace el lord canciller?

—Bueno, es un alto cargo, muy importante. No me extrañaría que tuviera que ver con asuntos de leyes o con el Gobierno. ¿Era muy pomposo y altanero?

—No. Pero se notaba que era un caballero. Era atento y agradable.

—Y quería saber...

—Si habían tenido un niño alojado en el priorato. Supongo que se refería a que lo cuidaran aquí.

—¿Y tú qué le dijiste, Malcolm?

—Que me parecía que no. ¿Han tenido alguna vez un niño?

—No que yo sepa. ¡Jesús! No sé si debería decírselo a la hermana Benedicta.

—Seguramente. A mí se me ocurrió que a lo mejor buscaba un sitio donde dejar un niño, que estuviera convaleciente, pongamos por caso. Igual hay un niño de la realeza del que no se ha hablado porque estaba enfermo, por ejemplo, o porque le picó una serpiente...

—¿Por qué le iba a picar una serpiente?

—Porque su niñera estaba distraída, probablemente leyendo una revista o hablando con alguien: entonces la serpiente se acerca y, de repente, se oye un grito y ella se vuelve y la serpiente ha mordido al niño. La niñera se encontraría en un tremendo aprieto. Hasta podría ir a la cárcel. Y cuando el niño se hubiera curado de la picadura de la serpiente, de todas maneras estaría convaleciente, así que el rey y el primer ministro y el lord canciller estarían buscando un sitio donde pasara la convalecencia. Y, claro, no querrían un sitio donde no tuvieran experiencia con niños.

—Ah, ya veo —dijo la hermana Fenella—. Mirado así, se entiende. Me parece que se lo tengo que contar a la hermana Benedicta, como mínimo. Ella sabrá qué hay que hacer.

—Yo diría que, si fueran serios, vendrían a preguntar aquí. En La Trucha vemos a mucha gente, pero si tenían que preguntar a alguien, habrían tenido que venir aquí, ¿no?

—A no ser que no quisieran que nosotras nos enterásemos —dijo la hermana Fenella.

—Pero si me preguntaron si yo hablaba con ustedes y les contesté que muchas veces, porque trabajo a ratos aquí. O sea, que podían prever que yo diría algo. Y no me pidieron que no dijera nada.

—En eso tienes razón —convino la hermana Fenella, que puso la última patata raspada en aquella voluminosa cazuela—. De todas maneras, parece curioso. Quizá le escribirán a la madre priora en lugar de presentarse en persona. Es posible que en realidad estén buscando asilo.

—¿Asilo? —repitió Malcolm, encantado con el sonido de aquella palabra—. ¿Qué es eso?

—Bueno, si alguien incumplía la ley y lo perseguían las autoridades, podía refugiarse en una capilla y pedir asilo. Eso significa que no podían detenerlo mientras permaneciera allí.

—Pero ese niño no podría haber incumplido la ley a su edad.

—No, pero eso también se podía aplicar a los refugiados, a personas que estaban en peligro, aunque no fuera por culpa suya. Nadie podía detenerlos si estaban en un santuario de asilo. Antes, algunas universidades podían dar asilo a los profesores. No sé si aún lo hacen.

—Bueno, el niño tampoco podría ser un profesor. ¿Quiere que ponga todas esas coles de Bruselas?

—Todas menos dos coles grandes. Esas las guardaremos para mañana.

La hermana Fenella recogió los restos de hojas de coles de Bruselas y cortó los tallos en varios trozos. Luego lo echó todo en un cubo de comida para los cerdos.

—¿Qué vas a hacer hoy, Malcolm? —preguntó.

—Voy a salir con la canoa. El río está un poco alto, así que seguramente tendré que ir con cuidado, pero quiero limpiarla y dejarla a punto.

—¿Vas a hacer algún viaje largo?

—Ya me gustaría, ya, pero mamá y papá necesitan que los ayude.

—Además estarían preocupados por ti.

—Les escribiría cartas.

—¿Y adónde irías?

—Me iría río abajo hasta Londres. O incluso llegaría hasta el mar, aunque no creo que mi barca fuera buena para ir por el mar. Podría volcar con alguna ola grande. Igual tendría que dejarla amarrada e irme con otro barco. Algún día lo haré.

—¿Nos enviarás una postal?

—Claro. O, si no, usted podría venir conmigo.

—¿Y quién les haría entonces la comida a las hermanas?

—Podrían comer meriendas frías… o ir a La Trucha.

La monja dio una palmada, echándose a reír. Con la tenue luz que entraba por las polvorientas ventanas, Malcolm vio que tenía la piel de los dedos roja, agrietada y despellejada. «Le debe de doler cada vez que pone las manos en agua caliente», pensó. Sin embargo, nunca la había oído quejarse.

Esa tarde, Malcolm fue al cobertizo que había al lado de la casa y retiró la lona que cubría su canoa. Después de inspeccionarla de la proa a la popa, raspó el limo verde que se había acumulado durante el invierno, examinando cada centímetro.

El pavo *Norman* se acercó para ver si había algo de comer; al comprobar que no había nada, demostró su descontento agitando las plumas.

Toda la madera de *La bella salvaje* estaba en perfecto estado, aunque la pintura empezaba a desprenderse. Ya puestos, Malcolm pensó que igual podía lijar el antiguo nombre y volverlo a pintar, para que quedara mejor. Era verde, pero en rojo se vería más. Quizá podría hacer alguna chapuza en el astillero de Medley a cambio de una lata pequeña de pintura roja. Después arrastró la barca por la pendiente cubierta de hierba hasta la orilla del río. Se planteó ir hasta allí para negociar un precio, pero al final lo dejó para otro día y se fue remando un trecho río arriba antes de desviarse a la derecha en Duke's Cut, uno de los ríos que comunicaban el Támesis con el canal de Oxford.

Estaba de suerte: como había una barcaza a punto de entrar en la esclusa, no tuvo más que colocarse al lado. A veces tenía que esperar una hora, intentando convencer al señor Parsons para que abriera la compuerta solo para él, pero el esclusero tenía mucho apego al cumplimiento de la normativa; además, no le gustaba trabajar más de lo necesario. Si había otro barco que circulaba, no le importaba, en cambio, dejar pasar a Malcolm.

—¿Adónde vas, Malcolm? —preguntó elevando la voz, mientras el agua salía en tromba en la otra punta y empezaba a subir el nivel.

—A pescar —respondió Malcolm.

Era lo que solía decirle: a veces era verdad. Ese día, sin embargo, como no podía quitarse de la cabeza la lata de pintura roja, pensó que podía ir a una tienda de Jericho donde vendían material para barcos, para hacerse una idea del precio. También era posible que no tuvieran lo que él necesitaba, pero de todas formas le gustaba ese sitio.

Una vez en el canal, descendió remando con brío entre los huertos y los campos de deporte de las universidades hasta llegar al extremo norte de Jericho, con sus pequeños jardines y las casas de ladrillo donde vivían las familias de los trabajadores de la prensa o de las fundiciones Eagle. La zona se estaba volviendo más burguesa, pero todavía conservaba rincones antiguos y callejones oscuros, un cementerio abandonado y una iglesia con un campanario de estilo italiano que montaba guardia por encima del astillero y el establecimiento que lo abastecía.

En la orilla occidental del agua, la que quedaba a la derecha de Malcolm, había un camino de sirga, pero estaba invadido por la maleza. Al posar la vista entre las plantas acuáticas que crecían en el borde, Malcolm captó un movimiento entre los juncos. Deteniendo la canoa, se coló entre los rígidos tallos y vio un somormujo que se apresuró a atravesar con torpeza el camino de sirga para bajar a la angosta zona de aguas remansadas del otro lado. Moviéndose muy despacio, sin hacer ruido, se adentró aún más con la canoa entre los juncos y observó a aquel pájaro, que sacudió la cabeza, antes de alejarse nadando hacia la hembra.

Malcolm había oído decir que había unos somormujos muy grandes por allí, pero no se lo había acabado de creer.

Ahora tenía la prueba. En primavera, volvería para ver si tenían crías.

Sentado en la canoa, los juncos eran más altos que él; si no hacía ningún ruido, seguramente nadie lo vería. Oyó voces por detrás, de un hombre y una mujer: se quedó quieto como una estatua mientras pasaban, concentrados en sus cosas. Los había visto antes. Eran dos enamorados que paseaban cogidos de la mano; sus daimonions, dos pájaros pequeños, que volaban un poco más adelante, se paraban de vez en cuando a cuchichear y luego seguían volando.

El daimonion de Malcolm, Asta, estaba posado, en forma de martín pescador, en el borde de la canoa. Una vez que se hubo ido la pareja, voló hasta el hombro de Malcolm.

—Ese hombre de ahí… Mira… —le murmuró.

Malcolm no lo había visto. Estaba unos metros más allá, de pie debajo de un roble, apenas visible a través de los juncos. Vestido con gabardina y un sombrero de fieltro gris, parecía como si se estuviera resguardando de la lluvia. Pero no estaba lloviendo. La gabardina y el sombrero tenían exactamente el mismo color del atardecer. Costaba tanto verlo como a los somormujos, o incluso más, pensó Malcolm, pues no tenía penacho de plumas.

—¿Qué está haciendo? —susurró Malcolm.

Asta se transformó en mosca y se alejó tan lejos como pudo de Malcolm. Cuando empezaba a sentir dolor, paró de aletear y se posó justo encima de una espadaña para poder observar bien al hombre. Aunque este procuraba pasar inadvertido, lo hacía con tanta torpeza y desgana que era como si estuviera agitando una bandera roja.

Asta vio que su daimonion, un gato, se movía entre las ramas bajas del roble; desde abajo, él miraba a uno y otro lado del camino de sirga. Después el gato emitió un ruido quedo, el hombre levantó la vista y el daimonion saltó encima de su hombro... Pero algo se le cayó de la boca.

El hombre dejó escapar una exclamación consternada y su daimonion se precipitó hacia el suelo. Empezaron a mirar a su alrededor, buscando debajo del árbol, en el borde del agua y entre la maleza.

—¿Qué se le ha caído? —susurró Malcolm.

—Algo como una nuez. Tenía el tamaño de una nuez.

—¿Has visto adónde ha ido a parar?

—Creo que sí. Me parece que ha rebotado al pie del árbol y luego ha caído debajo de esa mata de ahí. Mira, están disimulando, haciendo como que no buscaran...

Era cierto. Por el camino se acercó un hombre con un daimonion perro; hasta que no hubieron pasado, el individuo de la gabardina estuvo fingiendo un gran interés por su reloj. Lo miró, movió la muñeca, se lo acercó a la oreja, volvió a mover la muñeca, se lo quitó, le dio cuerda... No bien el otro se hubo alejado, se lo volvió a colocar en el brazo y se puso a buscar el objeto que había dejado caer su daimonion. Se notaba que estaba ansioso: era como si el daimonion se disculpara con todo el cuerpo. Entre los dos componían una viva imagen de angustia.

—Podríamos ir a ayudarlos —propuso Asta.

Malcolm no sabía qué hacer. Todavía podía ver los somormujos y tenía muchas ganas de observarlos, pero parecía que el hombre necesitaba ayuda. Y estaba seguro de que, con su aguda vista, Asta encontraría el objeto. Sería solo cuestión de un par de minutos.

No obstante, no le dio tiempo a hacer nada porque el hombre se inclinó, cogió su daimonion gato y se alejó a toda prisa por el camino de sirga, como si hubiera decidido ir en busca de ayuda. Malcolm sacó enseguida la canoa del juncar y se acercó. Al cabo de un momento, se bajó sujetando la amarra. Asta atravesó, como una mosca, el camino y se introdujo debajo de la mata. Siguió un roce de hojas, un silencio, otro roce, un lapso de silencio más, mientras Malcolm miraba cómo el hombre llegaba al pie del pequeño puente de hierro y subía las escaleras. Luego, por el chillido de excitación de Asta, Malcolm dedujo que lo había encontrado. Efectivamente, transformado en ardilla, este acudió corriendo y se le subió al brazo y luego al hombro, antes de dejar caer algo en su mano.

—Debe de ser esto —dijo—. Tiene que serlo.

A primera vista era una bellota, pero pesaba más de lo normal. Cuando la examinó mejor, vio que estaba esculpida

en una madera de grano fino. En realidad, se componía de dos piezas, la del cascabillo, que reproducía a la perfección la superficie rugosa de los de verdad y que tenía una leve capa de tinte verde; y la del glande, que estaba pulida y encerada y que tenía una reluciente tonalidad marrón. Era muy bonita. Asta estaba en lo cierto: tenía que ser eso lo que el hombre había perdido.

—Vamos a ver si lo alcanzamos antes de que cruce el puente —dijo, poniendo el pie en la canoa.

—Espera, mira —dijo Asta.

Se había convertido en una lechuza, como siempre que quería ver bien algo. Observaba el canal: cuando Malcolm miró en la misma dirección, vio que el hombre llegaba al centro del puente y vacilaba; otro individuo había empezado a subir desde el otro lado: un hombre corpulento vestido de negro, con un daimonion zorra de liviano andar. Malcolm y Asta comprendieron que el segundo hombre iba a detener al de la gabardina y que este tenía miedo.

Dio media vuelta y un par de pasos precipitados. De nuevo, se detuvo. En el puente había aparecido un tercer individuo detrás de él. Era más delgado que el otro y también iba vestido de negro. Su daimonion era un ave muy grande, que llevaba encaramada en el hombro. Ambos parecían muy seguros, como si tuvieran mucho tiempo para hacer lo que querían. Después de decirle algo al hombre de la gabardina, lo cogieron cada uno por un brazo. Este se resistió en vano un momento y después pareció como si se dejara caer al suelo, pero ellos lo sostuvieron y lo condujeron al otro lado del puente, a la plazuela que había debajo del campanario de la iglesia. Después se perdieron de vista. Su daimonion gato los siguió corriendo, con aire de desesperación.

—Guárdalo en el bolsillo de adentro —susurró Asta.

Malcolm puso la bellota en el bolsillo interior de la chaqueta y después se sentó con mucho cuidado. Estaba temblando.

—Lo están deteniendo —musitó.

—Pero no eran policías.

—No, pero tampoco eran ladrones. Se comportaban con mucha calma, como si tuvieran permiso para hacer lo que quisieran.

—Será mejor que vayamos a casa —opinó Asta—, por si acaso nos han visto.

—Ni siquiera se han tomado la molestia de vigilar —señaló Malcolm, que también pensaba que debían volver a casa.

Estuvieron hablando en voz baja mientras remaba vigorosamente de regreso hacia Duke's Cut.

—Apuesto a que es un espía —aventuró Asta.

—Podría ser. Y esos hombres…

—TCD.

—¡Chis!

El TCD era el Tribunal Consistorial de Disciplina, un brazo de la Iglesia que se ocupaba de la herejía y el descreimiento. Malcolm no sabía gran cosa de él, pero sí tenía constancia del horripilante terror que el TCD era capaz de inspirar: una vez había escuchado a unos clientes hablando de lo que podía haberle ocurrido a una persona a quien conocían. Ese hombre, un periodista, había planteado demasiadas preguntas relacionadas con el TCD en una serie de artículos. Luego, de repente, había desaparecido. Al director de su periódico lo habían detenido y lo habían encarcelado por sedición, pero al periodista nunca lo habían vuelto a ver.

—No tenemos que contarles nada de esto a las hermanas —opinó Asta.

—A ellas menos que a nadie —convino Malcolm.

Aunque costara de entender, el Tribunal Consistorial de Disciplina estaba en el mismo bando que las bondadosas hermanas del priorato de Godstow, más o menos. Ambos formaban parte de la Iglesia. La única vez en que Malcolm vio a la hermana Benedicta apurada fue cuando, cierto día, le preguntó al respecto.

—Hay ciertos misterios en los que no debemos indagar, Malcolm —le contestó—. Son demasiado profundos para nosotros. Pero la santa Iglesia conoce la voluntad de Dios y lo que se debe hacer. Nosotros debemos seguir amándonos los unos a los otros y no hacer demasiadas preguntas.

A Malcolm, que era de naturaleza afectuosa, no le costaba mucho seguir el primer precepto, pero el segundo le resultaba más difícil. De todas maneras, ya no volvió a preguntar por el TCD.

Estaba anocheciendo cuando llegó a casa. Sacó *La bella salvaje* del agua y la guardó en el cobertizo contiguo a la posada, antes de entrar a toda prisa y subir corriendo, con los brazos doloridos, hasta su habitación.

Después de dejar caer la chaqueta en el suelo y poner los zapatos debajo de la cama, encendió la lámpara de la mesita, mientras Asta se esforzaba por sacar la bellota del bolsillo interior. Una vez que la tuvo en la mano, se puso a darle vueltas, examinándola con gran atención.

—¡Fíjate en cómo está tallada! —exclamó, maravillado.

—Intenta abrirla.

Eso era lo que trataba de hacer, haciéndola girar con cuidado. Como no se desenroscaba, lo intentó con más fuerza; después probó tirando, por si se destapaba.

—Prueba a hacerla girar en el otro sentido —sugirió Asta.

—Con eso solo conseguiría que se cerrara más —objetó.

Aun así, lo intentó: dio resultado. La rosca iba al revés.

—Qué extraño. Nunca había visto nada igual —comentó Malcolm.

La rosca era tan fina y precisa que tuvo que dar en torno a una docena de vueltas hasta que por fin se separaron las dos partes. En el interior había un papel plegado muy pequeño: esa clase de papel tan delgado con el que hacían las Biblias. Malcolm y Asta intercambiaron una mirada.

—Eso es el secreto de otra persona —señaló—. No deberíamos mirar.

Aun así, lo desplegó, con mucho cuidado para no romper el delicado papel, aunque en realidad resultó que no era nada frágil.

—Cualquiera podría haberlo encontrado —dijo Asta—. Ha tenido suerte de que fuéramos nosotros.

—No sé si ha tenido tanta suerte —objetó Malcolm.

—En todo caso, ha tenido suerte de no llevarla encima cuando lo han detenido.

En el papel había escritas, en tinta negra y con una pluma muy fina, estas palabras:

> Querríamos que a continuación se centrara en otra cuestión. Como ya sabrá, la existencia de un campo Rusakov implica la existencia de una partícula relacionada con él, pero hasta el momento no hemos conseguido analizarla. Cuando intentamos medirla con un procedimiento, la sustancia se hace esquiva y parece preferir otro, pero cuando probamos otro procedimiento, tampoco conseguimos mejores resultados. Hay una propuesta de Tokojima que, pese a haber sido rechazada de entrada por la mayoría de los organismos oficiales, nosotros consideramos interesante; por eso querríamos pedirle que indague a través del aletiómetro la posible existencia de alguna conexión entre el campo de Rusakov y el fenómeno al que oficialmente se denomina

«Polvo». Esto entraña, por supuesto, un peligro; por eso, el otro bando no debe tener conocimiento de esta investigación, aunque querríamos ponerla al corriente de que ellos mismos están emprendiendo un programa de investigación sobre este asunto. Proceda con mucha cautela.

—¿Qué significa eso? —preguntó Asta.

—Algo que tiene que ver con un campo. Como un campo magnético, supongo. Hablan como filósofos experimentales.

—¿A quién crees que se refieren con eso de «el otro bando»?

—El TCD. Tiene que ser eso, porque eran ellos los que perseguían a ese hombre.

—¿Y qué es un alet…, un aleti…?

—¡Malcolm! —llamó su madre desde abajo.

—Ya voy —contestó.

Plegó el papel tal como estaba, antes de volverlo a poner dentro de la bellota y enroscarla. Después de guardarla dentro de uno de los calcetines limpios de un cajón de la cómoda, bajó corriendo para atender sus obligaciones de la noche.

La noche del sábado siempre había mucho trabajo, desde luego, pero aquel día todo el mundo hablaba en voz baja. Había un ambiente de nerviosismo general y los clientes estaban más callados que de costumbre, tanto los de la barra como los que jugaban al dominó en las mesas. Durante una pausa, Malcolm le preguntó el motivo a su padre.

—Chis —le advirtió este, inclinándose por encima de la barra—. Esos dos hombres que están junto a la chimenea. Son del TCD. No mires. Cuidado con lo que dices cerca de ellos.

A Malcolm le recorrió un escalofrío de miedo; casi fue audible, como la punta de una baqueta que hubiera recorrido un platillo.

—¿Cómo sabes que lo son?

—Por los colores de la corbata. De todas formas, se nota. Fíjate en la gente que hay a su alrededor —dijo—. Sí, Bob, ¿qué te pongo?

Mientras su padre servía un par de pintas a un cliente, Malcolm se puso a recoger discretamente los vasos vacíos y advirtió con satisfacción que no le temblaban las manos. Entonces se percató del miedo que se había adueñado de Asta. Convertida en mosca encima de su hombro, había mirado directamente a los hombres que estaban junto al fuego y se había dado cuenta de que ellos la miraban: eran los mismos del puente.

A continuación, uno de ellos le hizo una seña, curvando un dedo.

—Jovencito —dijo, dirigiéndose a Malcolm.

Él volvió la cabeza y se fijó por primera vez en ellos. El que había hablado era un hombre corpulento de cara colorada y ojos marrón oscuro: el primer individuo que había visto en el puente.

—¿Diga, señor?

—Ven un momento.

—¿Quiere que le traiga algo, señor?

—Igual sí, o igual no. Ahora te voy a hacer una pregunta y me vas a decir la verdad, ¿no?

—Yo siempre digo la verdad, señor.

—No. Ningún chico dice siempre la verdad. Ven aquí..., acércate un poco más.

Aunque no hablaba en voz alta, Malcolm era consciente de que todos los presentes, y su padre en especial, estarían escuchando atentamente. Se acercó al hombre y se quedó parado cerca de su silla, advirtiendo el olor de su colonia. Llevaba un traje oscuro, camisa blanca y una corbata de rayas de color azul marino y ocre. Su daimonion zorra permanecía a sus pies, observándolo todo con los ojos muy abiertos.

—Diga, señor.

—Tú seguramente te fijas en la mayoría de las personas que vienen aquí, ¿verdad?

—Sí, bastante.

—¿Conoces a los clientes habituales?

—Sí, señor.

—¿Reconocerías a un desconocido?

—Probablemente sí, señor.

—¿Viste a este hombre en La Trucha hace unos días?

Le enseñó un fotograma. Malcolm reconoció enseguida la cara. Era uno de los hombres que acompañaban al lord canciller, el del bigote negro.

Al final, igual resultaba que no era el individuo del camino de sirga y la bellota lo que les interesaba, pensó con expresión imperturbable.

—Sí lo vi, señor —respondió Malcolm.

—¿Con quién estaba?

—Con otros dos hombres, señor. Uno más viejo y otro alto y delgado.

—¿Reconociste a alguno? ¿Los habías visto en el periódico o algo así?

—No, señor —contestó Malcolm, sacudiendo despacio la cabeza—. No reconocí a ninguno.

—¿De qué hablaban?

—Bueno, a mí no me gusta escuchar las conversaciones de los clientes, señor. Mi padre me dijo que es de mala educación…

—Pero a veces oyes cosas sin querer, ¿no?

—Sí, es verdad.

—¿Qué oíste que decían, entonces?

El hombre se había puesto a hablar cada vez más bajo, obligando a Malcolm a acercarse. La conversación se había interrumpido en la mesa de al lado: sabía que todo lo que dijera se oiría hasta en la barra.

—Hablaron del vino, señor. Dijeron que estaba muy bueno. Pidieron otra botella con la cena.

—¿Dónde estaban sentados?

—En el Cuarto de la Terraza, señor.

—¿Y dónde está eso?

—En la punta de ese pasillo. Como hace un poco de frío allí, les dije que si querían podía encender el fuego, pero dijeron que no.

—¿Y no te pareció un poco extraño?

—Los clientes hacen de todo, señor. No me paro mucho a pensar en esas cosas.

—O sea, que querían un poco de intimidad.

—Podría ser, señor.

—¿Has vuelto a ver a alguno de ellos?

—No, señor.

El hombre tabaleó encima de la mesa.

—¿Cómo te llamas? —preguntó, al cabo de un poco.

—Malcolm, señor. Malcolm Polstead.

—Muy bien, Malcolm. Ya te puedes ir.

—Gracias, señor —dijo el chico, procurando que no se le alterara la voz.

Después el hombre elevó un poco el tono, mirando en derredor. En cuanto tomó la palabra, todos los demás se callaron, como si hubieran estado esperándolo.

—Ya han oído lo que le he estado preguntando al joven Malcolm. Hay un hombre al que estamos siguiendo la pista. Dentro de un minuto, voy a colgar su foto en la pared para que todos puedan verla. Si alguno sabe algo de este hombre, que se ponga en contacto conmigo. Se trata, como comprenderán, de un asunto importante. Todo aquel que quiera hablar conmigo, puede acercarse después de haber mirado la foto. Yo estaré sentado aquí.

Su acompañante cogió el trozo de papel y lo colgó en la plancha de corcho donde se exponían los avisos para las celebraciones de bailes, subastas, torneos de whist y actividades similares. Para disponer de espacio, arrancó de un tirón un par de anuncios sin siquiera mirar de qué eran.

—Eh —protestó un parroquiano que se encontraba cerca, a cuyo daimonion perro se le había erizado el pelo—. Vuelva a poner ahora mismo los anuncios que acaba de quitar.

El hombre del TCD se volvió a mirarlo. Su daimonion cuervo desplegó las alas y emitió un quedo graznido.

—¿Cómo ha dicho? —intervino el otro miembro del TCD, el que se había quedado al lado del fuego.

—Le he dicho a su compañero que vuelva a poner en su sitio los anuncios que acaba de quitar. Este es nuestro tablón de anuncios, no el suyo.

Malcolm retrocedió hacia la pared. El cliente que había manifestado su descontento se llamaba George Boatwright. Era un hombre colorado y agresivo, a quien su padre había echado de La Trucha unas cuantas veces, pero era una buena persona y a Malcolm nunca le había hablado con aspereza. En el bar se había hecho un silencio absoluto; incluso los clientes de otras salas de la posada se habían dado cuenta de que ocurría algo y habían acudido a mirar desde la puerta.

—Tranquilo, George —murmuró el señor Polstead.

El primer miembro del TCD tomó un sorbo de brantwijn. Después miró a Malcolm.

—Malcolm, ¿cómo se llama este hombre?

Antes de que el chico pudiera decidir qué iba a contestar, el propio Boatwright respondió con voz potente:

—George Boatwright, ese es mi nombre. No intente poner al chico en medio. Eso es lo que hacen los cobardes.

—George... —dijo el señor Polstead.

—No, Reg, hablaré yo solo —contestó Boatwright—. Y también voy a hacer esto —añadió—, en vistas de que su amigo con cara de vinagre hace como que no me ha oído.

Se acercó a la pared, arrancó el papel y formó una bola con él antes de tirarlo al fuego. Después se enderezó y se quedó de pie, con una postura algo inestable, en medio de la sala mirando con ferocidad al responsable del TCD. En ese momento, Malcolm sintió una gran admiración por él.

Entonces el daimonion zorra del individuo del TCD se levantó. Salió trotando con elegancia de debajo de la mesa y se paró con la cola recta y la cabeza muy quieta, mirando a los ojos al daimonion de Boatwright.

El daimonion de este, Sadie, era mucho mayor. Era un cruce entre staffordshire terrier, pastor alemán y lobo, según tenía entendido Malcolm: a juzgar por su actitud, tenía ganas de pelea. Pegado a las piernas de Boatwright con todo el pelo erizado, movía lentamente la cola, enseñando los dientes, de entre los cuales surgía un profundo gruñido gutural, parecido a un trueno en la lejanía.

Asta se coló en el cuello de la camisa de Malcolm. Las peleas entre daimonions adultos no eran algo insólito, pero

Polstead nunca permitía que estallaran dentro de la posada.

—George, será mejor que te marches —dijo entonces—. Venga, lárgate. Ya volverás cuando estés sobrio.

Boatwright volvió la cabeza; entonces Malcolm advirtió, consternado, que, efectivamente, estaba un poco borracho, porque le costaba mantenerse en pie: tuvo que dar un paso para equilibrar la postura... Pero después todo el mundo vio lo mismo. No era el efecto de la bebida sobre Boatwright, sino el miedo de su daimonion.

Algo lo había asustado. Aquella brutal criatura que había hincado los dientes en la piel de varios daimonions se iba acobardando, se estremecía y gemía, mientras la zorra avanzaba despacio. El daimonion de Boatwright cayó al suelo y giró sobre sí. Boatwright retrocedía, encogido, tratando de contener a su daimonion, intentando evitar la mortífera dentellada de la zorra.

El hombre del TCD murmuró un nombre. La zorra se paró y después dio un paso atrás. El daimonion de Boatwright permaneció ovillado en el suelo, temblando. Boatwright tenía una expresión tan patética que Malcolm prefirió no seguir mirando, para no ser testigo de su humillación.

La esbelta zorra volvió trotando a la mesa y se echó en el suelo.

—George Boatwright, ve afuera y espera allí —dijo el individuo del TCD, con tal seguridad en sí mismo que a nadie se le ocurrió que Boatwright pudiera desobedecerle y marcharse.

Acariciando y sosteniendo en parte a su amilanado daimonion, que le mordió y le hizo sangre en la temblorosa mano, Boatwright se dirigió, abatido, hasta la salida.

El otro miembro del TCD sacó un nuevo anuncio del maletín y lo colgó igual que el primero. Después terminaron, sin apurarse, sus bebidas. Cogieron los abrigos antes de salir para encargarse de su prisionero. Nadie pronunció ni una palabra.

3

Lyra

Al final resultó que en lugar de esperar obedientemente a que salieran los hombres del TCD para llevárselo, George Boatwright había desaparecido. «Mejor para él», pensó Malcolm, pero nadie habló de ello ni se preguntó en voz alta qué había sido de aquel hombre. Así eran las cosas que tenían que ver con el TCD: mejor no preguntar ni pensar en ellas.

Después de aquello, el ambiente estuvo bastante apagado en La Trucha durante varios días. Malcolm fue a la escuela, hizo sus deberes, ayudó en la posada y leyó un sinfín de veces el mensaje secreto contenido en la bellota. No fue un periodo fácil; entonces todo parecía suspendido en una triste atmósfera de sospecha y de miedo, muy distinta de la idea que Malcolm se había formado del mundo normal, el sitio donde estaba acostumbrado a vivir, donde todo era interesante y alegre.

Además, el hombre del TCD había preguntado por el acompañante del lord canciller, que había demostrado curiosidad por saber si en el priorato se habían ocupado alguna vez de un niño. Malcolm, por su parte, consideraba que cosas como el cuidado de los bebés no debía de ser el tipo de asuntos que normalmente llamaban la atención del TCD. Las bellotas con mensajes secretos dentro debían de interesarles más, pero no habían mencionado nada por el estilo. Todo aquello resultaba muy desconcertante.

A lo largo de los días siguientes, Malcolm fue varias veces al lugar donde estaba el roble, con la esperanza de ver a otra persona que dejara o recogiera un mensaje. Fingió que lo que le interesaba de esa zona del canal eran los grandes somormujos. También fue a la tienda de material de barcos. Era un buen lugar para observar el trajín de la plaza y a la gente que se sentaba en el café de enfrente. Allí vendían todo cuanto guardara relación con los barcos, incluidos la latita de pintura roja y el cepillo que compró. La vendedora no tardó en darse cuenta de que, aparte de la pintura, estaba pendiente de algo más.

—¿Quieres algo más, Malcolm? —preguntó.

La mujer era la señora Carpenter, que lo conocía desde que le permitieron empezar a desplazarse solo con la canoa.

—Un poco de cordel de algodón —respondió.

—Ayer ya te enseñé el que teníamos.

—Sí, pero igual hay otro carrete en algún sitio…

—No entiendo qué tiene de malo el que te enseñé ayer.

—Es demasiado delgado. Quiero fabricar un acollador y tiene que ser un poco más grueso.

—Podrías usar dos cabos en lugar de uno.

—Ah, sí. Igual sí.

—¿Cuánto quieres entonces?

—Unas cuatro brazas.

—Dobles o simples.

—Bueno, ocho brazas. Creo que será suficiente.

—Creo que sí —confirmó ella, antes de ponerse a medir y cortar el cordel.

Por suerte, Malcolm había acumulado una buena cantidad de dinero en la morsa de hojalata. Cuando ya tenía el cordel bien envuelto en una gran bolsa de papel, se asomó a la ventana, mirando a un lado y a otro, tal como venía haciendo desde hacía un cuarto de hora.

—Espero que no te moleste que te haga la pregunta —dijo la señora Carpenter, precediendo un murmullo de aprobación por parte de su daimonion dragón—. ¿Qué es lo que estás buscando? Llevas mucho rato mirando afuera. ¿Tenías que encontrarte con alguien y no se ha presentado?

—¡No! No. En realidad... —Si no podía confiar en la señora Carpenter, pensó, no podía confiar en nadie—. En realidad, estoy buscando a alguien. A un hombre vestido con una chaqueta y un sombrero gris. Lo vi el otro día y se le cayó algo. Lo encontramos nosotros y querría devolvérselo. Pero es que no he vuelto a verlo más.

—¿Es lo único que puedes decirme de él? ¿Que llevaba una chaqueta y un sombrero grises? ¿Qué edad tenía?

—No lo vi muy bien. Supongo que tendría la misma edad que mi padre. Era más bien delgado.

—¿Dónde se le cayó esa cosa que tienes tú? ¿Al lado del canal?

—Sí. Debajo de un árbol que hay en el camino de sirga... Tampoco es muy importante.

—¿No será este tipo, verdad?

La señora Carpenter sacó de debajo del mostrador el último número del *Oxford Times* y lo dobló en una página interior.

—Sí. Creo que es él... ¿Qué pasó? ¿Qué...? ¿Lo ahogaron?

—Lo encontraron en el canal. Al parecer resbaló y cayó. Ya sabes que ha llovido mucho y el camino de sirga está bastante descuidado. No es el primero que pierde pie y se hunde. Sea lo que sea lo que perdió, es demasiado tarde para devolvérselo.

Malcolm leyó el artículo con los ojos como platos, engullendo las palabras. Aquel hombre se llamaba Robert Luckhurst y había sido profesor de Historia en el Magdalen College. Estaba soltero y sobrevivía gracias a su madre y a su hermano. Aunque estaba previsto que se llevara a cabo una investigación, en principio parecía que había sido un accidente.

—¿Qué es lo que se le cayó? —dijo la señora Carpenter.

—Solo una especie de ornamento pequeño —respondió

Malcolm con voz calmada, pese a que el corazón le latía con violencia—. Lo lanzaba al aire y lo recogía mientras caminaba y se le cayó. Estuvo buscándolo un momento y entonces se puso a llover y se fue.

—¿Y tú qué hacías?

—Miraba los somormujos. Me parece que no me vio. Pero, cuando se marchó, fui a mirar y lo encontré. Por eso he estado buscándolo, para devolvérselo, pero ya no voy a poder.

—¿Qué día lo viste? ¿Fue el fin de semana pasado?

—Creo...

Malcolm tuvo que pensar deprisa. Volvió a mirar el periódico para ver si ponía cuándo habían descubierto el cadáver. Puesto que el *Oxford Times* era una publicación semanal, podría haber sido en cualquier momento durante los últimos cinco o seis días. Entonces cayó en la cuenta, sobresaltado, de que el cadáver de Luckhurst lo habían encontrado el día después de que lo detuvieran los hombres del TCD.

¿Sería posible que lo hubieran matado?

—No, fue unos días antes —mintió, con gran aplomo—. No creo que tuviera nada que ver. Hay mucha gente que pasea por el camino de sirga. Igual iba todos los días, para hacer ejercicio. No debía importarle mucho haberlo perdido, porque se fue en cuanto empezó a llover.

—Ah, ya —dijo la señora Carpenter—. Pobre hombre. Quizá se preocupen un poco del estado del camino de sirga, ahora que es demasiado tarde.

Entonces entró un cliente y la señora Carpenter se fue a atenderlo. Malcolm se arrepintió de haberle hablado del hombre y de aquel objeto; de haber sido más suspicaz, podría haber fingido que buscaba a un amigo. Claro que, entonces, ella no le habría hablado del artículo del periódico. Todo aquello era muy complicado.

—Adiós, señora Carpenter —dijo al marcharse.

Ella se despidió con un gesto vago, distraída con el otro cliente.

—Tendría que haberle pedido que no dijera nada —lamentó Malcolm, mientras hacían girar la canoa.

—Entonces habría pensado que era algo más importante y

se habría acordado más —opinó Asta—. No ha estado mal la mentira que le has contado.

—No sabía que fuera capaz de mentir. Será mejor hacerlo lo menos posible.

—Y acordarse exactamente de lo que hemos dicho cada vez.

—Otra vez vuelve a llover…

Remontó remando el canal, con Asta posado cerca de la oreja, para así poder seguir conversando en voz baja.

—¿Lo mataron? —preguntó el daimonion.

—A no ser que se suicidara…

—Podría haber sido un accidente.

—No es muy probable, por cómo lo cogieron.

—Y lo que le hicieron al señor Boatwright… Son capaces de todo. Tortura y todo eso, me parece.

—¿Y qué significado puede tener el mensaje?

No paraban de repetirse esa pregunta. Malcolm lo había copiado en otra parte para no tener que estar desplegando todo el rato el papel de la bellota, pero ni siquiera el hecho de escribir él mismo las palabras lo ayudó a desentrañar su sentido. Alguien le pedía a otra persona que hiciera una pregunta, que tenía que ver con medir algo, pero a partir de ahí le costaba entender algo más. Y aparte, estaba la palabra «Polvo», en mayúscula, como si no se tratara del polvo normal, sino de algo especial.

—¿Y si fuéramos al Magdalen College a preguntar a los otros profesores…?

—¿A preguntar qué?

—Bueno, a hacer preguntas como los detectives. Averiguar lo que hacía…

—Era historiador. Eso es lo que ponía allí.

—Podríamos enterarnos de si hacía algo más, de qué amigos tenía. Tal vez podríamos hablar con alguno de sus alumnos, si pudiéramos encontrarlos. Averiguar si volvió a la universidad esa tarde, después de que lo detuvieran, o si esa fue la última vez que alguien lo vio. Ese tipo de cosas.

—No nos lo dirían ni aunque lo supieran. Nosotros no tenemos aspecto de detectives. Parecemos un escolar. Y, además, es peligroso.

—Los hombres del TCD…

—Claro. Si se enteran de que hemos estado preguntando por él, podrían empezar a sospechar. Entonces vendrían a registrar La Trucha y encontrarían la bellota. Nos podríamos meter en un buen lío.

—Algunos de los estudiantes que vienen a La Trucha llevan bufandas de la universidad. Si supiéramos cómo son las del Magdalen College…

—¡Buena idea! Entonces si preguntamos algo, podría parecer simplemente que somos un poco fisgones.

Llovía con más fuerza y a Malcolm le costaba ver la ruta. Asta se transformó en lechuza y se colocó en la proa, protegiéndose del agua con las plumas de una manera que había descubierto cuando intentaba convertirse en un animal que aún no existía. Lo único que alcanzaba a hacer hasta el momento era elegir un animal e incorporarle un atributo de otro; entonces era, por ejemplo, una lechuza con plumas de pato, pero solo hacía ese tipo de cosas cuando estaban solos con Malcolm. Guiado por su aguda vista, remó tan deprisa como pudo y se paró para achicar el agua de la canoa cuando la lluvia acumulada le llegaba hasta los tobillos. Él llegó empapado a casa, mientras que al daimonion le bastó con sacudirse para desprenderse del agua.

—¿Dónde estabas? —le preguntó su madre, aunque no parecía enfadada.

—Mirando una lechuza. ¿Qué hay de cenar?

—Bistec y pastel de riñones. Lávate las manos. ¡Uy, qué mojado estás! Después de comer, te tienes que cambiar. Y no dejes la ropa mojada en el suelo del cuarto.

Malcolm se enjugó las manos en el grifo de la cocina y se las secó un poco con un trapo.

—¿Aún no han encontrado al señor Boatwright? —dijo.

—No. ¿Por qué?

—En el bar estaban muy excitados hablando. Se notaba que pasaba algo, pero no he podido oír los detalles.

—Hemos tenido a una persona famosa hace un rato. Podrías haberle servido si no hubieras estado mirando las dichosas lechuzas.

—¿Quién era? —preguntó Malcolm, mientras se servía puré de patata.

—Lord Asriel, el explorador.

—Ah —dijo Malcolm, a quien no le sonaba de nada el nombre—. ¿Qué tierras ha explorado?

—El Ártico sobre todo, o eso dicen. Pero ¿te acuerdas de lo que te había preguntado el lord canciller?

—Sí, ¿lo del bebé? ¿Si las hermanas habían tenido alguna vez un niño a su cargo?

—Eso es. Pues resulta que el bebé es la hija de lord Asriel. Su hija natural.

—¿Le ha contado eso a la gente?

—¡Claro que no! No ha dicho ni una palabra del asunto. Hombre, no iba a ir a hablar de eso en un local público, ¿no te parece?

—No sé. Igual no. Entonces ¿cómo lo sabes?

—¡Bueno, pues por pura deducción! Primero estuvo ese asunto de que lord Asriel mató al señor Coulter, el político... Salió en los periódicos hace un mes...

—Si mató a alguien, ¿por qué no está...?

—Cómete la cena. No está en la cárcel porque era una cuestión de honor. La esposa del señor Coulter tuvo la niña, la hija de lord Asriel, y entonces el señor Coulter se presentó hecho una fiera en la finca de lord Asriel, amenazando con matarlo, se pelearon y lord Asriel acabó ganando. Resulta que hay una ley que permite que alguien se defienda a sí mismo y a sus familiares (que en ese caso sería la niña). Por eso no lo metieron en la cárcel ni lo ahorcaron, aunque le pusieron una multa que se llevó casi toda su fortuna. ¡Venga, termina de comer, vamos!

Cautivado por aquella historia, Malcolm movía distraídamente los cubiertos.

—Pero ¿cómo sabes que ha venido aquí para dejar a su hija con las monjas?

—Bueno, saberlo no lo sé, pero tiene que ser eso. Se lo puedes preguntar a la hermana Fenella cuando la veas. Para mí que ya debe de tener unos seis meses, o incluso más.

—¿Por qué no cuida de ella su madre?

—Y yo qué sé. Hay quien dice que nunca quiso saber nada de la niña, pero puede que sean habladurías.

—Las monjas no sabrán cómo ocuparse de ella. Nunca habrán hecho algo así.

—Bueno, tampoco faltará quien las aconseje. Dame el plato. Hay ruibarbo y natillas ahí al lado.

En cuanto tuvo ocasión, tres días después, Malcolm se apresuró a ir al priorato para averiguar algo más de la hija del famoso explorador. Primero fue a ver a la hermana Fenella, con quien estuvo amasando harina para el pan del priorato, mientras la lluvia azotaba los cristales de la cocina. Una vez que Malcolm se hubo lavado tres veces las manos, sin que por ello se vieran más limpias, la hermana Fenella renunció a hacérselo repetir.

—¿Qué es eso que tienes en las uñas? —preguntó.

—Brea. Estuve reparando la canoa.

—Ah, es solo brea... Dicen que es saludable —comentó, no muy convencida.

—Si hasta fabrican jabón con brea de hulla —destacó Malcolm.

—Es verdad, aunque me parece que no es de ese color. Da igual, por lo demás están limpias, así que puedes amasar.

Mientras trabajaba la masa, Malcolm estuvo acribillando a preguntas a la religiosa. ¿Era verdad lo de la hija de lord Asriel?

—Vaya, ¿y qué has oído tú de ese asunto de la hija?

—Que ustedes la están cuidando porque él mató a un hombre y el tribunal le quitó todo el dinero. Y que por eso el lord canciller estuvo preguntando cosas así el otro día en La Trucha. O sea, ¿que es verdad?

—Sí. Es una niñita.

—¿Cómo se llama?

—Lyra. No sé por qué no le pusieron un nombre de santa como Dios manda.

—¿Se quedará aquí hasta que sea mayor?

—Ah, eso no lo sé, Malcolm. Es difícil de saberlo ahora. Todo depende de quién manda.

—¿Y usted vio a lord Asriel?

—No. Intenté mirar desde el pasillo, pero la hermana Benedicta tenía la puerta bien cerrada.

—¿Es ella la que se ocupa de la niña?

—Bueno, es la hermana que habló con lord Asriel.

—¿Y quién es la que cuida de la niña, le da de comer y esas cosas?

—Lo hacemos entre todas.

—¿Y cómo saben cómo hay que hacer todo eso? A mí me extraña, porque...

—¿Porque ninguna ha tenido hijos?

—Hombre, las monjas no acostumbran a cuidar a los bebés.

—Te sorprenderías si supieras todo lo que sabemos hacer —dijo ella. La anciana ardilla que tenía por daimonion soltó una carcajada. Asta y Malcolm también se echaron a reír—. Pero, Malcolm: no debes decir nada de la niña. Eso de que está aquí es un gran secreto. No debes decir ni mu.

—Hay mucha gente que lo sabe. Mi madre y mi padre lo saben, y los clientes... Todos hablaban de eso.

—Ay, Jesús. Bueno, en ese caso, quizá dé igual. De todas formas, más vale que no vuelvas a hablar de eso. Tal vez así no vaya a más la cosa.

—Hermana Fenella, ¿vino aquí algún hombre del TCD la otra noche? Ya sabe, los del Tribu...

—¿Del Tribunal Consistorial de Disciplina? Dios no lo quiera. ¿Qué hemos hecho nosotras para merecer eso?

—No sé. Nada. La otra noche vinieron dos a La Trucha y todo el mundo estaba asustado. Preguntaron por uno de los hombres que vinieron con el lord canciller. El señor Boatwright les plantó cara y ellos iban a arrestarlo, pero desapareció. Seguramente se fugó. Igual está viviendo en el bosque.

—¡Dios santo! ¿George Boatwright, el pescador furtivo?

—¿Lo conoce?

—Sí, sí. Y ahora tiene problemas con el... Ay, madre mía.

—Hermana, ¿a qué se dedican los del TCD?

—Espero que a la labor de Dios —respondió—. Es algo muy difícil de entender para nosotros.

—¿Vinieron aquí?

—No lo sé, Malcolm. En ese caso, los habría visto la hermana Benedicta y no yo. Y se lo habría guardado para ella sola, porque es una persona muy valiente. No querría preocupar a todos los demás.

—Había pensado que igual tenían algo que ver con la niña.

—No lo sé ni lo voy a preguntar. Bueno, esa masa ya está lista.

La cogió y se puso a golpear con ella el poyo de piedra. Percibiendo su inquietud, Malcolm se arrepintió de haber sacado a colación el TCD.

Antes de marcharse, la hermana Fenella lo llevó a ver a Lyra. La niña estaba durmiendo en la sala donde las monjas recibían las visitas, pero la hermana Fenella dijo que daba igual, con tal de que no hiciera ruido.

Entró de puntillas tras la monja. La habitación, fría e impregnada de olor a madera pulida, estaba iluminada con la exigua luz gris de aquel lluvioso día que se colaba por la ventana. En el centro, había una cuna de roble muy maciza en la que dormía una niña.

Malcolm, que nunca había visto un bebé de cerca, quedó asombrado por lo real que parecía. Como sabía que sonaría raro si lo decía, se lo calló, pero esa fue la impresión que le dio: lo tomó por sorpresa que algo tan pequeño tuviera una forma tan perfecta. Tenía la misma perfección de formas que la bellota de madera. Su daimonion, el polluelo de un pájaro pequeño como una golondrina, dormía con ella. Pero, en cuanto Asta se posó, convertida en golondrina también, en el borde de la cuna, el polluelo se despertó y abrió de inmediato el pico amarillo para reclamar comida. Malcolm se echó a reír; eso despertó a la niña, que, al ver su cara risueña, se puso a reír. Asta fingió cazar un diminuto insecto y dejarlo caer en la boca del daimonion de la pequeña, que se mostró muy satisfecho. Entonces a Malcolm le dio más risa, con lo cual la niña se puso a reír tan fuerte que le entró hipo: cada vez que hipaba, el daimonion daba un salto.

—Vamos, vamos —dijo la hermana Fenella, inclinándose para cogerla.

Cuando levantó a la niña, la carita de Lyra se deformó con una expresión de pena y terror, al tiempo que movía los brazos buscando a su daimonion, casi torció el cuerpo entre los brazos de la monja. Asta, que estaba delante, cogió al polluelo con la boca y voló para colocarlo encima del pecho de la pequeña, tras lo cual se transformó en un minúsculo cachorrillo de tigre que se puso a dar bufidos. El desasosiego de la niña desapareció en el acto. A partir de ahí, permaneció en brazos de la hermana Fenella mirando en derredor con una complacencia casi altiva.

Malcolm estaba hechizado. La niña era un fascinante dechado de perfección.

—Será mejor que te vuelva a poner en la cuna, cariño —dijo la hermana Fenella—. No tendríamos que haberte despertado, ¿verdad, preciosa?

Dejó a la niña en la cuna y la arropó con sumo cuidado para no rozar el daimonion con la mano. Malcolm dedujo que la prohibición de tocar el daimonion de otra persona se aplicaba también a los bebés; en todo caso, después de aquellos escasos minutos, no se le habría ocurrido ni por asomo hacer algo que pudiera molestar a la pequeña. Se había convertido en su siervo para toda la vida.

4

Uppsala

En un acogedor apartamento de la Universidad de Uppsala, en Suecia, tres hombres conversaban mientras la lluvia azotaba con furia las ventanas y el viento hacía bajar de vez en cuando por la chimenea una bocanada de humo que agitaba el fuego de la estufa de hierro.

El anfitrión se llamaba Gunnar Hallgrimsson. Era un hombre soltero de unos sesenta años, rechoncho e inteligente, profesor de filosofía metafísica de la universidad. Su daimonion, un petirrojo, permanecía en su hombro casi sin hablar.

Uno de sus invitados era un colega de la universidad, el profesor de física Axel Löfgren. Era un individuo delgado y taciturno, pero afable; tenía un hurón por daimonion. Él y Hallgrimsson, con quien mantenía una vieja amistad, acostumbraban a tomarse el pelo, sobre todo después de una buena cena, pero aquella noche se moderaban debido a la presencia del otro hombre, al que apenas conocían.

El desconocido tenía más o menos la misma edad que Hallgrimsson, pero parecía mayor; su cara tenía las marcas de un bagaje de experiencias y penas muy superior al que se manifestaba en las lisas mejillas y en la frente del profesor. Se llamaba Coram van Texel y era un giptano del pueblo de Eastern Anglia, que había viajado mucho por el remoto norte. Era delgado, de estatura mediana, y se movía con cautela, como si temiera romper algo sin querer, como si no estuviera acostumbrado a las copas y la vajilla fina. Su daimonion, un gran gato en cuyo pelaje estaban representados los mil matices de los colores otoñales, se paseó por los rincones del estudio antes de posarse con un airoso salto en el regazo de Coram. Diez años después de aquella velada, y también diez años después de aquello, Lyra se quedaría maravillada con el colorido del pelaje de aquel daimonion.

Acababan justo de cenar. Coram había llegado ese mismo día del norte, con una carta de presentación de un conocido del profesor Hallgrimsson, el cónsul de las brujas de la ciudad de Trollesund.

—¿Va a tomar un poco de tokay? —ofreció Hallgrimsson, que tomó asiento después de mirar por la ventana la calle barrida por la lluvia y correr las cortinas para interceptar el paso del aire.

—Sería un auténtico placer —aceptó Coram.

El profesor se volvió hacia una mesita que quedaba a unos centímetros de su cómodo sillón y sirvió un vino dorado en tres copas.

—¿Y cómo está mi amigo Martin Lanselius? —prosiguió el profesor, tendiendo una copa a Coram—. La verdad es que nunca pensé que fuera a acabar ejerciendo de diplomático para las brujas.

—Está estupendamente —aseguró Coram—, en plena forma. Está elaborando un tratado sobre su religión.

—Siempre pensé que los sistemas de creencias de los clanes de brujas merecían una investigación —aprobó Hallgrimsson—, pero mis propias indagaciones me llevaron por otros derroteros.

—Dirigidos a un vacío aún más profundo —dijo el profesor de física, que tomó la copa que le ofrecía su anfitrión.

—Deberá perdonar las absurdidades de mi amigo. A su salud, señor Van Texel —brindó Hallgrimsson.

—A la suya, señor. Ay, Dios, qué bueno está.

—Me alegro. Hay un comerciante de vino de Buda-Pesth que me manda una caja cada año.

—No lo probamos muy a menudo —precisó Löfgren—. Cada vez que veo una botella, su contenido es menor que la vez anterior.

—Ah, bobadas. ¿En qué podemos servirle aquí en Uppsala, señor Van Texel?

—El doctor Lanselius me habló de ese instrumento que tienen, el medidor de verdad —dijo el giptano—. Albergaba la esperanza de poder consultarlo.

—Ah. Explíqueme qué clase de pregunta desea formular.

—Mi gente, el pueblo giptano, vive bajo la amenaza de diversas facciones políticas de Bretaña. Quieren restringir nuestras antiguas libertades y limitar las actividades en las que podemos participar..., como la compraventa, por ejemplo. Quiero saber cuál de estas amenazas se puede resolver oponiendo resistencia, cuál mediante negociación y cuál no tiene ninguna posibilidad de arreglo. Dígame: ¿es capaz de responder a este tipo de preguntas su instrumento?

—En las manos apropiadas, sí. Disponiendo de tiempo suficiente, yo mismo podría efectuar un intento aproximativo de interpretación.

—¿Quiere decir que no es un lector experto?

—De ningún modo me puedo considerar experto.

—Entonces...

—Primero le enseñaré el instrumento: quizá comprenda dónde está el problema.

El profesor abrió un cajón de la mesita y sacó una caja de cuero de forma circular, más o menos del tamaño de la palma de una mano y de una profundidad de tres dedos. Löfgren acercó un taburete cubierto con una tela: Hallgrimsson colocó encima la caja y levantó la tapa.

Coram adelantó el torso. Algo relucía con un intenso brillo bajo la suave luz de petróleo. El profesor ajustó la pantalla de la lámpara, de modo que la luz cayera directamente sobre el taburete y sacó el instrumento de la caja. A Coram le pareció que sus cortos y regordetes dedos tocaban el instrumento con la ternura de un amante, como si considerara que estaba vivo.

Era un aparato con forma de reloj de resplandeciente oro, con una cara de cristal en la parte superior. Al principio, Coram solo alcanzó a ver una hermosa complejidad, hasta que el profesor empezó a señalar sus partes.

—En todo el borde del cuadrante..., ¿ve?..., tenemos treinta y seis imágenes, todas ellas pintadas sobre marfil con un solo pelo. Y afuera tenemos tres ruedecillas dispuestas a una distancia de ciento veinte grados, como las clavijas que se usan para dar cuerda a un reloj. Eso es lo que ocurre cuando hago girar una de ellas.

Coram se inclinó más y su daimonion se bajó de su regazo y se colocó encima del brazo del sillón para poder ver mejor. Mientras el profesor hacía girar la rueda, vieron una fina manecilla negra, como un minutero, que, resaltada sobre el complicado telón de fondo, empezó a desplazarse por la esfera produciendo una serie de chasquidos. El profesor la detuvo cuando apuntaba a una diminuta pintura del sol.

—Tenemos tres manecillas y hacemos que cada una de ellas apunte hacia un símbolo diferente —explicó el profesor—. Si planteara su pregunta, seguramente incluiría el sol en los tres símbolos que eligiera, porque representa, entre otras cosas, la realeza y la autoridad, y por asociación, la ley. Los otros dos —hizo girar las otras ruedas y las manecillas se movieron obedientemente por la esfera— dependerían de qué aspecto de la pregunta querríamos esclarecer primero. Usted ha mencionado la cuestión de la compraventa. Esas acciones tienen lugar en el margen de significados del grifo. ¿Por qué? Porque los grifos están asociados con los tesoros. Creo, asimismo, que la tercera manecilla debería apuntar hacia el delfín, cuyo significado primario es el agua, porque su pueblo vive en el agua. ¿No es así?

—Así es. Ya empiezo a entender.

—Entonces probemos.

El profesor encaró la segunda manecilla hacia el grifo y la tercera hacia el delfín.

—Y esto es lo que ocurre después —dijo.

Una aguja de color gris, que era tan fina que Coram no se había percatado de su presencia, empezó a moverse como por voluntad propia, despacio, de manera titubeante; luego se puso a avanzar a toda velocidad, deteniéndose aquí y allá antes de reanudar su desplazamiento.

—¿Qué hace? —preguntó Coram.

—Nos está dando la respuesta.

—Hay qué ser rápido, ¿no?

—Uno debe hallarse en un estado mental de calma, pero alerta. He oído que lo comparan con la manera en que aguardan la presa los cazadores, listos para apretar el gatillo en cualquier momento, pero sin ninguna excitación nerviosa.

—Ya entiendo —dijo Coram—. En Nippon vi arqueros que hacían algo parecido.

—¿Ah, sí? Ya me contará. Claro que la actitud mental es solo una parte de la dificultad. La otra está en que cada símbolo posee una gran amplitud de significados, que solo se clarifican en los libros de interpretación.

—¿Cuántos significados?

—Nadie lo sabe. Algunos que han sido explorados alcanzan un número de cien o más, aunque no parece que hayan llegado tampoco a un tope. Es posible que las posibilidades sean infinitas.

—¿Y cómo se descubrieron esos significados? —consultó Löfgren.

Coram miró al físico. Él pensaba que Löfgren estaba familiarizado con el aletiómetro, al igual que Hallgrimsson, y que creía en sus poderes, pero había un tono de escepticismo en su voz.

—A través de la contemplación, la meditación y la experimentación —repuso Hallgrimsson.

—Ah, bueno, yo sí creo en la experimentación —dijo Löfgren.

—Me alegra oír que crees en algo —replicó su amigo.

—Si estos significados..., la interrelación entre ellos..., funcionan a través de, digamos, de una fusión de sus rasgos en común, podrían superar con creces los cien. Una vez que se empieza a buscar los rasgos comunes, las posibilidades son ilimitadas. Pero lo que cuenta no son las semejanzas que detecte la imaginación de cada cual, sino las que están implícitas en la imagen, que no tienen por qué ser las mismas. Yo he advertido que los lectores más imaginativos suelen obtener peores resultados. Ellos se precipitan en hacer coincidir las conclusiones con lo que creen, en lugar de tener paciencia y esperar. Y lo más importante de todo es en qué nivel hay que situar el significado elegido dentro de la jerarquía de significados, ¿comprende? Y para eso no hay nada mejor que los libros. Por eso los únicos aletiómetros de los que tenemos conocimiento están cerca de grandes bibliotecas.

—¿Cuántos hay, pues?

—Creemos que se fabricaron seis. De ellos, tenemos localizados cinco. Hay uno en Uppsala, uno en Bolonia, uno en París, el Magisterio tiene uno en Ginebra y hay otro en Oxford.

—¿En Oxford? ¿Ah, sí?

—En la biblioteca Bodley. Este ha pasado bastantes peripecias. Cuando el Tribunal Consistorial de Disciplina se estaba alzando con el poder, en el siglo pasado, el prefecto del tribunal se enteró de la existencia del aletiómetro de Bodley y exigió que se lo entregaran. El bibliotecario se negó. La asamblea de la universidad, que es su organismo de gobierno, le ordenó que obedeciera, pero él escondió el instrumento en una obra de teología experimental cuyas páginas había vaciado; disponían de varios ejemplares idénticos. La colocó a plena vista en los estantes, pero, claro, era imposible encontrarla entre el millón largo de volúmenes de la biblioteca.

»Esa vez, el Tribunal Consistorial desistió. Después volvieron a la carga. El prefecto envió un pelotón de hombres armados a la biblioteca: amenazaron de muerte al bibliotecario si no lo entregaba. El bibliotecario se volvió a negar, alegando que no había asumido ese oficio para ceder el contenido de la biblioteca y que él tenía el deber sagrado de conservarlo y protegerlo para los estudiosos. El mando del pelotón ordenó que lo detuvieran y lo sacaran al patio para fusilarlo.

»El bibliotecario asumió su lugar frente al pelotón de fusilamiento y se encaró por primera vez con el mando (con quien solo había negociado por medio de mensajeros ¿entiende?), y entonces ambos se reconocieron, porque habían sido amigos en la universidad. Abochornado, según cuentan, en lugar de dar la orden de disparar, el mando se fue a tomar brantwijn con el bibliotecario. El resultado fue que el aletiómetro se quedó en la biblioteca, donde aún sigue; el bibliotecario continuó en su puesto y al mando lo ordenaron regresar a Ginebra, donde murió poco después: envenenado, al parecer.

El giptano emitió un quedo y prolongado silbido.

—¿Y ahora quién interpreta el aletiómetro de Oxford?

—Hay unos cuantos estudiosos que han centrado su investigación en él. He oído que hay una mujer con grandes dotes que ha efectuado considerables progresos en los fundamentos... ¿Ralph? ¿Relph? Algo así.

—Ya veo —dijo Coram, que tomó un sorbo de vino con la mirada fija en el aletiómetro—. Usted ha comentado que había seis, pero después me ha informado del paradero de cinco. ¿Dónde está el sexto?

—Es una buena pregunta, pero me temo que nadie tiene la respuesta. Bueno, alguien sí sabe dónde está, pero no creo que ningún estudioso se encuentre al corriente. Y volviendo a su pregunta inicial, señor Van Texel: es complicada, desde luego, pero el problema principal no está ahí. El problema es que nuestro experto más destacado no está. Se halla en París, disfrutando de un periodo sabático en la Bibliothèque Nationale. Yo soy demasiado lento y torpe para pasar de un nivel a otro y para percibir las conexiones y precisar dónde debo consultar en los libros. Si pudiera, le haría una lectura, por supuesto.

—¿A pesar del peligro? —inquirió Coram.

El profesor guardó silencio un momento.

—El peligro de... —dijo a continuación.

—De ser víctima de una ejecución sumaria —especificó Coram, en contraste con la sonrisa que lucía en la cara.

—Ah, sí. Ajá. Bueno, a mí me parece que, por fortuna, ya nos encontramos en otra fase.

—Esperemos —dijo Löfgren.

Coram tomó otro sorbo de vino dorado y se arrellanó en el asiento como si se encontrara a gusto y satisfecho. Lo cierto era que, por más bonito que fuera, el aletiómetro le interesaba poco y que la pregunta que había planteado al profesor Hallgrimsson era una tapadera: los giptanos eran perfectamente capaces de hallar las respuestas por sí solos; de hecho, ya las habían encontrado. Lo que Coram quería era otra cosa. Por eso tenía que llevar la conversación hacia otro tema.

—Aquí deben de tener muchas visitas —comentó.

—Hombre, no sé —repuso el profesor—. No más que en la mayoría de las universidades, supongo. Claro que, al estar especializados en dos campos concretos, eso atrae a estudiosos de lugares bastante alejados, y no solo a personas del ámbito académico.

—Habrá algún que otro explorador, ¿no?

—Entre otros, sí. Los que se dirigen al Ártico.

—¿Y no conocen a un hombre llamado lord Asriel? Es un amigo de mi pueblo, un explorador destacado de esas regiones del mundo.

—Ha estado aquí, aunque no últimamente. Oí decir... —El profesor pareció incómodo un instante, pero después se dejó llevar por su impulso—. Yo no doy crédito a las habladurías, como puede comprender.

—Yo tampoco —convino Coram—, aunque a veces las oigo sin querer.

—Sí, eso nos ocurre a todos —apuntó Löfgren.

—Sí, pues el caso es que oí una historia bien curiosa sobre lord Asriel no hace mucho —prosiguió Hallgrimsson—. Si acaba de llegar del norte, quizá no la haya escuchado aún. Por lo visto, lord Asriel estuvo implicado en un caso de asesinato.

—¿De asesinato?

—Tuvo una hija con una mujer que estaba casada con otro. Y después mató al marido de esa mujer.

—¡Santo Dios! —exclamó Coram, que ya estaba perfectamente enterado del lance—. ¿Y cómo fue?

Escuchó la versión que dio el profesor, casi idéntica a la que ya conocía, esperando la oportunidad de desviar la conversación hacia donde le convenía.

—¿Y qué fue de la niña? —preguntó—. Estará con su madre, ¿no?

—No. Creo que el tribunal tiene la custodia. Por ahora, en todo caso. La madre es una mujer de extraordinaria belleza, pero no posee, por así decirlo, un alto grado de instinto maternal.

—Habla como si la conocieran.

—En efecto —confirmó Hallgrimsson, con un aire un tanto ufano, según le pareció a Coram—. Cenamos con ella. Nos vino a ver hace un mes, ¿sabe?

—¿De veras? ¿Y también estaba en viaje de exploración?

—No, vino a consultar a mi amigo Axel. Verá, la señora Coulter es una destacada científica.

Aquel era el momento oportuno.

—¿Acudió a consultarlo a usted, señor? —le preguntó Coram al físico.

Löfgren sonrió. Coram advirtió un leve rubor en su enjuta cara.

—Yo pensaba que este viejo amigo mío era inmune a los encantos del sexo débil —dijo Hallgrimsson—. Hace unos años, señor Van Texel, apenas si se habría dado cuenta de que era una mujer, pero esta vez creo que la flecha de Cupido podría haber penetrado en su caparazón.

—Lo entiendo perfectamente —le dijo Coram a Löfgren—. Yo, por mi parte, siempre he encontrado muy atractivas a las mujeres inteligentes. ¿Y qué quería consultar con usted, si no es indiscreción?

—Bah, no le va a sacar nada —aseguró Hallgrimsson—. Yo ya lo he intentado. Cualquiera diría que firmó una promesa de mantenerlo en secreto.

—Porque tú te ibas a burlar, payaso —replicó Löfgren—. Vino a preguntarme sobre el campo de Rusakov. ¿Sabe lo que es?

—No, señor. ¿Qué es?

—¿Sabe qué es un campo en filosofía natural?

—Tengo una vaga idea. Es una zona donde actúa alguna fuerza. ¿Es eso?

—Más o menos. Este campo, sin embargo, no se parece a ninguno de los que conocemos. Su descubridor, un moscovita llamado Rusakov, investigaba el misterio de la conciencia..., de la conciencia humana. Se preguntaba por qué algo totalmente material como un cuerpo humano, incluido el cerebro, desde luego, es capaz de generar algo tan... invisible. También se preguntaba si acaso la conciencia podría ser algo material.

Si no se puede pesar ni medir, cabe pensar que es algo espiritual. Una vez que empleemos la palabra espiritual, no tenemos que explicar nada más, porque es algo que corresponde a la Iglesia y que nadie puede cuestionar. Eso entra en colisión con la naturaleza profunda de un investigador. Sin entrar en detalle de todas las fases de indagación de Rusakov, al final llegó a concebir la extraordinaria idea de que la conciencia es una propiedad totalmente normal de la materia, como la masa o la carga ambárica; hay un campo de conciencia que impregna el universo entero y que, según creemos, se presenta en su forma más plena en los seres humanos. La manera precisa en que se manifiesta es lo que en la actualidad están investigando con gran apremio y entusiasmo los científicos de todo el mundo.

—Bueno, digamos más bien en las partes del mundo donde está permitido —puntualizó Hallgrimsson—. Como usted comprenderá, señor Van Texel, eso puede llamar fácilmente la atención del Tribunal Consistorial.

—Sí. Es algo capaz de sacudir los cimientos de la Iglesia. ¿Y de eso vino a hablar con usted esa señora?

—Así es —confirmó Löfgren—. El interés de la señora Coulter era insólito para alguien que no trabaja dentro del ámbito académico. Formuló varias preguntas muy atinadas sobre el campo de Rusakov y la conciencia humana. Yo le enseñé mis resultados y captó todo lo que le expliqué con una percepción instantánea; después advertí, apenado, cómo dejó de interesarse por mí para empezar a halagar a mi colega aquí presente.

—¿Había oído cantar las alabanzas de este vino entonces, señor? —bromeó Coram.

—¡Ja, ja! No, no era por el vino, ni tampoco por ninguno de mis innumerables atractivos. Quería hacerle una pregunta al aletiómetro. Una pregunta relacionada con su hija, señor Van Texel.

—¿Su hija? —dijo Coram—. ¿Se refiere a la niña que tuvo con...?

—Con lord Asriel —corroboró Hallgrimsson—. El mismo, en efecto. Quería usar el aletiómetro para averiguar dónde estaba la niña.

—¿No lo sabe?

—Oh, no. La pequeña está bajo la custodia de los tribunales, pero podría hallarse en cualquier parte. Según parece, es un asunto que se lleva en secreto. Y ahora..., y se lo cuento como algo que no conviene divulgar, fíjese bien, señor Van Texel... La madre ha descubierto que la niña aparece en una profecía de las brujas. Ella no nos lo dijo, pero lo..., bueno..., se le oímos contar a uno de sus criados. La señora Coulter está muy ansiosa por descubrir algo más al respecto y, sobre todo, por averiguar dónde está la niña, para volver a tenerla a su... Iba a decir a su cuidado, pero creo que más bien sería: bajo su custodia.

—Ya veo —dijo Coram—. ¿Y qué dice esa profecía? ¿No lo oyeron, por casualidad?

—No, desgraciadamente, no. Creo que indicaba que la niña tenía una importancia extrema en algún sentido. Eso es lo único que oímos. Y su madre ignora el contenido de la profecía. Sí, es una mujer extraordinaria. Pero ¿cabe la posibilidad de que recibamos una llamada de los agentes del Tribunal Consistorial, señor Van Texel?

—Espero que no, señores. Aunque estos son tiempos difíciles, profesor.

Coram ya no necesitaba hacer más preguntas; se había enterado de lo que quería saber. Al cabo de unos minutos más de conversación, se puso en pie.

—Caballeros, les estoy muy agradecido —dijo—. Una cena espléndida, uno de los mejores vinos que he probado en toda mi vida y una ocasión de ver ese extraordinario instrumento.

—Lamento mucho no haber podido hacer más que exponerle, *grosso modo*, cómo funciona —repuso el profesor Hallgrimsson, que se levantó con movimientos algo trabajosos—. Al menos, ha visto las dificultades que entraña.

—En efecto, señor. No sé si habrá parado de llover.

Coram se acercó a la ventana y miró fuera. La calle estaba vacía y muy oscura en los tramos adonde no llegaba la luz de las farolas.

—¿Quiere que le preste un paraguas? —se ofreció el profesor.

—No será necesario, gracias. Ya ha parado de llover. Buenas noches, caballeros. Y gracias de nuevo.

A Coram le quedaba otro problema que resolver.

Pese a que había dejado de llover, el aire estaba gélido y cargado de humedad. Todas las farolas estaban rodeadas de una aureola de niebla que les confería una apariencia de vilanos; los canalones no paraban de vomitar agua mientras Coram y Sophonax caminaban despacio por el borde del río.

—¿No quieres subir, Sophie? —propuso Coram, porque por más daimonion que fuera, Sophonax era al fin y al cabo un gato, y el suelo estaba empapado.

—Mejor no —contestó este.

—¿Aún sigue ahí? —murmuró Coram.

—Está escondido, pero sigue ahí.

Desde que habían salido de Novgorod la semana anterior, Coram sabía que los estaban siguiendo. Había llegado la hora de poner fin a aquello.

—Es el mismo, ¿no?

—Ese daimonion no se puede esconder —respondió Sophie.

Coram estaba dando un rodeo para dirigirse a la pequeña pensión cercana al río donde había alquilado una habitación. En ese momento, aminoró el paso en la orilla del río, donde había una docena de barcazas amarradas a un dique de piedra. Eran las doce y media de la noche.

Se detuvo y, agarrado a la mojada barandilla de hierro, tendió la mirada sobre las negras aguas mientras su daimonion se le enroscaba en las piernas, fingiendo reclamar su atención, cuando en realidad estaba pendiente de cuanto se movía a sus espaldas.

Para llegar a la pensión, tenían que cruzar un puentecillo de hierro que comunicaba con la otra ribera, pero Coram no fue por allí. Cuando Sophie dijo «Ahora», se alejó del río y, cruzando a toda prisa la avenida, se adentró en un callejón que se abría entre dos edificios de fachada de piedra que podrían haber sido sedes de bancos u oficinas del Gobierno. Había reparado en ese callejón antes, cuando iba hacia la universidad. Aunque le había dirigido solo una breve ojeada automática, había visto que tenía salida al otro lado. Allí no se quedaría atrapado, pero quizá sí podría tender una emboscada a la persona que lo seguía. En cuanto se halló al amparo de las sombras, corrió con sigilo hasta los grandes cubos de basura que había a unos metros, en el lado derecho del callejón y que casi resultaban invisibles con la oscuridad.

Agachado detrás, buscó en la manga del abrigo la corta y pesada vara de palo santo que llevaba pegada al antebrazo izquierdo. Conocía, como mínimo, cinco maneras letales de emplearla.

Sophie aguardó a que tuviera el palo preparado antes de saltar encima de su hombro; luego, tras tantear con cuidado la tapa del cubo de basura más cercano para comprobar su estabilidad, se subió a ella y se quedó pegado a la superficie, observando la boca del callejón con sus ojos de gato. Coram miraba el otro extremo, que daba a una calle estrecha de edificios de oficinas.

Lo que iba a suceder a continuación dependería de la habilidad que tuviera para combatir el daimonion del otro hombre. En una ocasión, cuando eran más jóvenes, habían vencido a un tártaro. Sophie era rápida y muy fuerte, y no tenía miedo a nada; en un combate a vida o muerte, el gran tabú que prohibía tocar el daimonion de otra persona no valía gran cosa. Luchando por preservar su vida, Sophie había tenido que arañar y morder con furia en más de una ocasión la mano de un extraño, para después lavarse con frenética aprensión y liberarse de la impureza de su contacto.

Ese daimonion, sin embargo…

—Allí —susurró Sophie.

Coram se volvió despacio, con cautela. Recortada sobre el dique iluminado, vio la reducida cabeza y los abultados hombros de una hiena. Los estaba mirando directamente. Era una bestia como Coram no había visto nunca: irradiaba malicia por todos los poros de su piel, con unas fauces capaces de triturar los huesos como si fueran miga de pan. Era obvio que ella y su pareja eran expertos en el arte de seguir a alguien. Coram lo era en el de descubrirlo y admiraba su habilidad. Aunque, tal como había señalado Sophie, para un daimonion así no resultaba fácil pasar inadvertido. Coram no tenía ni idea de qué quería, pero si buscaban pelea, la iban a encontrar.

Crispó la mano en torno al palo; Sophie se aplastó aún más encima del cubo. El daimonion hiena avanzó un poco, dejando ver su silueta al completo. El hombre la siguió en silencio. Coram y Sophie vieron la pistola que empuñaba justo antes de que se pegara a la pared del callejón y desapareciera en la sombra.

Siguió un silencio, enturbiado solo por el eterno goteo del agua caída de los tejados.

Coram lamentó que Sophie no se hubiera escondido detrás del cubo, en lugar de agazaparse encima de la tapa. Estaba demasiado expuesta...

Sonó un ruido, como si alguien escupiera un hueso de cereza, pero era una pistola de gas. Enseguida se oyó un gran estrépito, cuando la bala chocó contra el cubo, que cayó encima de Coram y se alejó rodando por el callejón. En el mismo instante, Sophie se apartó de un salto y aterrizó al lado de Coram. Con las pistolas de gas era difícil hacer blanco desde lejos, pero de cerca podrían resultar mortales: tendrían que neutralizar el arma. Se mantuvieron completamente inmóviles. Los pasos se acercaban despacio; hasta su oído llegaban los resoplidos que producía al husmear aquella criatura y el ruido del contacto de sus garras sobre los adoquines. Entonces Coram pensó «¡Ahora!» y Sophie saltó directamente hacia el lugar donde debía estar la cabeza de la hiena, con las uñas hacia fuera. El hombre volvió a disparar dos veces la pistola de gas: una de las balas rozó el cuero cabelludo de Coram.

Eso le sirvió para saber dónde estaba el hombre. Se precipitó hacia delante. Descargando el palo en la oscuridad, topó con algo, que podría haber sido un brazo, una mano o un hombro. Lo obligó a soltar la pistola.

Sophie tenía todas las uñas firmemente clavadas en la cabeza y la garganta de la hiena. El daimonion sacudía con violencia la cabeza y trataba de desprenderse de él golpeándolo sin parar contra la pared y el suelo. Coram vio la sombra del hombre que se agachaba como si fuera a recoger el arma y se abalanzó para pegarle con el palo, pero calculó mal y resbaló en el suelo mojado. Cayó a los pies del hombre y se apartó de inmediato rodando y propinando patadas hacia donde había caído la pistola.

Cuando hubo empujado con el pie algo que se alejó con un tintineo sobre los adoquines, el hombre le dio una tremenda patada en las costillas y después lo agarró por el cuello, tratando de estrangularlo. Era enérgico y musculoso, pero Coram, que aún tenía el palo en la mano, lo golpeó con todas sus fuerzas en la barriga. El hombre aflojó la presión, tosiendo. Entonces Coram advirtió horrorizado que la hiena había conseguido deshacerse de Sophie, arrancándole un retazo de pellejo entre sus brutales dientes. Inmediatamente, le había apresado la cabeza con las fauces.

Coram se incorporó al instante. El hombre cayó a un lado y Coram descargó el brazo contra la hiena, concentrando todas sus fuerzas. No tenía ni idea de dónde le iba a dar y lo único que le preocupaba era no hacerle daño a Sophie. En todo caso, el golpe fue horrendo, porque oyó un ruido de huesos partidos y en la penumbra vio que Sophie trataba de zafarse. Coram afianzó la postura, apuntó y descargó sin piedad el palo sobre la pierna rota de la hiena, una y otra vez. No le dio tregua, porque esta no tenía más que cerrar la boca para que él y Sophie murieran en cuestión de un momento.

Cuando la hiena abrió la boca para gritar, Sophie se escabulló y arañó la mano del hombre, arrancándole unos jirones de piel, a pesar de la repugnancia que le inspiraba. Gritando por el tormento que le provocaba en los nervios el dolor del daimonion, el hombre se retiró y se llevó a rastras a la hiena. El daimonion gruñía y hacía castañetear los dientes, embargado por el dolor y la amargura. Coram los habría seguido y los habría atacado, heridos como estaban. Sin embargo, cuando intentó levantarse, se desmayó.

Recobró el conocimiento al cabo de un momento, rodeado de un repentino silencio. Aparte de él y de Sophie, no había nadie en el callejón. La cabeza le daba vueltas.

—Quédate tumbado —le aconsejó Sophie cuando trató de sentarse—. Deja que la sangre llegue al cerebro.

—¿Se han ido?

—Se han ido corriendo. Bueno, el hombre era el que corría. No creo que ella vuelva a correr más. La llevaba en brazos, enloquecida de dolor.

—¿Por qué...? —No pudo terminar la frase, pero el daimonion comprendió.

—Has perdido mucha sangre —dijo.

No había notado el dolor hasta ese instante, pero se dio cuenta de la marca que le había dejado la bala en el cuero cabelludo y de la humedad en el cuello y los hombros, que empezaba a enfriarse ahora que había cesado el frenesí del combate. Se quedó acostado para recuperar fuerzas; después se incorporó con cuidado.

—¿Estás malherido? —preguntó.

—Lo habría estado... Si esa boca se hubiera cerrado, no creo que la hubiera vuelto a abrir.

—Deberíamos haber acabado con ellos. Lástima, aunque eran buenos. ¿Crees que era moscovita?

—No. No me preguntes por qué. Franceses..., puede.

Coram se puso en pie, apoyándose en la pared.

—Vamos —dijo, después de mirar a ambos lados del callejón—. Volvamos a la cama. Tenemos que recuperarnos de las heridas, Sophie.

Sentía un dolor tremendo en las costillas. Quizá tenía alguna rota. La sangre le manaba de la cabeza y notaba como si se la hubieran aplastado con una plancha caliente. Cogió en brazos a su daimonion. Este se puso a lamerle y a limpiarle tiernamente la herida, mientras caminaban hacia la pensión.

Después de lavarse con la única agua disponible, que estaba helada, se puso una camisa limpia y se sentó frente a la pequeña mesa del cuarto. Con la luz de una vela, redactó una carta lo más concisa que pudo:

A lord Nugent:

La dama en cuestión fue a Uppsala a consultar al profesor de física, Axel Löfgren. Le hizo varias «preguntas muy atinadas» sobre el campo de Rusakov y su relación con la conciencia humana. Él sospecha que detrás de sus pesquisas estaba el TCD. Aparte, quería que otro profesor llamado Hallgrimsson usara su aletiómetro para decirle dónde estaba su hija. Él no atendió su petición, no sé bien si porque no podía o no quería. Por lo visto, la dama había oído decir que la niña aparece en una profecía de las brujas, aunque ignoraba de qué manera. Se acordará, supongo, de nuestro buen amigo Bud Schlesinger. Hablé con él en casa de Martin Lanselius, en Trollesund. Se ha ido a territorios más septentrionales para indagar el asunto entre algunas brujas que conoce y se pondrá en contacto con nosotros a su regreso. Otra cuestión: desde Novgorod me venía siguiendo un hombre que tiene por daimonion una hiena. No lo reconocí, pero, por su comportamiento, parece un agente muy bien entrenado. Combatí con él y se fue, aunque su daimonion está herido. Me intriga saber quién es.

A continuación, emprendió la laboriosa tarea de transcribir el texto en código y, una vez que hubo terminado, lo puso en un sobre normal dirigido a un insignificante lugar del centro de Londres. Luego quemó meticulosamente el original y se acostó.

5

La especialista

La doctora Hannah Relf se incorporó en la silla y se llevó las manos a la espalda, estirando los doloridos músculos. Llevaba demasiado tiempo sentada; tenía ganas de ir a caminar media hora, pero el tiempo que tenía para usar el aletiómetro de Bodley era limitado. Había otra media docena de estudiosos que lo utilizaban y no podía permitirse perder un segundo. Ya iría a caminar más tarde.

Se inclinó a un lado y a otro, relajando la columna, estiró los brazos; después de efectuar unas rotaciones de hombros, sintió que su rigidez se aliviaba. Se encontraba en Duke Humfrey, la parte más antigua de la biblioteca Bodley de Oxford; tenía el aletiómetro delante de ella, en medio de un desbarajuste de papeles y libros.

Había estado trabajando en tres frentes distintos. En primer lugar, estaba la parte a la que se suponía que se debía dedicar, la que justificaba el tiempo que pasaba con el instrumento: una investigación sobre la variedad de significados del «reloj de arena». Ya había añadido dos plantas más, según la expresión que había acuñado, a los niveles de significados que se multiplicaban hasta profundidades invisibles. Ahora le seguía la pista a una tercera.

En segundo lugar, estaba la labor secreta que realizaba para una organización que ella conocía con el nombre de Oakley Street, por el nombre de su dirección, suponía. Aunque como en Oxford no existía ninguna calle llamada Oakley, pensaba que debía de tener su sede en Londres. Dos años atrás, la había reclutado para ello un profesor de historia bizantina llamado George Papadimitriou, que le había asegurado (y ella lo creyó) que se trataba de una labor importante dentro del campo de defensa del liberalismo y la libertad. Era consciente de que Oakley Street era una rama de una especie de servicio secreto, pero, puesto que lo único que ella hacía era interpretar el aletiómetro para ellos, apenas sabía nada más. Sí leía, no obstante, los periódicos. Y para una persona inteligente no era difícil percatarse de lo que había en juego en la política de su país. Aunque las preguntas de Oakley Street eran variadas, últimamente muchas tenían algo que ver con cuestiones que las autoridades religiosas prohibían tratar. Sabía perfectamente que si el TCD, o algún organismo afín, averiguaba lo que estaba haciendo, se vería en una situación muy comprometida.

En tercer lugar, había una pregunta apremiante, que llevaba planteando desde hacía una semana: ¿dónde estaba la bellota? No tenía ni idea de cómo llegaba siempre sin falta hasta detrás de aquella piedra del parque de la universidad donde debía recogerla. En ese caso, se había producido un retraso de varios días que la tenía muy preocupada.

Por eso estaba consultando el aletiómetro. La pregunta no había sido fácil de definir, como tampoco había sido sencillo interpretar la respuesta. En realidad, nunca lo era, pese a que cada vez se desenvolvía mejor entre los niveles de significado.

Esa tarde, mientras la luz gris menguaba fuera de las ventanas de seis siglos de antigüedad de la sección Duke Humfrey y la lamparilla ambárica del escritorio incrementaba su brillo, creyó haber encontrado el final de una respuesta. Después de una semana de trabajo, disponía de tres imágenes precisas: niño-posada-pez. De haber sido una lectora realmente experta, aquellas ideas vendrían rodeadas de una aureola de detalles adicionales, pero así eran las cosas. Aquello era lo único con lo que contaba para proseguir la búsqueda.

Cogió una hoja de papel y trazó varias líneas verticales para formar tres columnas. La primera, *Niño*, la dejó en blanco. El único niño que conocía era el hijo de su hermana, de cuatro años, y no podía ser él. En la columna correspondiente a *Posada* tampoco anotó nada. ¿Cuántas posadas conocía? No muchas, de hecho. Le gustaba sentarse a tomar vino en el jardín de las cervecerías con algún compañero, pero solo cuando hacía buen tiempo. *Pez*: seguramente era la parte más fácil para empezar. Anotó todos los nombres de peces que se le ocurrieron: arenque, bacalao, raya, salmón, caballa, abadejo, tiburón, trucha, perca, lucio... ¿Qué más había? Pez luna..., pez volador..., espinoso..., barracuda...

—Cacho —dijo su daimonion, que era un tití.

Lo apuntó, aunque no sirvió de nada. Su daimonion no sabía más que ella, desde luego, aunque a veces uno de ellos se acordaba de cosas que el otro había olvidado.

—Tenca —añadió.

En lo concerniente a su trabajo oficial, el alcance de significados del reloj de arena, tenía la posibilidad de consultar con cinco o seis estudiosos más. Pero su otra labor era secreta y nunca hablaba de ella excepto con su daimonion. Aquella pregunta era una derivada de ella; por lo tanto, debía guardar silencio.

Bostezó, se volvió a estirar, se levantó y recorrió despacio el pasillo de la biblioteca un par de veces, procurando dejar la mente en blanco. Aquello tampoco dio resultado. Sin embargo, cuando se volvió a sentar, le vino al recuerdo la imagen de un pavo en una terraza junto al río, en la que se encontraba con un grupo de amigos: la desfachatez con que había quitado una salchicha de los dedos de su vecino para luego tratar de irse corriendo, entorpecido por su ridícula cola. Aquello había ocurrido hacía años, cuando todavía era estudiante. ¿Dónde había sido? ¿Cómo se llamaba aquella posada? ¿Era una posada, un restaurante o algún otro tipo de establecimiento?

Levantó la vista hacia el mostrador del personal. La bibliotecaria estaba mirando unos pedidos. No había nadie más en la sala.

Hannah se levantó y se acercó a ella sin vacilar: si hubiera dudado, no lo habría hecho.

—Anne —dijo—, creo que estoy perdiendo la memoria. ¿Cómo se llama ese pub que tiene una terraza al lado del río, donde hay pavos? ¿Y dónde está?

—¿La Trucha? —contestó la bibliotecaria—. Está en Godstow.

—¡Ah, claro! Gracias. Qué tonta.

Hannah se dio un golpecito en la cabeza y volvió a su escritorio. Después de doblar con cuidado el papel donde había empezado a hacer la lista, lo guardó en un bolsillo, con la intención de destruirlo más tarde. Sus instructores habían insistido en que no había que dejar ningún indicio escrito de lo que hacían, pero ella necesitaba poner las cosas sobre el papel para poder pensar. Y, hasta entonces, siempre había tomado la precaución de quemarlo todo.

Trabajó media hora más y luego devolvió los libros y el aletiómetro en el mostrador. Anne dejó los libros en el estante reservado a tal efecto y a continuación apretó un timbre, que iba a sonar en la oficina del bibliotecario principal. El aletiómetro lo guardaban en una caja fuerte que había allí. La tarea corría a cargo del bibliotecario principal, que siempre se lo llevaba con un aire solemne que Hannah encontraba muy gracioso.

Sin embargo, esta vez no se quedó a mirar. Cogió los papeles, los puso en el bolso y salió de la biblioteca.

«La Trucha —pensó—. Mañana.»

Al día siguiente, sábado, disfrutaron de un día sin lluvia, con algunos ratos de sol. Hacia mediodía, Hannah localizó su bicicleta; después de inflar los neumáticos, se fue con ella por Woodstock Road. Al llegar arriba, torció a la izquierda en dirección a Wolvercote y Godstow. Iba deprisa, con el daimonion instalado en el cesto de delante, de modo que llegó a La Trucha con la respiración algo alterada y con ganas de quitarse de inmediato el abrigo.

Después de pedir un bocadillo de queso y un vaso de cerveza rubia, se sentó afuera en la terraza. Aunque distaba de estar abarrotada, sí que había unos cuantos clientes. La mayoría de ellos debían de haber optado por no exponerse a un cambio repentino de tiempo quedándose dentro.

Hannah se comió lentamente el bocadillo, leyendo un libro, sin prestar atención a las monerías de *Norman* (o de *Barry*). No tenía nada que ver con el trabajo. Era un libro de suspense, como los que le gustaban a ella, con un misterioso asesinato, huidas *in extremis* y una hermosa y altiva heroína cuya función era enamorarse del taciturno pero perspicaz héroe.

Estaba terminando el bocadillo, con gran pesar de *Norman*. Entonces, justo cuando apuraba la cerveza, apareció, tal como esperaba, el niño.

—¿Quiere que le traiga algo más, señorita? —se ofreció.

Le sorprendió la educación y el interés que denotaba su tono de voz, como si de verdad quisiera ayudarla. Era un chico pelirrojo de unos diez años, robusto y de apariencia fuerte. Un buen muchacho, sociable e inteligente.

—No, gracias. Pero…

¿Cómo debía decirlo? Lo había ensayado varias veces, pero entonces la asaltó el nerviosismo. «Tranquila. Tranquila», se dijo.

—¿Sí, señorita?

—¿Tú sabes algo de una bellota?

La pregunta tuvo un extraordinario efecto. El niño se quedó muy pálido y sus ojos chispearon, primero con comprensión, después con miedo y luego con determinación. Asintió con la cabeza.

—No digas nada ahora —le previno Hannah en voz baja—. Dentro de un minuto me iré, pero me olvidaré este libro y lo dejaré en la silla. Tú lo encontrarás y me buscarás, pero yo ya no estaré aquí. Mi dirección está debajo de la tapa. Mañana, si puedes, tráemelo a mi casa de Jericho. Y… también la bellota. ¿Puedes hacerlo? Hablaremos allí.

El niño volvió a asentir con la cabeza.

—Mañana por la tarde —precisó—. Entonces sí podré. A mediodía tengo trabajo aquí, pero iré por la tarde.

Había recuperado el color de la cara: rubicundo o incluso leonado, pensó. Tras dedicarle una sonrisa, volvió a concentrarse en la lectura mientras el chico recogía el plato y el vaso. A continuación vino la pantomima. Primero se puso el abrigo, luego buscó en el monedero para dejar una propina, a continuación cogió el bolso y, acto seguido, salió. Dejó el libro en la silla corrida bajo la mesa.

Al día siguiente le costó concentrarse en algo. Por la mañana, se entretuvo un poco en su pequeño jardín, podando algo y realizando algún trasplante, pero estaba distraída. Después empezó a llover, así que se fue dentro, preparó café y se puso a hacer algo que no había hecho en toda su vida: intentó resolver el crucigrama del periódico.

—Qué cosa más tonta —comentó su daimonion al cabo de cinco minutos—. Las palabras tienen que ir en un contexto, no colocadas sueltas como especímenes biológicos.

Hannah dejó el periódico a un lado y encendió fuego en la chimenea. Después se dio cuenta de que se había olvidado del café.

—¿Por qué no me lo has recordado? —le preguntó a su daimonion.

—Porque yo también me había olvidado, claro —dijo Jesper—. Tranquilízate, por el amor de Dios.

—Lo intento —aseguró—, pero no sé cómo.

—Ha parado de llover. ¿Por qué no vas a acabar de podar la clemátide?

—Todo va a estar empapado.

—Entonces puedes planchar.

—Solo tengo una bata por planchar.

—Pues escribe cartas.

—No tengo ganas.

—Prepara un pastel, para darle un poco a ese chico.

—Entonces igual viene mientras lo estoy haciendo y tendríamos que estar conversando durante una hora y media hasta que esté listo. De todas formas, tenemos galletas.

—Bueno, haz lo que quieras —renunció.

A mediodía tostó un sándwich de queso en la ennegrecida parrilla de su madre, que permanecía colgada junto al fuego.

Después preparó más café. Esa vez sí se lo tomó. Luego se sintió un poco más sosegada y logró leer durante una hora más o menos. Se había puesto a llover otra vez.

—Igual no viene, si llueve tanto —aventuró.

—Sí vendrá. Es demasiado curioso para no venir.

—¿Eso crees?

—Su daimonion cambió cuatro veces mientras hablábamos con él.

—Aaah —dijo. La observación de Jesper no carecía de interés. Los cambios frecuentes de forma en un daimonion de niño y la adopción de una amplia variedad de formas era un buen indicio de inteligencia y curiosidad—. Y tú crees que... —prosiguió.

—Querrá saber qué significado tiene.

—Se asustó. Se puso pálido.

—Solo un momento. Después le volvió el color a la cara, ¿no te fijaste? Era un poco colorada.

—Bueno, no tardaremos en saberlo —apuntó, al ver al chico en la puerta—. Ahí llega.

Se levantó incluso antes de que sonara la aldaba y dejó el libro en la mesita de al lado antes de alisarse la falda y el pelo. Por todos los santos, ¿por qué tenía que estar nerviosa? Bueno, si lo pensaba, su aprensión estaba justificada. Abrió la puerta.

—Debes de estar empapado —dijo.

—Bueno, un poco —confirmó el niño, que sacudió el impermeable fuera antes de entregárselo.

Después de repasar con la mirada la primorosa alfombra y el suelo de madera pulida, se quitó también los zapatos.

—Pasa a calentarte —lo animó—. ¿Cómo has llegado hasta aquí? ¿No habrás venido a pie?

—En mi barca —respondió.

—¿En tu barca? ¿Dónde está?

—Amarrada al lado del astillero. Me dan permiso para dejarla allí. He pensado que era mejor subirla a la orilla y ponerla boca abajo, porque si se llena de agua, después tardo mucho en achicarla. Se llama *La bella salvaje*.

—¿Por qué?

—Así se llamaba el pub de mi tío. El hermano de mi padre era también posadero y tenía un pub en Richmond. Me gustaba el nombre.

—¿Tenía un letrero bonito?

—Sí, había una señora muy guapa, que había sido muy valiente en algo, pero no sé en qué. Ah..., aquí tiene su libro. Está un poco mojado, perdone.

Estaban sentados a ambos lados del fuego, del que se desprendía una prodigiosa cantidad de vapor.

—Gracias. Quizá será mejor ponerlo al lado de la chimenea.

—Fue muy buena idea eso de dejarlo para que yo supiera dónde tenía que ir.

—Son técnicas de espionaje —dijo ella.

—¿Ah, sí?

—Bueno, son trucos para pasar información. Por cierto, ¿cómo te llamas?

—Malcolm Polstead.

—¿Y... la bellota?

—¿Cómo supo que tenía que preguntarme a mí? —inquirió, sin moverse.

—Hay una manera de... Hay un instrumento... Bueno, lo averigüé por mí misma. Nadie más lo sabe. ¿Puedes decirme dónde está la bellota?

El niño introdujo la mano en un bolsillo interior. Después alargó la mano, con la bellota apoyada en la palma.

Ella la cogió con un titubeo, pensando que quizá la volvería a retirar, pero permaneció inmóvil. Lo que sí hizo fue observar atentamente mientras la abría. Después inclinó la cabeza.

—Estaba mirando para ver si sabía hacia qué lado la tenía que desenroscar —explicó—. A mí al principio me costó, porque nunca había visto nada que se abriera del revés. Pero, como usted lo sabía de entrada..., debe de ser porque era para usted.

Entonces sacó la hoja de papel biblia doblada, justo cuando ella separaba las dos mitades de la bellota: estaba vacía.

—Si hubiera intentado desenroscarla en la otra dirección... —dijo ella.

—Entonces no le habría dado el papel.

Se lo dio y ella lo desplegó; después de leerlo rápidamente, lo guardó en el bolsillo de la rebeca. Parecía como si Malcolm llevara la iniciativa, aunque no era eso lo que ella había previsto. Quería cambiar aquella dinámica.

—¿Cómo llegó a tus manos? —preguntó.

Se lo contó todo, desde el momento en que Asta se había fijado en el hombre que estaba debajo del roble hasta cuando la señora Carpenter le había enseñado el artículo del *Oxford Times* en la tienda.

—Dios mío —exclamó ella, muy pálida—. ¿Robert Luckhurst?

—Sí, del Magdalen. ¿Lo conocía?

—Un poco. No tenía ni idea de que fuera el que... En principio, no debemos conocernos unos a otros. Y, desde luego, no debería decirte nada de esto a ti. Normalmente, él ponía la bellota en un sitio que habíamos convenido y yo la recogía allí. Luego la volvía a dejar en otro sitio, después de haber escrito la respuesta al mensaje. Nunca supe quién la ponía ni quién la recogía.

—Es un buen sistema —elogió el chico.

Tal vez había hablado demasiado. No tenía previsto decirle nada, pero, por otra parte, tampoco se había imaginado que él supiera tanto.

—¿Le has hablado a alguien más de esto? —preguntó.

—No. Me pareció peligroso.

—Pues no te equivocaste. —Vaciló un instante. Podía darle las gracias y despedirse de él, o bien...—. ¿Te apetece tomar algo caliente? ¿Chocolatl?

—Oh, sí, por favor —aceptó.

Una vez en la cocina, Hannah puso a hervir la leche y después volvió a mirar el mensaje. ¿Había algo comprometedor en él? Estaba bastante claro que se aludía al aletiómetro. Y la identidad de los especialistas en el aletiómetro de Oxford no era un secreto para nadie. La referencia al Polvo era mucho más problemática.

Mezcló el cacao molido con un poco de azúcar y lo vertió en la leche caliente, preparando un poco también para ella. El niño ya sabía tanto que debía confiar en él. No tenía más alternativa.

—Tiene usted muchos libros —comentó él a su regreso—. ¿Es profesora?

—Sí. Doy clases en el Saint Sophia.

—¿Es historiadora?

—Más o menos. Se podría decir que soy una historiadora de las ideas. —Encendió la lámpara que había al lado del fuego y, al instante, la habitación se volvió más acogedora y pareció que afuera hacía más frío y estaba más oscuro—. Malcolm, ese mensaje…

—¿Sí?

—¿Lo copiaste en otra parte?

—Sí —reconoció, ruborizado—. Pero lo he escondido debajo de un tablón de mi cuarto. Nadie sabe que allí hay un hueco.

—¿Querrías hacerme un favor? ¿Quemarás esa copia?

—Sí, lo prometo.

Su daimonion y el del chico ya se habían hecho amigos: Jesper se había sentado encima de una urna de vidrio llena de ornamentos y objetos curiosos, y Asta, en forma de jilguero, estaba encaramado a ella escuchando las explicaciones que le daba en voz baja sobre el sello de Babilonia, la moneda romana y el pato arlequín.

—¿Me querrías hacer alguna pregunta? —dijo Hannah.

—Sí, muchas. ¿Quién fabricó la bellota?

—Eso no lo sé. Creo que son una especie de objeto estándar.

—¿Qué instrumento es ese? Cuando le he preguntado cómo sabía que era yo el que tenía la bellota, ha dicho que había un instrumento. Es el alet…

—El aletiómetro…, sí.

Le explicó qué era y cómo funcionaba, mientras él escuchaba con gran atención.

—A-le-tió-metro… ¿Es el único que existe?

—No. En un principio, había seis. Los demás están todos en otras universidades, exceptuando uno, que se perdió.

—¿Por qué no fabrican otro? ¿O muchos más?

—Ya no se sabe cómo se fabricaban.

—Podrían desmontarlos y mirar. Si no supieran cómo se fabrica un reloj y tuvieran uno que funciona, podrían desmontarlo con mucho cuidado y hacer un dibujo de cada una de las piezas y de cómo se ensamblan; después, podrían fabricar más piezas como esas y hacer otro reloj. Aunque sería complicado, tampoco costaría tanto.

Por el momento, todo iba bien. Si lograba que el niño no se apartara de ese tema, no tendría de qué preocuparse.

—Creo que no es tan sencillo —dijo—. Me parece que ciertas partes del instrumento están hechas con una aleación que ya no se puede fabricar, quizá porque son unos metales muy raros. No sé bien.

—Ah, qué interesante. Me gustaría echarle un vistazo algún día, para ver cómo están ensambladas las piezas. Me encanta ese tipo de cosas.

—¿Adónde vas a la escuela, Malcolm?

—Voy a la primaria de Ulvercote. Es como se llamaba antiguamente Wolvercote.

—¿Y adónde vas a ir cuando termines en esa escuela?

—¿A qué instituto, se refiere? No sé si voy a ir. Seguramente entraré de aprendiz en algún sitio... Tal vez mi padre quiera que trabaje en La Trucha y nada más.

—¿Y por qué no irías a una universidad?

—No creo que hayan pensado en eso.

—¿Tú querrías? ¿Te gusta la escuela?

—Sí, creo que sí. Me gustaría, pero me parece que no va a poder ser.

Su daimonion, que escuchaba con gran atención, se posó en su hombro para susurrarle algo; él sacudió levemente la cabeza. Fingiendo que no los veía, Hannah se inclinó para añadir un leño al fuego.

—¿Qué es eso del «campo de Rusakov» que salía en el mensaje? —preguntó Malcolm.

—Ah, pues no lo sé. Yo no tengo necesidad de saberlo todo cuando consulto el aletiómetro. Por lo visto, él ya sabe lo que se necesita.

—Porque en el mensaje ponía «Cuando intentamos medirla con un procedimiento, la sustancia se hace esquiva y parece preferir otro, pero cuando probamos otro procedimiento, tampoco conseguimos mejores resultados».

—¿Te has aprendido de memoria todo el mensaje?

—No lo hice expresamente. Es que como lo leí tantas veces, se me quedó. Bueno, lo que iba a decir es que eso suena un poco como el principio de incertidumbre.

Hannah Relf sintió como si estuviera bajando unas escaleras a oscuras y no hubiera apoyado bien el pie en el escalón siguiente.

—¿Cómo sabes eso?

—Es que a La Trucha viene mucha gente de la universidad y me explican cosas. Como eso del principio de incertidumbre, donde uno puede conocer algunas cosas sobre una partícula, pero no lo puede conocer todo. Si se sabe tal cosa, no se puede saber la otra; por eso, uno siempre se va a quedar en la incertidumbre. Yo diría que es algo parecido. Y lo otro que ponía, lo del Polvo. ¿Qué es?

Hannah se apresuró a recordar qué era lo que entraba dentro del conocimiento público y qué quedaba acotado dentro del dominio de Oakley Street.

—Es una especie de partícula elemental de la que no sabemos gran cosa. No es fácil de examinar, no solo por lo que dice ese mensaje, sino porque el Magisterio… ¿Sabes a lo que me refiero con eso del Magisterio?

—Algo así como la autoridad principal de la Iglesia.

—Eso es. Bueno, pues ellos no están de acuerdo con que se investigue nada relacionado con el Polvo. Lo consideran pecado. No sé por qué. Ese es uno de los misterios que estamos intentando desentrañar.

—¿Cómo puede ser pecado el hecho de conocer algo?

—Buena pregunta. ¿En la escuela hablas con alguien de este tipo de cosas?

—Solo con mi amigo Robbie. Aunque no dice casi nada, sé que le interesa.

—¿Y con los maestros no?

—No creo que lo entendieran. Es que yo, al estar en La Trucha, puedo hablar con toda clase de personas.

—Sí, es una ventaja —reconoció Hannah, mientras en su mente comenzaba a anidar una idea que procuraba sofocar.

—¿Entonces usted cree que cuando hablan del Polvo se refieren a las partículas elementales? —dijo Malcolm.

—Eso espero, aunque esa no es mi especialidad. Y no estoy segura del todo.

Él se quedó mirando el fuego un momento.

—Si el señor Luckhurst era la persona que le pasaba y recogía la bellota, entonces...

—Ya sé. ¿Cómo voy a contactar a... la otra gente? Hay otro procedimiento. Tendré que usarlo.

—¿Quién es la otra gente?

—No te lo puedo decir, porque no lo sé.

—¿Y cómo empezó todo?

—Alguien me pidió que ayudara.

Malcolm tomó un sorbo de chocolatl y pareció concentrarse en una profunda reflexión.

—Y el otro bando —dijo con cautela— es el TCD, ¿verdad?

—Bueno, ya has visto suficiente como para darte cuenta de eso y también de lo peligrosos que son. Prométeme que no harás nada más que te relacione conmigo ni con el árbol que hay junto al canal, nada que pueda entrañar un peligro.

—Le puedo prometer que lo intentaré —matizó él—, pero, si es secreto, no sabré si estoy haciendo algo que pueda entrañar peligro.

—Sí, ahí tienes razón. Y también promete que no le contarás a nadie lo que ya sabes.

—Sí, eso sí que lo puedo prometer.

—Es un alivio oírlo. —Aquella idea persistía, no obstante, reclamando su atención—. Malcolm, cuando aquellos hombres del TCD fueron a La Trucha y detuvieron al señor...

—Al señor Boatwright. Pero se escapó.

—Sí, ese. No estaban preguntando por este tipo de cosas, ¿verdad?

—No. Preguntaban por un hombre que estuvo en La Trucha una semana antes con el antiguo lord canciller.

—Sí, recuerdo que lo habías mencionado. ¿Te refieres al

antiguo lord canciller de Inglaterra? ¿A lord Nugent? ¿No a alguien a quien habían apodado el Lord Canciller, en plan de broma?

—Sí. Era lord Nugent, seguro. Papá me enseñó su foto en el periódico más tarde.

—¿Sabes por qué preguntaban por él los hombres del TCD? ¿Tenía que ver con un bebé?

Malcolm se quedó de piedra. Había estado atento para no decir nada sobre Lyra, tal como le había recomendado la hermana Fenella. Por otra parte, la anciana había tomado conciencia de que ya había mucha gente al corriente y al final había dicho que quizá daba igual.

—Eh..., ¿cómo sabe lo de la niña? —preguntó.

—¿Es algo secreto? La verdad es que oí hablar del asunto a alguien cuando estuve en La Trucha. Alguien decía que las monjas... No recuerdo muy bien, pero hablaron de un bebé.

—Bueno, en vista de que ya ha oído hablar de eso... —dijo Malcolm.

Le contó todo lo que sabía, desde la visita de los tres clientes que miraban por la ventana del Cuarto de la Terraza a cuando vio un momento a la pequeña Lyra y a su vivaracho daimonion.

—Qué interesante —comentó ella.

—¿Usted sabe eso de la ley de asilo? —preguntó Malcolm—. Es que la hermana Fenella me habló de eso del asilo y estaba pensando si por eso habían puesto a la niña allí. También dijo que había algunas universidades que podían dar asilo de esa forma.

—Creo que en la Edad Media podían darlo todas. Hoy en día, solo hay una que mantiene ese derecho.

—¿Cuál es?

—El Jordan College. En realidad, últimamente se ha recurrido a él, sobre todo por motivos políticos. Los estudiosos que han atraído las iras del Gobierno pueden solicitar asilo académico. Hay una especie de fórmula para eso. Deben solicitar el derecho de asilo con una frase en latín, que pronuncian delante del director.

—¿Cuál de las universidades es el Jordan?

—El edificio de Turl Street que tiene esa aguja tan alta.

—Ah, ya sé… ¿Cree que esos hombres podrían haber pedido asilo, para la niña, quiero decir?

—No sé. De veras no lo sé. Pero eso me ha dado una idea. Y me voy a contradecir con lo que te acabo de pedir porque, bien pensado, me gustaría mantener el contacto contigo, Malcolm. Te gusta leer, ¿verdad?

—¡Oh, sí! —exclamó.

—Bueno, entonces haremos ver que es por eso. Yo me dejé el libro y tú me lo has traído… Eso es totalmente cierto. Luego viste todos mis libros, empezamos a hablar de libros y lecturas, y yo me ofrecí a prestarte algunos, a hacer un poco de biblioteca, digamos. Tú podrías llevarte prestados un par de libros y devolvérmelos cuando los hayas leído, y después elegir otros. Sería un buen motivo para venir aquí. ¿Quieres que usemos esa excusa?

—Sí —aceptó de inmediato. Su daimonion, personalizado como una ardilla, aplaudía sentado en su hombro—. Y si veo o si oigo algo…

—Exacto. No lo busques…, no te expongas a ninguna clase de peligro…, pero si oyes algo interesante, puedes explicármelo. Y, sea como sea, cuando vengas aquí, hablaremos de libros. ¿Qué te parece?

—¡Fantástico! Es una idea genial.

—¡Qué bien! Bueno, pues ya podemos empezar ahora mismo. Mira, aquí están mis novelas de misterio. ¿Te gusta esa clase de libros?

—Me gustan de todas clases.

—Y aquí tengo los libros de historia. Algunos pueden ser un poco pesados… No sé. Y lo demás es un poco de todo. Elige tú mismo. ¿Por qué no te llevas una novela y algo más?

Malcolm se levantó con premura y examinó los estantes. Hannah lo observaba sentada, sin querer imponerle nada. Cuando era niña, una señora mayor del pueblo donde se crio había hecho lo mismo por ella: recordaba la maravillosa sensación que le procuraba el hecho de elegir por sí sola, de tener a su disposición todo el contenido de los estantes. En Oxford había dos o tres bibliotecas a las que se accedía mediante pago de cuotas, pero no existía ninguna biblioteca pública gratuita. Y Malcolm no debía de ser el único joven que no tenía oportunidad de satisfacer sus ansias de leer.

Le agradaba verlo tan contento y entusiasmado mientras recorría los estantes, cogiendo libros, examinándolos, leyendo la primera página y volviéndolos a colocar en su sitio antes de sacar otro. Se sentía identificada con aquel chico tan curioso.

Al mismo tiempo, experimentaba un terrible sentimiento de culpa. Lo estaba explotando; lo estaba exponiendo a un peligro. Lo estaba convirtiendo en un espía. De nada le servía decirse que era listo y valiente. Todavía era tan joven que ni se daba cuenta de que tenía el bigote manchado de chocolatl. Él no se habría ofrecido espontáneamente a hacer eso, aunque intuía que le apetecía mucho; había sido ella quien lo había presionado... o tentado. Ella tenía más poder y había tirado de los hilos.

Cuando hubo elegido los libros, los guardó con cuidado en la mochila para que no se mojaran. Luego acordaron el momento en que iba a volver. Después salió a la húmeda oscuridad del atardecer.

Ella corrió las cortinas y se sentó, con la cabeza entre las manos.

—De nada te sirve esconderte —dijo Jesper—. Yo te veo de todas formas.

—¿He obrado mal?

—Desde luego que sí, pero no tenías alternativa.

—Sí debía de tenerla.

—No, no la tenías. Si no lo hubieras hecho, te habrías sentido débil.

—Las decisiones no deberían tomarse en función de cómo nos sentimos..., culpables, débiles...

—No, y no es así como las tomamos. Se trata de elegir entre lo malo y lo menos malo. La tapadera que has ideado es bastante buena. Déjalo ya.

—Ya sé —dijo—. Pero, de todas formas, no me siento bien.

—Mala suerte —concluyó él.

6

Arreglo de cristales

Malcolm decidió hablarles a sus padres de la profesora a quien había ido a devolver el libro, para no ocultarles nada, salvo lo más importante de todo. Enseñó a su madre los dos primeros libros mientras ella le servía el guiso de cordero que había de cena.

—*El cadáver de la biblioteca* —leyó ella— y *Una breve historia del tiempo*. Pero no los traigas a la cocina, porque se mancharían de grasa y de salsa. Si alguien te presta algo, tienes que cuidarlo.

—Los guardaré en mi cuarto —dijo Malcolm, devolviéndolos a la mochila.

—De acuerdo. Ahora date prisa, que hay mucha gente esta noche.

Malcolm se instaló en la mesa para cenar.

—Mamá, cuando termine en la primaria de Ulvercote, ¿iré a la universidad?

—Depende de lo que diga papá.

—¿Tú qué crees que dirá?

—Creo que dirá que termines de cenar.

—Puedo comer y escuchar al mismo tiempo.

—Lástima que yo no pueda hablar y cocinar a la vez.

Y

Al día siguiente, las monjas estaban ocupadas y el señor Taphouse se encontraba en su casa, de modo que Malcolm no tuvo ninguna excusa para ir al priorato al salir de la escuela. Se quedó en su cuarto leyendo los libros por turnos; luego, cuando paró de llover, salió para ver si ya podía pintar el nombre de la barca con la nueva pintura roja, pero aún no estaba bastante seca. Se fue un poco alicaído a su cuarto y empezó a confeccionar un cordel con la cuerda de algodón.

Al final de la tarde, estuvo sirviendo comida y bebida a los clientes del bar, como de costumbre; cuando añadía leña al fuego, vio por casualidad algo que lo sorprendió. Alice, la chica que ayudaba a fregar, entró en el bar cargada de jarras limpias; se inclinaba para dejarlas en la barra cuando uno de los parroquianos sentados cerca alargó la mano y le pellizcó el trasero.

Malcolm retuvo el aliento. Al principio, Alice no reaccionó. Primero se aseguró de que los vasos estuvieran bien apoyados en la barra antes de volverse.

—¿Quién ha sido? —preguntó con calma.

Malcolm advirtió, no obstante, que tenía las aletas de la nariz muy abiertas y los ojos entrecerrados.

Ninguno de los hombres se movió ni dijo nada. El que la había pellizcado era un rollizo campesino de mediana edad llamado Arnold Hemsley, que tenía un hurón por daimonion. El de Alice, Ben, se había transformado en un bulldog que emitía un quedo gruñido. Malcolm vio que el hurón trataba de esconderse en la manga del granjero.

—La próxima vez —advirtió Alice—, ni siquiera me molestaré en enterarme de quién ha sido. Le voy a dar con la jarra al primero que se me presente.

A continuación cogió una jarra por el mango y la aplastó contra la barra: se quedó asiendo con las flacas manos solo el mango, sujeto al erizado muñón del recipiente. Los trozos de vidrio cayeron al suelo en medio del silencio general.

—¿Qué ha pasado? —preguntó el padre de Malcolm, que llegó desde la cocina.

—Alguien ha cometido un error —dijo Alice.

Luego arrojó el mango roto al regazo de Hemsley. Este se retiró, alarmado. Al intentar agarrarlo, se cortó. Alice se alejó con aire de indiferencia.

Agachado junto al fuego, Malcolm oyó murmurar a Hemsley y a sus amigos: «Es demasiado joven, mentecato; quiere cuidar su imagen; ha sido una tontería, aún no tiene edad; provocándome expresamente; no es verdad; ¿no estás en tus cabales o qué?; dejadla en paz, es la hija del viejo Tony Parslow…».

Su padre le pidió que barriera los vidrios rotos, cosa que le impidió oír algo más, aunque los hombres enseguida cambiaron de tema, porque de lo que más le interesaba hablar a todo el mundo por aquel entonces era de la lluvia y de la subida del nivel del agua. Las represas estaban llenas y las autoridades que se encargaban de la cuenca habían tenido que verter grandes cantidades de agua al río y mantener abiertas las compuertas. En los alrededores de Oxford y de Abingdon, se habían inundado varios ríos. Todo ello no tenía nada de especial. Lo malo era que el cauce no desaguaba a un ritmo suficiente: eso representaba una amenaza para diversas poblaciones.

Malcolm se planteó si debía tomar notas de todo aquello, por si acaso era importante, pero decidió que no. En todos los pubs del reino cercanos a un río se habían mantenido las mismas conversaciones. Era extraño.

—¿Señor Anscombe? —dijo a uno de los barqueros.

—¿Qué quieres, Malcolm?

—¿Ha habido alguna vez tanta agua como ahora?

—Ah, sí. No hay más que fijarse en la casa del esclusero. En la pared hay una marca donde se indica hasta donde llegó el agua en la crecida de… ¿Cuándo fue eso, Dougie?

—En 1883 —precisó su acompañante.

—No, otra más reciente.

—¿En el 52 fue? ¿O en el 53?

—Algo así. Cada cuarenta o cincuenta años hay una inundación monstruosa. A estas alturas ya tendrían que haber encontrado una solución.

—¿Y qué podrían hacer? —preguntó Malcolm.

—Construir más presas —respondió Dougie—. Para el agua siempre hay demanda.

—No, no —lo contradijo el señor Anscombe—, el problema está en el río. Tendrían que dragarlo bien. ¿No viste a esos dragadores que trabajaban por Wallingford? Son unos débiles. No tienen suficiente hombría para hacer eso. Si hubiera una crecida de verdad, se los llevaría a ellos los primeros. El problema está en que cuando hay mucha agua que baja por las pendientes, no puede correr bien porque hay mucha cosa acumulada en el fondo. Y, al no tener bastante profundidad, el río se desparrama por la orilla.

—Si no han tomado ya medidas más abajo de Abingdon, deberían espabilar —opinó Dougie—. Todos esos pueblos de ahí están muy expuestos. Mira, si construyeran dos o tres presas más arriba, eso también serviría para no desperdiciar el agua. El agua es un recurso valioso.

—Hombre, en el desierto del Sáhara sí lo sería —replicó el señor Anscombe—, pero ¿qué se puede hacer, a ver? ¿Enviársela hasta allí? En Inglaterra no hay escasez de agua. El problema está en la profundidad del río. Si se drena como Dios manda, el agua correrá estupendamente hasta el mar.

—El terreno es demasiado plano en este lado de las Chilterns' —destacó otra persona, antes de empezar a exponer su punto de vista.

Malcolm, no obstante, tuvo que ausentarse para ir a servir cerveza en el Cuarto del Conservatorio.

Lo primero que consideró digno de contar a la señora Relf no lo oyó en La Trucha, sino en la escuela primaria de Ulvercote. Los periodos prolongados de lluvia eran una pesadilla para los maestros, ya que, como los niños no podían salir a jugar afuera, tenían que vigilarlos en el interior. Y todo el mundo se ponía nervioso e irritable.

Durante el recreo, en la ruidosa y abarrotada aula, Malcolm y tres de sus amigos habían adosado dos pupitres para jugar a una especie de fútbol de mesa, pero el daimonion de Eric tenía ganas de contar alguna noticia emocionante y misteriosa que Eric se esforzaba por reprimir.

—¿Qué es? ¿Qué es? ¿Qué es? —lo atosigó Robbie.

—Es que no lo tengo que decir —adujo Eric.

—Bueno, entonces dilo muy bajito —lo animó Tom.

—Es que no es legal contarlo. Va contra la ley.

—¿Y quién te lo contó a ti?

—Mi padre. Pero me dijo que no lo repitiera.

El padre de Eric, que era secretario del juzgado del condado, a menudo le explicaba detalles jugosos de ciertos juicios a su hijo, cuya popularidad aumentaba en función de ellos.

—Tu padre siempre te hace la misma advertencia —destacó Malcolm—, pero tú siempre nos lo acabas contando.

—No, esto es distinto. Esto sí que es un secreto.

—Entonces no debería habértelo contado a ti —dijo Tom.

—Él sabe que yo soy de fiar —afirmó Eric, provocando un coro de abucheos.

—Si sabes que de todas formas nos lo vas a contar, tanto da que lo hagas antes de que suene el timbre —lo apretó Malcolm.

Con gesto teatral, Eric miró a uno y otro lado antes de inclinarse hacia los demás, que formaron una piña a su alrededor.

—¿Sabíais lo de ese hombre que se cayó al canal y se ahogó? —preguntó.

Robbie estaba al corriente. Tom no. Malcolm asintió con la cabeza.

—Bueno, pues el viernes hubo una investigación —prosiguió Eric—. Todo el mundo pensaba que se había ahogado, pero resultó que lo habían estrangulado antes de que su cuerpo entrara en el agua: no se cayó. Primero lo mataron y después el asesino lo tiró al canal.

—Caramba —exclamó Robbie.

—¿Y cómo lo han sabido? —preguntó Tom.

—Porque no tenía agua en los pulmones. Y, además, tenía en el cuello la marca de la cuerda.

—¿Y ahora qué va a pasar? —quiso saber Malcolm.

—Bueno, ahora el caso está en manos de la policía —contestó Eric—. Supongo que no sabremos nada más hasta que atrapen al asesino y lo lleven a juicio.

En ese momento sonó el timbre y tuvieron que interrumpir el juego y volver a colocar los pupitres en su sitio, para sentarse y empezar a atender, con grandes suspiros, a la clase de francés.

Al llegar a casa, Malcolm se fue directo a mirar el periódico, pero no contenía mención alguna al cadáver del canal. *El cadáver de la biblioteca*, en cambio, era tan apasionante que lo leyó de un tirón por la noche, cuando se suponía que ya se había acostado. A pesar de la violencia infligida a la víctima en el libro, este le resultaba mucho menos horrible que pensar en el pobre hombre que había perdido la bellota: triste, asustado y al final estrangulado.

Le costaba quitárselo de la cabeza. ¡Ojalá él y Asta le hubieran ofrecido su ayuda desde el primer momento! Entonces habría encontrado la bellota, se habría ido deprisa, los miembros del Tribunal Consistorial de Disciplina no lo habrían detenido y todavía estaría vivo…

Al día siguiente, tras salir de la escuela, fue al priorato para ver cómo seguía la niña. Le informaron de que estaba bien, de que en ese momento dormía y de que no podía verla.

—Pero es que tengo un regalo para ella —arguyó Malcolm para convencer a la hermana Benedicta, que estaba trabajando en la oficina.

La hermana Fenella estaba, por lo visto, ocupada en otra parte y no podía atenderlo.

—Es muy amable por tu parte, Malcolm —dijo la monja—. Si me lo das, yo misma me encargaré de que lo reciba.

—Gracias, pero creo que esperaré hasta que pueda dárselo yo mismo —contestó Malcolm.

—Como quieras.

—¿Hay algo que pueda hacer mientras estoy aquí?

—No, hoy no, gracias, Malcolm. No necesitamos nada.

—Hermana Benedicta —insistió—, cuando estaban pensando si iban a dejar a la niña aquí, ¿fue el antiguo lord canciller quien tomó la decisión? ¿Lord Nugent?

—Él intervino en la decisión, sí —respondió ella—. Y ahora, si…

—¿A qué se dedica el lord canciller?

—Es uno de los principales agentes de la ley de la Corona. Es el portavoz de la Cámara de los Lores.

—Entonces… ¿por qué le correspondió a él decidir lo de la niña? Seguro que hay muchos niños que colocar. Si tuviera que decidir adónde van a parar todos, no tendría tiempo para hacer nada más.

—Seguro que tienes razón —concedió la religiosa—, pero así fueron las cosas. Debes tener en cuenta que los padres son personas importantes. Eso debió de influir. Espero que no hayas estado hablando de eso por ahí. Es algo confidencial, privado. Y ahora, Malcolm, tengo que poner orden en estas cuentas antes de las vísperas. Vete, vamos. Hablaremos otro día.

Pese a que ella le había dicho que todo estaba bien, allí ocurría algo. La hermana Fenella debería haber estado cocinando a esa hora y por los pasillos caminaban a toda prisa algunas monjas a las que no conocía muy bien. Tenían expresiones de angustia en su cara. Se habría preocupado por la niña, pero la hermana Benedicta siempre decía la verdad. Aun así, aquello era inquietante.

Al salir afuera, en la oscuridad tamizada de llovizna, Malcolm vio luz en el taller. El señor Taphouse, el carpintero, debía de estar todavía allí. Llamó a la puerta y entró.

—¿Qué está haciendo, señor Taphouse?

—¿A ti qué te parece?

—Parece como si fueran ventanas. Esa de allá se parece a la de la cocina. Aunque… no, van a ser postigos. ¿Es eso?

—Eso es. Fíjate en qué pesado es, Malcolm.

El anciano puso derecho en el suelo el marco que tenía la misma forma que la ventana de la cocina y Malcolm trató de levantarlo.

—¡Caramba! ¡Cómo pesa!

—Roble macizo de dos pulgadas. Si a eso le añadimos el peso del propio postigo, ¿qué precaución habrá que tomar?

—El aguante en la pared —respondió Malcolm, tras un

instante—. Habrá que fijarlo muy bien. ¿Va a ir por fuera o por dentro?

—Por fuera.

—No hay nada mejor que la piedra para fijarlo allí... ¿Cómo lo va a hacer?

El señor Taphouse guiñó un ojo y abrió un armario. Malcolm vio dentro un nuevo modelo de máquina rodeado de rollos de recio cable.

—Un taladro ambárico —explicó el carpintero—. ¿Me quieres echar una mano? Barre un poco esto.

Después de cerrar el armario, le entregó una escoba. El suelo estaba lleno de virutas y serrín.

—¿Por qué...? —se dispuso a indagar Malcolm, pero el señor Taphouse se le adelantó.

—Ya puedes preguntar, ya —dijo—. Hay que poner en todas las ventanas postigos de esta calidad y nadie me ha explicado por qué. Yo no pregunto. Nunca pregunto. Me limito a hacer lo que me dicen. Eso no significa que no sienta curiosidad.

El anciano cogió el marco y lo apoyó contra la pared junto con varios más.

—¿Las vidrieras también? —inquirió Malcolm.

—Esas todavía no. Creo que las hermanas consideran que son demasiado valiosas. Deben de pensar que nadie intentaría estropearlas.

—O sea, ¿que todo esto es para proteger el edificio?

El tono de voz de Malcolm reflejaba una incredulidad absoluta: ¿quién diablos iba a querer hacerles daño a las monjas o a romperles las ventanas?

—Yo diría que sí —confirmó el señor Taphouse, volviendo a colocar el formón en su sitio.

—Pero... —A Malcolm no se le ocurrió cómo acabar la frase.

—¿Pero quién amenaza a las hermanas? Sí, ahí está la cuestión. No te puedo responder. Aunque algo pasa, seguro. Tienen miedo de algo.

—Me ha parecido que había algo raro allá adentro —dijo Malcolm.

—Sí, es verdad.

—¿Tiene que ver con la niña?

—¿Quién sabe? Su padre se enfrentó con la Iglesia en su momento.

—¿Lord Asriel?

—El mismo. Pero es mejor que no metas las narices en ese asunto. Es de ese tipo de cosas de las que es peligroso hablar.

—¿Por qué? ¿De qué forma, quiero decir?

—Ya basta. Cuando digo basta es basta. No seas descarado.

El daimonion del señor Taphouse, un pájaro carpintero de aspecto desastrado, hizo castañetear el pico con enojo. Optando por guardar silencio, Malcolm barrió las virutas y el serrín. Luego los puso en el contenedor que había al lado de los recortes, que el señor Taphouse utilizaría para alimentar la vieja estufa de hierro al día siguiente.

—Buenas noches, señor Taphouse —se despidió Malcolm antes de irse.

El anciano le correspondió tan solo con un gruñido.

Como ya había acabado *El cadáver de la biblioteca*, Malcolm empezó *Una breve historia del tiempo*. Era más difícil de leer, tal como había previsto. El tema era muy interesante, aunque no entendiera todo lo que decía el autor. Quería terminarlo antes del sábado. Y, más o menos, lo consiguió.

Cuando llegó, la doctora Relf estaba cambiando un cristal roto de la puerta trasera. Aquello le llamó la atención.

—¿Cómo se rompió? —preguntó.

—Fue intencionado. Suelo correr el pestillo por arriba y por abajo para que nadie pueda entrar, pero me parece que ellos tenían la esperanza de que la llave estuviera en la cerradura.

—¿Tiene un poco de masilla? ¿Y unas cuantas puntas de vidriar?

—¿Qué es eso?

—Unos clavos pequeños sin cabeza que se ponen para que no se mueva el vidrio.

—Yo pensaba que la masilla servía para eso.

—Sola no. Puedo ir a comprar si quiere.

A unos cinco minutos de allí, en Walton Street, había una ferretería que era una de las tiendas preferidas de Malcolm, junto con la de artículos para barcos. Después de echar un vistazo a las herramientas de la doctora Relf, dictaminó que tenía todo lo necesario, de modo que no tardó en ir y volver con una bolsita de puntas.

—Una vez vi cómo lo hacía el señor Taphouse en el priorato. Es el carpintero —explicó—. Lo que él hizo fue…, mire, se lo enseñaré.

Para evitar dañar el cristal, colocó el formón de lado sobre la punta y golpeó encima con el martillo para clavarla.

—Oh, qué buen sistema —alabó la doctora Relf—. Déjame probar a mí.

Una vez que se hubo cerciorado de que no iba a romper el vidrio, Malcolm la dejó terminar mientras él calentaba y ablandaba la masilla.

—¿Se necesitará un cuchillo especial para la masilla? —preguntó ella.

—No. Con un cuchillo normal bastará. Uno de esos que tienen la punta redonda.

En realidad, él nunca había efectuado ese arreglo, pero como se acordaba de cómo lo había hecho el señor Taphouse, le salió perfecto.

—Estupendo —lo felicitó la doctora.

—Hay que dejarlo que seque y se endurezca un poco antes de pintarlo —advirtió—. Después quedará resistente a la lluvia, el sol y todo eso.

—Bueno, creo que nos hemos ganado una buena taza de chocolatl —dijo ella—. Muchas gracias, Malcolm.

—Ahora voy a ordenar —dijo.

Eso era lo que el señor Taphouse habría esperado de él. Malcolm se lo imaginó mirando y haciendo un severo ademán de aprobación una vez que lo hubiera barrido y recogido todo.

—Tengo dos cosas que contarle —anunció, cuando se encontraban ya instalados delante del fuego en la reducida sala de estar.

—¡Qué bien!

—Igual son malas noticias. ¿Sabe el priorato, donde cuidan de la niña? Pues el señor Taphouse está fabricando unos postigos muy gruesos para poner en todas las ventanas. Él no sabe por qué..., él nunca pregunta por qué..., pero son muy pesados y resistentes. Cuando estuve allí el otro día, las hermanas estaban bastante nerviosas y después lo descubrí a él haciendo los postigos. Eso debe de ser por algo. El señor Taphouse dijo que las monjas debían de tener miedo de algo, aunque no sabía de qué. No sé si le hice las preguntas adecuadas... Igual debí preguntar si se había roto alguna ventana, pero no se me ocurrió.

—No importa. De todas maneras, es interesante. ¿Crees que es para proteger a la niña?

—Tiene que ser eso, en parte. Pero allí tienen muchas cosas que proteger, como crucifijos, estatuas, objetos de plata y cosas así. Aunque si estuvieran intranquilas solo por los ladrones, no sé si se hubieran tomado la molestia de poner el tipo de postigos que estaba fabricando el señor Taphouse, o sea, que debe de ser la niña lo que más les preocupa.

—Seguro que debe de ser eso.

—La hermana Benedicta me dijo que fue lord Nugent, el exlord canciller de Inglaterra, el que decidió llevar a la niña allí. Pero no me dijo por qué, y a veces se enfada si le hago muchas preguntas. Y también me dijo que lo de la niña era confidencial, aunque hay tantas personas que están enteradas ya que a mí me parecía que eso no tenía mucha importancia.

—Seguramente tienes razón. ¿Y cuál era la otra novedad?

—Ah, sí...

Malcolm le explicó lo que el padre de Eric, el secretario del juzgado, le había confiado a este a propósito del hombre del canal.

—¡Dios santo! Es espantoso —comentó, muy pálida, Hannah.

—¿Usted cree que podría ser verdad?

—Eh, hombre..., ¿tú no?

—Lo que pasa es que Eric tiende a exagerar un poco.

—¿Ah, sí?

—Le gusta presumir de lo que sabe, de lo que su padre oye en los juzgados.

—¿A ti te parece que su padre le habría contado una cosa así?

—Sí, creo que sí. Lo he oído hablar de esta forma sobre cosas que han pasado, juicios y eso. Creo que él le diría la verdad a Eric, pero Eric, en cambio..., no sé. Lo único que sé es que ese pobre hombre parecía tan triste...

Con un nudo en la garganta, Malcolm advirtió, incómodo, que le temblaba la voz y los ojos se le anegaban de lágrimas. En casa, en ocasiones así, cuando era más pequeño, su madre tenía la fórmula para consolarlo: lo acogía entre los brazos y lo acunaba suavemente hasta que cesaba el llanto. Malcolm tomó conciencia de que tenía ganas de llorar desde el momento en que se había enterado de la suerte que había corrido aquel hombre, pero no podía contarle nada de aquello a su madre.

—Perdón —dijo.

—¡Malcolm! No te disculpes. Soy yo la que te pido perdón por haberte implicado en esto. De hecho, creo que ahora deberíamos parar. No tengo por qué pedirte que...

—¡Yo no quiero parar! ¡Quiero averiguar qué pasó!

—Es demasiado peligroso. Si alguien sospechara que sabes algo de este asunto, estarías en un...

—Ya lo sé, pero de todas formas ya estoy metido en esto y no lo puedo evitar. Y no es por culpa suya, desde luego. Yo hubiera visto esas cosas sin que usted me lo hubiera pedido. Así, al menos puedo hablar con usted. No podría hacerlo con nadie más, ni siquiera con la hermana Fenella. Ella no lo entendería.

Aún se sentía un poco avergonzado y también percibía el embarazo de la doctora Relf, que se había quedado sin saber qué hacer. No le habría gustado que lo abrazara, así que se alegraba de que al menos no hubiera intentado hacer eso. Pero, aun así, la situación era algo incómoda.

—Bueno, prométeme que no vas a preguntar nada —dijo ella.

—Sí, vale, eso sí lo prometo —respondió sinceramente—. No me voy a poner a hacer preguntas, pero si alguien dice algo...

—Bien, actúa con cabeza. Procura que no se note que estás interesado. Y ahora será mejor que obremos en consonancia con nuestra tapadera y hablemos de libros. ¿Qué te han parecido estos dos?

Malcolm nunca había tenido una conversación como la que sostuvo a continuación. En la escuela, en una clase de cuarenta alumnos, no había tiempo para eso, pese a que el plan de estudios lo contemplaba. Ni siquiera si los maestros hubieran tenido interés en ello. En casa habría sido algo imposible, porque ni su padre ni su madre leían libros. En el bar, más que participar, él escuchaba, y los dos amigos con los que habría podido hablar seriamente de ese tipo de cosas —Robbie y Tom— no poseían el bagaje ni la cultura de la doctora Relf.

Al principio, Asta permanecía tendido encima de su hombro, adonde había acudido transformado en un diminuto hurón cuando se había dado cuenta de que estaba llorando. Pero, poco a poco, se fue distendiendo y no tardó en sentarse al lado del tití Jesper, con quien se puso a conversar en voz baja, mientras ellos hablaban de *El cadáver de la biblioteca* y trataban con seriedad de *Una breve historia del tiempo*.

—La otra vez usted dijo que era una historiadora de las ideas —dijo Malcolm—. Una historiadora. ¿A qué clase de ideas se refería? ¿A las del tipo que salen en este libro?

—Sí, más o menos —confirmó ella—. Ideas sobre cosas grandes como el universo, el bien y el mal y el porqué de la existencia de las cosas.

—Yo nunca me había planteado por qué existen —dijo Malcolm, pensativo—. Nunca había pensado que se pudiera pensar cosas así. Creía que las cosas existían y ya está. O sea, ¿que la gente pensaba cosas distintas sobre eso en otras épocas?

—Ah, sí. Y hubo épocas en que era muy peligroso pensar lo que no se debía, o como mínimo hablar de ello.

—Ahora también pasa algo parecido.

—Sí, me temo que tienes razón. De todas formas, mientras nos ciñamos a lo que se ha publicado, no creo que tú y yo tengamos problemas.

Le apetecía preguntarle sobre las actividades secretas en

las que estaba implicada y si tenían que ver con la historia de las ideas, pero por el momento era mejor seguir en el ámbito de los libros. Le preguntó, pues, si tenía otros volúmenes sobre teología experimental. Ella fue a buscar uno titulado *La extraña historia del quantum*. Después le dejó examinar los estantes reservados a las novelas policiacas, donde eligió otro de la misma autora que *El cadáver de la biblioteca*.

—Tiene muchos libros suyos —observó.

—No tantos como escribió.

—¿Cuántos libros ha leído?

—Miles. No podría darte un número.

—¿Se acuerda de todos?

—No. Me acuerdo de los que son excelentes. La mayoría de las novelas policiacas y de intriga no son muy buenas, así que, al cabo de un tiempo, descubro que me he olvidado del argumento y hasta soy capaz de volver a leerlas.

—Es una buena idea —dijo—. Ahora creo que será mejor que me vaya. Si me entero de algo más, se lo contaré cuando venga. Y si le rompen otro cristal..., bueno, seguramente podrá arreglarlo sola ahora que le he enseñado cómo se hace.

—Gracias, Malcolm —respondió ella—. Y, por favor, una vez más: ten cuidado.

Aquella noche, Hannah no cenó en la universidad, tal como solía hacer. En lugar de ello, dejó una nota en el mostrador del bedel del Jordan College y se fue a casa a prepararse unos huevos revueltos. Después tomó una copa de vino y esperó.

A las nueve y veinte, llamaron a la puerta. Fue a abrir de inmediato e hizo pasar al hombre que aguardaba fuera, bajo la lluvia.

—Siento haberle hecho salir en una noche como esta —dijo.

—Y yo siento haber salido —contestó él—. No se preocupe. ¿Qué ocurre?

Era George Papadimitriou, el profesor de historia bizantina que la había reclutado para colaborar con Oakley Street dos años atrás. También era el individuo alto de aspecto de erudito que había cenado con lord Nugent en La Trucha.

La doctora cogió su abrigo y sacudió un poco el agua antes de colgarlo al lado del radiador.

—He cometido una estupidez —dijo.

—No es habitual en usted. Tomaré una copa de lo que hay en esa botella. Adelante, cuéntemelo.

Su daimonion verderón rozó educadamente con el pico el hocico de Jesper y luego se acomodó en el respaldo de su sillón cuando el hombre se sentó junto al fuego. Hannah se volvió a llenar su copa y se instaló en el otro sillón.

Después de respirar hondo, le habló de Malcolm. Le habló de lo de la bellota, de la consulta que había realizado con el aletiómetro, de La Trucha, de los libros… Aunque lo hizo con mucho cuidado, le reveló todo cuanto debía saber.

Él escuchó en silencio. En su cara morena y alargada de mirada intensa había una expresión seria y concentrada.

—Leí la noticia del hombre ahogado en el canal —dijo—. Naturalmente, ignoraba que fuera su contacto. Tampoco sabía nada del asunto del estrangulamiento. ¿Cabe la posibilidad de que sea fruto de la fantasía de un niño?

—Siempre cabe esa posibilidad, desde luego, pero en el caso de Malcolm no. Le creo. Si alguien fantasea, tendría que ser su amigo.

—En la prensa no lo van a publicar, por supuesto.

—A no ser que no fueran los del Tribunal Consistorial de Disciplina quienes están detrás. Si así fuera, no tendrían miedo ni tampoco los censurarían.

Él asintió con la cabeza. No había perdido tiempo reiterando que había cometido una estupidez, ni reprendiéndola ni amenazándola con tomar represalias; en ese momento, concentraba todas sus facultades en esclarecer la situación, con aquel curioso muchacho y la posición en que la doctora lo había colocado.

—Bueno, podría resultarnos útil, desde luego —concluyó.

—Ya sé que podría resultar útil. Eso lo vi desde el principio. Lo que ocurre es que estoy enfadada conmigo misma por haberle hecho correr un riesgo.

—Mientras usted le haga de tapadera, él no correrá apenas riesgos.

—No sé... En todo caso, lo está afectando. Cuando me contó lo del estrangulamiento, se le saltaron las lágrimas.

—Es natural en un niño.

—Es un niño sensible... Hay algo más. Él mantiene una relación muy estrecha con las monjas del priorato de Godstow, que queda enfrente de La Trucha, justo al otro lado del río. Al parecer, las hermanas están cuidando de esa niña cuyo destino se dirimió en aquel juicio: la hija de lord Asriel.

Papadimitriou volvió a asentir mudamente.

—¿Usted estaba al corriente? —prosiguió ella.

—Sí. De hecho, estuve hablando de la cuestión con dos colegas en una sala de La Trucha. Y fue el tal Malcolm quien nos sirvió. Eso me servirá de lección.

—¿De modo que usted... iba con el lord canciller? ¿En eso sí dijo la verdad?

—¿Qué le contó?

Le expuso brevemente la versión de Malcolm.

—Qué chico más observador —dijo él.

—Es hijo único y me parece que quedó fascinado con la niña. Debe de tener, no sé, unos seis meses. Más o menos.

—¿Quién más sabe que está allí?

—Los padres del niño, supongo. Probablemente, algunos de los clientes del pub, la gente del pueblo, los criados... No creo que sea un secreto muy bien guardado.

—En principio, los niños deberían estar al cuidado de su madre, pero en este caso la mujer no quería y así lo dijo. La custodia debería recaer en el padre, pero el tribunal lo prohibió, alegando que no era una persona competente. No, no es un secreto, pero podría convertirse en algo importante.

—Hay algo más —añadió Hannah, antes de relatarle el incidente protagonizado por los agentes del TCD que detuvieron a George Boatwright y el interés que habían demostrado por los visitantes que habían acudido a La Trucha—. Ellos preguntaban, sin embargo, por otra persona.

—Éramos tres —precisó Papadimitriou, apurando la copa de vino.

—¿Un poco más? —le ofreció ella.

—No, gracias. No vuelva a llamarme mediante este procedimiento. El bedel del Jordan es muy chismoso. Si quiere ponerse en contacto conmigo, deje una tarjeta en el tablón de anuncios que hay fuera de la biblioteca de la Facultad de Historia. En la tarjeta ponga simplemente: «Vela». Eso será una indicación para que vaya al próximo oficio de vísperas de Wykeham. Me sentaré solo. Usted se sentará a mi lado y podremos hablar con discreción y con el telón de fondo de la música.

—Vela. De acuerdo. ¿Y si usted quiere ponerse en contacto conmigo?

—En tal caso, lo sabrá. Creo que hizo bien reclutando a ese chico. Cuide de él.

7

Demasiado pronto

La sede del servicio secreto para el que trabajaba Hannah Relf era conocida entre sus agentes con la denominación de Oakley Street por la sencilla razón de que aquella respetable vía pública de Chelsea quedaba muy lejos de allí y no tenía la más mínima relación con ella.

Hannah lo ignoraba. Nunca había estado en aquel lugar. Para ella, las palabras Oakley Street no tenían más significado ni evocación que las de una simple dirección. Aparte del profesor Papadimitriou, su único contacto con la organización se limitaba a la bellota. La recogía y después la dejaba con la respuesta que le pedían en uno de los diferentes escondites que Oakley Street tenía como consignas. A la persona que la dejaba y la volvía a recoger, el difunto señor Luckhurst, se lo denominaba un aislador: ninguno de los dos conocía al otro, lo cual garantizaba que no pudieran revelar nada en caso de que los interrogaran.

La otra manera que tenía de hablar con sus directores era a través de un catalogador de la biblioteca Bodley. En ese caso, tenía que formular una pregunta relativa al número de catálogo de un libro en concreto, con lo cual él interpretaba que quería transmitir un mensaje a Oakley Street. El título del libro carecía de importancia, pero el nombre del autor sí la tenía: la primera letra del apellido era un código que indicaba el asunto del que quería hablar.

Hannah presentó su petición mediante aquel procedimiento oficial; al día siguiente, recibió una nota en la que se la invitaba a acudir a las once de la mañana a la oficina de Harry Dibdin, el catalogador.

Dibdin era un hombre delgado, de cabello rubio rojizo, cuyo daimonion era un pájaro de una especie tropical desconocida para Hannah. Después de cerrar la puerta, retiró una pila de libros de la silla de las visitas y le ofreció una taza de café.

—La catalogación de las peticiones puede llevar su tiempo —advirtió—, y nosotros siempre atendemos con escrupulosa atención las opiniones de los distinguidos estudiosos.

—En ese caso, acepto el café, gracias —respondió ella.

Encendió una hervidora ambárica y se puso a buscar las tazas.

—Aquí puede hablar con total confianza —aseguró—. Nadie puede oírnos. Usted quería ponerse en contacto con Oakley Street. ¿Con qué motivo?

—A mi aislador lo asesinaron. Estoy prácticamente segura de ello. Fueron los hombres del Tribunal Consistorial de Disciplina. Por el momento, no tengo ninguna manera de ponerme en contacto con mis clientes.

Se refería a los cuatro o cinco agentes de Oakley Street que le hacían consultas de manera regular.

—¿Que lo asesinaron? —dijo Dibdin—. ¿Y cómo lo sabe?

Le contó lo sucedido. Cuando hubo acabado, él sirvió el café y le tendió una taza.

—Si quiere leche, tendré que salir a buscarla. Azúcar sí que tengo, en cambio.

—Está bien así, gracias.

—¿Y sus clientes tienen prisa? —preguntó mientras tomaba asiento.

Su daimonion agitó su exótica cola antes de instalarse encima de su hombro.

—Si tuvieran prisa, no consultaría el aletiómetro —respondió—. De todas maneras, no querría posponerlo si puedo evitarlo.

—Efectivamente. ¿Está segura de que Oakley Street no sabe lo de su aislador?

—No. No estoy segura de nada. Pero cuando un sistema que lleva dieciocho meses funcionando se desbarata de repente...

—¿Le preocupa lo que pudiera haber revelado antes de que lo mataran?

—Por supuesto que sí. Aunque no me conocía, sabía dónde estaban todas las consignas y podrían haberlas espiado.

—¿Cuántas utilizaban?

—Nueve.

—¿En estricta rotación?

—No. Había un código que...

—No me diga cuál era. Pero ¿representaba que usted podía elegir y mandar un mensaje e ir directamente a la consigna adecuada? ¿Y que él haría lo mismo?

—Sí.

—Bien, nueve... No deben de disponer de suficientes agentes para vigilar nueve consignas las veinticuatro horas del día. De todas formas, no estaría de más localizar otras nuevas. Informe a través de mí a Oakley Street de dónde se encuentran. Y si el aislador no la conocía, no corre ningún peligro.

—O sea, que de momento...

—No haga nada aparte de buscar otros lugares que servirán de consignas. Cuando Oakley Street designe un nuevo aislador, se lo haré saber.

—Gracias —dijo—. En realidad, hay algo más que me gustaría saber.

—Usted dirá.

—¿Es el lord canciller, lord Nugent..., el antiguo lord canciller..., miembro de Oakley Street?

Dibdin pestañeó y su daimonion basculó el peso del cuerpo de un pie a otro.

—No lo sé —respondió.

—Sí lo sabe. Y por la manera en que ha reaccionado, deduzco que sí lo es.

—Yo no he dicho eso.

—No con palabras. Tengo otra pregunta: ¿qué importancia tiene la hija de un hombre llamado lord Asriel y de una tal señora Coulter?

El bibliotecario guardó silencio unos segundos. Después se acarició la barbilla y su daimonion le trinó algo al oído.

—¿Qué sabe usted de una niña? —dijo Dibdin.

—A esa niña la cuidan unas monjas en Godstow. Es un bebé de unos seis meses. ¿Por qué lord Nugent se interesa por ella?

—No tengo ni idea. ¿Cómo sabe que se interesa por ella?

—Creo que él fue quien decidió que la llevaran allí.

—Quizá sea amigo de los padres. No todo está conectado con Oakley Street, ¿sabe?

—No. Quizá tenga razón. Gracias por el café.

—Ha sido un placer —dijo él, abriéndole la puerta—. Vuelva cuando quiera.

Mientras regresaba a Duke Humfrey, Hannah tomó la resolución de no mencionar nunca las palabras «Oakley Street» delante de Malcolm. Era mejor que no supiera nada de eso. Iba a tener que lidiar con la culpa que sentía por haberle pedido que espiara. Todo aquello resultaba bastante difícil e incómodo.

Malcolm pasó un rato ayudando al señor Taphouse con los postigos. Le gustaba mucho el nuevo taladro ambárico; cuando, después de incordiarlo con insistencia, este le dejó probarlo, aún le gustó más. Colocaron todos los postigos que había hecho el señor Taphouse y después volvieron al taller para fabricar varios más.

—Esta madera de roble ha costado una fortuna —se quejó el anciano—. A la hermana Benedicta no le gusta gastar mucho, pero yo le dije que las cuentas tienen que ser claras y que el roble es el roble. Al final lo entendió.

—Ningún material es resistente si no está bien sujeto —sentenció Malcolm, que había oído aquello un sinfín de veces de labios del señor Taphouse, a lo largo de su carrera como asistente del anciano carpintero.

—Sí, pero la madera recia como esta permite una buena sujeción. Se tardaría mucho en quitar esos tornillos de la pared con un destornillador.

—Estaba pensando precisamente en esos tornillos —dijo Malcolm—. Cuando el agujero se desgasta, cuestan mucho más de quitar, porque el destornillador no encuentra las ranuras, ¿no?

—¿Qué quieres decir con eso?

—Bueno, supongamos que limáramos la cabeza del tornillo, de forma que se pudiera colocar, pero no quitarlo.

—No entiendo.

Malcolm puso un tornillo en el torno de banco y limó una parte de la cabeza para mostrar al señor Taphouse lo que quería decir.

—¿Ve? Uno puede hacerlo girar para colocarlo, pero no hay nada contra lo que apoyar si se quiere desatornillar.

—Ah, sí. Es una buena idea, Malcolm, una gran idea. Pero supongamos que la hermana Benedicta cambia de idea el año que viene y me dice que las vuelva a quitar todas. ¿Entonces qué?

—Ah, no había pensado en eso.

—Pues cuando lo pienses, me avisas —dijo el anciano.

Su daimonion cacareó un poco. Malcolm no se molestó. A él le gustaba su idea y creía que podía mejorarla. Después de guardarse el tornillo en el bolsillo, ayudó al señor Taphouse con los acabados del siguiente postigo.

—¿Los va a barnizar, señor Taphouse? —preguntó.

—No. Les voy a echar aceite con cera de abeja, muchacho. No hay nada mejor. ¿Sabes con lo que hay que tener cuidado respecto a esa clase de aceite?

—No. ¿Con qué?

—Con la combustión espontánea —contestó con rotundidad el anciano—. Mira, si impregnas un trapo y no lo pones a remojar en agua después de terminar y lo dejas secar tal cual, prenderá él solito.

—¿Cómo ha dicho? Combust…

—Combustión espontánea.

Malcolm lo volvió a pronunciar con placer.

Cuando se hubo marchado el carpintero, fue a la cocina del priorato para hablar con la hermana Fenella. La anciana estaba cortando col. Malcolm cogió un cuchillo y se puso a ayudarla.

—¿Qué estabas haciendo, Malcolm? —le preguntó la monja.

—Ayudando al señor Taphouse —respondió—. ¿Sabe esos postigos que está fabricando, hermana Fenella? ¿Por qué están poniendo postigos?

—Eso es lo que nos aconsejó la policía —contestó—. Vinieron a ver a la hermana Benedicta y le dijeron que últimamente había habido muchos robos en Oxford. Como pensaron en toda la plata, la vajilla y las vestiduras tan caras… y todo eso, nos recomendaron que añadiéramos más protección.

—Entonces ¿no es por la niña?

—Bueno, también servirá para protegerla a ella, claro.

—¿Cómo está?

—Muy vivaracha.

—¿Puedo volverla a ver?

—Si nos da tiempo.

—Le hice algo. Un regalo.

—Ay, qué amable, Malcolm…

—Lo tengo aquí. Siempre lo llevo encima por si acaso puedo verla.

—Es un bonito detalle.

—¿Puedo verla entonces?

—Bueno, de acuerdo. ¿Has terminado con esa col?

—Sí, mire.

—Entonces vamos.

La hermana Fenella dejó el cuchillo y se limpió las manos, antes de enfilar el pasillo que conducía a la habitación. La cuna seguía en el centro de la sala. Como solo había una lámpara mortecina, la niña estaba en la penumbra. Hacía muchas clases de ruidos de bebé dirigidos a su daimonion, que, en forma de rata, se levantó sobre las patas traseras y se quedó mirando a la hermana Fenella y a Malcolm antes de refugiarse en la almohada, donde se puso a emitir una especie de chirridos en la oreja de Lyra.

—¡Le está enseñando a hablar! —dijo Malcolm.

La hermana Fenella levantó con sumo cuidado a la pequeña; el daimonion de esta se subió a su hombro, convertido en musaraña.

Malcolm sacó el regalo. Era el cordel que había confeccionado, atado a una bolita de madera de abedul que había redondeado y pulido con esmero. Había consultado a su madre.

—Mientras sea demasiado grande para que lo pueda engullir, quizá no sea peligroso —había opinado esta.

—Lo iba a pintar —le dijo a la hermana Fenella—, pero, como sé que los bebés se meten las cosas en la boca y en la pintura ponen toda clase de sustancias que igual no son buenas para ella, la pulí todo lo que pude. No tiene astillas ni nada. Y si se traga el cordel, con la bola se puede estirar para sacársela de la boca. No tiene peligro.

—Ah, es muy bonito, Malcolm. ¡Mira, Lyra! Es un trozo de madera... ¿De qué es?

—De abedul. Mire, se puede saber por el grano. Es muy fina. Tal y como está atada, no se puede soltar.

Lyra cogió de inmediato el cordel y se lo metió en la boca.

—¡Le gusta! —exclamó Malcolm.

—Podría... No sé... Si intenta engullir el cordel, se podría ahogar...

—Igual sí —concedió de mala gana Malcolm—. Quizá debería esperar hasta que sea mayor. O, si no, usted podría llevar la cuna a la cocina. Si oye que hace ruidos como que se fuera a ahogar, la podría salvar enseguida. Apuesto a que su daimonion haría un escándalo si se estuviera atragantando. ¿Cómo se llama?

—Pantalaimon.

—Él mismo podría sacárselo seguramente.

—No es seguro —afirmó con rotundidad Fenella—. Ya se lo darás cuando sea mayor.

—Está bien —capituló Malcolm, tratando de retirar el cordel.

Lyra no quería desprenderse de él, pero cuando Malcolm fingió que le había dado un ataque de hipo, le entró tanta risa que se olvidó del cordel y lo soltó.

—¿La puedo coger? —preguntó.

—Siéntate ahí —le recomendó la hermana Fenella.

Se sentó en una silla bien erguido y apartó los brazos. Entonces la hermana Fenella depositó con mucha precaución a Lyra en su regazo. Su pequeño daimonion se puso a corretear por todos lados para evitar tocar a Malcolm. Este tuvo muchísimo cuidado, pero, intrigada por aquel cambio de perspectiva, la propia Lyra se puso a mirar tranquilamente a su alrededor y después fijó la mirada en el niño.

—Este es Malcolm —lo presentó la hermana Fenella con tono suave y alegre—. A que te gusta Malcolm. ¿Sí?

Malcolm tuvo la sensación de que, a pesar de su carácter bondadoso, la anciana monja no sabía muy bien cómo se debía hablar a los bebés.

—Mira, Lyra —dijo, bajando la vista hacia la carita de la niña—, yo te hice ese cordel con la bola de abedul, pero aún no tienes edad suficiente para jugar con eso. Ha sido culpa mía. No pensé que te podías ahogar con el cordel. Bueno, igual no te hubieras atragantado, pero por ahora es demasiado peligroso, así que lo guardaré hasta que seas más mayor y no te lo metas todo en la boca. Y cuando hayas crecido aún más, te enseñaré a hacer uno tú misma. No es difícil si te lo explican. Yo lo hice con cuerda de algodón, pero también se pueden usar otros materiales, como hilo de bramante, marlín... Cuando seas más mayor, te llevaré a dar un paseo en *La bella salvaje*. ¿Qué te parece? Es mi barca. Aunque será mejor que antes aprendas a nadar. Iremos en verano, ¿vale?

—Creo que todavía será demasiado pequeña... —dijo la hermana Fenella. Calló de repente, porque oyeron voces en el pasillo—. ¡Rápido! —susurró, antes de coger a la niña en el regazo de Malcolm, justo cuando se abría la puerta.

—¡Ah! ¿Qué hace este niño aquí?

La recién llegada era una mujer de cabello gris recogido en un moño y de semblante severo. No era una monja, pero el traje azul marino que vestía parecía una especie de uniforme; en la solapa llevaba una insignia en la que se podía ver una lámpara dorada de la que brotaba una pequeña llama roja.

—¿Hermana Fenella? —dijo la hermana Benedicta, entrando tras ella.

—¡Ah! Bueno..., Malcolm... Este es Malcolm...

—Ya sé quién es Malcolm. ¿Qué están haciendo?

—Confeccioné un regalo para la niña —apuntó Malcolm— y le he pedido a la hermana Fenella si podía dárselo.

—Enséñamelo —dijo la desconocida.

Examinó la bola de madera y el cordel empapado con una aversión evidente.

—No es adecuado, para nada. Lléveselo. Y tú, jovencito, vete a casa. No tienes nada que hacer aquí.

Al oír aquel tono de voz tan duro, a Lyra se le descompuso el rostro y empezó a llorar en voz baja, mientras su daimonion hundía la cara en su cuello.

—Adiós, Lyra —dijo Malcolm, acariciándole la cabecita—. Adiós, hermana Fenella.

—Gracias, Malcolm —logró responder la anciana.

Malcolm se dio cuenta de que estaba muy asustada. La hermana Benedicta le quitó a Lyra de los brazos. Lo último que oyó mientras se iba del priorato fueron los sonoros gemidos de la pequeña.

Aquello también tenía que contárselo a la doctora Relf.

8

La Liga de san Alexander

El lunes a mediodía, Malcolm estaba agachado en un rincón del patio de la escuela, con uno de los tornillos imposibles de desatornillar en una mano y la navaja suiza en la otra, intentando encontrar una manera de revertir el proceso. Los gritos y los chillidos de los niños que jugaban y corrían a su alrededor rebotaban en las paredes de ladrillo; un viento frío se los llevaba por encima de Port Meadow.

Por el rabillo del ojo, vio a alguien que se acercaba tímidamente a él y no tuvo necesidad de mirar para saber de quién se trataba. Era Eric, el hijo del secretario del juzgado.

—Estoy ocupado —dijo Malcolm, previendo que Eric tampoco iba a hacer caso de la advertencia.

—Eh, ¿te acuerdas de lo de ese hombre al que asesinaron? ¿Al que estrangularon antes de tirarlo al canal?

—Se supone que no debes hablar de él.

—Ya, pero ¿sabes qué oyó mi padre?

—¿Qué?

—Que era un espía.

—¿Cómo lo saben?

—Mi padre no me lo pudo decir por lo de la Ley de Secretos Oficiales.

—Entonces ¿cómo te pudo decir que el hombre era un espía? ¿No es eso un secreto oficial?

—No, porque, si lo fuera, no me lo habría podido contar, ¿no?

Malcolm pensó que el padre de Eric encontraría la manera de contarle cualquier cosa si quería hacerlo.

—¿Y para quién espiaba entonces?

—No lo sé. Papá tampoco me lo pudo decir.

—¿Y tú para quién crees que trabajaba?

—Para los moscovitas. Ellos son los enemigos, ¿no?

—Podría ser que fuera un espía nuestro y que lo hubieran matado los moscovitas —señaló Malcolm.

—¿Y qué sería lo que espiaba de ellos?

—No sé. Debía de estar de vacaciones. Los espías también tienen vacaciones, como todo el mundo. ¿A quién más se lo has contado?

—A nadie todavía.

—Pues más vale que tengas cuidado. Seguramente, tú padre tiene razón en eso de la Ley de Secretos Oficiales. ¿Sabes cuál es el castigo por no cumplirla?

—Se lo preguntaré.

—Buena idea, pero, mientras tanto, será más seguro que no se lo cuentes a nadie. Hay espías por todas partes.

—¡En la escuela no! —se mofó Eric.

—Los maestros podrían ser espías. ¿Qué te parece la señorita Davis, por ejemplo?

La señorita Davis era la profesora de música, la persona con peor genio que Malcolm había conocido nunca.

—Podría ser —concedió Eric, tras unos segundos de reflexión—. Pero ella destaca mucho. Los espías de verdad tienen que ser más discretos y pasar desapercibidos.

—Esa podría ser una ingeniosa manera de disimular. Como uno espera que los espías sean callados y vayan camuflados, por así decirlo, al ver a la señorita Davis gritando y dando golpes en la tapa del piano, uno no sospecharía que pudiera ser una espía, aunque sí lo fuera.

—¿Y qué espiaría aquí?

—Lo haría en los ratos libres. Podría ir a cualquier sitio y espiar lo que fuera. Cualquier persona podría ser un espía. Eso es lo que te intento hacer ver.

—Ya, puede que sí —admitió Eric—. Pero el hombre del canal sí que era un espía de verdad.

El daimonion de Eric, transformado en ratón, trepó hasta su hombro y dijo algo en voz bastante baja, pero Malcolm lo alcanzó a oír.

—Papá no dijo exactamente que fuera un espía. No lo dijo exactamente.

—Pues casi sí —contestó Eric.

—Sí, pero exageras.

—Entonces ¿qué fue lo que dijo? —preguntó Malcolm.

—Lo que dijo fue: «No me extrañaría que fuera un espía». Es lo mismo.

—No del todo.

—¿Por qué lo dijo entonces si no? —intervino Asta, que había estado siguiendo con gran interés la conversación en forma de petirrojo, volviendo la cabeza hacia uno y otro con vivos movimientos.

—Exacto. Gracias —dijo Eric con seriedad—. Sabía algo que le hizo pensar que era probable que lo fuera. O sea, que debe de serlo.

—¿Lo podrías averiguar? —dijo Malcolm.

—No sé. Se lo podría preguntar, pero tengo que hacerlo de una manera conveniente. No puedo salirle de repente con la pregunta.

—¿Qué quieres decir con eso de conveniente?

—Ya sabes, sin que se note demasiado.

—Ah, ya.

La palabra que Eric quería usar debía de ser «sutil», dedujo Malcolm.

Entonces sonó el timbre y tuvieron que ponerse en fila para ir a las aulas, donde deberían pasar aquella inacabable y aburrida tarde. Por lo general, el maestro que vigilaba el patio inspeccionaba las filas, regañaba a los que hablaban o estorbaban, y hacía entrar a las clases uno por uno. Ese día, sin embargo, ocurrió algo distinto.

El maestro esperó a que todos estuvieran quietos y callados. Después se paró también y dirigió la mirada hacia el edificio de la escuela. A raíz de ello, varios niños, entre los que se contaba Malcolm, volvieron la cabeza y vieron salir al director, con la bata inflada por el viento. Había alguien con él.

—Por aquí —espetó el maestro, obligándolos a mirar hacia delante antes de que Malcolm lograra discernir quién era aquella persona.

Al cabo de un momento, se puso a caminar delante de las filas con el director y entonces la reconoció. Era la mujer que había ido al priorato y que había asustado a Lyra con su áspera voz. Llevaba el mismo traje azul marino y el mismo moño apretado.

—Escuchad atentamente —reclamó el director—. Cuando entréis, dentro de un momento, no debéis ir a las clases. Id a la sala, igual que hacéis para la reunión de la mañana. Entrad como siempre, sentaos en silencio y esperad. El que haga ruido va a tener problemas. La clase cinco, que entre la primera.

Malcolm oía murmurar a su alrededor: «¿Quién es? ¿Qué va a pasar? ¿Quién tiene problemas?».

Observó con atención a la mujer sin que se notara. Esta escrutaba a todos los alumnos de las clases que tenía delante, como si los raspara con su gélida mirada mientras ellos permanecían de pie, se volvían y salían de las filas. Cuando desplazó la mirada hacia donde estaba él, procuró escabullirse detrás de Eric, que era un poco más alto.

La sala era el sitio donde las camareras servían las mesas para la comida de la escuela, cuyo aroma quedaba flotando allí durante toda la tarde. Ese día, el colinabo había sido la estrella del menú y ni siquiera el rollo de jamón que habían comido después lograba mitigar su intenso olor en el ambiente. Asimismo, aquella sala servía para las clases de gimnasia, de tal modo que por debajo del olor de la comida había también un aromático residuo del sudor de diversas generaciones de niños.

Al entrar en la sala, Malcolm observó a los maestros sentados en fila en la parte de atrás. La mayoría de ellos permanecían inexpresivos, como si aquello no tuviera nada de extraño y fuera una actividad de un día normal. La excepción era el señor Savery, el profesor de matemáticas, muy ceñudo, con semblante indignado. Además, justo antes de sentarse, Malcolm vio la cara de la señorita Davis, la profesora de música: la luz se reflejó sobre su rostro porque tenía las mejillas bañadas en lágrimas.

Malcolm advirtió todos aquellos detalles y se imaginó anotándolos, tal como iba a hacer más tarde, para luego describirlos a la doctora Relf.

Cuando todos los niños estuvieron sentados, especialmente quietos y callados porque percibían que estaba ocurriendo algo inhabitual, el director entró y todo el mundo se puso en pie. La mujer lo acompañaba.

—Está bien, sentaos —dijo.

Una vez que todos quedaron en silencio, prosiguió:

—Esta dama es la señorita Carmichael. Ella misma os explicará cuál es su cometido.

Después tomó asiento, recomponiendo en torno a sí los pliegues de su bata, con el daimonion cuervo asentado, como de costumbre, encima del hombro izquierdo. Malcolm incorporó otro detalle a sus observaciones, porque el director tenía una expresión igual de enfurecida que la del señor Savery. La mujer seguramente no podía verla, o puede que a él le diera igual. Después de aguardar a que reinara un silencio absoluto, esta tomó la palabra.

—Todos sabéis, niños, que nuestra santa Iglesia está organizada en diferentes partes. Juntas componen lo que llamamos el Magisterio. Y juntas trabajan por el bien de la Iglesia, lo que viene a ser lo mismo que el bien de cada uno de nosotros.

»La parte a la que yo represento se llama la Liga de san Alexander. Espero que alguno de vosotros haya oído hablar de san Alexander. Pero, como es posible que todavía no haya aparecido en vuestro temario, os contaré su historia.

»Vivió en el norte de África hace mucho tiempo, en una época en que la santa Iglesia mantenía una pugna contra los paganos, que adoraban a los dioses malos, o bien no creían en ningún dios. La familia del pequeño Alexander pertenecía a la categoría de aquellos que adoraban a un dios malo. No creían en Jesucristo, tenían un altar en el sótano de debajo de su casa donde practicaban sacrificios para el dios malo al que adoraban y se burlaban de quienes, como nosotros, veneraban al dios verdadero.

»Pues bien, un día Alexander oyó hablar a un hombre en la plaza del mercado. Era un misionero que había afrontado todos los peligros en el mar y en la tierra para llevar la historia de Jesucristo y el mensaje de la verdadera religión a los territorios de las riberas del Mediterráneo, donde vivían Alexander y su familia.

»A Alexander le interesó tanto lo que decía que se quedó a escucharlo. Oyó la historia de la vida y muerte de Jesús, de su resurrección, de la promesa de vida eterna de que gozan quienes creen en él y se acercó al predicador para decirle: «Querría ser cristiano».

»No fue el único. Ese día fueron numerosas las personas que se bautizaron. Entre ellas se contaba el gobernador de la provincia, un hombre sabio que se llamaba Regulus. Regulus ordenó que todos sus subordinados se convirtieran al cristianismo. Y así lo hicieron.

»Hubo, no obstante, unos cuantos que no se convirtieron. A mucha gente le gustaba la religión que conocía y no quería cambiar. Incluso cuando Regulus dictó leyes que prohibían la religión pagana y obligaban al pueblo a adoptar el cristianismo por su propio bien, ellos se aferraron a sus viejas y perversas costumbres.

»Alexander vio que podía hacer algo para servir a Dios y a la Iglesia. Conocía a algunas personas que fingían ser cristianos, pero que en realidad seguían adorando a los antiguos dioses, los dioses malos. Era el caso de su propia familia, por ejemplo. Habían dado refugio en su sótano a ciertos paganos que las autoridades estaban buscando porque se habían negado perversamente a escuchar la sagrada palabra de las Escrituras, la sagrada palabra de Dios.

»Alexander, que sabía cuál era su obligación, tuvo el valor de ir a denunciar a las autoridades a su familia y a los paganos que acogían. Los soldados fueron a su casa en plena noche. Sabían qué casa era porque Alexander sacó una lámpara en la azotea y les hizo señales. Detuvieron a sus familiares y se llevaron cautivos a todos los paganos del sótano; al día siguiente, los ejecutaron a todos en la plaza. Alexander recibió una recompensa y persistió hasta convertirse en un gran perseguidor de ateos y paganos. Y después de su muerte, muchos años después, lo nombraron santo.

»La Liga de san Alexander se constituyó en memoria de aquel valiente niño y su emblema es una imagen de esa lámpara que subió a la azotea para indicar adónde había que ir.

»Pensaréis quizá que aquella época es muy remota y que ya no tenemos altares paganos en los sótanos. Pensaréis tal vez que todos creemos en el verdadero dios, que todos amamos y respetamos a la Iglesia y que este es un país cristiano, imbuido de civilización cristiana.

»La verdad es que aún hay enemigos de la Iglesia, tanto nuevos como antiguos. Hay personas que afirman sin empacho que Dios no existe. Algunos se vuelven famosos, pronuncian discursos y escriben libros, o incluso dan clases. Esos no son los más importantes, porque sabemos quiénes son. Los más importantes son las personas de las que no sabemos nada, vuestros vecinos, los amigos de vuestros padres, vuestros propios padres, los mayores a quienes veis todos los días. ¿Acaso ha negado alguno de ellos la verdad en lo que concierne a Dios? ¿Habéis oído que alguno se burlara de la Iglesia o la criticara? ¿Habéis oído decir a alguno mentiras sobre ella?

»El espíritu del pequeño san Alexander perdura hoy en día en cada niño y niña que tenga la valentía suficiente para hacer lo que hizo él y presentarse ante las autoridades a hablar de cualquiera que esté obrando en contra de la verdadera fe. Esa es una labor esencial. Es lo más importante que podréis hacer nunca. Es algo en lo que todo niño debería pensar.

»Podéis integraros en la Liga de san Alexander hoy mismo. Recibiréis una insignia, como la que llevo yo, que llevaréis para demostrar lo que consideráis importante. No hay que pagar nada. Vosotros podéis ser los ojos y los oídos de la santa Iglesia en este mundo corrupto en el que vivimos. ¿Quién quiere pasar a formar parte de la liga?

Fueron muchos los que levantaron la mano. Malcolm advirtió el entusiasmo en los rostros de cuantos lo rodeaban. En cambio, a excepción de uno o dos, los maestros mantenían la mirada gacha o tendían la vista con cara inexpresiva hacia las ventanas.

Eric levantó la mano de inmediato, igual que Robbie, aunque ambos miraron a Malcolm para ver qué iba a hacer. Le habría gustado mucho tener una de esas insignias. Parecían muy bonitas, pero, aun así, prefería no ingresar en aquella liga. Mantuvo, pues, la mano bajada; al verlo, los otros dos vacilaron. Eric la bajó y luego la volvió a subir con menos ardor. Robbie la bajó y no la volvió a subir.

—Qué contenta estoy —se congratuló la señorita Carmichael—. Dios se alegrará mucho de saber que hay tantos niños y niñas ansiosos por hacer lo conveniente, por ser los ojos y los oídos de la autoridad. En las calles y en los campos, en las casas y en los patios de las escuelas, y en las clases del mundo, una liga de pequeños Alexander se mantiene atenta y vigilante al servicio de nuestra santa misión.

Dando por terminado su discurso, se volvió hacia la mesa de al lado y cogió una insignia y una hoja de papel.

—Cuando volváis a clase dentro de un momento, vuestros maestros os entregarán estos formularios. También os dirán cómo debéis rellenarlos. Cuando acabéis, os darán una insignia. ¡Y ya seréis miembros de la Liga de san Alexander! Ah, y también os darán algo más. Este folleto es muy importante —aseguró, mostrando uno—. En él se cuenta la historia de san Alexander: contiene una lista de las reglas de la liga y una dirección adonde debéis escribir si veis algo malo, algo pecaminoso, algo sospechoso o algo que creáis que no pudiera ser del agrado de la santa Iglesia.

»Y ahora juntad las manos y cerrad los ojos. Señor, haz que el espíritu del bendito san Alexander entre en nuestros corazones, que tengamos una buena vista para percibir la maldad, el valor para denunciarla y la fuerza para dar testimonio incluso cuando se nos presente como algo difícil y doloroso. En nombre de nuestro señor Jesucristo, amén.

La mayoría de los niños murmuraron «amén». Malcolm

alzó la cabeza y miró a la mujer. Le pareció que ella lo observaba directamente, lo cual le produjo una terrible desazón. Pero luego ella se volvió hacia el director.

—Gracias, director —dijo—. Lo dejo en sus manos.

A continuación salió. El hombre se puso en pie con unos movimientos rígidos y cansinos.

—Que salga primero la clase cinco —dijo.

9

En sentido contrario a las agujas del reloj

El sábado, Malcolm tenía mucho que contarle a Hannah. Le explicó que el padre de Eric suponía que el hombre asesinado era un espía; le habló de la mujer que estuvo en el priorato y de todo cuanto había dicho aquella extraña tarde en la sala de la escuela, así como de la gran cantidad de compañeros suyos que habían ingresado en la Liga de san Alexander.

—Y, al día siguiente, cuando todos fueron a la escuela con las insignias en la solapa, el director habló de ellos en la reunión. Dijo que nunca se había permitido llevar insignias en la escuela y que eso no iba a cambiar. Ordenó que todos los que la llevaban se la quitaran. Añadió que lo que hicieran en su casa era asunto suyo, pero que nadie tenía permitido llevarlas en la escuela. También dijo que el formulario que habían firmado no tenía no sé qué legal, fuerza legal o algo así, y que no significaba nada. Algunos intentaron protestar, pero él los castigó y les quitó las insignias.

»Y después algunos niños que habían ingresado en esa liga dijeron que iban a informar sobre él, y seguramente lo hicieron, porque el jueves el director no fue a la escuela, ni tampoco ayer. El señor Hawkins, el sustituto, que estaba a favor de la liga, presidió la reunión ayer y dijo que el señor Willis, el director, se había equivocado y que los alumnos podían llevar las insignias si lo deseaban. Encontró la caja con las insignias en el despacho del director y las devolvió todas.

—¿Qué opinan de esa liga los otros maestros?

—A algunos les gusta y a otros no. El señor Savery, el profesor de Matemáticas, la detesta. Alguien le preguntó durante una clase qué pensaba de ella y todos debieron de imaginar que estaba en contra, porque dijo que todo aquello le parecía indignante, que era un ensalzamiento de un repugnante chivato que había provocado la muerte de sus padres. Creo que después de eso, un par de niños cambiaron de idea y se quitaron las insignias cuando nadie los miraba; luego dijeron que las habían perdido. Ninguno dijo que estaba de acuerdo con el señor Savery, porque entonces los demás los habrían denunciado.

—Pero tú no te afiliaste, ¿no?

—No. Supongo que la mitad se apuntó y la otra mitad no. En primer lugar, esa mujer no me gustó. El otro motivo fue… Bueno, si yo considerara que mis padres hacían algo malo, tampoco querría denunciarlos. Y, además…, supongo que esa liga tiene algo que ver con el Tribunal Consistorial de Disciplina.

A Malcolm se le ocurrió pensar, no por primera vez, que lo que él hacía hablando con la doctora Relf era parecido a lo que hizo san Alexander. ¿Dónde estaba la diferencia? Solo en que la doctora Relf le inspiraba simpatía y confianza. Por lo demás, era un espía. Eso estaba claro.

La doctora Relf notó su incomodidad.

—¿Estás pensando…?

—Sí, que estoy haciendo el chivato con usted.

—Bueno, en cierto sentido, es verdad, pero no te considero un chivato. Yo debo informar de las cosas que descubro, así que también hago algo similar. La diferencia está en que las personas para las que trabajo son buenas. Creo en lo que hacen. Creo que están en el bando de los buenos.

—¿En contra del Tribunal Consistorial de Disciplina?

—Por supuesto. En contra de la gente que mata y deja cadáveres en el canal.

—¿En contra de la Liga de san Alexander?

—Absolutamente en contra. Para mí es una iniciativa detestable. ¿Y qué me dices de esos formularios que les hicieron firmar? ¿No tenían que llevarlos a casa para que los vieran sus padres?

—No, porque ella dijo que aquello era un asunto destinado solo a los niños: si san Alexander hubiera tenido que consultar a sus padres, ellos le hubieran contestado que no. A algunos de los maestros no les gustó, pero se tuvieron que conformar.

—Tengo que intentar averiguar algo más de esa liga. No me huele nada bien.

—No sé por qué fue al priorato a ver a Lyra. Es demasiado pequeña para apuntarse a algo.

—Es un dato interesante, no obstante —dijo la doctora Relf, que se levantó para ir a preparar chocolatl—. Pero ahora vamos a hablar de libros. ¿Qué tal vas con el que toca el tema de los cuantos?

Hannah pasó varios días buscando nuevos sitios para utilizarlos como consignas. Una vez que tuvo localizada media docena, fue a presentar otra demanda de catalogación a Harry Dibdin en la biblioteca Bodley.

—Me alegro de que haya venido —le dijo él—. Han encontrado otro aislador.

—Han ido deprisa.

—Hombre, la situación se está complicando. Ya lo habrá notado.

—Sí. Bueno, si hay un aislador disponible, ya podré usar enseguida esas consignas nuevas. Harry…, usted tiene hijos en la escuela, ¿verdad?

—Dos. ¿Por qué?

—¿Les han hablado de la Liga de san Alexander?

—Ahora que lo dice, sí. Les dije que no.

—¿Vinieron a consultar a casa?

—Les habían hecho un lío en la cabeza. Les dije que era una idea horrible.

—¿Sabe dónde empezó la iniciativa? ¿Quién la promueve?

—Me imagino que los de siempre. ¿Por qué?

—Es algo nuevo. Es por pura curiosidad. Acaba de afirmar que la situación se está complicando y este es un elemento que aumenta la presión. ¿Acudió a la escuela de sus hijos una mujer llamada Carmichael?

—No lo sé. Solo dijeron que lo habían anunciado. Desconozco los detalles.

Le expuso lo ocurrido en la escuela primaria de Ulvercote.

—¿Le ha informado de esto su joven agente? —preguntó él.

—Es muy eficaz. Pero ahora le preocupa la idea de que él está haciendo lo mismo..., de que está espiando a la gente para luego contármelo a mí.

—Hombre, es que es así.

—Es muy joven, Harry. Tiene escrúpulos.

—Usted tiene que velar por él, cuidarlo.

—Ya lo sé —respondió—. A mí nadie me puede aconsejar, pero yo tengo que aconsejarlo a él. No, no se levante. Aquí tiene la lista de mis nuevas consignas. Adiós, Harry.

El informe que redactó ocupó cuatro páginas del delgado papel biblia que utilizaba, pese a que escribió con letra muy pequeña con un lápiz de punta muy fina. Aunque no fue fácil, al final consiguió plegarlas de tal forma que cupieran en la bellota. Después fue a pasear por el Jardín Botánico, en uno de cuyos invernaderos se encontraba la primera de las consignas, debajo de la gruesa raíz de un árbol.

Después retomó la labor que estaba realizando con el aletiómetro. Se estaba retrasando; parecía como si hubiera topado con un obstáculo o como si el instrumento no tuviera la misma empatía con ella. Iba a tener que obrar con cuidado. Pronto se iba a celebrar la reunión mensual del grupo de investigación del aletiómetro, en la que comparaban resultados y planteaban posibles enfoques. Y, si no tenía nada que presentar, era posible que le retiraran sus privilegios.

ϒ

El lunes, el director de la escuela de Malcolm, el señor Willis, seguía ausente; el martes, su sustituto, el señor Hawkins, anunció que no iba a volver y que, a partir de entonces, él asumía el cargo. Los alumnos contuvieron una exclamación. Todos conocían el motivo: el señor Willis había desafiado a la Liga de san Alexander y lo habían castigado. Eso procuró una vertiginosa sensación de poder a los niños que llevaban la insignia. Ellos solos habían derrocado la autoridad de un director. A partir de entonces, ningún maestro estaba a salvo. Malcolm observó las caras de los profesores cuando el señor Hawkins anunció lo que había sucedido: el señor Savery hundió la cabeza entre las manos, la señorita Davis se mordió el labio, el señor Croker, el profesor de carpintería, puso una expresión de enfado. Algunos esbozaron sonrisitas triunfales, aunque la gran mayoría no dejó entrever ninguna reacción.

Los portadores de insignias parecieron muy ufanos. Se rumoreaba que en una de las clases de los mayores, el profesor de Escrituras había estado hablándoles de los milagros de la Biblia, explicando que algunos podían interpretarse como fenómenos reales, como cuando Moisés atravesó las aguas del mar Rojo. Les explicó que podría haberse tratado de una franja de mar poco profunda. Dijo que, si la potencia del viento hacía que el agua se apartara a veces, era posible atravesarla a pie. Uno de los niños había cuestionado su interpretación y le había avisado de que tuviera cuidado, enseñándole la insignia. Entonces el profesor se había echado atrás y había afirmado que solo se lo contaba para presentarlo como un ejemplo de mentira maliciosa y que la Biblia tenía razón, que el mar se había retirado en una zona profunda para dejar paso a los israelitas.

Otros maestros también pasaron por el aro. Empezaron a enseñar con menos entusiasmo, les contaron menos anécdotas y las clases se volvieron más aburridas y mesuradas. Parecía que aquel fuera el propósito de los que lucían insignias. Daba la impresión de que a cada maestro lo estuviera examinando un riguroso inspector; cada clase se convirtió en un calvario en el que se ponían a prueba, no a los alumnos, sino a los profesores.

Los portadores de insignias empezaron a presionar también a los otros niños.

—¿Por qué no llevas una insignia?

—¿Por qué no te has apuntado como nosotros?

—¿Eres ateo?

Cuando le pedían cuentas, Malcolm se limitaba a encogerse de hombros, diciendo: «No sé. Ya lo pensaré». Algunos niños alegaban que sus padres no les habían permitido apuntarse, pero, cuando al ver que los portadores de insignias sonreían con actitud triunfal y anotaban sus nombres y direcciones, se asustaban y aceptaban llevar una insignia.

Algunos maestros ofrecieron resistencia. Un día, Malcolm se quedó al final de la clase de carpintería, porque quería consultarle al señor Croker si creía viable su idea de poner tornillos que solo girasen hacia un lado. El señor Croker lo escuchó pacientemente y después miró a su alrededor. Al ver que no había nadie más en el aula, le dijo:

—Veo que tú no llevas ninguna insignia, Malcolm.

—No, señor.

—¿Por alguna razón en especial?

—No me gustan, señor. No me gustó esa mujer..., la tal señorita Carmichael. El señor Willis sí me gustaba. ¿Qué ha sido de él, señor?

—No nos han informado de ello.

—¿Va a volver?

—Espero que sí.

El daimonion del señor Croker, un pájaro carpintero verde, se puso a horadar vigorosamente un trozo de madera de pino produciendo un ruido semejante al de una ametralladora. Malcolm habría querido seguir hablando del asunto de la insignia, pero no quería poner en apuros al señor Croker.

—Estos tornillos, señor...

—Ah, sí. Tú te inventaste solo esa idea, ¿no?

—Sí, señor, pero no logro descubrir la manera de desatornillarlos.

—Pues alguien se te adelantó en eso, Malcolm. Mira...

El señor Croker abrió un cajón y sacó una cajita de cartón llena de tornillos con las cabezas ya limadas por un lado, iguales al que Malcolm había fabricado en el taller del señor Taphouse, con un mejor acabado.

—Caramba —exclamó Malcolm—. Y yo que pensaba que era el primero a quien se le había ocurrido. Pero ¿cómo se hace para quitarlos?

—Se necesita una herramienta especial. Espera un momento.

El señor Croker se puso a rebuscar en el cajón, hasta que encontró una caja metálica que contenía media docena de barritas de acero. Cada una de ellas tenía en un extremo una rosca que se estrechaba hacia la punta; el otro tenía la forma acorde para ensamblarse en un berbiquí. Los había de diversos grosores, similares a los habituales en los tornillos.

Malcolm cogió el más grande; entonces vio que la rosca tenía algo especial.

—¡Ah! ¡Va al revés!

—Eso es. Lo que hay que hacer es taladrar en el centro del tornillo que se quiere sacar, sin llegar muy adentro; después se enrosca uno de estos en su interior en el mismo sentido, como si se estuviera desenroscando. Una vez que haya penetrado en él, uno saca el anterior junto con él.

—¡Qué maravilla! —exclamó Malcolm, embargado de admiración—. ¡Es genial!

Estaba tan impresionado que le faltó poco para explicarle al señor Croker lo de la bellota de madera que se desenroscaba al revés. Por suerte, se contuvo a tiempo.

—Mira, Malcolm, yo nunca voy a usarlos —dijo el señor Croker—. Llévatelos tú, que eres un buen artesano. Coge también los tornillos. Vamos, son tuyos.

—Oh, gracias, señor —repuso Malcolm—. Es muy amable. Gracias.

—No es nada. No sé cuánto tiempo voy a durar aquí. Prefiero saber que estas herramientas están en manos de alguien que las sabe apreciar. Bueno, y ahora vete.

Al final de la semana, el señor Croker había desaparecido. Y lo mismo ocurrió con la señorita Davis. La escuela se quedó un poco coja: necesitaban encontrar sustitutos de un día para otro. El señor Hawkins, el nuevo director, habló de ello durante la reunión, eligiendo con cuidado las palabras.

—Ya os habréis dado cuenta, niños, de que algunos de nuestros maestros ya no están con nosotros. Es normal, desde luego, que el personal de la escuela se renueve de vez en cuando, que haya una rotación, pero eso crea algunas dificultades transitorias. Lo mejor sería quizá que este periodo de rotación se interrumpiera durante un tiempo, para que así podamos asentarnos y recuperar nuestras pautas normales de trabajo.

Todo el mundo entendió que aquello era una demanda destinada a los portadores de insignias, aunque no podía pedírselo directamente, claro. Malcolm se preguntó si daría resultado. A lo largo de la semana siguiente, se mantuvo atento y no tardó en descubrir que iban surgiendo diferentes facciones. Un grupo era partidario de perseverar en su celosa actitud y hasta se planteaba sin empacho denunciar al mismo señor Hawkins por haber hablado de esa forma. Otro grupo opinaba que debían aflojar un poco y basarse en su primer triunfo para recordar a los maestros quién mandaba realmente allí y llevar a cabo una serie de advertencias públicas para mantenerlos en vereda.

Al final pareció que se impuso el segundo grupo. No hubo más denuncias directas de maestros, pero dos o tres de ellos tuvieron que ponerse de pie en la reunión y pedir disculpas por determinados descarríos.

—Siento mucho haberme olvidado de empezar la clase con una oración.

—Quisiera pedir disculpas a toda la escuela por haber expresado ciertas dudas sobre la historia de san Alexander.

—Reconozco que me equivoqué al haber regañado a tres miembros de la liga por lo que interpreté como un mal comportamiento durante una clase. Ahora me doy cuenta de que no era un mal comportamiento, sino una discusión totalmente justificada sobre cuestiones importantes. Tened la bondad de perdonarme.

Malcolm relató a sus padres aquellos extraordinarios

acontecimientos, y ellos se enfadaron, pero quizá su enfado no fue suficiente... o quizá estaban demasiado ocupados... para hacer como otros padres, que se fueron a quejar a la escuela. Una tarde de esa semana, en el bar había unas personas conversando. El padre de Malcolm lo llamó para que fuera a explicarles lo que había visto en el colegio de Ulvercote, porque al parecer se estaban produciendo situaciones semejantes en otras escuelas de la ciudad.

—A mí lo que me gustaría saber es quien está detrás de todo esto —dijo un hombre cuyos hijos iban a la primaria de West Oxford.

—¿Tú te has enterado de quién mueve los hilos, Malcolm? —preguntó el señor Partridge, el carnicero.

—No —respondió Malcolm—. Los portadores de insignias simplemente denuncian a quien quieren; después, a estas personas denunciadas, les pasa algo. También se han llevado a algunos padres, además de a los maestros.

—Pero ¿a quién dirigen las denuncias?

—Se lo he preguntado, pero no me lo quieren decir hasta que no lleve una insignia.

En realidad, se había planteado en más de una ocasión ingresar en la Liga de san Alexander. Lo que lo disuadió fue que los portadores de insignias tenían que dedicar mucho tiempo libre para asistir a reuniones de la iglesia, que también eran secretas y de las que no se podía hablar. A Malcolm no le apetecía.

Tenía, de todas formas, un medio de enterarse de las actividades de los miembros de la liga. Tras las vacilaciones iniciales, Eric había acabado comprometiéndose en ella y ahora lucía con orgullo una insignia. No había cambiado mucho, por supuesto. Malcolm comprobó que si le hacía las preguntas adecuadas, le acababa contando cosas que en principio no debía, porque el placer de conocer secretos se duplicaba cuando se revelaban a alguien. Malcolm empezó diciendo que estaba interesado en apuntarse a la liga, pero que tenía algunas dudas. Eric no tardó en ponerlo al corriente de cuanto sabía.

—Y si fueras a denunciar al señor Johnson, pongamos por caso —planteó Malcolm, mencionando a un maestro cuyo piadoso fervor lo convertía en improbable candidato—, ¿a quién se lo dirías?

—Ah, es que hay que seguir unos pasos. Uno no puede ponerse a denunciar a alguien porque no le gusta. Eso estaría mal. Si uno tiene unos motivos fundados y constancia de una conducta incorrecta o improcedente —precisó, como si repitiera una fórmula que había aprendido de memoria—, escribe el nombre en un papel y lo envía al Obispo.

—¿A qué obispo? ¿El obispo de Oxford?

—No. Lo llaman el Obispo. Tal vez sea el obispo de Londres. O, si no, de otro sitio. Lo único que hay que hacer es escribir el nombre y enviárselo a él.

—Pero cualquiera podría hacer eso. Yo podría denunciar a la señora Blanchard por haberme castigado después de clase.

—No, porque eso no es una conducta improcedente ni tampoco pecaminosa. Si te enseñara ateísmo, en cambio, sí sería improcedente. Entonces sí podrías poner su nombre en el papel.

Malcolm no insistió más. Aquello era como ir a pescar: tenías que ser paciente, como diría Eric.

—¿Te acuerdas de la señorita Carmichael? —dijo Malcolm al día siguiente—. Creo que la había visto antes de que viniera a la escuela. Creo que estuvo hablando con las monjas en el priorato.

—Igual quiere que acepten a algunos profesores y personas que necesitan reeducación —aventuró Eric.

—¿Qué es eso de reeducación?

—Pues que les enseñan lo que está bien.

—Ah. ¿Es ella la jefa de toda la liga?

—No. Es una diácona. Puede ser diácona, pero no sacerdote, porque es una mujer. Yo diría que su jefe es el Obispo.

—¿El Obispo es el jefe de la liga?

—Bueno, se supone que no debo decirte eso —respondió Eric, lo cual había que interpretar como que no lo sabía—. En realidad, no debo hablar contigo si no es para convencerte de que te apuntes a la liga.

—Pues es lo que estás haciendo —le aseguró Malcolm—. Todo lo que dices me convence bastante.

—Entonces ¿te vas a poner una insignia?

—Todavía no. Pronto, tal vez.

Convencido de que no podría averiguar qué hacía aquella mujer en el priorato hasta que no hablara con las monjas, el jueves por la tarde se fue corriendo hasta allí bajo la lluvia y llamó a la puerta de la cocina. En cuanto entró, captó un fuerte olor a pintura.

—¡Ay, Malcolm! ¡Me has asustado! —exclamó la hermana Fenella.

Malcolm había procurado no sobresaltar a la hermana Fenella desde que se había enterado de que estaba delicada del corazón. Cuando era más pequeño, pensaba que tenía el corazón delicado porque se lo había roto hacía mucho, de niña, y que por eso se había hecho monja. Ahora comprendía que no lo decía en sentido literal. En todo caso, la pobre anciana se sobresaltaba fácilmente: se sentó con la respiración afanosa y una repentina palidez en la cara.

—Perdone —se disculpó—. No pensaba que la fuera a asustar. Lo siento.

—No pasa nada, cariño. No ha sido nada. ¿Has venido a ayudarme con las patatas?

—Sí, yo me ocuparé —aceptó, cogiendo el cuchillo que ella había dejado caer—. ¿Cómo está Lyra?

—Huy, está muy parlanchina. Se pasa el tiempo parloteando con su daimonion, y él le responde: parecen un par de golondrinas. No sé de qué hablarán… y no creo que ellos lo sepan tampoco, pero hacen unos ruidos muy bonitos.

—Están inventando una lengua privada.

—Hombre, si no la transforman pronto en un inglés normal, podrían quedarse en un punto muerto.

—¿De verdad?

—No, cariño, no creo. Todos los bebés balbucean de esa manera. Así es como aprenden.

—Ah…

Las patatas eran viejas y estaban llenas de zonas oscuras. La hermana Fenella las había puesto tal cual en la olla, pero

Malcolm retiró los trozos más estropeados. La hermana Fenella se puso a rallar queso.

—Hermana Fenella, ¿quién era esa señora que vino la semana pasada?

—No lo sé muy bien, Malcolm. Vino a ver a la hermana Benedicta y no me explicaron por qué. Supongo que tiene algo que ver con el Departamento de Menores.

—¿Qué es eso?

—Son personas que vigilan para que los niños estén atendidos correctamente. Eso creo. Supongo que vinieron a examinarnos, para comprobar que lo hacíamos bien.

—Esa señora vino a nuestra escuela —dijo Malcolm, antes de referirle a la hermana Fenella todo lo ocurrido. La anciana escuchaba con tanta atención que se olvidó de seguir rallando el queso—. ¿Usted había oído hablar de san Alexander? —preguntó Malcolm al final.

—Hombre, hay tantos santos que es difícil acordarse de todos. Todos colaboran en la obra de Dios a su manera.

—Pero él denunció a sus padres y después los ejecutaron.

—Bueno, esas cosas ya no ocurren. Además, hay cosas que son difíciles de entender, cariño. Aunque no parezca bueno, puede tener consecuencias positivas. Eso es demasiado complicado para que lo podamos comprender nosotros.

—Ya he terminado con esas patatas. ¿Quiere que pele más?

—No. Es suficiente, cariño. Si te apetece lustrar la plata…

En ese instante, sin embargo, se abrió la puerta de la cocina. Allí apareció la hermana Benedicta.

—Me había parecido oírte, Malcolm —dijo—. ¿Puedo llevármelo un momento, hermana Fenella?

—Desde luego, hermana, claro. Gracias, Malcolm.

—Buenas tardes, hermana Benedicta —la saludó Malcolm, mientras empezaba a andar tras ella por el pasillo que conducía a su pequeño salón.

Al pasar, aguzó el oído por si alcanzaba a escuchar el parloteo de Lyra, pero no oyó nada.

—Siéntate, Malcolm. No te preocupes, que no te voy a regañar por nada. Quería que me hablaras de esa mujer que estuvo aquí la semana pasada. Tengo entendido que fue a tu escuela. ¿Qué quería?

Por segunda vez en esa misma tarde, Malcolm expuso la historia de la Liga de san Alexander, el caso del director y de los otros maestros que habían desaparecido de la escuela y todo lo demás.

La hermana Benedicta lo escuchó sin interrumpirlo, con expresión severa.

—¿Y qué vino a hacer aquí, hermana Benedicta? —preguntó, una vez que hubo terminado—. ¿Vino a interesarse por Lyra? Porque ella es demasiado pequeña para ingresar en cualquier cosa de esas.

—En eso tienes razón. El asunto que trajo aquí a la señorita Carmichael está resuelto, espero. Me preocupa, sin embargo, que inciten a esos niños a comportarse mal. ¿Por qué no le ha explicado nadie todo esto a algún periódico?

—Yo qué sé. Igual…

—No lo sé —lo corrigió ella.

—No lo sé, hermana. Igual es porque están prohibiendo que se impriman periódicos.

—Sí, es posible. Bueno, gracias, Malcolm. Ahora será mejor que vuelvas con tus padres.

—¿Puedo ver a Lyra?

—Ahora no, está dormida. Pero…, bueno…, ven conmigo.

Lo volvió a preceder por el pasillo y se detuvo delante de la puerta del cuarto donde estaba Lyra la vez anterior.

—A ver, ¿qué te parece?

Abrió la puerta y encendió la luz. En la habitación se había producido un cambio milagroso. Los oscuros paneles habían cedido el paso a una alegre y luminosa pintura de color crema; en el suelo había varias alfombras que aportaban un toque de calidez.

—¡Ya me había parecido que olía a pintura! Ha quedado precioso —elogió Malcolm—. ¿Va a ser esta su habitación definitiva?

—Tal como estaba, no era adecuada para una niña. Era demasiado oscura. Así está mejor, ¿no crees? ¿Qué más te parece que podría necesitar aquí?

—Una mesita y una silla para cuando sea mayor, unos cuantos cuadros bonitos y una estantería, porque yo creo que le va a gustar mirar los libros. Así podrá enseñar a leer a su daimonion. Y también una caja para los juguetes y un caballo de balancín. Y…

—Muy bien. ¿Podrías fabricar alguna de esas cosas con el señor Taphouse?

—¡Sí! Empezaré esta misma noche. Tiene unas piezas de madera de roble estupendas.

—Él ya se ha ido a casa. Quizá será mejor mañana.

—De acuerdo. Sé exactamente lo que Lyra necesita.

—Sí, no lo dudo.

—Hermana Benedicta —dijo, antes de que ella apagara la luz—, ¿por qué está haciendo postigos el señor Taphouse?

—Por seguridad —respondió lacónicamente—. Buenas noches, Malcolm.

El sábado tenía mucho que contarle a la doctora Relf. Durante un rato estuvo dudando si sería capaz de ir a verla, porque el río estaba tan crecido y la corriente era tan fuerte que costaba llegar hasta Duke's Cut. Y, a partir de ahí, incluso el canal estaba lleno a rebosar y agitado por la cantidad de agua que había afluido a él a raíz de la intensa lluvia que había caído a lo largo de las semanas anteriores.

Encontró a la doctora Relf preparando sacos de arena. En el jardincillo de su casa había un montón de arena y varios sacos de yute, que intentaba llenar como buenamente podía.

—Si usted lo aguanta, yo pondré la arena —propuso Malcolm—. Para una persona sola es casi imposible, aunque si se fabricara una armazón para sostenerlo…

—No hay tiempo para eso —dijo la doctora Relf.

—¿Han avisado de que iba a haber inundaciones?

—Anoche vino un policía. Por lo visto, prevén que pronto se produzcan inundaciones. Por eso me ha parecido conveniente ir a pedirle un poco de arena al constructor. Pero tienes razón: con un solo par de manos resulta muy difícil.

—¿Alguna vez se le inundó la casa?

—No, pero no llevo mucho tiempo viviendo aquí. Creo que al anterior propietario sí se le inundó.

—El río está muy cargado.

—¿Y no será peligroso para ti ir en esa barca?

—No, no. Es más seguro que estar en tierra. Si uno flota por encima del agua no corre riesgos.

—Puede ser. De todas formas, ve con cuidado.

—Yo siempre tengo cuidado. Tendría que coser esos sacos. Necesitará una aguja espartera.

—Tendré que arreglármelas con lo que tengo aquí. Bueno, ya solo falta uno.

Había empezado a llover: después de colocar los sacos junto a la puerta, se apresuraron a entrar en la casa. Mientras tomaban la habitual taza de chocolatl, Malcolm la puso al corriente de las últimas novedades.

—Estuve pensando que tal vez sería una buena idea apuntarme a esa liga para poder contarle más cosas de cómo funciona, pero…

—No, no hagas eso —contestó ella de inmediato—. Recuerda que solo quiero que me cuentes cosas de las que te has enterado haciendo tu vida normal. No tienes que ponerte a indagar nada en especial. Además, si te comprometieras con esa gente, no creo que te dejaran salir más tarde así como así. Limítate a seguir hablando con Eric de vez en cuando. Yo también tengo algo que decirte, Malcolm: la persona que está detrás de la organización de la Liga de san Alexander es la madre de Lyra.

—¿Cómo?

—Lo que has oído. La madre que no quiso quedarse con ella. La señora Coulter, se llama.

—Igual era por eso por lo que la señorita Carmichael fue al priorato, para ver si cuidaban bien de Lyra y contárselo a su madre… Qué cosas.

—No sé. No parece que la señora Coulter esté muy preocupada por la niña. Quizá la señorita Carmichael quería quedarse con ella por algún otro motivo.

—De todas maneras, la hermana Benedicta se deshizo de ella.

—Me alegro. ¿Hay alguna novedad sobre los miembros del Tribunal Consistorial de Disciplina? ¿Has vuelto a ver a alguno?

—No. Tampoco ha venido ninguno a La Trucha desde que se fugó George Boatwright.

—No sé cómo saldrá adelante.

—Seguramente debe de estar mojado todo el tiempo —vaticinó Malcolm—. Si está escondido en el bosque de Wytham, debe de estar empapado y congelado.

—Sí, es probable. Y ahora, háblame de esos libros, Malcolm.

10

Lord Asriel

Malcolm enseñó al señor Taphouse la nueva herramienta que le había regalado el señor Croker; cuando la probaron con ayuda del taladro ambárico, el anciano quedó tan impresionado que le dejó limar las cabezas de varios tornillos que iban a utilizar para los postigos que estaba a punto de instalar.

—Ahora sí que no van a poder entrar, Malcolm —afirmó, como si fuera él mismo quien había tenido la idea.

—Pero ¿quiénes son los que no podrán entrar? —preguntó Malcolm.

—Los malhechores.

—¿Qué son los malhechores?

—Gente que hace cosas malas. ¿Es que no te enseñan nada en la escuela?

—Ese tipo de cosas no. ¿Qué clase de cosas malas?

—Más vale que lo dejemos. Ahora prepara otra docena de tornillos, por favor.

Malcolm los contó y puso el primero en el torno mientras el señor Taphouse aplicaba la segunda capa de aceite con cera a los postigos acabados para protegerlos de la intemperie.

—Claro que también hay otros agentes del mal que no son humanos —comentó el anciano.

—¿Ah, sí?

—Sí, sí. También hay un mal espiritual. Para protegerse de eso, se necesita algo más que un postigo de madera de roble.

—¿Qué es eso de un mal espiritual? ¿Los fantasmas?

—Los fantasmas son lo de menos, chico… De lo único que son capaces todos esos espectros y apariciones es de hacer «buuuu» y darte un susto.

—¿Usted ha visto alguna vez un fantasma, señor Taphouse?

—Sí, tres veces. Una fue en el cementerio de Saint Peter, en Wolvercote. Otra fue en la vieja cárcel de la ciudad.

—¿Y qué hacía usted en la cárcel?

—No estaba en la cárcel, bobo. Era en la vieja cárcel, cuando ya habían construido la nueva. Yo estaba trabajando allí un día de invierno, sacando unas puertas viejas para que pudieran pintarlas y convertir aquello en oficinas o algo así. Había una sala… muy grande, de techos altos, con una sola ventana muy alta, llena de telarañas, donde solo entraba una luz gris muy tétrica. Tenía que quitar una plataforma grande, de vigas de roble, muy sólida, que no sabía qué era. Tenía una especie de trampilla en el medio. Pues yo estaba en el suelo, preparando el borriquete, cuando oí un tremendo estampido que sonó por atrás, del lado donde estaba la plataforma. Me volví sobresaltado y, ¿sabes lo que vi?, una cuerda que salía de la trampilla, de la que colgaba un muerto. Esa era la cámara de ejecución, ¿entiendes?, y la plataforma era el cadalso.

—¿Y qué hizo?

—Me puse de rodillas y empecé a rezar como un poseso. Cuando abrí los ojos, había desaparecido. Ya no había ni cuerda, ni muerto y la trampilla estaba cerrada.

—¡Caramba!

—Me dio un buen susto, vaya que sí.

—No es verdad eso de que te pusieras a rezar de rodillas —lo contradijo el pájaro carpintero daimonion desde el banco—. En realidad, te desmayaste.

—Bueno, igual fue así —concedió el anciano.

—Yo me acuerdo porque me caí del borriquete.

—Córcholis —exclamó Malcolm, francamente impresionado. Después, recuperando el sentido práctico, añadió—: ¿Y qué hizo con la madera?

—La quemé toda. No la podía usar, porque estaba impregnada de sufrimiento.

—Sí, seguramente... ¿Y dónde estaba el tercer fantasma que vio?

—Aquí mismo. De hecho, ahora que me acuerdo, estaba justo en el sitio donde estás tú ahora. Fue la cosa más horrible que he visto nunca. Era indescriptible. ¿Qué edad crees tú que tengo yo, eh?

—¿Setenta años? —aventuró Malcolm, aunque sabía perfectamente que el señor Taphouse había cumplido los setenta y cinco el otoño anterior.

—¿Ves? Ese es el efecto que tiene el terror. Yo tengo treinta y cinco años, chaval. Era un hombre joven hasta que vi esa aparición justo ahí donde tú estás. Se me puso el pelo blanco de la noche a la mañana.

—No le creo —declaró, indeciso, Malcolm.

—Como quieras. No te voy a contar nada más. ¿Cómo vas con esos tornillos?

—A mí me parece que se lo está inventando. He acabado cuatro.

—Bueno, pues sigue...

No le dio tiempo a terminar la frase, porque alguien llamó con ímpetu a la puerta y empezó a accionar con desesperación la manija. Malcolm, que ya estaba predispuesto a ceder al miedo, notó que se le erizaba el vello y que el corazón le daba un vuelco. Intercambió una mirada con el anciano, pero antes de que llegaran a pronunciar una palabra, oyeron la voz de la hermana Fenella.

—¡Señor Taphouse! ¡Venga! ¡Rápido! ¡Venga a ayudarnos, por favor!

Sin precipitarse, el señor Taphouse cogió un grueso martillo y fue a abrir la puerta. La hermana Fenella entró trastabillando en el taller y lo cogió del brazo.

—¡Venga deprisa! —le pidió, con voz aguda y temblorosa, los labios trémulos y la cara muy pálida.

No se dio cuenta de que Malcolm estaba detrás de él, con

la lima en la mano. El muchacho salió discretamente detrás de ellos.

—¿Qué ocurre? —preguntó el anciano, mientras ella lo conducía con paso presuroso hacia la cocina del priorato.

Lo primero que se le ocurrió a Malcolm era que se había reventado una tubería, pero el terror de la anciana monja no podía deberse a un incidente de ese tipo. Después pensó que tenía que ser un incendio, pero no había humo ni resplandor alguno. Le estaba explicando algo de forma entrecortada al señor Taphouse. Él tampoco alcanzaba a entenderlo, por lo visto.

—Más despacio, hermana, más despacio. Respire hondo y hable lentamente.

—Unos hombres… que llevan uniforme… han entrado y se quieren llevar a Lyra…

Malcolm tuvo que reprimir un grito. De todas formas, probablemente no lo habrían oído, debido al ruido que producían sus pasos en la gravilla del sendero, al pánico de la hermana Fenella y también a que el señor Taphouse era un poco duro de oído. En todo caso, Malcolm estaba dispuesto a ir con ellos a toda costa. Lo que lamentaba era no haber cogido un martillo, tal como había hecho el anciano carpintero.

—¿Han dicho quiénes eran? —preguntó el señor Taphouse.

—No… o, por lo menos, yo no lo he entendido… Son como soldados o policías o algo así… Ay, Dios santo…

Lo estaba explicando justo en el momento en que entraban en la cocina. Entonces se llevó una mano al corazón, mientras con la otra palpaba a su alrededor. Malcolm se precipitó para acercarle una silla, en la que ella se dejó caer, con una respiración acelerada y afanosa. Malcolm temió que muriera allí mismo. Pero, aunque quería hacer algo, no sabía cómo salvarle la vida. Y, en todo caso, también había que tomar en cuenta la situación de Lyra…

La hermana Fenella señaló con mano temblorosa el pasillo, incapaz de decir nada.

El señor Taphouse se encaminó hacia allí, con paso lento y decidido, sin protestar por la presencia de Malcolm. En el pasillo, delante de la habitación que ocupaba Lyra entonces, había un grupo de religiosas a quienes Malcolm conocía bien. Estaban apiñadas con nerviosismo en torno a la puerta, que estaba cerrada.

—¿Qué ocurre, hermana Clara? —preguntó el señor Taphouse.

La hermana Clara, una monja regordeta y colorada, con mucho sentido común, se estremeció levemente antes de volverse.

—Tres hombres uniformados... —susurró—. Dicen que han venido a llevarse a la niña. La hermana Benedicta está hablando con ellos...

Detrás de la puerta se oía una estentórea voz masculina. El señor Taphouse se acercó y las monjas se apartaron para dejarle paso. Malcolm fue tras él.

El anciano carpintero llamó con firmeza, tres veces; después abrió la puerta. Malcolm oyó una voz de hombre que decía:

—... Pero nosotros tenemos toda la autoridad necesaria...

—¿Necesita ayuda, hermana Benedicta? —se ofreció el señor Taphouse.

—¿Quién es...? —quiso saber el hombre, antes de que lo interrumpiera la hermana Benedicta.

—Gracias, señor Taphouse. Quédese afuera, por favor, si es tan amable, pero deje la puerta abierta, porque estos señores ya se van a ir.

—Me parece que no entiende bien cuál es la situación —señaló otra voz masculina, más modulada y agradable.

—Lo comprendo perfectamente —replicó ella—. Ustedes se van a marchar y espero que no vuelvan más.

Malcolm se quedó maravillado del aplomo y la claridad con que hablaba.

—Le vuelvo a repetir —insistió el segundo individuo— que tenemos una orden del Departamento de Protección de Menores...

—Ah, sí, la orden —dijo la hermana Benedicta—. Déjeme verla.

—Ya se la he enseñado antes.

—Quiero volver a verla. No me la ha dejado leer bien.

Se oyó un ruido de roce de papel, al que siguieron unos segundos de silencio.

—¿Qué es ese departamento del que nunca he oído hablar? —preguntó.

—Depende de la jurisdicción del Tribunal Consistorial de Disciplina, del que habrá oído hablar, espero.

Entonces Malcolm, que espiaba por el resquicio de la puerta, vio cómo la hermana Benedicta desgarró el papel y arrojó los pedazos al fuego. Un par de monjas emitieron quedas exclamaciones. Los hombres miraban con cara de incredulidad. Llevaban uniformes negros y dos de ellos no se habían quitado la gorra, un gesto que Malcolm sabía que era una muestra de mala educación; más allá de todo lo demás.

Luego la hermana Benedicta cogió a Lyra con sumo cuidado y la estrechó contra sí.

—¿De veras han creído, ni por un momento tan solo —dijo con ferocidad—, que yo iba a permitir que tres desconocidos se llevaran a esta pequeña que han dejado a nuestro cuidado, por la simple presión de un trozo de papel? ¿A tres hombres que prácticamente han entrado por la fuerza en este sagrado recinto sin que los hubiéramos invitado a pasar? ¿Que han asustado a la más anciana y frágil de las hermanas con amenazas y armas…? Sí, armas, pistolas que han agitado delante de su cara. ¿Quién se han creído que son? ¿Qué se han creído que es este lugar? Las religiosas llevan dispensando cuidados y hospitalidad aquí desde hace ochocientos años. Piensen un poco en lo que esto representa. ¿Creen que voy a renunciar a todas nuestras santas obligaciones porque tres matones uniformados acuden con malos modos y nos intentan amedrentar? ¿Y para llevarse a una niña indefensa de menos de seis meses? Y ahora váyanse. Márchense y no vuelvan más.

—Las cosas no van a…

—Váyanse. No hace falta que me diga que las cosas no van a quedar así. Salga de aquí, maleducado. Llévese a sus dos matones y vuelva a su casa. No le vendría mal rezar y pedir perdón.

Entre tanto, Malcolm había oído que Lyra y su daimonion parloteaban en su idiolecto particular. En ese momento, sin embargo, callaron: de la garganta del bebé brotó un tenue sollozo. Apretándola contra su pecho, la hermana Benedicta se encaró a ellos, sin dejarles otra alternativa. Con expresión huraña, se encaminaron a la puerta. El señor Taphouse retrocedió para dejarlos pasar. Y lo mismo hicieron Malcolm y las monjas: juntos formaron una suerte de pasillo de oprobio por el que tuvieron que pasar los tres individuos.

Una vez que se hubieron ido, todas las monjas entraron en tropel en el cuarto de la niña y rodearon a la hermana Benedicta, murmurando palabras de apoyo y admiración, mientras acariciaban la cabeza de Lyra. Esta paró de llorar. Malcolm vio que sonreía y reía, muy ufana, como si hubiera protagonizado una espléndida hazaña.

El señor Taphouse lo cogió por el hombro y se lo llevó de allí.

—¿Eran malhechores? —preguntó Malcolm, mientras regresaban al taller.

—Sí —contestó el anciano—. Y ahora será mejor que te vayas. Ya terminarás esos tornillos otro día.

Como no parecía dispuesto a añadir nada más, Malcolm lo ayudó a barrer y a recoger. Fue a buscar un cubo de agua para poner los trapos que había utilizado para aplicar el aceite con cera, y así impedir que se quemaran por combustión espontánea. Después se marchó a casa.

—Mamá, ¿qué es el Departamento de Protección de Menores?

—Es la primera vez que lo oigo mencionar. Come, venga.

Entre bocado y bocado de salchicha con puré de patatas, Malcolm le explicó a su madre lo ocurrido. Ella ya había visto a Lyra; incluso la había cogido en brazos, de modo que se hizo cargo de lo que habría representado para las monjas el hecho de verse privadas de ella.

—Qué malvados —dijo—. ¿Y cómo está la hermana Fenella?

—Cuando hemos vuelto a pasar por la cocina, no estaba. Seguramente se habrá ido a la cama. Se ha llevado un susto de muerte.

—Pobrecilla. Mañana le llevaré un jarabe.

—La hermana Benedicta no se ha achicado para nada. Tenías que haber visto la cara que han puesto esos malhechores cuando ha roto el papel de la orden.

—¿Cómo los has llamado?

—Malhechores. El señor Taphouse me ha enseñado esa palabra.

—Ah, ya —dijo ella por todo comentario.

Mientras Malcolm hablaba con su madre, Alice fregaba los platos en silencio, con su habitual expresión huraña. Ella y Malcolm no se habían ni dirigido la palabra, como siempre, pero justo entonces la señora Polstead salió de la cocina para ir a buscar algo a la bodega. Malcolm advirtió con asombro que el daimonion de Alice se ponía a gruñir.

Malcolm levantó la vista, estupefacto. El daimonion, que había adoptado la forma de un voluminoso perro cruzado, permanecía sentado detrás de las piernas de Alice. Con el pelo del cuello erizado, miraba a Alice, que se secó la mano con el vestido antes de acariciarle la cabeza.

—Yo sí conozco el Departamento de Protección de Menores.

—¿Qué es? —logró articular Malcolm, pese a que tenía la boca llena de comida.

—Cabrones —espetó su daimonion, antes de ponerse a gruñir de nuevo.

Malcolm no supo qué contestar y el daimonion no añadió nada más. Después su madre volvió y el daimonion se acostó. Y él y Alice dejaron de dirigirse la palabra otra vez.

Aquella noche hubo pocos clientes, por lo que Malcolm no tuvo mucho que hacer. Se fue a su habitación y escribió la lista de los principales ríos de Inglaterra que le habían pedido para la clase de geografía, antes de dibujarlos en un mapa. Había muchos más de lo que había creído. Debían de estar todos crecidos, igual que el Támesis; al menos si había estado lloviendo por todo el país tanto como en el sur. De ser así, también el nivel del mar subiría. Se preguntó si *La bella salvaje* podría mantenerse a flote en el mar. ¿Podría ir remando hasta Francia? Abrió el atlas en la página donde aparecía el canal de la Mancha y trató de medirlo con el compás y la escala en miniatura que constaba al pie de la página, pero todo era demasiado pequeño para poder interpretarlo bien.

En realidad, no era demasiado pequeño. Había algo que se estaba precisando. Algo muy pequeño parpadeaba y nadaba en el sitio exacto donde miraba: no podía verlo claramente, pese a que cuanto había alrededor parecía nítido, como mínimo hasta que desplazaba la vista y la centraba en otra cosa; entonces el objeto parpadeante también se movía. Siempre estaba en el medio, impidiéndole ver qué había detrás.

Sacudió la página, pero no había ninguna mota encima. Se frotó los ojos, pero, aun así, seguía viéndolo. De hecho, era algo curiosísimo, porque podía verlo incluso con los ojos cerrados.

Y muy lentamente aumentaba de tamaño. Ya no era un punto, sino una línea: una línea curva, como una C trazada al desgaire, que relucía y parpadeaba con una sinuosa sucesión de colores negros, blancos y plateados.

—¿Qué es? —preguntó Asta.

—¿Tú lo ves?

—Noto algo. ¿Qué ves tú?

Se lo describió como pudo.

—¿Y qué es lo que notas tú?

—Algo extraño, como una especie de sensación de lejanía…, como si estuviéramos muy alejados y yo pudiera ver lo que hay a kilómetros de distancia y todo estuviera muy claro y calmado… No siento miedo de nada, solo calma… ¿Y qué hace ahora?

—Sigue agrandándose solo. Ahora veo lo que hay detrás. Se está acercando y puedo ver las letras y las líneas de la página a su través. Me produce una sensación un poco como si estuviera mareado. Cuando intento mirarlo directamente, se va hacia un lado. Ahora es así de grande.

Alargó la mano izquierda curvando el pulgar y el índice, para indicar que la brecha que se abría entre ellos era tan larga como el propio pulgar.

—¿Nos estamos volviendo ciegos? —se inquietó Asta.

—No creo, porque yo veo perfectamente a través de eso. Es solo que se va acercando y agrandando, pero es también como si se corriera, hacia el borde... Como si fuera a pasar flotando por encima y detrás de mi cabeza.

Permanecieron sentados en la calmada habitación, con la cálida luz de la lámpara, esperando hasta que la reluciente línea se fue acercando cada vez más al borde de su campo visual, hasta que al final lo traspasó y desapareció. En total, desde principio a fin, la experiencia duró unos veinte minutos.

—Ha sido muy extraño —comentó—. Como si tuviera lentejuelas.

—¿Ha sido de verdad?

—Claro que era de verdad. Yo lo he visto.

—Pero yo no lo veía. No estaba afuera. Estaba dentro de uno mismo.

—Sí..., pero era real. Y tú sentías algo. Eso también era de verdad, así que debe de ser así como funciona.

—Sí... ¿Y qué sentido debe de tener?

—Igual... No sé. Igual no tiene ninguno.

—No, tiene que ser algo —aseguró el daimonion.

En todo caso, si tenía algún significado, no alcanzaban a imaginarse cuál podía ser. Mientras seguían dándole vueltas al asunto, llamaron a la puerta y alguien entró.

Era su padre.

—Malcolm, aún no te has acostado... Mejor. Baja un momento. Hay un caballero que quiere hablar contigo.

—¿Es el lord Canciller? —dijo Malcolm con impaciencia, levantándose de un salto para ir en pos de su padre.

—Habla en voz baja. No es el lord Canciller, no. Él te dirá quién es, si quiere.

—¿Dónde está?

—En el Cuarto de la Terraza. Llévale una copa de tokay.

—¿Qué es eso?

—Un vino húngaro. Venga, date prisa.

—¿Es que han empezado a venir más clientes?

—No. Ese caballero quiere verte, nada más. Sé educado y di la verdad.

—Yo siempre digo la verdad —aseguró Malcolm de forma automática.

—Primera noticia —contestó su padre.

De todas maneras, le alborotó el pelo antes de entrar en la sala.

El tokay tenía un intenso color dorado y un olor dulce y complejo. A Malcolm raras veces le tentaban las bebidas que servían en La Trucha. La cerveza era amarga, el vino tenía más bien un sabor agrio y el whisky era horrible. En ese momento, no obstante, decidió que, si más tarde encontraba la botella, tomaría un sorbo de aquello, cuando su padre mirara hacia otro lado.

Malcolm tuvo que quedarse parado un momento en el pasillo, delante de la puerta del Cuarto de la Terraza, para recobrar el sentido de la realidad: todavía seguía absorto con aquel asunto de las lentejuelas. Luego respiró hondo y entró.

El caballero que aguardaba le causó un sobresalto, pese a que estaba sentado cerca de la chimenea apagada. Tal vez se debiera a su daimonion, un hermoso leopardo con manchas plateadas, o quizá fuera cosa de su sombría expresión taciturna. En cualquier caso, Malcolm se sintió intimidado. Y muy pequeño y muy joven. Asta se transformó en una polilla.

—Buenas noches, señor —dijo—. Aquí tiene el tokay que ha pedido. ¿Quiere que encienda el fuego? Hace frío aquí dentro.

—¿Tú te llamas Malcolm?

El hombre tenía una voz áspera y profunda.

—Sí, señor. Malcolm Polstead.

—Soy un amigo de la doctora Relf —dijo el hombre—. Me llamo Asriel.

—Ah. Eh… Ella no me ha hablado de usted —objetó Malcolm.

—¿Por qué has dicho eso?

—Porque si me hubiera hablado de usted, sabría que es verdad.

El leopardo emitió un gruñido. Malcolm dio un paso atrás.

Después, recordando el temple con que la hermana Benedicta se había enfrentado a aquellos hombres, volvió a avanzar.

Asriel soltó una breve carcajada.

—Ya entiendo —concedió—. ¿Quieres otra referencia? Soy el padre de la niña que hay en el priorato.

—¡Ah! ¡Es lord Asriel!

—Así es. Pero ¿cómo vas a comprobar si digo la verdad al afirmar eso?

—¿Cómo se llama la niña?

—Lyra.

—¿Y cómo se llama su daimonion?

—Pantalaimon.

—Está bien —dijo Malcolm.

—¿Ahora sí? ¿Estás seguro?

—No, no estoy seguro, pero un poco más que antes.

—Muy bien. ¿Me puedes explicar qué es lo que ha ocurrido esta tarde?

Malcolm se lo expuso con todo los detalles que logró recordar.

—¿El Departamento de Protección de Menores?

—Han dicho que pertenecían a ese departamento, señor.

—¿Qué aspecto tenían?

Malcolm describió sus uniformes.

—El que se ha quitado la gorra parecía el que mandaba. Era más educado que los demás, como más zalamero y sonriente. Aunque tenía una sonrisa de verdad, no postiza. Creo que incluso me hubiera caído bien si hubiera venido aquí, de cliente o algo así. Los otros dos eran solo sosos y amenazadores. La mayoría de la gente se habría muerto de miedo, pero la hermana Benedicta no se ha asustado. Les ha plantado cara ella sola.

El hombre tomó un sorbo de tokay. Su daimonion estaba tendido sobre el vientre, con la cabeza erguida y las patas delanteras estiradas, igual que la foto de la Esfinge que salía en la enciclopedia. Por un momento, pareció como si las manchas negras y plateadas de su lomo despidieran un trémulo brillo. A Malcolm le pareció que el círculo de lentejuelas había cambiado de forma para convertirse en un daimonion, pero entonces lord Asriel tomó la palabra.

—¿Sabes por qué no he venido a ver a mi hija?

—Pensaba que estaba ocupado, que seguramente tenía cosas importantes que hacer.

—No he venido a verla porque, si lo hago, se la llevarán de aquí y la pondrán en otro sitio mucho menos agradable. Allí no habrá ninguna hermana Benedicta que dé la cara por ella. Ahora, de todas formas, intentan llevársela... ¿Y qué hay de ese otro asunto del que he oído hablar, esa Liga de san Alexander?

Malcolm lo puso al corriente de lo que sabía.

—Es repulsivo —comentó Asriel.

—En mi escuela se han apuntado muchos niños. Les gusta poder llevar una insignia y decirles a los maestros lo que tienen que hacer. Disculpe, señor, pero yo ya he hablado de todo esto con la doctora Relf. ¿No se lo ha explicado ella?

—¿Aún tienes dudas respecto a mí?

—Pues... no —respondió Malcolm.

—Razón no te falta. ¿Vas a seguir visitando a la doctora Relf?

—Sí, porque me presta libros, aparte de escuchar lo que le cuento sobre... lo que me entero.

—¿Ah, sí? Eso está bien. Pero, dime, la niña... ¿La cuidan bien?

—Sí, sí. La hermana Fenella la quiere igual que... —Iba a decir «igual que yo», pero se contuvo—. La quiere mucho. Todos la quieren mucho. Está muy contenta. Quiero decir, Lyra está muy contenta. No para de hablar con su daimonion. Es un parloteo continuo. La hermana Fenella dice que se están enseñando a hablar mutuamente.

—¿Y come bien? ¿Se ríe? ¿Es activa y curiosa?

—Vaya que sí. Las monjas se portan muy bien con ella.

—Pero ahora las están amenazando...

Asriel se levantó y se acercó a la ventana para mirar las escasas luces que quedaban encendidas al otro lado del río, en el priorato.

—Eso parece, señor. Su señoría, quería decir.

—Con señor bastará. ¿Crees que me dejarán verla?

—¿Las monjas? No creo, si el lord canciller les ha dicho que no lo hagan.

—¿Y se lo ha dicho?

—Pues no sabría decirle, señor. Lo que sí sé es que ellas harían lo que fuera para protegerla, sobre todo la hermana Benedicta. Si pensaran que alguien o algo representara un peligro para ella, le... Bueno, harían lo que fuera, tal como le he dicho.

—¿Conoces bien a esas monjas?

—Las conozco de toda la vida, señor.

—¿Y ellas te escucharían?

—Supongo que sí.

—¿Podrías decirles que estoy aquí y que querría ver a mi hija?

—¿Cuándo?

—Ahora mismo. Me están persiguiendo. El Sumo Tribunal me ha ordenado que no me acerque a menos de ochenta kilómetros de ella; si me encuentran aquí, se la llevarán y la pondrán en otro lugar donde no la cuidarán tan bien.

Malcolm estuvo a punto de decir: «Entonces no debería arriesgarse». Al mismo tiempo, sintió admiración y comprensión por la iniciativa de aquel hombre: era normal que quisiera ver a su hija. Además, había sido muy listo al ir a consultarlo a él.

—Bueno... —pensó y dijo Malcolm—, no creo que pueda verla ahora mismo, señor. Se acuestan tempranísimo. No me extrañaría que ya estuvieran durmiendo todas. Por la mañana se levantan muy temprano también. Quizá...

—No dispongo de tanto tiempo. ¿En qué habitación han instalado a la niña?

—En el otro lado, señor, delante de la huerta.

—¿En qué piso?

—Todos los dormitorios están en la planta baja. También el de ella.

—¿Y tú sabes cuál es?

—Sí, pero...

—Entonces podrías enseñármelo. Vamos.

A ese hombre quizás no fuera posible negarle nada. Malcolm abandonó con él en el Cuarto de la Terraza; después de recorrer el pasillo, salieron a la terraza antes de que pudiera verlos su padre. Cerró con sumo cuidado la puerta y descubrió el jardín iluminado por una luna radiante: no la había visto tan brillante desde hacía meses. Era como si los alumbraran con un reflector.

—¿Ha dicho que había alguien que lo perseguía? —preguntó Malcolm en voz baja.

—Sí. Hay alguien vigilando el puente. ¿Hay otra forma de cruzar el río?

—Mi canoa. Está ahí abajo, señor. Vayámonos de la terraza antes de que nos vea alguien.

Lord Asriel bajó con él hasta el cobertizo donde guardaba la canoa.

—Ah, es una canoa de verdad —comentó lord Asriel, como si hubiera esperado encontrarse con un juguete.

Malcolm se sintió un poco ofendido, pero no dijo nada mientras volvía *La bella salvaje* y la hacía deslizar en silencio sobre la hierba en dirección al agua.

—Primero —propuso— vamos a ir un trecho río abajo, para que así no nos puedan ver desde el puente. Por ese lado hay una forma de entrar en la huerta del priorato. Suba usted primero, señor.

Asriel así lo hizo, con mucha más habilidad de la que había previsto Malcolm; su daimonion leopardo lo siguió, liviano como una sombra. La canoa apenas se movió y Asriel se sentó con ligereza y se mantuvo quieto mientras Malcolm subía tras él.

—Ya ha ido en canoa otras veces —susurró Malcolm.

—Sí. Esta es una buena canoa.

—Ahora hay que estar callados…

Malcolm impulsó la embarcación y empezó a remar, manteniéndose cerca de la orilla, bajo los árboles, sin hacer el menor ruido. En eso era un verdadero experto. Una vez que perdieron de vista el puente, hizo girar la embarcación hacia estribor y se dirigió a la otra ribera.

—Voy a parar al lado del tocón de un sauce —anunció quedamente—. Allí la hierba es muy tupida. Amarraremos la canoa y retrocederemos por el campo, pegados al seto.

Lord Asriel se bajó con la misma soltura con la que había subido. Malcolm, que no se podía imaginar que existiera un pasajero mejor, amarró la barca a una recia rama de sauce que brotaba del tocón; al cabo de unos segundos, prosiguieron camino por el borde del prado, a la sombra del seto.

Malcolm encontró la brecha que conocía y se adentró por ella entre las zarzas. Al hombre debió de costarle más, al ser más grande, pero no dijo nada. Salieron a la huerta del priorato; las hileras de ciruelos y manzanos, de perales y cerezos, se perfilaban con nitidez bajo la luna.

Malcolm siguió bordeando la parte posterior del priorato, hasta llegar al lado donde se encontraba la habitación de Lyra. Habían tapado la ventana con postigos nuevos, que se veían muy resistentes.

Volvió a contar para cerciorarse de que no se equivocaba y golpeó quedamente el postigo con una piedra.

Lord Asriel se había parado cerca. La luz de la luna, que daba de pleno en aquel lado del edificio, los hacía claramente visibles desde cierta distancia.

—No quiero despertar a ninguna de las otras monjas —susurró Malcolm—, y no quiero asustar a la hermana Fenella, porque no está bien del corazón. Hay que tener cuidado.

—Estoy en tus manos —dijo lord Asriel.

Malcolm volvió a golpear un poco más fuerte.

—Hermana Fenella —musitó.

No hubo respuesta. Golpeó por tercera vez.

—Hermana Fenella, soy yo, Malcolm —susurró.

Lo que de verdad le preocupaba era la hermana Benedicta, por supuesto. No quería ni pensar lo que ocurriría si la despertaba, de modo que mantenía el mayor sigilo posible a la vez que trataba de despertar a la hermana Fenella: no era fácil.

Asriel permanecía quieto, observando en silencio.

Finalmente, Malcolm oyó como si alguien se moviera dentro. Lyra emitió un sonidito y luego pareció como si la hermana Fenella arrastrara una silla o una mesita. Después murmuró algo con su suave voz de anciana, como si quisiera tranquilizar a la niña.

—Hermana Fenella... —volvió a probar, levantando un poco más la voz.

Una exclamación de sorpresa.

—Soy yo, Malcolm —dijo.

Un leve ruido, como de unos pies que se desplazaran descalzos; luego el roce del pestillo de la ventana.

—Hermana Fenella...

—¿Malcolm? ¿Qué haces aquí?

Hablaba, igual que él, en susurros. Se le notaba en la voz que estaba asustada y medio dormida. No había abierto el postigo.

—Perdone, hermana, de verdad lo siento —se apresuró a decir—, pero el padre de Lyra está aquí y lo están persiguiendo... unos enemigos. Necesita ver a Lyra antes... de irse a otra parte. Para... despedirse —añadió.

—¡Esto es un desatino, Malcolm! Sabes que no podemos dejarlo entrar...

—¡Por favor, hermana! Lo desea de todo corazón —arguyó Malcolm, utilizando una frase que no sabía de dónde había sacado.

—Es imposible. Ahora te tienes que ir, Malcolm. No es algo que se pueda pedir siquiera. Vete antes de que se despierte. No me atrevo ni a pensar lo que diría la hermana Benedicta...

Malcolm tampoco se atrevía. Entonces sintió el contacto de la mano de lord Asriel en el hombro.

—Déjame hablar con la hermana Fenella. Tú ve a vigilar, Malcolm.

El chico fue hasta la esquina del edificio. Desde allí podía ver el puente y casi toda la huerta; también a lord Asriel, que hablaba en voz baja, con la cabeza inclinada hacia el postigo. Su voz era un susurro; no alcanzaba a oír nada. No habría sabido precisar cuánto tiempo estuvieron hablando Asriel y la hermana Fenella. En todo caso, fue bastante rato. Empezaba a tiritar cuando vio, con asombro, que aquel pesado postigo se movía lentamente. Lord Asriel dio un paso atrás para permitirle abrir. Luego se volvió a aproximar, enseñando las manos para demostrar que no iba armado y ladeó un poco la cabeza para que la luna le iluminara plenamente la cara.

Volvió a hablar en susurros. A continuación transcurrió un minuto, dos tal vez, en que no sucedió nada; después la hermana Fenella alargó entre sus finos brazos el pequeño bulto y Asriel lo cogió con infinita delicadeza. Su daimonion leopardo se irguió para apoyarle las patas delanteras en la cintura. Asriel bajó a la niña para que pudiera decirle algo al daimonion de Lyra.

¿Cómo habría convencido a la hermana Fenella? Observó cómo el hombre volvía a levantar a la pequeña y se alejaba caminando sobre la hierba entre los macizos sin flores, sosteniéndola cerca de la cara para poderle hablar bajito, meciéndola con dulzura, paseando despacio bajo el brillante claro de luna. En un momento dado, fue como si le enseñara la luna a Lyra. En cualquier caso, parecía como un señor en sus propios dominios, sin nada que temer y con aquella hermosa noche a su merced.

Así siguió yendo de un lado a otro con su hija. Malcolm pensó que la hermana Fenella estaría aguardando temerosa..., por si lord Asriel no se la devolvía, por si lo atacaban sus enemigos, por si la hermana Benedicta sospechaba que estaba ocurriendo algo. Pero no se oía nada, ni proveniente del priorato ni del camino ni del hombre que paseaba con su hijita bajo la luz de la luna.

En un momento dado, pareció que el daimonion leopardo había oído algo. Agitó la cola, enderezó las orejas y volvió la cabeza hacia el puente. Malcolm y Asta se giraron de inmediato, centrando la vista y el oído en el puente, cada una de cuyas piedras se perfilaba con un contraste de color negro y plateado. No obstante, nada se movió. El único sonido perceptible fue el grito de una lechuza que cazaba a algo menos de un kilómetro de distancia.

Poco después, el daimonion leopardo abandonó su rigidez de estatua y volvió a alejarse, ágil y silencioso. Malcolm cayó en la cuenta de que el hombre también poseía dichas cualidades: durante el trayecto por el río, por el prado y por la huerta hasta la pared del priorato, no había oído el menor ruido de pasos. En ese sentido, Asriel podría haber sido un fantasma.

El hombre se dio la vuelta al final del sendero y regresó a la ventana donde estaba la hermana Fenella. Malcolm miró el puente, el jardín y el tramo de carretera que veía desde allí y no vio nada extraño. Cuando se volvió, Asriel entregó el pequeño bulto por la ventana; después de susurrar una o dos palabras, cerró con sigilo el postigo.

Luego le hizo una señal y Malcolm acudió a su encuentro. Era muy difícil no hacer ningún ruido, incluso caminando sobre la hierba. Observó cómo aquel hombre apoyaba los pies en el suelo: sus pasos tenían algo de leopardo... Pensó que debía imitarlo.

Desanduvieron el camino por la huerta hasta la brecha entre las zarzas. Fueron por el borde del prado, al amparo del seto, hasta llegar junto al tocón del sauce.

Entonces una luz más fuerte y amarilla que la de la luna horadó el cielo. Alguien había encendido un reflector en el puente. Malcolm oyó el ruido de un motor de gas.

—Ahí están —dijo Asriel en voz baja—. Déjame aquí, Malcolm.

—¡No! Tengo una idea mejor. Llévese mi canoa y siga río abajo. Solo me tiene que dejar antes, en la otra orilla.

Se le había ocurrido en ese mismo momento.

—¿Estás seguro?

—Puede seguir bajando por el río hasta muy lejos. Jamás sospecharán que va por allí. ¡Vamos!

Subió a la canoa y desató el amarre. Después mantuvo la embarcación pegada a la orilla mientras Asriel subía. Se puso a remar con gran rapidez y lo más silenciosamente que pudo para cruzar el cauce y llegar al jardín de la posada, pese a que la corriente quería llevarlo por el centro. Tenía que evitarlo porque, si así fuera, podrían descubrirlos desde el puente.

Asriel mantuvo agarrada la cuerda atada al pequeño embarcadero mientras Malcolm bajaba. Dejó que este sujetara la barca mientras la encaraba hacia la corriente, cogió los remos y agitó la mano para despedirse.

—Te la devolveré —prometió.

Luego desapareció, alejándose a toda velocidad con potentes golpes de remo en la caudalosa corriente del río. Malcolm pensó que *La bella salvaje* nunca había ido tan deprisa.

11
Protección medioambiental

En el curso de los días siguientes, Malcolm rememoró muchas veces aquella extraña media hora que había pasado con lord Asriel bajo el claro de luna en la huerta del priorato. Él y Asta repasaron una y otra vez los detalles. El único con quien podía hablar de ello era su daimonion: para eso no podía contar con sus padres. Siempre estaban demasiado ocupados con la posada para prestarle mucha atención, a no ser que necesitara un baño o descuidara hacer los deberes; sabía que no se darían cuenta de que su canoa había desaparecido, por ejemplo. La única persona a quien se lo contó fue a la doctora Relf. Para ir a su casa de Jericho, tuvo que desplazarse por tierra. Y así sería hasta que lord Asriel consiguiera hacerle llegar *La bella salvaje*. Por eso, el sábado llamó a su puerta más tarde de lo habitual.

—¿Le prestaste tu barca? Qué generoso —alabó ella después de escucharlo.

—Bueno, es que me inspiró confianza, porque fue bueno con Lyra. Le enseñó la luna y la mantuvo abrigada. Y no la hizo llorar. Además, la hermana Fenella también tuvo que fiarse de él para dejársela. Al principio, no me lo podía creer.

—Parece una persona muy persuasiva. Estoy segura de que hiciste lo apropiado.

—En todo caso, sabe remar muy bien.

—¿Crees que esos enemigos suyos eran las mismas personas que intentaron llevarse a Lyra del priorato? ¿Esa gente del Tribunal de Protección... o como se llame?

—El Departamento de Protección de Menores. Creo que no. Pensé que él mismo se iba a llevar a Lyra, pero debió de considerar que estaba más segura donde estaba que con su padre. Debe de correr mucho peligro. Espero que *La bella salvaje* no acabe con agujeros de bala.

—Estoy convencida de que cuidará bien de ella. Y ahora..., ¿te apetece llevarte otros libros?

Malcolm volvió a casa con un volumen sobre dibujos simbólicos, porque las explicaciones que le había dado la doctora Relf sobre el aletiómetro lo habían dejado muy intrigado. Se llevó otro titulado *La ruta de la seda*. Había creído que era una novela de intriga, pero luego descubrió que era una descripción verídica, realizada por un viajero de la época moderna, de las rutas comerciales de Asia central, desde Tartaria hasta el Levante. Al llegar a casa, tuvo que consultar todos aquellos lugares en el atlas: pronto se dio cuenta de que necesitaba un atlas mejor.

—Mamá, por mi cumpleaños, ¿podríais regalarme un atlas grande?

—¿Para qué lo necesitas?

Ella freía patatas y él comía pastel de arroz. Aquella noche había muchos clientes y pronto tendría que ir a echar una mano en el bar.

—Pues para consultar cosas —respondió.

—Supongo que sí —dijo ella—. Se lo diré a papá. Anda, termina de comer.

Malcolm tenía la impresión de que aquella ruidosa cocina llena de vapor era el sitio más seguro del mundo. Antes nunca había pensado en ese tipo de cosas. Para él era algo normal, como la abundante comida que preparaba sin cesar su madre, o el hecho de que siempre hubiera platos calientes donde servirla.

Sabía que él estaba a salvo, que Lyra estaba a salvo en el priorato y que lord Asriel estaba a salvo porque había escapado de sus perseguidores. Pero, aun así, el peligro acechaba por todas partes.

Al día siguiente, domingo, llovía con una intensidad inusual. Hannah Relf inspeccionó los sacos de arena que protegían la puerta de su casa y fue hasta el final de la calle para ver hasta dónde había subido el nivel del canal. Observó, alarmada, que más allá de este, en toda la zona a la que llamaban Port Meadow, se sucedían las hectáreas de terreno cubierto de una capa de agua gris barrida por la lluvia. Con el viento, parecía que corriera a la manera de un río, aunque ella sabía que no era así. En todo caso, había una gran masa de agua que se desplazaba de manera inexorable hacia las casas y los comercios de Jericho, situados a su espalda.

El espectáculo era demasiado tétrico y deprimente para quedarse observándolo; además, la lluvia caía con fuerza, fría y penetrante. Dio media vuelta, con la intención de encerrarse en casa, añadir un tronco al fuego y quedarse estudiando con una taza de café al lado.

Delante de su casa había, sin embargo, una furgoneta. Aunque no tenía ninguna clase de inscripción, se veía a la legua que era un vehículo oficial.

—No vayas —dijo su daimonion—. Camina con naturalidad y pasa de largo.

—¿Qué hacen? —susurró.

—Están llamando a la puerta. No mires.

Procuró no acelerar el paso. No tenía nada que temer de la policía ni de ningún otro organismo. Lo malo era que, últimamente, el miedo se estaba generalizando entre todos los ciudadanos. La ley del *habeas corpus* se había anulado sin apenas oposición de los miembros del Parlamento, que en principio debían velar por las libertades de los ingleses. Corrían rumores de que había detenciones secretas y encarcelamientos sin juicio. Y no había forma de comprobar si aquello era cierto o no. Su vinculación con Oakley Street no la ayudaría precisamente; de hecho, si alguien se enteraba, podría complicar su situación. Aquellas agencias y poderes que obraban a la sombra mantenían una feroz rivalidad entre sí.

Por otra parte, tampoco podía estar paseando toda la tarde bajo la lluvia. Aquello era absurdo. Además, ella tenía amigos. Era un miembro respetable de una prestigiosa universidad de Oxford. Su ausencia no pasaría inadvertida y habría quien haría preguntas. Conocía a más de un abogado capaz de sacarla de cualquier celda en cuestión de horas.

Giró sobre sí y se encaminó directamente a su casa, chapoteando por los tres centímetros de agua que se acumulaban sobre la acera.

—¿Les puedo ayudar en algo? —preguntó, cuando se encontraba ya más cerca—. ¿Qué desean?

El individuo que llamaba se volvió a mirar. Ella se quedó en la puerta, procurando disimular su aprensión.

—¿Es su casa, señora?

—Sí. ¿Qué quieren?

—Somos de Protección Medioambiental, señora. Estamos llamando a todas las casas de esta calle y las demás para comprobar que todo está correcto por si hay una inundación.

El que habló era un hombre de unos cuarenta años, que tenía por daimonion un petirrojo empapado. El otro era más joven. Su daimonion, una nutria que se encontraba encima de los sacos de arena delante de la puerta de Hannah, cuando esta habló, se apresuró a acercarse al joven, que la cogió en brazos.

—Pues… —empezó a decir Hannah.

—Estos sacos de arena no forman una barrera hermética, señora —le informó el joven—. Dejarán pasar el agua por ese rincón.

—Ah, gracias por avisarme.

—¿Todo está sellado en la parte de atrás? —preguntó el otro hombre.

—Sí, también con sacos de arena.

—¿Le importa que echemos un vistazo?

—No, en principio, no… Por aquí.

Los condujo por el estrecho espacio que había entre su casa

y la valla del vecino. Se quedó mirando cómo inspeccionaban los sacos colocados junto a la puerta de atrás.

—¿Tiene idea de quién vive ahí, señorita? —la consultó el mayor, mientras su compañero examinaba el resquicio de la puerta.

«Ahora me llama señorita», pensó ella.

—Es un tal señor Hopkins —dijo—. Es bastante mayor. Creo que se ha ido a pasar una temporada con su hija.

El hombre se asomó por encima de la cerca. La casa estaba oscura y silenciosa.

—No han puesto sacos de arena —constató—. Charlie, será mejor que coloquemos unos cuantos allí, en la puerta de delante y la de atrás.

—¡Vale! —contestó Charlie.

—Entonces ¿se prevé que habrá inundaciones? —preguntó Hannah.

—No hay forma de saberlo, la verdad. Las previsiones del tiempo, ya se sabe… —Se encogió de hombros—. Más vale estar prevenido, es lo que yo digo siempre.

—Tiene razón —aprobó ella—. Gracias por haber venido.

—De nada, señorita. Gracias a usted.

Se fueron chapoteando hasta su furgoneta. Hannah ahuecó y apretó con las manos y los pies la zona del rincón donde habían dicho que se filtraba el agua, para redistribuir la arena. Luego entró y cerró con llave.

Malcolm estaba ansioso por hablar con la hermana Fenella, para preguntarle qué le había dicho lord Asriel aquella noche, pero ella se negó a hacer el menor comentario sobre el asunto cuando fue a verla el jueves al salir de la escuela.

—Si quieres ayudar, pela esas manzanas —le dijo.

Era la primera vez que le veía una reacción así, tan terca. Fingía incluso no oír sus preguntas. Al final, llegó a la conclusión de que le estaba faltando al respeto y lamentó no haberse dado cuenta antes: permaneció callado, pelando y quitando los corazones de aquellas manzanas Bramley, deformes y plagadas de manchas marrones. Las monjas vendían los ejemplares más hermosos y se quedaban con los menos perfectos para ellas. Malcolm consideraba, con todo, que los pasteles de la hermana Fenella tenían bastante buen sabor. Ella solía reservarle una pequeña porción.

—No sé qué tal le irá al señor Boatwright —comentó, después de haber dejado transcurrir un tiempo prudencial.

—Espero que, si no lo han pillado, esté bien escondido en los bosques —dijo la hermana Fenella.

—Igual va disfrazado.

—¿De qué crees que se disfrazaría?

—De... No sé. Su daimonion también se tendría que disfrazar.

—Para los niños es más fácil —dijo el daimonion ardilla de la hermana Fenella.

—¿Usted a qué jugaba de niña? —preguntó Malcolm.

—Nuestro juego preferido era el del rey Arturo —explicó la anciana, dejando el rodillo en la mesa.

—¿Cómo se juega a eso?

—Sacando la espada de la piedra. ¿Te acuerdas? Nadie más consiguió arrancarla. Y él, que no sabía que era imposible, cogió la empuñadura, tiró de ella y la sacó...

Cogió un cuchillo limpio del cajón y lo clavó en el grueso pedazo de masa que aún no había alisado.

—Ahora tú haces como que no lo puedes sacar —indicó.

Malcolm se puso a fingir que hacía un tremendo esfuerzo, tirando, bufando y apretando los dientes, en un intento infructuoso de mover el cuchillo. Asta se sumó a la pantomima, tirando de su muñeca con la forma de mono.

—Y entonces el joven Arturo retrocede en busca de la espada de su hermano... —anunció el daimonion de la hermana Fenella.

—Y ve la espada clavada en la piedra y piensa «Bueno, cogeré esta» —dijo la hermana Fenella.

—¡Entonces cerró la mano en torno a la empuñadura y el arma salió así de fácil! —terminó por ella su daimonion.

La hermana Fenella extrajo el cuchillo y lo agitó en el aire.

—Y de este modo Arturo pasó a ser rey —concluyó.

Malcolm se echó a reír. La anciana contraía la cara tratando de adoptar una expresión ceremoniosa, mientras el daimonion ardilla corría por su brazo para ir a asentarse con gesto triunfal encima de su hombro.

—¿Usted siempre hacía de rey Arturo? —preguntó Malcolm.

—No. Siempre quería hacer de rey, pero normalmente era un escudero o algún plebeyo.

—Aunque también jugábamos solo nosotros dos —confió su daimonion—. Entonces siempre eras el rey Arturo.

—Sí, siempre —confirmó, limpiando el cuchillo con un paño antes de guardarlo en el cajón—. ¿Y tú a qué juegas, Malcolm?

—A juegos de exploración, más que nada, donde hay que descubrir civilizaciones y cosas así.

—¿Como remontar el Amazonas en tu canoa?

—Eh…, sí. Ese tipo de cosas.

—¿Cómo está tu barca? ¿Ha salido ilesa del invierno?

—Es que… se la presté a lord Asriel. Cuando vino a ver a Lyra.

La anciana guardó silencio y se puso a extender la masa.

—Estoy segura de que te lo agradeció mucho —dijo al cabo de un poco.

No obstante, su tono sonó duro. Sobre todo viniendo de ella.

—Estaba incómoda —comentó Asta una vez que hubieron salido de la cocina—. Se sentía avergonzada porque sabía que había hecho algo malo.

—No sé si se habrá enterado la hermana Benedicta.

—Podría impedir que la hermana Fenella siguiera cuidando de Lyra.

—Puede, aunque es posible que no se haya enterado.

—La hermana Fenella lo confesaría.

—Sí —acordó Malcolm—. Es probable.

No fueron a ver al señor Taphouse. Porque, al no ver luz en su taller, pensaron que debía de haberse ido a casa más pronto.

—No, espera —dijo de repente Asta—. Hay alguien.

Estaba anocheciendo. El cielo gris cargado de lluvia proyectaba la oscuridad casi una hora antes de lo normal. Malcolm se detuvo en el sendero que conducía al puente y se volvió para mirar el taller rodeado de penumbra.

—¿Dónde? —musitó.

—Por atrás. He visto una sombra...

—Todo son sombras.

—No, como la de un hombre...

Estaban a unos cien metros del taller. El sendero de grava quedaba expuesto a la vista con la penumbra del crepúsculo y el tenue resplandor amarillo proveniente de las ventanas del priorato. Entonces, de detrás del priorato, surgió, caminando un poco como si diera bandazos, una figura del tamaño de un perro grande, pero más jorobada y cargada de hombros: se irguió y se quedó mirándolos directamente.

—Es un daimonion —musitó Asta.

—¿Un perro? ¿Y qué...?

—No es un perro. Es una hiena.

—Y tiene..., tiene solo tres patas.

La hiena permaneció inmóvil, pero tras ella, sobre la oscuridad del edificio, se perfiló la silueta de un hombre. Miró a Malcolm, que no pudo verle la cara; después volvió a confundirse con las sombras.

Si embargo, su daimonion se quedó donde estaba; luego abrió las dos patas traseras y orinó justo en medio del sendero. Observaba a Malcolm con una mirada furibunda, sin mover las potentes fauces. El chico solo alcanzaba a ver los dos destellos que producían sus ojos al reflejar la luz. La hiena dio un paso adelante, apoyando el peso en su única pata delantera. Y siguió mirando un momento a Malcolm antes de dar media vuelta y alejarse trotando con torpes movimientos para perderse en medio de las sombras.

Malcolm quedó impresionado por aquel episodio. Nunca había visto un daimonion tullido, ni tampoco una hiena, ni había sentido una oleada tan intensa de maldad. De todas formas...

—Tenemos que... —dijo Asta.

—Ya sé. Conviértete en lechuza.

El daimonion se transformó al instante; posado en su hombro, se puso a escrutar la tenebrosa zona del taller.

—No los veo —susurró.

—No apartes la mirada de esa sombra…

Retrocedió por el sendero, o más bien por la hierba del borde del sendero, hasta llegar a la puerta de la cocina. Al accionar la manija, por poco no cayó adentro.

—Malcolm —dijo la hermana Fenella—. ¿Te has olvidado de algo?

—Es que tengo que decirle algo a la hermana Benedicta. ¿Está en su despacho?

—Supongo que sí, cariño. ¿Pasa algo?

—No, no —aseguró Malcolm, que se precipitó hacia el pasillo.

Dejando atrás la zona de la habitación de Lyra, donde aún persistía un tenue olor a pintura, llamó a la puerta de la hermana Benedicta.

—Pase —dijo. Al verlo, pestañeó con sorpresa—. ¿Qué ocurre, Malcolm?

—Acabo de ver… Nos íbamos a casa y, al pasar al lado del taller del señor Taphouse, hemos visto a un hombre… Y su daimonion era una hiena con tres patas… Y…

—No tan deprisa —le pidió—. ¿Los has visto bien?

—Solo al daimonion. Tenía… tres patas y…, como me ha parecido que no deberían estar aquí, pues… he pensado que usted tendría que saberlo y asegurarse de que los postigos queden bien cerrados.

No podía contarle lo que había hecho la hiena. Aunque hubiera encontrado las palabras, no habría sido capaz de expresar aquel desprecio, aquel odio. Era como si lo hubiera ensuciado y achicado.

La hermana debió de percibir algo en su semblante, pues dejó el bolígrafo y se levantó para apoyarle una mano en el hombro. No recordaba que lo hubiera tocado nunca.

—Y, aun así, has vuelto para avisarnos. Has sido muy amable. Ahora vamos a asegurarnos de que regreses sin percance a casa.

—¡No pensará acompañarme!

—¿No quieres? Bien, entonces te miraré desde la puerta. ¿Qué te parece?

—¡Tenga cuidado, hermana! Es..., no sé cómo decirlo... ¿Ha oído hablar alguna vez de un hombre con un daimonion así?

—Se oyen toda clase de cosas. La cuestión es discernir si son importantes. Vamos.

—No he querido asustar a la hermana Fenella.

—Has hecho bien.

—¿Está Lyra...?

—Está durmiendo. Podrás verla mañana. Además, está muy bien protegida detrás de los postigos del señor Taphouse.

Atravesaron la cocina, ante la mirada de perplejidad de la hermana Fenella.

—¿Quieres una linterna, Malcolm? —propuso la hermana Benedicta desde la puerta.

—No, no, gracias, de verdad. Hay suficiente luz... y Asta se puede convertir en lechuza.

—Esperaré hasta que estés en el puente.

—Gracias, hermana. Buenas noches. Será mejor que cierre las puertas con llave.

—Así lo haré. Buenas noches, Malcolm.

Malcolm ignoraba qué habría podido hacer la monja si el hombre se hubiera abalanzado para atacarlo, pero aun así se sentía protegido por su vigilancia, seguro de que no despegaría la vista de él hasta que llegara al puente.

Cuando estuvo allí, se volvió y agitó la mano. La hermana Benedicta le devolvió el saludo, antes de entrar y cerrar la puerta.

Malcolm se fue corriendo a casa, precedido de Asta, que volaba delante de él. Entraron a trompicones en la cocina.

—Ya era hora —dijo su madre.

—¿Dónde está papá?

—En el tejado, haciendo señas a Marte. ¿Dónde crees que va a estar?

Malcolm entró a toda prisa en el bar y luego se detuvo en

seco. En la barra vio acodado a un hombre, sentado en un taburete. Era la primera vez que lo veía: a sus pies había un daimonion hiena con una sola pata delantera.

El tipo había estado hablando con el padre de Malcolm. En la sala había media docena de clientes, pero ninguno estaba cerca. En realidad, un par de habituales que siempre se situaban de pie junto a la barra permanecían sentados a una mesa del rincón más alejado; los demás se encontraban también por esa zona, casi como si quisieran estar lo más lejos posible del desconocido.

Malcolm captó todo aquello en un instante y después vio la expresión de su padre. El desconocido miraba a Malcolm y detrás de él, su padre bajaba la vista con hastío, sin poder disimular su repugnancia. Cuando el forastero se volvió de espaldas, el señor Polstead levantó la cabeza y esbozó una sonrisa forzada.

—¿Dónde estabas, Malcolm? —preguntó.

—Donde siempre —murmuró Malcolm, antes de alejarse.

El daimonion hiena hizo castañetear los dientes. Tenía una dentadura afilada y amarillenta, así como una cabeza pequeña. Era asombrosamente fea. Lo que quiera que fuese que le había privado de la pata delantera lo habría pagado caro, si le había clavado aquellos dientes en las carnes.

Malcolm se acercó a las mesas del otro lado de la sala.

—¿Desean que les sirva algo, caballeros? —preguntó, consciente de que le temblaba un poco la voz en medio del silencio general.

Hubo dos clientes que le pidieron un par de pintas más. Pero, antes de que se fuera, uno de ellos lo agarró disimuladamente por la manga.

—Ten cuidado con él —lo avisó en voz baja—. Mira por donde pones los pies con ese individuo.

Después lo soltó. Malcolm llevó los vasos al otro extremo del bar. Asta no lo había perdido de vista, desde luego. Y como se había convertido en mariquita, no se notaba hacia dónde miraba.

—Voy a ir a mirar al Cuarto de la Terraza —le dijo Malcolm a su padre, que asintió con la cabeza.

En el Cuarto de la Terraza no había nadie, pero quedaban dos vasos vacíos por retirar de la mesa.

—¿Qué aspecto tiene? —susurró a Asta, mientras los recogía.

—En realidad, se muestra amable e interesado, como si estuviera escuchando mientras uno le cuenta algo que quiere saber. No tiene nada malo. Es su…

—Son una misma persona, ¿no? Como nosotros…

—Sí, claro, pero…

Malcolm se demoró recogiendo los otros vasos vacíos que quedaban por el pub.

—Aquí no hay casi nadie —comentó a Asta.

—Entonces no estamos obligados a quedarnos en el bar. Sube a tu cuarto y ponlo por escrito, para después contárselo a la doctora Relf.

Llevó los vasos a la cocina y se puso a lavarlos.

—Mamá —dijo—, hay un hombre en el bar…

Le contó lo ocurrido en el priorato, sin mencionar tampoco lo que había hecho el daimonion en el sendero.

—¡Y ahora está aquí! Y papá parece harto. Y nadie quiere estar cerca de él.

—¿Se lo has ido a decir a la hermana Benedicta? Ella hará lo necesario para que cierren bien y no les pase nada.

—Pero ¿quién es? ¿Qué hace?

—Quién sabe. Si no te gusta su pinta, no te acerques a él.

Eso era lo malo con su madre, que creía que una instrucción servía de explicación. Bueno, se lo preguntaría más tarde a su padre.

—No hay casi nadie esta noche —observó—. Ni siquiera Alice.

—Le he dicho que no hacía falta que se quedara, ya que estaba todo muy tranquilo. Si a ese hombre le da por venir a menudo aquí, todas las noches pasará lo mismo. Papá tendrá que decirle que no venga.

—Pero ¿por qué…?

—Déjate de porqués. ¿Tienes deberes?

—Un poco de geometría.

—Bueno, podrías cenar ahora y hacerlos después.

De cena había coliflor con queso. Asta se subió a la mesa y se puso a jugar con una nuez. Malcolm quiso comer demasiado deprisa y se quemó la lengua, pero el pastel de ciruela frío con nata le sirvió para refrescar la boca.

Como los platos que había lavado y había puesto a escurrir ya estaban secos, antes de irse arriba, los volvió a llevar al bar. Había unas cuantas personas más, pero el individuo del daimonion hiena seguía sentado en el taburete de la barra y los recién llegados se concentraban en el otro extremo, fingiendo no verlo.

—Es como si todo el mundo supiera quién es, excepto nosotros —gruñó Asta.

El daimonion hiena seguía en el mismo sitio, royendo y lamiéndose el muñón de la pierna ausente; el hombre permanecía sentado, acodado en la barra, mirando en derredor con un afable aire de cómplice interés.

Entonces ocurrió algo sorprendente. Malcolm tuvo la certeza de que nadie más estaba mirando. Su padre charlaba con los recién llegados en la otra punta de la barra y los clientes de las mesas jugaban al dominó. Espoleado por la curiosidad, se aventuró a mirar al desconocido y este le devolvió directamente la mirada. Tenía unos cuarenta años, según calculó Malcolm, el pelo negro y unos ojos castaños muy brillantes; todas sus facciones estaban muy nítidas y definidas, como si fuera un fotograma inundado de luz. Vestía el tipo de ropa idóneo para viajar y habría podido considerarse apuesto, de no ser por la sensación de fuerza y turbia malicia que irradiaba de él. A Malcolm le gustó, a pesar de todo.

Al ver que lo observaba, el hombre le sonrió y le guiñó un ojo.

Era una sonrisa cálida, de compadreo, como si dijera: «Tú y yo sabemos ciertas cosas...». Con su semblante, en el que se traslucía disfrute y complicidad, parecía invitar a Malcolm a participar en una pequeña conspiración de conocidos contra el resto del mundo. Sin poder evitarlo, Malcolm le devolvió la sonrisa. En circunstancias normales, Asta habría bajado enseguida al suelo para hablar con el daimonion, por educación, aunque fuera feo e imponente, pero aquella no era una situación normal. Había solo un niño curioso y ese hombre de cara atractiva y compleja, a cuya sonrisa Malcolm tuvo que corresponder.

El episodio se acabó enseguida. Malcolm dejó los vasos limpios encima de la barra y se fue arriba.

—Ni siquiera me acuerdo de cómo iba vestido —lamentó, después de haber cerrado la puerta de su cuarto.

—Llevaba ropa oscura —dijo Asta.

—¿Crees que es un criminal?

—Es probable. Pero el daimonion…

—Es horrible. Nunca había visto un daimonion que fuera tan distinto de su persona.

—Puede que la doctora Relf sepa quién es.

—No creo. Ella conoce a profesores, eruditos y gente así. Este tipo es otra clase de persona.

—Y a los espías. Conoce a espías.

—No creo que fuera un espía. No es nada discreto. Un daimonion como ese llama demasiado la atención.

Malcolm se puso a hacer los deberes, dibujando figuras geométricas con la regla y el compás. Aunque normalmente disfrutaba con ese tipo de tarea, le costó mucho concentrarse, porque aún seguía deslumbrado por aquella sonrisa.

La doctora Relf no sabía de nadie que tuviera un daimonion tullido como aquel.

—Es algo que debe de ocurrir algunas veces —opinó.

A continuación, Malcolm le explicó lo que había hecho el daimonion en medio del sendero y aquello la desconcertó aún más. Los daimonions eran igual de escrupulosos que las personas en lo que respectaba a su intimidad, pues ellos mismos eran personas, desde luego.

—Es muy extraño —opinó.

—¿Qué cree usted que pueda significar?

—Es una buena observación, Malcolm. Vamos a tratarlo como si fuera una pregunta para el aletiómetro e intentar ir despejando los significados. Lo que hizo en el sendero era una muestra de desprecio, ¿no?

—Sí, eso me pareció.

—Con respecto a ti, que estabas mirando, y con respecto al lugar donde estaba... el priorato. Quizá con respecto a las monjas y a todo lo que representan. Aparte..., la hiena es un animal carroñero. Se alimenta de carroña y de restos de cadáveres dejados por otros animales, además de matar presas ella misma.

—O sea, que aunque es repugnante, también es útil —dedujo Malcolm.

—Exacto. No se me había ocurrido. Y también ríe.

—¿Ah, sí?

—La risa de la hiena. En realidad, no es que ría, sino que su grito suena así.

—¿Cómo el cocodrilo que llora sin sentir pena?

—¿De manera hipócrita, quieres decir?

—Hipócrita —repitió Malcolm, paladeando la palabra.

—Y el hombre se mantuvo escondido mientras tanto, ¿no?

—En todo caso, estaba en la oscuridad.

—Háblame de esa sonrisa.

—Ah, sí. Eso fue lo más extraño de todo. Sonrió y guiñó el ojo. Nadie más lo vio. Era como si me diera a entender que sabía algo que yo también sabía y de lo que nadie más estaba enterado. Como si fuera un secreto entre los dos. Pero no era ese tipo de cosas repelentes que lo hacen sentir a uno sucio o culpable...

—¿No era eso?

—Era algo alegre, simpático y agradable. Aunque me cueste creerlo ahora, ese hombre me gustó. No lo pude evitar.

—Pero su daimonion no paraba de lamerse la pierna —recordó Asta—. Yo estaba mirándolo. El muñón todavía estaba en carne viva, rojo, como si le saliera sangre.

—¿Qué sentido puede tener eso? —dijo Malcolm.

—¿Tal vez que el daimonion... o los dos... son vulnerables? —aventuró la doctora Relf—. Si perdiera otra pierna, ya no podría caminar. Sería una situación terrible.

—Pues a él no se lo veía preocupado. Parecía como si nada pudiera preocuparlo o asustarlo.

—¿Te dio pena su daimonion?

—No —contestó Malcolm con rotundidad—. Más bien me alegré. Sería mucho más peligroso si no estuviera herido.

—O sea, que ese hombre te produce un sentimiento ambivalente.

—Exacto.

—Pero tus padres…

—Mamá solo me dijo que no me acercara a él, sin explicar por qué. Estaba claro que a papá le molestaba tenerlo en el bar, pero no podía decirle que se fuera. Y a los otros clientes también les molestaba que estuviera allí. Más tarde le pregunté a papá y él respondió solo que era un hombre malo y que no lo volvería a dejar entrar en el pub, pero no me dijo qué había hecho ni por qué era malo ni nada. Creo que era algo que intuía.

—¿Lo has vuelto a ver desde entonces?

—No, no lo he vuelto a ver, aunque eso fue solo anteayer.

—Veré qué puedo averiguar —resolvió la doctora Relf—. Ahora, ¿qué me dices de los libros de esta semana?

—El de las pinturas simbólicas era complicado —respondió Malcolm—. No entendí gran cosa.

—¿Qué fue lo que sí entendiste?

—Que… hay cosas que pueden representar a otras.

—Eso era lo principal. Muy bien. Lo demás son detalles. Nadie es capaz de acordarse de todos los significados de los dibujos del aletiómetro. Por eso necesitamos los libros para interpretarlos.

—Es como un lenguaje secreto.

—Sí, lo es.

—¿Lo inventó alguien? ¿O…?

—¿O lo descubrieron? ¿Es eso lo que ibas a decir?

—Sí, es eso —confirmó, algo sorprendido—. ¿Cómo fue?

—No es una pregunta fácil de responder. Pensemos en otro ejemplo, algo distinto. ¿Conoces el teorema de Pitágoras?

—El cuadrado de la hipotenusa es igual a la suma del cuadrado de los otros dos lados.

—Exacto. ¿Es eso aplicable a todos los ejemplos que has probado?

—Sí.

—¿Y era aplicable antes de que Pitágoras se diera cuenta?

—Sí —respondió Malcolm, tras un instante de reflexión—. Tenía que serlo.

—Entonces él no lo inventó, sino que lo descubrió.

—Sí.

—Bien. Ahora vamos a centrarnos en uno de los símbolos del aletiómetro: la colmena, por ejemplo, que está rodeada de abejas. Uno de sus significados es la dulzura; otro, la luz. ¿Comprendes por qué?

—La dulzura es por la miel y…

—¿Con qué se fabrican las velas?

—¡Cera! ¡Con cera de abeja!

—Eso es. No sabemos quién fue el primero en darse cuenta de que esos significados estaban ahí, pero ¿la similitud y la asociación existían o no antes de que se dieran cuenta? ¿Ellos lo inventaron o lo descubrieron?

Malcolm se quedó pensativo.

—No acaba de ser lo mismo —dictaminó luego—. El teorema de Pitágoras se puede demostrar y por eso se sabe que tiene que ser verdad. Con lo de la colmena, no se puede demostrar nada. Se puede ver la relación, pero no se puede demostrar…

—Bueno, vamos a enfocarlo de otra forma. Supongamos que la persona que fabricó el aletiómetro buscaba un símbolo que expresase las ideas de dulzura y de luz. ¿Podría haber elegido cualquier cosa? ¿Podría haber elegido una espada, pongamos por caso, o un delfín?

Malcolm trató de imaginárselo.

—No —respondió—. Estirándolo mucho, se podría encontrar algún parecido, pero…

—Exacto. Con la colmena existe una especie de conexión natural, que no se da con los otros dos ejemplos.

—Sí.

—Entonces ¿fue un invento o un descubrimiento?

Malcolm volvió a quedarse pensativo y luego esbozó una sonrisa.

—Un descubrimiento —afirmó.

—Muy bien. Ahora mirémoslo de otra forma. ¿Puedes imaginarte otro mundo?

—Creo que sí.

—¿Un mundo en el que no existió Pitágoras?

—Sí.

—¿Sería aplicable también allí su teorema?

—Sí. Sería aplicable en todas partes.

—Ahora imagínate que en ese mundo hay personas como nosotros, pero imagina también que no hay abejas. Allí conocerían la experiencia de la dulzura y de la luz. Entonces ¿cómo las iban a simbolizar?

—Bueno..., encontrarían otras cosas. El azúcar para la dulzura, tal vez. Y para la luz algo diferente, como el sol.

—Ahora imagínate otro mundo, distinto del anterior, donde hubiera abejas, pero no personas. ¿Existiría todavía una relación entre una colmena de abejas y la dulzura y la luz?

—Hombre, la relación estaría... aquí, en nuestra cabeza, pero no allí. Si nosotros pudiéramos pensar en ese otro mundo, veríamos una relación, aunque allí no hubiera nadie para verla.

—Muy bien. Ahora todavía no podemos determinar sin margen de duda si ese lenguaje al que te has referido, el lenguaje de los símbolos, fue inventado o descubierto, pero más bien parece como si...

—Como si hubiera sido descubierto —corroboró Malcolm—. De todas formas, no es igual que el teorema de Pitágoras, porque no se puede demostrar. Eso es algo que depende de..., que depende de...

—¿Sí?

—Depende de si hay personas allí para verlo. El teorema no.

—¡Exacto!

—Aunque también es un poco inventado. Si no hubiera personas para verlo, sería solo... Sería lo mismo que si no existiera. O sea, que es un poco como lo de la teoría de los cuantos, donde las cosas no se producen hasta que uno las ve. Nosotros mismos estamos un poco implicados en las cosas.

Se arrellanó en el asiento, con una leve sensación de vértigo. La habitación estaba caldeada, el sillón era cómodo y el plato de galletas quedaba al alcance de la mano. Si la cocina de su madre era el lugar donde se sentía seguro, aquella salita era el sitio donde tomaba conciencia de lo grande que podía ser el mundo. Sabía que nunca le diría eso a nadie, aparte de a Asta.

—Me voy a tener que ir pronto —dijo.

—Has trabajado mucho.

—¿Era trabajo eso?

—Sí, yo creo que sí. ¿Tú no?

—Quizá sí. ¿Puedo ver el aletiómetro?

—Es que no puede salir de la biblioteca, lo siento. Solo tenemos un instrumento. Pero te puedo dar una reproducción.

Sacó una hoja de papel plegada de un cajón del aparador y se la entregó. Al desplegarla, vio el plano de un gran círculo con el borde dividido en treinta y seis secciones. En cada uno de los pequeños espacios había un dibujo: una hormiga, un árbol, un ancla, un reloj de arena…

—Ahí está la colmena —distinguió.

—Quédatelo —le dijo ella—. Yo lo usaba cuando estaba aprendiéndolos, pero ahora ya los conozco.

—¡Gracias! Yo también me los voy a aprender.

—Hay un truco para memorizar. Otro día te lo explico. En lugar de aprenderlos todos de golpe, por el momento podrías elegir uno de ellos y limitarte a pensar en él, en las ideas que te sugiere, en lo que podría simbolizar.

—De acuerdo. Allí hay…

Calló de repente. El círculo del diagrama, con sus diminutas secciones, le recordaba algo.

—¿Qué hay?

—Es como algo que vi…

Describió el círculo de lentejuelas que había visto la noche en que lord Asriel fue a La Trucha. Ella se mostró muy interesada al respecto.

—Parece como si fuera un aura de migraña —dijo—. ¿Sufres alguna vez de dolores muy fuertes de cabeza?

—No, nunca.

—Entonces es solo el aura. Seguramente lo volverás a ver alguna vez. ¿Te ha gustado el otro libro? ¿El de la Ruta de la Seda?

—Es el sitio del mundo al que me apetece más ir.

—Es posible que un día vayas.

Esa noche, alguien le devolvió *La bella salvaje*.

12

Alice se decide a hablar

Justo cuando Malcolm había terminado de cenar y dejaba el cuenco del pudin en el fregadero, alguien llamó a la puerta de la cocina, por el lado del jardín. Normalmente nadie llegaba por esa puerta. Malcolm miró a su madre, pero esta estaba ocupada cocinando; como él se encontraba más cerca de la puerta, abrió un resquicio.

En el umbral había un hombre al que no conocía, vestido con una chaqueta de cuero, sombrero de ala ancha y un pañuelo de lunares azules y blancos en el cuello. «Giptano», pensó Malcolm, tras observar su vestimenta y su porte.

—¿Eres Malcolm? —preguntó el desconocido.

—Sí —confirmó él.

—¿Quién es? —preguntó al mismo tiempo su madre.

El hombre avanzó hacia la luz y se quitó el sombrero. Tenía unos cincuenta años y era delgado, de piel morena. Tenía una expresión sosegada y respetuosa; su daimonion era un gato muy grande y hermoso.

—Coram van Texel, señora —se presentó—. Tengo algo para Malcolm, si tiene la amabilidad de dejarlo salir unos minutos.

—¿Que tiene algo? ¿Qué es? Pase y déselo adentro —lo animó ella.

—Es un poco grande para eso —respondió el giptano—. Será solo un rato. Tengo que explicarle un par de cosas.

El daimonion tejón de su madre, que había abandonado su rincón habitual para acercarse a la puerta, frotó el hocico con el del daimonion gato y habló con él en susurros. A continuación, la señora Polstead inclinó la cabeza.

—Ve —aceptó.

Malcolm terminó de secarse las manos y salió con el forastero. Había parado de llover, pero el aire estaba saturado de humedad y las luces proyectadas desde las ventanas adquirían sobre la terraza y la hierba un brillo acuoso que hacía que pareciera que estaban sumergidas.

El forastero echó a andar por la terraza en dirección al río. Malcolm advirtió el rastro que había dejado en la hierba mojada al subir.

—¿Te acuerdas de lord Asriel? —dijo el forastero.

—Sí. ¿Es...?

—Me encargó que te devolviera la canoa, que te diera las gracias y que te dijera que esperaba que estuvieras conforme con su estado.

Al salir de la zona iluminada por las ventanas, el hombre encendió una cerilla y acercó la lumbre a una linterna. Ajustó el pabilo y cerró los lentes; entonces se proyectó un claro rayo sobre la hierba, hasta el embarcadero donde estaba amarrada *La bella salvaje*.

Malcolm corrió a mirar. El río, crecido, acogía su amada canoa a una altura superior a la habitual; enseguida se dio cuenta de que la habían retocado.

—El nombre... ¡Oh, gracias! —exclamó.

El nombre estaba pintado con gran maestría con una pintura roja, realzado con una fina línea de color crema que él habría sido incapaz de trazar. Resaltaba con gran efecto sobre el fondo verde de la barca, que también... Sin importarle si se mojaba con la hierba, se arrodilló para observarla mejor. Había algo diferente.

—Ha estado en manos del mejor constructor de barcas que hay en las aguas inglesas —ponderó Coram van Texel—. La ha revisado y reforzado centímetro a centímetro. Esa pintura, además de darle un efecto protector especial, le confiere otra cualidad. A partir de este momento va a ser la embarcación que mejor se deslice por las aguas del Támesis, aparte de los auténticos barcos giptanos. Se abrirá paso por el agua igual que un cuchillo caliente en la mantequilla.

Malcolm no cabía en sí de gozo mientras tocaba la embarcación.

—Ahora te voy a enseñar otra cosa —dijo el visitante—. ¿Ves esas anillas que hay a lo largo de la borda?

—¿Para qué son?

El hombre sacó de la canoa un manojo de unas largas y finas varas de avellano. Después de entregarlo a Malcolm, se quedó con una de ellas e, inclinándose, la introdujo por la punta en el otro lado de la canoa; luego la dobló hacia sí y enganchó la otra punta en la anilla del lado más cercano. De este modo, formó un arco perfecto por encima de la canoa.

—Ahora prueba tú con otra —lo animó, iluminando con la linterna la anilla siguiente.

Después de varias tentativas, Malcolm consiguió hacerla entrar. Comprobó que la vara se doblaba con gran facilidad y que, sin embargo, una vez que estaba sujeta por ambos extremos, quedaba completamente firme y estable.

—¿Para qué sirven? —preguntó.

—Ahora no te lo enseñaré, pero debajo de la bancada del centro de la barca encontrarás una lona. Es de un tejido especial hecho con seda-carbón. Una vez colocadas todas las varas, pon la lona por encima: eso te mantendrá caliente y seco por más que llueva. En el borde hay unas sujeciones, pero tú mismo verás cómo hay que atarla.

—¡Gracias! —exclamó Malcolm—. ¡Es..., eh, es magnífico!

—Es a lord Asriel a quien debes darle las gracias. Aunque como esto ha sido una prueba de su agradecimiento contigo, estáis en paz. Y ahora, Malcolm, tengo que hacerte un par de preguntas. Yo sé que vas a ver a una señora llamada doctora Relf y también sé por qué. A ella le puedes explicar esto y hablarle de mí. Y, si necesita saber algo más, no tienes más que pronunciar las palabras Oakley Street.

—Oakley Street.

—Eso es. Así confiará. Pero no digas esas palabras delante de nadie más, ¿eh? Normalmente, todo lo que le cuentas a ella llega hasta mí a su debido tiempo, pero el tiempo apremia y necesito saber esto con urgencia. Debes de ver a casi todas las personas que visitan La Trucha, ¿no?

—Sí.

—¿Y sabes sus nombres?

—Bueno, conozco a alguna gente.

—¿Has conocido a un hombre que se llama Gerard Bonneville?

Antes de que pudiera responder, Malcolm oyó que se abría la puerta de la cocina.

—¡Malcolm! ¡Malcolm! —lo llamó su madre—. ¿Dónde estás?

—Estoy aquí —contestó, elevando la voz—. Tardaré solo un minuto.

—Pues que sea verdad —lo instó ella, antes de volver al interior.

Malcolm aguardó a que hubiera cerrado la puerta antes de proseguir la conversación.

—Señor Van Texel, ¿por qué me dice todo esto?

—Tengo dos advertencias que darte: luego me iré.

Por primera vez, Malcolm advirtió otro barco en el agua, una larga lancha con un camarote achatado provista de un motor que producía un quedo ronroneo y que la mantenía firme en medio de la corriente. Aunque no tenía luces, alcanzó a distinguir la silueta de otro hombre tras el timón.

—En primer lugar —dijo Van Texel—, el tiempo va a mejorar durante los próximos días. Habrá sol y un viento cálido. No te dejes engañar. Después, volverá a llover con más insistencia; luego se producirán las peores inundaciones que se han visto desde hace cien años. No serán inundaciones normales. Todos los ríos están llenos a rebosar y muchas presas están a punto de ceder. El río Board no ha desaguado bien. En el agua hay cosas turbias, igual que en el cielo: resultan muy claras y evidentes para quienes pueden interpretar las señales. Díselo a tu madre y a tu padre. Prepárate.

—De acuerdo.

—La segunda es que debes recordar el nombre que te he dicho: Gerard Bonneville. Lo reconocerás si lo ves, porque su daimonion es una hiena.

—¡Ah! ¡Sí! Estuvo aquí hace unos días. Su daimonion solo tiene tres patas.

—¿Ah, sí, perdió una? ¿Te dijo algo?

—No. Me parece que nadie quería hablar con él. Estaba bebiendo solo. Parecía agradable.

—Bueno, es posible que procure ser agradable contigo, pero no te acerques a él. Nunca debes quedarte solo con él, ni tener nada que ver con él.

—Gracias —dijo Malcolm—. Seguiré su consejo. Señor Van Texel, ¿usted es giptano?

—Sí.

—¿Entonces los giptanos están en contra del Tribunal Consistorial de Disciplina?

—No todos somos iguales, Malcolm. Algunos están en contra y otros no.

Se volvió hacia el agua y dio un prolongado silbido. La lancha alteró el rumbo y se deslizó hacia el embarcadero.

Van Texel ayudó a Malcolm a subir *La bella salvaje* sobre la hierba.

—Recuerda lo que te he dicho sobre las inundaciones —insistió—. Y sobre Bonneville.

Se estrecharon la mano y después el giptano subió a la lancha. Al cabo de un momento, el ruido del motor se hizo un poco más audible y la embarcación se alejó a toda velocidad remontando la corriente, hasta quedar confundida con la oscuridad.

—¿Qué quería ese hombre? —le preguntó su madre al cabo de un par de minutos.

—Es que había prestado la canoa a alguien y él me la ha traído.

—Ah. Bueno, ayuda a servir la cena. La mesa al lado de la chimenea grande.

Había cuatro platos de asado de cerdo con verduras. Malcolm solo pudo trasladar dos a la vez, porque estaban calientes, pero fue lo más deprisa que pudo y luego les llevó tres pintas de Badger y una botella de cerveza rubia IPA. Esa noche de sábado, en el local había una concurrencia como no la habían visto desde hacía semanas. Malcolm estuvo atento por si veía al individuo con el daimonion hiena de tres patas, pero no dio señales de vida. Como trabajó mucho, recibió bastantes propinas, que más tarde guardó en la morsa.

En un momento dado, oyó que unos clientes habituales hablaban del nivel del río y se paró a escuchar, tal como venía haciendo desde siempre, con discreción, para que nadie se percatara.

—No ha subido desde hace días —aseguró alguien.

—Ahora ya saben cómo controlar el nivel —dijo otro—. ¿Os acordáis de cuando el viejo Barley se ocupaba de la junta de control del río? Se asustaba mucho cada vez que llovía un poquito.

—Y, sin embargo, durante su época no hubo ninguna inundación —destacó un tercer comensal—. La lluvia de los últimos días ha sido algo excepcional.

—Pero ya ha parado. La Oficina Meteorológica…

—¡La Oficina Meteorológica! —se mofaron los demás—. ¿Para qué sirve?

—Tienen los instrumentos filosóficos más avanzados. Ellos sí saben lo que pasa en la atmósfera.

—¿Y qué dicen entonces?

—Que vamos a tener buen tiempo.

—Bueno, a lo mejor esta vez no se equivocan. El viento ha cambiado, ¿verdad? Ahora está llegando un aire seco del norte. Fijaos, por la mañana estará despejado y después no va a llover durante un mes. Un mes entero con sol. ¿Qué os parece?

—Yo no estoy tan seguro. Mi abuela dice…

—¿Tu abuela? ¿Ella sabe más que los de la Oficina Meteorológica?

—Si el Ejército y la Marina hicieran caso a mi abuela en lugar de a los tipos de la Oficina Meteorológica, les irían mejor las cosas. Ella dice…

—¿Sabéis por qué el río no se ha salido del cauce? Porque ahora aplican una gestión científica de los recursos, por eso. Ahora saben mejor lo que hay que hacer que en la época del viejo Barley: cómo contener el agua y cuándo hay que dejarla ir.

—Por el camino de Gloucester hay más agua…

—Esos prados de al lado del río no han recibido ni la décima parte de lo que pueden absorber. Los he visto mucho peor…

—La gestión científica de los recursos…

—Todo depende del estado de las capas altas de la atmósfera…

—Va a parar de llover, ya veréis…

—Mi abuela…

—No, lo peor ya ha pasado.

—Tráenos otra pinta de Badger, por favor, Malcolm.

Cuando Malcolm se iba a acostar, Asta sacó a colación el tema.

—El señor Van Texel sabe mucho más que ellos.

—De todas maneras, si los avisáramos no nos harían caso —pronosticó.

—No te olvides de consultar esa palabra…

—¡Ah, sí!

Malcolm fue corriendo al salón, a buscar el diccionario. Quería comprobar la expresión que había empleado la doctora Relf cuando le había hablado del círculo de lentejuelas. Conocía el significado de «migraña», porque su madre sufría a veces de ella, pero la otra palabra…

—Aquí está. Eso es.

El petirrojo Asta fijó la vista en la página desde su antebrazo y leyó:

—«Aurora (boreal): fenómeno celeste luminoso de carácter ambárico observable en las regiones polares, con franjas de luz sujetas a un movimiento trémulo, también denominado a veces las luces del norte…» ¿Estás seguro de que era esa palabra? Sonaba más parecido a «Lyra», con dos sílabas.

—No, es esto —confirmó Malcolm, convencido—. Aurora. Son las luces del norte, dentro de mi cabeza.

—Pero aquí no pone que parezca de lentejuelas.

—Es probable que se vea distinto cada vez. Era trémulo y luminoso. ¡Apuesto a que lo que produce las luces del norte es lo mismo que produce el círculo de lentejuelas!

La idea de que el interior de su cabeza estuviera en contacto directo con los remotos cielos del polo norte le hizo sentir como si disfrutara de un inmenso privilegio y lo dejó francamente impresionado. Aunque no estaba convencido del todo, Asta también quedó emocionado.

Por la mañana, estaba impaciente por ir a ver la canoa a la luz del día, pero su padre quería que lo ayudara a recoger en el bar, después de todo el trajín de la noche anterior. *La bella salvaje* debía esperar.

Se movió con apremio entre las mesas y la cocina, enganchándose en los dedos el máximo posible de jarras o cargando cuatro vasos con un dedo metido en tres de ellos y dos en el cuarto. Cuando los llevó a Alice en la cocina, donde normalmente los dejaba al lado del fregadero sin decir nada, algo lo impulsó a pararse para observarla. Aquella mañana parecía más distraída que de costumbre, como si estuviera rumiando algo. Miraba a un lado y a otro, y carraspeaba como si fuera a hablar para luego volverse a encarar al fregadero, lanzando breves miradas a Malcolm. Estuvo tentado de preguntarle qué pasaba, pero se contuvo.

Después, en un momento en que su madre había salido de la cocina, Alice lo miró directamente.

—Eh, ¿tú conoces a las monjas? —le dijo en voz baja.

A Malcolm lo pilló por sorpresa. Luego dejó la media docena de vasos limpios que acababa de coger para devolverlos al bar.

—¿Las del priorato? —preguntó.

—Claro. Esas son las únicas que hay, ¿no?

—No. También hay en otros sitios. ¿Qué querías saber?

—¿Están cuidando de una niña?

—Sí.

—¿Tú sabes de quién es hija?

—Sí. ¿Por qué?

—Es que hay un hombre que… Te lo explicaré después.

La madre de Malcolm había regresado. Alice agachó la cabeza y hundió las manos en el agua. Malcolm volvió a coger los vasos y los llevó al bar, donde encontró a su padre leyendo el periódico.

—Papá, ¿tú crees que va a haber inundaciones? —le consultó.

—¿No era de eso de lo que hablaban anoche? —dijo su padre, plegando la página de deportes.

—Sí. El señor Addison decía que no iba a haber, porque el aire del norte era seco, y que íbamos a tener un mes de sol, pero el señor Twigg dice que su abuela…

—Bah, no te preocupes por ellos. ¿Qué es esa historia de tu canoa? Tu madre dice que anoche vino un giptano.

—¿Te acuerdas de lord Asriel? Se la presté y ese hombre vino a devolvérmela.

—No sabía que era amigo de los giptanos. ¿Para qué querría que le prestaras tu canoa?

—Porque le gusta ir en canoa y quería ir río arriba con la luz de la luna.

—Uno nunca sabe por dónde va a salir cierta gente. Tienes suerte de que te la haya devuelto. ¿Está bien?

—Mejor que nunca. Otra cosa, papá, ese giptano dijo que iba a llover más después de unos días de sol y que luego llegarían las inundaciones más fuertes que ha habido desde hace más de cien años.

—¿Ah, sí?

—Me encargó que os avisara: los giptanos saben interpretar las señales del agua y del cielo.

—¿Avisaste a esos señores de anoche?

—No, porque ya estaban un poco borrachos y pensé que no me iban a escuchar. Él, en todo caso, me dijo que os avisara.

—Sí, los giptanos son un pueblo que vive en el agua… Vale la pena saberlo, aunque tampoco hay por qué tomárselo en serio.

—Él lo decía en serio. No estaría de más prepararse por si acaso.

—Es verdad —concedió el señor Polstead, después de pensarlo un momento—. Habría que hacer como Noé. ¿Crees que mamá y yo cabríamos en *La bella salvaje* contigo?

—No —contestó Malcolm sin dudarlo—. Pero tú tendrías que arreglar la batea, y quizá sería mejor que mamá guardara la harina y otras cosas aquí arriba y no en la bodega.

—Buena idea —acordó su padre, volviendo a centrar la atención en la página de deportes—. Díselo. ¿Has ordenado el Cuarto de la Terraza?

—Ahora mismo voy.

Al ver que su madre acudía al bar y empezaba a hablar de verdura con su padre, Malcolm cogió los vasos del Cuarto de la Terraza y se apresuró a volver a la cocina.

—¿Qué me querías decir de ese hombre? —preguntó a Alice.

—No sé si debería.

—Si tiene que ver con la niña... Has dicho algo de la niña y después de un hombre. ¿Qué hombre?

—Bueno, no sé. A lo mejor he hablado demasiado.

—No, no has dicho lo suficiente. ¿Qué hombre es ese?

—No querría buscarme ningún problema —objetó ella, mirando en derredor.

—Dímelo solo a mí. No se lo contaré a nadie.

—De acuerdo... Ese hombre que tenía un daimonion con una pata de menos, una hiena o algo así. Ella es horriblemente fea, pero él es simpático. O lo parece.

—Sí, lo vi. ¿Te encontraste con él?

—Más o menos —dijo, y como se estaba ruborizando, se volvió de espaldas. Posado en su hombro, su daimonion grajilla se puso cabizbajo y giró la cabeza para no mirar a Malcolm—. Hablé un momento con él —prosiguió.

—¿Cuándo?

—Anoche. En Jericho. Me estuvo haciendo preguntas sobre la niña del priorato, sobre las monjas y todo eso...

—¿Qué quieres decir con todo eso? ¿Qué más?

—Bueno, él dijo que era el padre de la niña.

—¡No es verdad! Su padre es lord Asriel. Yo lo sé muy bien.

—En todo caso, dijo que él era el padre y quería saber si la tenían bien protegida en el priorato, si cerraban bien las puertas por la noche…

—¿Cómo?

—Y cuántas monjas había y esas cosas.

—¿Te dijo cómo se llamaba?

—Gerard. Gerard Bonneville.

—¿Te explicó por qué quería saber todo eso sobre las monjas y la niña?

—No. No hablamos solo de eso. Pero…, no sé…, me dio mala espina. Y su daimonion que se lamía la pierna con sangre… Lo curioso es que él era simpático. Me compró una ración de pescado con patatas.

—¿Estaba solo?

—Sí.

—¿Y tú? ¿Ibas con algún amigo?

—¿Qué más da?

—Podría haber hablado de una forma distinta si no ibas sola.

—Iba sola.

Malcolm no sabía qué más preguntar. Era importante averiguar lo máximo posible, pero en ese momento se sintió bloqueado: era incapaz de concebir qué podía buscar un hombre mayor de una muchacha sola por la noche, ni lo que podía ocurrir entre ambos. Tampoco entendía por qué ella se había ruborizado.

—¿Habló tu daimonion con la hiena? —preguntó al cabo de un momento.

—Lo intentó un poco, pero ella no dijo nada.

Bajó la mirada hacia el fregadero y sumergió las manos en el agua. La madre de Malcolm había regresado del bar. Malcolm se llevó los vasos y allí terminó la conversación.

No obstante, cuando Alice hubo terminado su turno de la mañana y se ponía el abrigo para marcharse, Malcolm la vio y fue a reunirse con ella en el porche.

—Alice, espera un minuto…

—¿Qué quieres?

—Ese hombre…, el del daimonion hiena…

—Olvídalo. No tendría que haberte dicho nada.

—Es que alguien me previno contra él.

—¿Quién?

—Un giptano. Me dijo que no me acercara a él.

—¿Por qué?

—No lo sé, pero hablaba en serio. Bueno, si vuelves a ver a ese Bonneville, ¿me podrías contar qué te ha dicho?

—No es asunto tuyo. No tendría que habértelo explicado.

—Es que estoy preocupado por las monjas, ¿entiendes? Sé que ellas están preocupadas porque no se sienten seguras, porque me lo dijeron. Por eso pusieron unos postigos nuevos. O sea, que si ese tal Bonneville está intentando averiguar cosas de ellas...

—Ya te he dicho que era simpático. A lo mejor quiere ayudarlas.

—El caso es que la otra noche vino aquí y nadie quiso estar cerca de él, como si les diera miedo. Mi padre dice que, si vuelve, no lo va a dejar entrar, porque es como si espantara a los demás clientes. Ellos saben algo de él. Es como si hubiera estado en la cárcel o algo por el estilo. Y, además, ese giptano me avisó de que no me acercara a él.

—Pues a mí no me molestó.

—De todas formas, si lo vuelves a ver, ¿me lo dirás?

—Bueno, sí.

—Sobre todo si te hace preguntas sobre la niña.

—¿Por qué te preocupas tanto por la niña?

—Porque es un bebé. No hay nadie más para protegerla, aparte de las monjas.

—¿Y tú crees que puedes hacerlo? ¿Es eso? ¿Vas a salvar a la niña contra ese hombre grande y malo?

—Tú solo cuéntamelo, ¿quieres?

—Ya te he dicho que sí. No tienes que repetirlo.

Después dio media vuelta y se alejó a paso rápido bajo la tímida luz del sol.

Esa tarde, Malcolm fue al cobertizo a inspeccionar las reformas que había recibido *La bella salvaje*. Comprobó que la lona de seda-carbón era tan ligera e impermeable como había asegurado el señor Van Texel; los cierres con que se sujetaba a la borda eran fáciles de manipular y quedaban bien fijos. Era de color verde agua, igual que la barca. Calculó que, cuando estuviera colocada, sería prácticamente invisible.

Como la corriente era muy fuerte, resolvió no sacarla para probar la capacidad de deslizamiento de la nueva pintura. De todas formas, con solo tocarla notaba la diferencia. ¡Qué regalo más increíble!

Como la canoa no le deparaba más sorpresas, Malcolm la tapó con la lona antigua y comprobó que quedaba bien sujeta.

—Podría volver a llover —comentó con Asta.

En todo caso, no había señales de que fuera a hacerlo. El frío sol lució todo el día y el cielo estaba arrebolado al atardecer. Eso era un indicio de que al día siguiente volvería a haber sol. Al estar despejado, por la tarde hizo un frío glacial; por primera vez desde hacía semanas, hubo muy pocos clientes en La Trucha. Su madre renunció a preparar un asado y a hornear pasteles, porque le habría sobrado casi todo. Esa noche iban a comer huevos con jamón, acompañados de patatas fritas. Los que llegaran más tarde, se iban a tener que conformar con pan con mantequilla.

Dado que había tan pocos clientes y que Frank, el ayudante del bar, había acudido por si acaso, Malcolm cenó esa noche con sus padres en la cocina.

—Podría aprovechar para terminar esas patatas que sobraron. ¿Tienes más hambre, Reg?

—Claro. Fríelas.

—¿Y tú, Malcolm?

—Sí, por favor.

A Malcolm se le hacía la boca agua oyendo el chisporroteo de las patatas en el aceite caliente. Estaba contento de estar sentado allí con sus padres, sin pensar en nada, disfrutando del calor y del olor de la comida.

Luego se dio cuenta de que su madre le había preguntado algo.

—¿Qué?

—Repítelo educadamente —exigió ella.

—Ah, perdona. ¿Me decías algo?

—Eso está mejor.

—Está en la luna —dijo su padre.

—Te preguntaba que de qué estabas hablando con Alice.

—¿Ha estado hablando con Alice? —dijo el señor Polstead—. Creía que habían llegado a un acuerdo de no comunicación.

—De nada en especial —respondió Malcolm.

—Ahora que lo pienso, se ha pasado cinco minutos charlando con ella en el porche cuando se iba —recordó su padre—. Debía de ser algo importante.

—No —negó Malcolm, un poco incómodo.

Él no les ocultaba nada a propósito, pero, por lo general, no disponían de tiempo para preguntarle nada más de una vez: se conformaban con una respuesta vaga. Esa noche, como no tenían nada más que hacer, el asunto del que había hablado con Alice parecía que les interesaba.

—Estabas hablando con ella cuando he vuelto a la cocina —reiteró su madre—. No me lo podía creer. ¿Es que quiere hacerse amiga tuya?

—No, no es eso —reconoció de mala gana Malcolm—. Es solo que me había preguntado por el hombre del daimonion de tres patas.

—¿Por qué? —se extrañó su padre—. Ella no estaba aquí esa noche. ¿Cómo iba a saber que vino?

—No lo sabía hasta que yo se lo he dicho. Me ha hablado de él porque él le había hecho preguntas sobre las monjas.

—¿Ah, sí? ¿Cuándo? —quiso saber su madre, mientras servía las patatas fritas.

—En Jericho, anoche. Habló con ella y le hizo preguntas sobre las monjas y la niña.

—¿Qué hacía ese hombre hablando con ella?

—No sé.

—¿Estaba sola?

Malcolm se encogió de hombros. Acababa de introducirse un bocado de patatas calientes en la boca y no podía hablar, pero se percató de la mirada de alarma que intercambiaron sus padres.

—¿Qué tiene de malo ese hombre? —preguntó, una vez que lo hubo engullido—. ¿Por qué todo el mundo se apartó de él en el bar? ¿Y qué tiene de malo que hablara con Alice? Ella dice que fue agradable.

—Lo que ocurre, Malcolm —dijo su padre—, es que tiene fama de ser violento. Y de… agredir a las mujeres. A la gente no le gusta. Ya lo viste en el bar la otra noche. Ese daimonion… produce un efecto extraño en la gente.

—Él no tiene la culpa —objetó Malcolm—. Uno no puede evitar que el propio daimonion adopte cierta forma, ¿verdad?

—Te sorprendería si supieras lo mucho que uno tiene que ver —replicó desde el suelo una voz áspera y sonora.

El daimonion tejón de su madre raras veces hablaba, pero, cuando lo hacía, Malcolm siempre lo escuchaba con suma atención.

—¿Quieres decir que sí se puede elegir? —dijo, sorprendido.

—Tú no has dicho que no pudiera elegir, sino que no lo puede evitar. Uno sí puede evitarlo, aunque no se dé cuenta de que lo hace.

—Pero ¿cómo…? ¿Qué es lo que…?

—Ahora termina de cenar y ya te enterarás —zanjó el daimonion, antes de regresar a su lecho del rincón.

—Ajá —dijo Malcolm.

No volvieron a hablar de Gerard Bonneville. La madre de Malcolm comentó que estaba preocupada por la abuela, pues no se encontraba bien: al día siguiente, tenía previsto ir a visitarla a Wolvercote.

—¿Tiene suficientes sacos de arena? —se interesó Malcolm.

—Ya no se van a necesitar —contestó su madre.

—Pues el señor Van Texel dijo que la gente iba a pensar que ya había parado de llover, pero que la lluvia iba a volver y que iba a haber unas grandes inundaciones.

—¿De verdad?

—Me dijo que os avisara.

—¿Tú lo viste, Brenda? —preguntó su padre.

—¿Al giptano? Sí, un momento. Parecía muy tranquilo y educado.

—Ellos conocen muy bien los ríos.

—Así que la abuela podría necesitar más sacos de arena —insistió Malcolm—. Yo la ayudaré si no tiene bastantes.

—Lo tendré en cuenta —prometió su madre—. ¿Se lo has dicho a las hermanas?

—Van a tener que venir a quedarse aquí todas —previó Malcolm—. Tendrán que traer a Lyra.

—¿Quién es Lyra? —preguntó su padre.

—La niña de la que cuidan. La hija de lord Asriel.

—Ah. Pues aquí no habría espacio para todas. Además, seguramente considerarían que no es un sitio lo bastante sagrado.

—No digas tonterías —espetó la señora Polstead—. Su sola presencia convierte al sitio en sagrado. Lo único que necesitarían es que no hubiera agua.

—Seguramente no sería por mucho tiempo —abundó Malcolm.

—No, no funcionaría. De todas maneras, debes avisarlas, tal como dice tu madre. ¿Qué hay de postre?

—Compota de manzana, y aún gracias —contestó.

Después de secar los platos, Malcolm dio las buenas noches y subió a su cuarto. Como no tenía deberes, sacó el diagrama que le había dado la doctora Relf, donde se reproducían los símbolos del aletiómetro.

—Tienes que ser sistemático —le aconsejó Asta.

No merecía la pena responder nada, porque él siempre era sistemático. Después de observar con detenimiento el dibujo bajo la luz de la lámpara, anotó lo que representaba cada una de las treinta y seis imágenes, o lo que pretendía representar. Eran tan pequeñas, sin embargo, que no logró descifrarlas todas.

—Tendremos que preguntarle a ella —previó Asta.

—Algunas son fáciles, no obstante. Como la calavera y el reloj de arena.

Era un trabajo laborioso; sin embargo, después de trazar la lista de todos los que eran capaces de identificar, dejando espacios para los otros, él y Asta consideraron que habían dedicado suficiente tiempo a ese quehacer.

Puesto que no tenían sueño ni ganas de leer, Malcolm cogió la lámpara y recorrió las habitaciones de los huéspedes de la parte antigua del edificio para mirar la otra orilla del río. Como su dormitorio daba al otro lado, no podía observar a menudo el priorato, pero las habitaciones de los huéspedes estaban orientadas en sentido contrario: desde allí la vista era mejor. Casualmente, no había nadie, así que podía ir donde le apeteciera.

En el dormitorio más alto, situado debajo del tejado, apagó la lámpara y se apoyó en el alféizar.

—Conviértete en lechuza —susurró.

—Ya lo soy.

—Es que no te veo. Mira hacia allá.

—¡Es lo que estoy haciendo!

—¿Ves algo?

Una pausa.

—Uno de los postigos está abierto.

—¿Cuál?

—En el piso de arriba. El de la segunda ventana.

Malcolm apenas alcanzaba a vislumbrar las ventanas, porque la luz de la verja quedaba en el otro lado del edificio y la luna creciente también estaba por ese costado. Al final lo distinguió.

—Tendremos que avisar al señor Taphouse mañana —dijo.

—El río hace mucho ruido.

—Sí… No sé si habrán sufrido antes alguna inundación.

—Con lo antiguo que es el priorato, tiene que haber habido alguna.

—Entonces debería haber relatos… o una representación en las vidrieras. Se lo preguntaré a la hermana Fenella.

Malcolm se planteó qué diminuto dibujo podría simbolizar con la suficiente claridad una inundación. Quizá debería ser una combinación de dos imágenes, o tal vez sería un significado secundario dependiente de otro. Se lo preguntaría a la doctora Relf. También le explicaría lo que le había dicho el giptano sobre el peligro de inundación. Sí, era importante. Pensó en todos aquellos libros que se echarían a perder si el agua invadía su casa. Quizás él podría ayudarla a subirlos al piso de arriba.

—¿Qué es eso? —dijo Asta.

—¿Qué? ¿Dónde?

La mirada de Malcolm ya se había adaptado un poco a la oscuridad, pero, aun así, no veía más que el edificio de piedra y las formas, más claras, de los postigos.

—¡Allí! ¡Justo en la esquina!

Malcolm puso los ojos como platos, forzando al máximo la vista. Le pareció captar un movimiento, aunque no estaba seguro.

Después percibió algo al pie de la pared, una sombra algo más oscura que el edificio. Algo que tenía el tamaño de un hombre, pero no su forma..., con una gran protuberancia a la altura de los hombros, sin que lo rematara una cabeza... Se movía con un desequilibrado arrastrar de pies... Malcolm notó una oleada de terror. Después la sombra se esfumó.

—¿Qué era eso? —susurró.

—¿Un hombre?

—No tenía cabeza...

—¿Un hombre que cargaba algo?

Malcolm se quedó pensando y reconoció que podía ser.

—¿Y qué hacía? —preguntó.

—¿Iba a cerrar el postigo? Igual era el señor Taphouse.

—¿Y qué cargaba?

—¿Una bolsa de herramientas...? No sé.

—No creo que fuera el señor Taphouse.

—Yo tampoco lo creo —admitió Asta—. Él no se mueve así.

—Es ese hombre...

—Gerard Bonneville.

—Sí, pero ¿qué cargaba?

—¿Herramientas?

—¡Ah! ¡Ya sé! ¡Su daimonion!

Si la llevaba a hombros y de través, eso explicaba el bulto que habían percibido a esa altura y que no le vieran la cabeza.

—¿Qué está haciendo? —planteó Asta.

—¿Y si quiere subir…?

—¿Tiene una escalera?

—No lo veo.

Se esforzaron al máximo para poder ver. Si era Bonneville y quería trepar hasta la ventana que tenía el postigo abierto, iba a tener que cargar a su daimonion, porque no podría dejarlo en el suelo. Todos los techadores y especialistas en arreglar torres y chimeneas tenían daimonions capaces de volar, o bien tan pequeños que cabían en un bolsillo.

—Tendríamos que avisar a papá —opinó Malcolm.

—Antes tenemos que estar seguros.

—Pero si ya lo estamos, ¿no?

—Hombre… —El daimonion expresaba, en realidad, sus propias dudas.

—Está buscando a Lyra —declaró—. Tiene que ser eso.

—¿Crees que es un asesino?

—¿Por qué querría matar a un bebé?

—Yo sí creo que es un asesino —afirmó Asta—. Hasta a Alice le dio miedo.

—Yo pensaba que le gustaba.

—No te enteras de la mitad de las cosas. Noté, por su daimonion, que estaba muy asustada. Por eso nos preguntó por él.

—Igual se quiere llevar a Lyra porque de verdad es su padre.

—Mira…

La sombra volvió a hacerse visible en el costado del edificio. Luego el hombre dio un traspiés y pareció que el bulto que cargaba en el hombro se le escurría y caía al suelo; entonces oyeron una horrenda y aguda risotada.

El hombre y el daimonion empezaron a girar en una especie de enloquecida danza. Aquella extraña risa, semejante a un sincopado chillido de dolor, seguía atormentando el oído de Malcolm.

—Le está pegando… —susurró Asta con incredulidad.

Una vez que oyó la explicación, a Malcolm también le pareció evidente. El hombre tenía un palo en la mano. Había acorralado al daimonion hiena contra la pared y la golpeaba con furia.

Malcolm y Asta estaban aterrorizados. El daimonion se transformó en un gato y se refugió en brazos de Malcolm, que hundió la cara en su pelo. Nunca habían imaginado que pudiera haber algo tan vil.

En el priorato habían oído el ruido. Por la ventana del postigo roto vieron aproximarse una luz; cuando llegó hasta allí, distinguieron una cara pálida que acudió a mirar hacia abajo. Malcolm no distinguió qué monja era. Luego apareció otra cara y la ventana se abrió, dejando paso a la oscuridad y a aquellos quejidos, entre risotadas y chillidos de dolor.

Dos cabezas se asomaron a mirar. Malcolm oyó un grito autoritario y reconoció la voz de la hermana Benedicta, aunque no captó lo que dijo. Con la débil luz de la linterna, Malcolm vio que el hombre miró hacia arriba; en ese instante, el daimonion hiena dio un desesperado salto de costado alejándose de él, que, cuando sintió el tirón del invisible lazo que unía a cada humano con su daimonion, trastabilló en su dirección.

La hiena siguió distanciándose tan deprisa como le permitía su cojera, perseguida por la terrible furia del hombre, que volvía a golpearla con el palo. La risa frenética de dolor se expandió por el aire. Malcolm advirtió el respingo que dieron las dos monjas al percatarse de lo que ocurría. Después cerraron el postigo y se apagó la luz.

Los gritos se fueron mitigando. Malcolm y Asta se reconfortaban en un abrazo, horrorizados.

—Nunca… —musitó el daimonion.

—Nunca pensé que fuéramos a ver algo así —terminó la frase Malcolm.

—¿Por qué razón iba a hacer eso?

—Y de paso se estaba haciendo daño a sí mismo. Debe de estar loco.

Permanecieron entrelazados hasta que se disipó por completo el ruido de esa risa.

—Debe de odiarla —dijo—. No puedo entender…

—¿Crees que las hermanas han visto lo que hacía?

—Sí, al principio, cuando han mirado. Después ha parado un segundo, cuando la hermana Benedicta ha gritado. Y el daimonion se ha escapado.

—Si era la hermana Benedicta, podríamos preguntarle…

—No nos diría nada. Hay cosas que prefieren que no sepamos.

—Igual si supiera que lo hemos visto, nos explicaría algo.

—Puede que sí, pero yo, en cambio, no le diría nada a la hermana Fenella.

—No, no.

El hombre y su atormentado daimonion se habían ido; ya no quedaba más que la oscuridad y el rumor del río. Un minuto después, Malcolm y Asta abandonaron sigilosamente la habitación, tras apagar la lámpara, y se fueron a oscuras hasta la cama. Una vez dormidos, soñaron con una manada de unos cincuenta o sesenta perros salvajes de toda clase que corrían por las calles de una ciudad desierta. Observándolos, Malcolm sintió un extraño enardecimiento que aún persistía cuando despertó por la mañana.

13

El instrumento de Bolonia

Los instrumentos filosóficos de la Oficina Meteorológica, tan apreciada por algunos de los clientes de La Trucha y tan denostada por otros, hicieron lo mismo de siempre: dieron las mismas previsiones a las que cualquiera habría podido llegar observando el cielo. Hacía sol y frío, y el cielo estaba despejado día y noche, sin perspectivas de lluvia. En la inmensidad del Atlántico, a una distancia inaccesible para ellos, se formaba toda clase de borrascas. Allí anidaba tal vez la madre de todas las depresiones, que quizá se estaba encaminando hacia Britania para provocar las violentas inundaciones que había pronosticado Coram. No había, sin embargo, instrumentos capaces de verlo, con excepción tal vez de un aletiómetro.

Los ciudadanos de Oxford leyeron, pues, las previsiones del tiempo en los periódicos, disfrutaron recibiendo la pálida luz del sol en la cara y empezaron a retirar los sacos de arena. El río todavía tenía mucho caudal. En Botley cayó un perro al agua y se ahogó arrastrado por la corriente sin que su dueño lo pudiera salvar. Aunque no parecía que fuera a bajar el nivel, como el agua no se desbordaba en las orillas y los caminos estaban secos, la gente pensó que ya había pasado lo peor.

Hannah Relf estaba en casa ese lunes, anotando sus últimas observaciones sobre la multiplicidad de significados de la franja del «reloj de arena» del aletiómetro. Tenía por delante una meticulosa labor de reelaboración de las páginas de notas que había ido acumulando.

Estuvo trabajando durante todo el día. Cuando llamaron a la puerta al final de la tarde, ya empezaba a apetecerle tomarse un té. Se levantó de la silla y, satisfecha por aquella oportuna interrupción, bajó para abrir.

—¡Malcolm! ¿Cómo es...? Pasa, pasa.

—Ya sé que no es el día habitual —dijo él, temblando—, pero he pensado que era importante, así que...

—Ahora mismo iba a preparar un té. Has venido en el momento adecuado.

—He venido directamente de la escuela.

—Vamos al salón y encenderé el fuego. Hace frío.

Había estado trabajando arriba con una manta en el regazo y una pequeña estufa de petróleo en los pies. Por eso no había encendido la chimenea en todo el día y el piso de abajo estaba helado. Malcolm permaneció, incómodo, a su lado mientras disponía el papel de periódico y la leña, antes de aplicar una cerilla.

—Tenía que venir porque...

—Espera, espera. Primero el té. ¿O prefieres un chocalatl?

—No me quedaré mucho tiempo. Solo he venido para avisarla.

—¿Avisarme?

—Vino un hombre..., un giptano...

—Ven a la cocina, pues. No te vas a marchar sin haber tomado algo caliente, con este frío que hace. Me puedes avisar mientras lo preparo.

Preparó té para los dos. Malcolm le contó lo del señor Van Texel, la canoa y su pronóstico de inundaciones.

—Yo creía que el tiempo estaba mejorando.

—No, él lo sabe. Los giptanos conocen los ríos y canales; están al tanto del estado de las presas que hay hasta Gloucester. Va a haber inundaciones y van a ser las peores desde hace mucho tiempo. Dijo que en el agua y en el cielo había cosas turbias, de las que solo se percataban las personas que saben interpretar las señales. Y eso me hizo pensar en usted y en el aletiómetro... Por eso creí que debía venir y contárselo; también por los libros. Podría ayudarla a subirlos al otro piso.

—Eres muy amable, pero ahora no. ¿Has hablado con alguien más de la advertencia del giptano?

—Se lo dije a mis padres. Ah, el giptano también dijo que sabía quién era usted.

—¿Cómo se llamaba?

—Coram van Texel. Dijo que tenía que repetirle «Oakley Street»... Solo eso, para que usted lo creyera.

—Vaya por Dios —exclamó Hannah.

—¿Dónde está Oakley Street? No conozco ninguna calle que se llame así en Oxford.

—No, no está en Oxford. Solo significa..., bueno, es una especie de contraseña. ¿Dijo algo más? Ven, vamos a echar otro leño al fuego. Trae el té.

Instalado muy cerca del fuego, Malcolm le habló de Gerard Bonneville y de la escena nocturna en el priorato, aquella que había presenciado desde el cuarto de huéspedes de La Trucha.

Ella lo escuchó con ojos desorbitados.

—Gerard Bonneville... —repitió al final—. Qué raro. Ayer oí ese nombre. Cenando en la universidad, hablé con uno de nuestros invitados, que es abogado. Por lo visto, Bonneville salió de la cárcel no hace mucho. Lo condenaron por agresión... o por lesiones graves, algo así. El caso fue bastante sonado, pues el principal testigo de cargo fue la señora Coulter. La madre de Lyra, precisamente. En el banquillo de los acusados, Bonneville juró que se vengaría de ella.

—Lyra —dedujo Malcolm al instante—. Quiere hacerle daño a Lyra. Tal vez quiera raptarla.

—No me extrañaría. Parece un demente.

—Le dijo a Alice que era el padre de Lyra.

—¿Quién es Alice? Ah, ya me acuerdo. ¿Eso le dijo?

—Se lo voy a contar a las monjas esta misma tarde. Tienen que arreglar ese postigo. Yo mismo ayudaré al señor Taphouse.

—¿Iba a subir por la pared? ¿Tenía una escalera?

—No lo pude ver, pero es posible.

—Necesitan algo más que postigos —opinó Hannah, atizando el fuego—. ¡Si al menos una pudiera fiarse de la policía!

—De todas maneras, se lo contaré a las monjas. La hermana Benedicta es capaz de proteger a Lyra contra lo que sea. Doctora Relf, ¿usted sabe de otra persona que pudiera pegar a su daimonion?

—No de nadie que esté en su sano juicio.

—Al verlo, nosotros pensamos que igual fue él el que le cortó la pierna.

—Sí, ya entiendo. Qué horrible.

Permanecieron callados un momento, mirando el fuego.

—Estoy seguro de que el señor Van Texel tiene razón en eso de las inundaciones —afirmó Malcolm—, aunque ahora no lo parezca.

—Tomaré precauciones. Empezaré con los libros, tal como me aconsejas. Si es necesario, viviré arriba hasta que baje el agua. ¿Y qué hay del priorato?

—Las avisaré también, pero no serviría de nada si les dijera «Oakley Street» a las monjas.

—No. Solo tienes que ser persuasivo. En realidad, no tienes que decir esas palabras a nadie más.

—Eso fue lo que él me dijo.

—Entonces ya somos dos.

—¿Usted conoce al señor Van Texel?

—No, no lo he visto nunca. Ahora, Malcolm, si has terminado el té, voy a pedirte que te vayas. Esta tarde tengo que salir. Gracias por la advertencia. La tendré muy en cuenta.

—Gracias por el té. Volveré el sábado, como siempre.

Hannah se preguntaba si Malcolm les habría explicado a sus padres que había visto a ese hombre dándole una paliza a su daimonion delante del priorato. Ese tipo de cosas podían perturbar a los niños sensibles. Se había dado cuenta de que lo había afectado mucho. Todavía le quedaban bastantes interrogantes, sobre todo con respecto a ese giptano que conocía Oakley Street. ¿Sería un agente? Era posible.

Aquella tarde tenía un compromiso misterioso. El problema estaba en que no sabía adónde iba a ir. Cuando vio al profesor Papadimitriou unos días atrás, este le indicó cómo debía ponerse en contacto con él, pero «si yo quiero ponerme en contacto con usted, lo sabrá», le dijo.

Esa mañana, había llegado una tarjeta, una simple tarjeta blanca dentro de un sobre.

«Venga a cenar esta noche —ponía tan solo—. George Papadimitriou.»

No era una invitación, sino más bien una orden. Suponía que la cena sería en la universidad, cuyo bedel era, según le había asegurado, un chismoso. Aunque en el Jordan había más de un bedel, claro. De todas formas, era desconcertante.

Después de revisar sus escasos vestidos (se decantó por algo sobrio y poco llamativo), oyó un estrépito en el buzón. Su daimonion fue a mirar desde el rellano.

—Otro sobre en blanco —la informó.

En la tarjeta que había en el interior ponía tan solo: «28 Staverton Road. Siete de la tarde».

—Es fácil llegar allí, Jesper —dijo.

A las siete y un minuto, después de caminar a paso vivo bajo el frío, llamó a la puerta de una amplia casa de aspecto acogedor situada en una de las carreteras de las afueras del norte de Jericho. Tenía un jardín muy tupido, con muchos árboles y arbustos, apenas perceptibles desde afuera. Se preguntó si sería la vivienda de Papadimitriou. Sería interesante ver cómo vivía aquel enigmático personaje. ¿Y quién más habría?

—No es una invitación para una fiesta o algo así —murmuró su daimonion—. Es trabajo.

Una mujer de agradables facciones, de unos cuarenta años y que parecía originaria del norte de África, abrió la puerta.

—¡Doctora Relf, qué bien que haya venido! Soy Yasmin

Al-Kaisy. Qué frío hace, ¿no? Deje el abrigo en esa silla... Pase.

En la sala de estar había tres hombres. Uno de ellos era el profesor Papadimitrou, que parecía llevar la voz cantante, como siempre. Era una habitación amplia, de techo bajo, con lámparas de petróleo en las mesitas auxiliares y dos o tres lámparas ambáricas normales colocadas junto a los sillones. Había numerosos cuadros, con dibujos, grabados, un par de acuarelas, todos de gran calidad, según apreció Hannah. Los muebles, ni antiguos ni modernos, parecían muy cómodos.

Papadimitriou avanzó entre la tamizada luz para estrechar la mano de Hannah.

—Permítame que le presente primero a nuestros anfitriones, el doctor Adnan y la señora Yasmin Al-Kaisy —dijo.

Hannah sonrió a la mujer que le había abierto la puerta y que entonces estaba al lado de una mesa de bebidas; estrechó la mano de un hombre alto, delgado y moreno, con ojos relucientes y un bigotito: tenía por daimonion una especie de zorro del desierto.

—Este es lord Nugent —prosiguió Papadimitriou, señalando al otro hombre presente en la habitación—. Y esta es nuestra invitada, la doctora Hannah Relf.

Hannah no los había visto antes, pero Malcolm los habría reconocido: eran los tres hombres que estuvieron en La Trucha y le hicieron preguntas sobre el priorato.

—¿Qué va a tomar, doctora Relf? —preguntó Yasmin Al-Kaisy.

—Vino, gracias. Vino blanco.

—Pronto pasaremos a la mesa —dijo Papadimitriou—. No quiero perder el tiempo. Iré al grano. Hannah, esta es la cúpula de Oakley Street. Lord Nugent es el director; Adnan es su asistente. Todos los que estamos aquí formamos parte de Oakley Street y sabemos de su labor. El objetivo de esta reunión es exponerle una situación complicada y después pedirle que haga algo.

—Comprendo —respondió—. Les escucharé con sumo interés.

—Si quieren, podemos pasar a la mesa —propuso el doctor Al-Kaisy—. Así podremos hablar sin interrupciones.

—Excelente idea —aprobó Papadimitriou.

—Por aquí —indicó la señora Al-Kaisy, que los condujo al comedor.

En la mesa había carnes frías y ensaladas, para que así nadie tuviera que llevar y traer comida de la cocina.

—Ya sé que es una noche fría —reconoció la anfitriona—. Pero así iremos más deprisa, sobre todo teniendo en cuenta que algunos tienen que coger el tren. Sírvanse ustedes mismos, por favor.

—Como esta es una reunión de Oakley Street, propongo que sea lord Nugent quien hable primero —sugirió Papadimitriou—. Como ya sabrás, Hannah, fue el anterior lord canciller.

—Pero ahora soy el director de Oakley Street —precisó lord Nugent. Era muy alto y delgado; tenía una voz profunda. Su daimonion lémur se instaló en una silla vacía que había a su lado—. Doctora Relf, llevamos dos años contando con sus lecturas del aletiómetro y le estamos muy agradecidos por ello. Seguramente se habrá dado cuenta de que hay otros aletiometristas que trabajan para nosotros.

—Pues no, no me había dado cuenta —reconoció Hannah.

—Los lectores de Uppsala y de Bolonia nos prestan también sus consejos de especialistas. El instrumento de Ginebra está en manos del Magisterio y los de París son más afines con su causa. El aletiómetro de Oxford es el único del que tenemos conocimiento, además de esos.

—Puesto que estamos entre miembros de Oakley Street —dijo Hannah—, querría preguntar si hay otro agente de Oakley Street entre los lectores de Oxford.

—No. Los otros lectores de Oxford son honrados estudiosos que utilizan el instrumento con fundados motivos académicos.

—También cabe la posibilidad de que uno de ellos sea un agente del Magisterio —apuntó Yasmin Al-Kaisy.

La mujer tenía una expresión seria, pero lord Nugent sonrió.

—Sí, cabe esa posibilidad —admitió—. Hasta el momento, se había mantenido una especie de equilibrio en este sentido, pero la semana pasada asesinaron a la lectora de Bolonia y robaron su aletiómetro. Sospechamos que iba camino de Ginebra.

—¿Que iba de camino?

—Un agente nuestro, muy hábil, logró pactar con el asesino y hacerse con el instrumento. Está en esa caja de debajo de la lámpara.

Hannah se volvió a mirar. En una mesa auxiliar había una baqueteada caja de madera; por su tamaño, habría podido albergar el instrumento que ella conocía. Estaba ansiosa por levantarse e ir a examinarlo.

—Podrá verlo después de la cena —dijo Papadimitriou, advirtiendo su impaciencia—. Por lo que sabemos, no parece haber sufrido daños a raíz de las peripecias por las que ha pasado, pero usted podrá confirmárnoslo.

Se había quedado sin respiración. Como no se fiaba de la firmeza de su voz, optó por tomar un sorbo de vino y volvió a centrar la mirada en lord Nugent.

—Lo que querríamos, doctora Relf, es que aceptara una propuesta que le vamos a hacer. Como también tiene su contrapartida, quizá necesite un tiempo para pensarlo. Nosotros, en todo caso, responderemos a cualquier pregunta que tenga. Pues bien: estaríamos muy contentos si aceptara dejar de lado su labor académica para interpretar el aletiómetro para nosotros a tiempo completo. Utilizaría este instrumento, que quedaría a su cargo. Nadie más lo sabría, por supuesto. Debe hacernos partícipes de los problemas que eso le plantearía. La decisión es de su absoluta competencia, desde luego. De todas maneras, quisiera pedir a Adnan que nos hable un poco de la situación y de la importancia que esto tiene.

—Antes que nada, doctor Al-Kaisy, querría hacer una pregunta —intervino Hannah—. Es posible que ya la fuera a contestar, pero la formulo por si acaso. Lord Nugent acaba de hacer referencia al Magisterio de una forma que no deja margen de duda de que son el enemigo. Y yo sé que el Tribunal Consistorial de Disciplina ha sido responsable de varias..., eh..., actuaciones hostiles, como la muerte del pobre hombre que actuaba como aislador para mí. Aparte, hay una repugnante organización llamada Liga de san Alexander que se dedica a envenenar las relaciones entre los niños y sus maestros en diversas escuelas. Supongo que todas esas cosas están relacionadas y me satisface poder combatirlas. Pero ¿quiénes somos nosotros? ¿De qué forma parte Oakley Street? ¿Cuál es la causa a la que he estado prestando apoyo con mi labor para Oakley Street? Aunque pueda parecer una ingenua estupidez, lo cierto es que hasta ahora he estado trabajando a ciegas. Yo suponía que colaboraba para el bando correcto. Mi ignorancia era grande, aunque pueda parecer increíble. Confío en que usted pueda esclarecer las cosas, doctor Al-Kaisy. Bueno, como he dicho antes, es posible que esta fuera su intención.

—Así es —confirmó él—, pero ahora haré especial hincapié en ello. —Su daimonion, el zorro del desierto, se desplazó al otro lado de su silla, desde donde podía ver a Hannah. Se acomodó con elegancia—. Oakley Street es una agencia secreta del Gobierno. Fue fundada con el objetivo expreso de entorpecer la labor de las agencias que usted ha mencionado y de varias más. Se creó en 1933, justo antes de la guerra suiza, cuando parecía probable que las fuerzas armadas del Magisterio derrotaran a Britania. Al final no fue así. Nuestra supervivencia se debe en parte a la Oficina de Investigaciones Especiales, que más tarde pasó a adoptar el nombre oficioso de Oakley Street. Su propósito principal era defender la democracia en este país. El siguiente, defender los principios de la libertad de pensamiento y de expresión. Hay que reconocer que tuvimos suerte con nuestra monarquía. El rey Richard respaldó con entusiasmo nuestras actividades; el director de Oakley Street es siempre un consejero del monarca. Y el antiguo rey tenía una pasión especial por lo que hacíamos y por lo que nos motivaba. El rey Michael quizá menos... En todo caso, el monarca actual parece compartir el interés de su abuelo y ha sido de gran ayuda, aunque ello no sea de dominio público.

—¿Qué sabe de Oakley Street el Parlamento?

—Muy poco. Nuestras actividades están financiadas..., escasamente, más bien..., por medio de los fondos generales de defensa, a través de la Oficina del Gabinete. Hay un grupo de diputados ordinarios del Gobierno, acérrimos partidarios del Magisterio..., cuyos nombres seguramente conocerá..., que sospechan de la existencia de alguna organización como Oakley Street y que con gusto la expondrían a la luz para destruirla y poner fin a cuanto hacemos. Nos hallamos ante una profunda e incómoda paradoja, que no se le habrá escapado: solo podemos defender la democracia siendo antidemocráticos. Todos los servicios secretos están sometidos a esta paradoja. Algunos lo aceptan más fácilmente que otros.

—Sí, es paradójico —convino Hannah—. Y también es incómodo. Volviendo un momento al instrumento de Bolonia, ¿es propiedad de la Universidad de Bolonia?

—Lo era —matizó lord Nugent.

—Pero ¿lo es aún, desde el punto de vista legal o moral?

—Probablemente —admitió lord Nugent—. Al igual que la paradoja democrática expuesta por Adnan, esto nos plantea otro problema ético. La junta rectora actual está en manos de una facción pro Ginebra. Nuestra lectora trabajaba para nosotros en secreto, igual que usted. Sospechamos que esa misma facción lo averiguó y ordenó su asesinato. Habían descubierto lo que hacía: por eso la mataron. Y si nuestro agente no hubiera conseguido interceptarlo de inmediato, este instrumento estaría ahora en Ginebra, ayudando a nuestros enemigos.

—Dios santo —exclamó Hannah.

Tomó un sorbo de vino y observó sin disimulo a los demás: Nugent, delgado y sutil; Yasmin Al-Kaisy, elegante y apasionada a un mismo tiempo; Adnan Al-Kaisy, de ojos negros de mirada comprensiva; y Papadimitriou, frío, curioso, airado.

—Es decir que, por ahora, consideramos el instrumento de Bolonia como un botín de guerra —concluyó el doctor Al-Kaisy tras una pausa.

—¿Esto es una guerra? ¿Estamos en guerra? ¿En una guerra secreta? —preguntó Hannah.

—Sí —confirmó Nugent—. Y le estamos pidiendo que asuma un papel importante en ella. Nos hacemos perfectamente cargo de lo que implica.

—Lo que implica...

—Con respecto a su seguridad, por ejemplo. Al fin y al cabo, a la última persona que hacía lo que le estamos pidiendo a usted, la mataron. Sí, nosotros somos igual de conscientes que usted de los riesgos. Debe tener en cuenta, con todo, que ella se encontraba en una posición bastante más peligrosa que la que tendrá usted. Ella estaba en lo que podemos considerar una fortaleza enemiga. Con usted podemos tomar, en cambio, ciertas medidas de seguridad.

—¿Y para eso necesitarían mi dedicación a tiempo completo?

—Explíqueles a mis colegas lo que hace ahora —pidió Papadimitriou.

La señora Al-Kaisy estaba sirviendo un cuenco con un helado aromatizado a cada uno.

—Gracias —dijo Hannah—. Parece delicioso. Bien, yo hago dos cosas. Durante el breve tiempo en el que dispongo del aletiómetro de Bodley, se supone que debo trabajar, al igual que los otros miembros del grupo, en una de las franjas de símbolos del instrumento. El símbolo en el que centro mi investigación es el reloj de arena. En el grupo somos doce; cada uno elige un símbolo para estudiar entre los treinta y seis que tiene el instrumento. Nos reunimos de manera regular para comparar notas, intercambiar observaciones y ese tipo de cosas. Yo tengo asignadas cinco por semana con el instrumento.

»Eso es lo que hago de manera oficial, por así decirlo. Pero, tal como saben, también trabajo para Oakley Street. Cuando me envían una pregunta concreta que responder, hago las consultas restando tiempo de esas cinco horas. No obstante, si no avanzo lo suficiente con mi investigación oficial, me pedirán que abandone el grupo y le concederán a otra persona la franja horaria que me corresponde con el aletiómetro. Hoy por hoy, soy una de las más lentas, a causa de la labor que realizo para ustedes. Y eso es… mortificante.

—Tiene que serlo —reconoció Al-Kaisy—. En ese caso, sin embargo, si la consideran una persona lenta, no resultaría sorprendente si, pongamos por caso, renunciara de forma voluntaria a sus cinco horas con el aletiómetro de Bodley…

—¿Alegando que era demasiado difícil, quiere decir? —Hannah dejó la cuchara al lado del cuenco—. Bueno, sería posible. Hasta podría soportar la humillación que eso supondría, pero yo tengo una carrera en la que pensar…

Volvió a coger la cuchara. Y, de nuevo, la posó en la mesa, mirando a Papadimitriou.

—¡Puede comprender perfectamente las repercusiones que ello tendría! —dijo, al tiempo que a Jesper se le erizaba el vello, expresando su indignación—. Me están pidiendo que me comprometa con una función que condujo a la muerte a la última persona que la asumió y, al mismo tiempo, querrían que saboteara mi carrera fingiendo renunciar a un proceso de investigación por falta de aptitudes. Eso es… Bien, ambas cosas a la vez…, suman demasiado, ¿no?

Papadimitriou corrió a un lado el cuenco de helado que no había probado.

—En efecto —admitió—. Las guerras exigen grandes esfuerzos de muchas personas. Y no se equivoque, estamos en guerra. Hannah, no hay nadie más que sea capaz de hacer esto. Yo conozco a todo el grupo de Oxford que trabaja con el aletiómetro. He estado siguiendo de forma encubierta los informes del grupo. Sus colegas son diligentes y hábiles, y están bien informados. Pero la única persona que trabaja con verdadera perspicacia en la interpretación de los símbolos es usted. Aunque tal vez sea la más lenta, también es la mejor con diferencia. No se preocupe por su carrera.

Hannah se sintió avergonzada al instante, por supuesto. Como no se le ocurrió qué podía decir, tomó una cucharada de helado en silencio.

—En cuanto al peligro, no voy a negar que lo hay —reconoció lord Nugent—. Si se llega a saber lo que hace, y más si se descubre que tiene el instrumento de Bolonia, correrá cierto riesgo. Me encargaré de poner a alguien que vigile. La lectora de Bolonia también contaba con vigilancia; por eso pudimos encargarnos del asunto con tanta rapidez, una vez que… era demasiado tarde, desde luego. Pero allí estábamos limitados. Aquí sería distinto. Usted ni se dará cuenta, pero estaremos cerca para protegerla.

—Además tendría la satisfacción de saber que está contribuyendo a... esta guerra secreta —arguyó Al-Kaisy—. Usted conoce al enemigo. Sabe a lo que nos enfrentamos. Piense en lo que hay en juego. El derecho a hablar y pensar libremente, a investigar sobre cualquier tema posible e imaginable: todo eso quedaría destruido. Es algo por lo que merece la pena luchar. ¿No le parece?

—Por supuesto que sí —dijo Hannah con vehemencia—. No es necesario convencerme de algo tan evidente. ¿En qué iba a creer, si no? Por supuesto que creo en eso. —Desplazó a un lado el helado.

—Somos conscientes de ello —terció Nugent—. Y la posición en que la estamos poniendo es, desde luego, incómoda. Y ahora podríamos terminar este delicioso postre y después podrá ver el instrumento de Bolonia. Me interesa mucho saber qué opina de él.

—¿Cuántos aletiómetros hay? —preguntó Yasmin Al-Kaisy—. Supongo que debería saberlo, pero debo admitir que no.

Papadimitriou tomó la palabra en lugar de Hannah, que tras recuperar el helado, tomó una cucharada.

—Cinco, que sepamos. Hay rumores de la existencia de un sexto, pero...

—¿Por qué no se puede fabricar otro?

—Hannah podría explicárselo con más precisión, pero creo que tiene que ver con la aleación con que están hechas las manecillas o las agujas. De todas formas, el instrumento es solo una parte del problema. Cada uno forma una unidad con su lector. Ninguno de ellos está completo sin el otro, a la hora de trabajar.

—Este es, precisamente, uno de los misterios que debemos resolver —apuntó Al-Kaisy.

Lord Nugent se levantó de la mesa y acercó hasta Hannah la cajita. Parecía de palo de rosa; en la parte de arriba, se distinguía a duras penas el dibujo de un escudo de armas.

Abrió la tapa y observó atentamente el aletiómetro antes de sacarlo de su bolso de terciopelo granate y dejarlo encima del mantel blanco. Aunque tenía más profundidad que el instrumento de Bodley, la armazón dorada presentaba el mismo grado de desgaste provocado por la manipulación y resplandecía con idéntico ardiente brillo a la luz de la lámpara. Los treinta y seis símbolos que se sucedían en el círculo estaban pintados de una manera más simple, en negro sobre un fondo de esmalte blanco. Tal vez porque no tenían el rutilante colorido de las imágenes plasmadas sobre marfil del aletiómetro de Bodley, ofrecían un aspecto menos decorativo, pero parecían incidir de forma más directa en lo esencial. Detrás de las manecillas y de la aguja, el grabado de un esplendoroso sol ocupaba el centro de la esfera.

Hannah notó que sus manos se movían hacia él como si se tratara de la cara de un amante. El aletiómetro de Bodley, hermoso y ornamentado, le inspiraba un gran respeto; incluso temor. Aquel era más modesto. Sin embargo, de una manera inefable, se adecuaba perfectamente a ella. Acogía sus manos como si fueran las mismas que habían desgastado la armazón dorada a lo largo de los siglos y pulido las puntas de las varillas. En cuanto lo tocó, quiso quedarse a solas con él, pasar horas y días en su compañía, tenerlo siempre al alcance de la mano.

Fue descendiendo hasta el estado de relajación en el que podía captar los primeros diez o doce niveles de significado que había debajo de cada símbolo; hizo girar la primera rueda hacia el niño, una de cuyas funciones era representar la persona que efectuaba la consulta. La segunda la apuntó hacia la colmena, que en ese caso simbolizaba el trabajo productivo. La tercera la fijó en la manzana, definiendo mentalmente su significado en el nivel que simbolizaba cualquier forma de indagación. De haber tenido los libros, habría podido plantear con mayor precisión la pregunta. Pero aquello sería suficiente: ¿debía aceptar o no aquel desafío?

La aguja empezó a girar al instante. Hannah contó seis vueltas hasta que se detuvo en la marioneta. No había duda. El sexto nivel de la paleta de sentidos de la marioneta, en una lectura sencilla como aquella, equivalía a una afirmación: sí, debía aceptar.

Levantó la vista, respiró hondo y parpadeó, saliendo de aquel estado de trance superficial. Todos la miraban.

—Sí, lo haré —anunció.

En sus caras se plasmó una expresión de inconfundible alivio y placer. Incluso Papadimitriou sonrió como un niño al que le hubieran hecho un regalo. Hannah omitió decirles que, al aplicar las manos en el instrumento, había notado una sensación inmediata de identificación como nunca con el aletiómetro de Oxford.

Casi en el mismo instante, percibió el problema.

—Pero —dijo.

—¿Sí? —inquirió Papadimitriou.

—Con el aletiómetro de Bodley puedo lograr determinados resultados porque la biblioteca posee todos los libros que tratan los niveles más profundos de la gama de símbolos. Trabajando de memoria, puedo barajar una docena de niveles de profundidad, pero no más. Si tengo que abandonar el grupo, no podré usar los libros sin que se note que tengo acceso a otro aletiómetro. Y, sin los libros, no les voy a ser de gran utilidad.

Los demás miraron a Papadimitriou. El olor de café empezaba a expandirse por el comedor.

—Eso es un problema, desde luego —reconoció Papadimitriou—, pero es más fácil duplicar los libros que los aletiómetros. Yo me encargaré de conseguirle todos los que necesite.

—Si se llega a saber que está buscando esa clase de libros —señaló Yasmin Al-Kaisy—, la gente atará cabos. Un aletiómetro que desaparece por aquí, un profesor que demuestra un gran interés por adquirir ciertos libros por allá...

—Es que no va a haber un solo «allá», sino muchos —explicó Papadimitriou—. No se preocupen por eso.

—Podemos difundir un poco de papel verde —apuntó Nugent, aceptando la taza de café que le ofrecía la señora Al-Kaisy.

—¿Papel verde? —preguntó Hannah.

—Falsos rumores. En los primeros tiempos de Oakley Street, los planes para este tipo de estrategia se solían bosquejar sobre papel verde. Por eso todavía empleamos esa expresión. Podemos dar a entender que hemos encontrado el instrumento cuyo paradero se desconocía, o que hemos logrado fabricar otro... o varios. El papel verde a veces resulta muy útil.

—Comprendo —dijo Hannah—. ¿Puedo plantear otra cuestión de carácter práctico?

—Cómo no.

—Necesitaré algún ingreso. Si volviera a dar clases, cosa que, por supuesto, podría hacer, me quedaría poco tiempo para trabajar para Oakley Street.

—Déjemelo a mí —contestó lord Nugent—. Un tío al que apenas conocía le dejó una herencia o algo así. Aunque no tenemos mucho dinero, no vamos a permitir que lo pase mal, desde luego.

—Eso espero —dijo Hannah.

Cayó en la cuenta de que no había despegado las manos del aletiómetro desde que lo había tocado por primera vez. Las apartó, cohibida, y tomó un sorbo de café.

—Y siguiendo con las cuestiones prácticas —intervino Yasmin Al-Kaisy—, ¿tiene en casa una caja fuerte?

—No —respondió, sin poder reprimir una queda carcajada—. No tengo nada de valor.

—A partir de ahora sí. Nos encargaremos de que le entreguen y le instalen dentro de un par de días un nuevo aparato doméstico, como una caldera para calefacción. No será una caldera, sino una caja fuerte donde deberá guardar el aletiómetro cuando no lo esté usando.

—Desde luego. —«Será mejor ponerlo arriba, por si hay una inundación», pensó. Al evocar la advertencia de Malcolm, se acordó de algo más—. Lord Nugent, ¿hay un agente de Oakley Street llamado Coram van Texel?

—No —respondió.

«Qué curioso —pensó ella—. Uno de los dos debe de mentir, y a mí me parece que es lord Nugent. De todas formas, puedo consultarlo con el aletiómetro.»

—Y un individuo llamado Gerard Bonneville. ¿Tiene algo que ver con todo esto?

—¿Bonneville, el físico?

—¿Era físico? No lo sabía. Tiene un daimonion hiena al que le falta una pata.

—Era uno de los investigadores más destacados en materia del campo Rusakov: el Polvo, ya sabe. Después perdió el rumbo y lo encarcelaron por agresión sexual, creo. ¿Cómo ha sabido de él?

—Al parecer está en Oxford. Estuvo en el pub del padre de Malcolm. El chico me habló de él el otro día. Una pregunta más: ¿cómo nos pondremos en contacto? ¿Por el mismo procedimiento de antes?

—No —respondió Papadimitriou—. Usted y yo deberemos establecer algún sistema para encontrarnos de forma regular. Podría ser que, en su nueva condición de estudiosa independiente, solicitara mi asesoría para un libro que quiere escribir. Entonces nos reuniríamos para hablar de su investigación... o algo por el estilo. ¿Qué hace, por ejemplo, a última hora de la tarde del sábado?

—Normalmente estaría trabajando en casa.

—Venga al Jordan a las seis.

—De acuerdo.

—No sé si podría informarnos de algo... —dijo Nugent.

—Sí, creo que sí —confirmó—, ahora que tengo esto.

—Se trata de la niña que está en el priorato. Por algún motivo que ignoramos, es muy importante para el otro bando. ¿Puede plantear una consulta general o debe ser una pregunta muy concreta?

—Ambas cosas, pero cuanto más se concreta, más se tarda en obtener una respuesta.

—Entonces opte por una consulta general. Necesitamos saber con urgencia por qué es importante esa niña. Si pudiera formular una pregunta que esclareciera ese interrogante, nos sería de gran utilidad.

—Haré lo que pueda.

—Y otra cosa más —prosiguió Nugent—. Su joven amigo, el niño de la posada... Matthew, ¿no es así?

—Malcolm Polstead.

—Malcolm. No vamos a ponerlo en peligro, pero ese chico puede sernos de ayuda. Manténgase en contacto con él. Cuéntele todo lo que considere que es capaz de escuchar sin que luego lo vaya a divulgar. Lo dejo a su discreción.

Había ocurrido algo. De repente, algo en el ambiente había cambiado. Había un aire de... No lo entendía... Era como si todos los demás conocieran un secreto que ella ignoraba. Y no querían mirarla a los ojos. No podía deberse a lo que acababa de decir lord Nugent, que parecía bastante inocuo. ¿Habría algo en sus palabras que no había captado?

El momento pasó. Los comensales se levantaron, se despidieron, se pusieron los abrigos y dieron las gracias a los anfitriones. Hannah puso el aletiómetro en la caja de palo de rosa, después introdujo esta en una bolsa de algodón y se fue a su casa.

—¿Qué ha pasado, Jesper? —preguntó cuando ya se habían desviado por Woodstock Road.

—Ellos sabían que en sus palabras había algo que se sobreentendía, algo que no les gustaba.

—Bueno, yo también me he dado cuenta de eso. No sé qué sería.

14

La dama con un mono

Al día siguiente, Malcolm encontró a las monjas muy atareadas con los preparativos de la festividad de Santa Scholastica. En realidad, no era una fiesta, tal como había descubierto con decepción él mismo los años anteriores: era un día de conmemoración, en el que más que disfrutar de unas mesas bien guarnecidas en el refectorio, lo más destacado eran los largos servicios celebrados en la capilla.

Evidentemente, Lyra no podía ir a cantar y rezar con las hermanas, ni tampoco podía quedarse sola mientras los himnos, salmos y rezos ascendían hasta el infinito, de modo que la hermana Fenella quedó exenta del deber de loar a la santa para vigilar a la niña al tiempo que preparaba la cena.

Malcolm entró en la cocina justo cuando la anciana ponía una pieza de cordero en el horno. El daimonion de la niña, Pantalaimon, se puso a emitir alegres trinos y él se acercó para que Asta pudiera posarse en el borde de la cuna. Allí se puso a transformarse consecutivamente en todos los pájaros que conocía. Lyra y su daimonion se pusieron a chillar y a reír como si fuera la cosa más divertida del mundo.

—Hace un par de días que no te veíamos por aquí —señaló la hermana Fenella—. ¿Qué has estado haciendo?

—Muchas cosas. Hermana Fenella, ¿podré ver a la hermana Benedicta después del servicio?

—Solo un poquito, cariño. Hoy estamos muy ocupadas. ¿Quieres que le diga algo?

—Es que... tengo que avisarla de algo, aunque a usted también la puedo avisar, porque las afecta a todas.

—Ah, ¿y de qué nos tienes que avisar?

La anciana se sentó en el taburete y se acercó la col que tenía más cerca en la mesa. Malcolm observó sus manos y los movimientos lentos con los que manejaba el viejo cuchillo: las troceaba a tiras y dejaba a un lado las hojas de afuera y el corazón para los animales, antes de coger otra.

—Usted ya sabrá que el río estaba bastante crecido —empezó—. Pues bien, todo el mundo piensa que va a bajar el nivel ahora que ha parado de llover, pero después va a volver a llover y habrá unas riadas tremendas, como no ha habido desde hace años.

—¿Ah, sí?

—Sí. Me lo dijo un giptano. Y los giptanos conocen el río y todos los cursos de agua de Inglaterra. Solo quería asegurarme de que la hermana Benedicta lo supiera para que todo el mundo esté seguro, sobre todo Lyra. El priorato queda muy bajo en esta orilla. Se lo dije a mi padre y él dijo que podían quedarse todas en La Trucha, aunque seguramente no considerarían que sea un lugar lo bastante sagrado.

La religiosa se echó a reír, juntando en una palmada sus rojas y arrugadas manos.

—Se lo he dicho a más gente —prosiguió Malcolm—, pero me parece que nadie me cree. Lo malo es que ustedes no tienen barcas. Si pudieran flotar, estarían a salvo en una inundación, pero...

—Se nos llevaría la corriente —dijo la hermana Fenella—. Pero no hay de qué preocuparse. Tuvimos una gran riada hará... unos cincuenta años, cuando yo era novicia... Toda la huerta quedó inundada; en la planta baja, el agua alcanzó unos ocho centímetros de altura. A mí me pareció muy emocionante, pero, como las monjas de más edad estaban angustiadas, no dije nada. Claro que entonces yo no tenía ninguna responsabilidad. Y el agua no tardó en bajar. Así que no me preocuparía mucho, Malcolm. Nos ha pasado de todo y todavía seguimos aquí, gracias a Dios.

—Hay otra cosa que quería contarle a la hermana Benedicta —dijo Malcolm—, pero tal vez tenga que esperar a mañana. ¿Está aquí el señor Taphouse?

—No lo he visto. He oído que no se encontraba bien.

—Ah... También quería decirle algo a él. Igual podría ir a visitarlo, pero no sé dónde vive.

—Yo tampoco.

—Entonces tendré que ver a la hermana Benedicta. ¿Cuándo terminan con el culto?

Al final averiguó que el largo servicio terminaba al cabo de veinte minutos; las monjas dispondrían de una hora libre para descansar, hacer ejercicio o proseguir con su trabajo en el huerto o con las labores de bordado antes de ir a comer. Malcolm decidió aprovechar el rato enseñándole a hablar a Lyra.

—Veamos, Lyra, yo soy Malcolm. Es fácil de pronunciar. Vamos, prueba. Mal-colm.

La niña lo miraba con solemnidad. Pantalaimon se convirtió en topo y se metió entre sus mantas. Asta se echó a reír.

—No te rías —dijo Malcolm—. A ver, prueba, Lyra. Malcolm.

Ella frunció el entrecejo, babeando.

—Bueno, ya te acabará saliendo —dijo, secándole las mejillas con un paño—. Prueba con Asta. Vamos: Asta.

Ella lo observó sin pronunciar ni una sílaba.

—De todas formas está muy adelantada para su edad —reconoció Malcolm—. Eso de que su daimonion se transforme en topo es señal de inteligencia. ¿Cómo saben que hay topos?

—Es un misterio —dijo la anciana monja—. Solo el buen Dios conoce la respuesta, pero no nos debe extrañar: al fin y al cabo, él lo creó todo.

—Me acuerdo de cuando era un topo —evocó Geraint, su anciano daimonion, que normalmente hablaba muy poco, limitándose a observarlo todo con la cabeza ladeada—. Cuando tenía miedo, me convertía en topo.

—Pero ¿cómo sabéis que hay topos? —insistió Malcolm.

—Uno se siente con ganas de ser topo y ya está —explicó Asta.

—Mira, ya vuelve a salir —dijo Malcolm.

Pan asomó la cabeza entre las mantas, convertido en conejo, curioseando a pesar de la necesidad de mantener la estrecha proximidad con Lyra, que le aportaba seguridad.

—¿Sabes lo que vamos a hacer, Lyra? —propuso Malcolm—. Tú puedes enseñarle a decir Malcolm a Pan.

La niña y el daimonion farfullaron algo entre sí. Después, cuando Asta se convirtió en mono y se puso a hacer el pino, ambos se echaron a reír.

—Bueno, aunque no sepáis hablar, sí sabéis reír —concedió Malcolm—. Ya aprenderás pronto. ¿Y hermana Fenella? A ver si te sale. Her-ma-na Fe-ne-lla.

La pequeña volvió la cabeza hacia la hermana Fenella y esbozó una gran sonrisa, mientras su daimonion se transformaba en ardilla igual que Geraint y se ponía a parlotear alegremente.

—Es muy inteligente —corroboró Malcolm, admirado.

En ese momento oyó voces en el pasillo. Luego la puerta de la cocina se abrió y entró la hermana Benedicta.

—¡Ah! ¡Malcolm! Quería hablar contigo. Me alegro de que estés aquí. ¿Todo bien, hermana?

Quería decir: «¿Todo bien con Lyra?», pero no llegó a escuchar la respuesta. Otra monja, la hermana Katarina, iba a acudir para cuidar de la niña mientras la hermana Fenella se ausentara en la capilla para asistir a un servicio dedicado exclusivamente a ella, o, como mínimo, así lo había interpretado Malcolm. La hermana Katarina era joven y guapa, con unos grandes ojos oscuros. Pero, como era nerviosa, Lyra se contagiaba de su nerviosismo. La pequeña solo estaba contenta con la hermana Fenella.

—Vamos, Malcolm —dijo la hermana Benedicta—. Será solamente un momento.

No parecía que estuviera en un apuro.

—Yo también quería decirle algo, hermana —dijo mientras ella cerraba la puerta de la oficina.

—Dentro de un momento. ¿Te acuerdas de ese hombre del que me hablaste? ¿El del daimonion con tres patas?

—Lo vi la otra noche —dijo Malcolm—. Estaba buscando algo en los cuartos de arriba de casa y…

Describió lo que había visto, mientras ella lo escuchaba atentamente, con el entrecejo fruncido.

—¿Un postigo roto? No, no está roto. Alguien se olvidó de cerrarlo. Bueno, da igual. Tú viste lo que le hacía a su daimonion… No cabe duda de que ese hombre padece un trastorno mental, Malcolm. Lo que quería decirte es que te mantuvieras alejado de él. Si lo ves en alguna parte, vete en dirección contraria. No dejes que entable conversación contigo. Ya sé que tú eres muy sociable, y eso es una virtud, pero también debes tener cabeza: eso también es una virtud. Ese hombre no es capaz de razonar, el pobre. Y con sus obsesiones puede hacer daño a otras personas, igual que le hizo daño a su daimonion. ¿Y ahora, de qué me querías hablar? ¿De él?

—En parte sí. Lo otro es que va a haber una gran inundación. Me lo dijo un giptano.

—¡Ah, bobadas! El tiempo ha cambiado. Dentro de poco estaremos en primavera. La lluvia se ha acabado de una vez por todas, gracias a Dios.

—Pero él me explicó…

—Los giptanos son bastante supersticiosos, Malcolm. Hay que escucharlos con educación, pero también en eso hay que utilizar el sentido común. Todas las previsiones de la Oficina Meteorológica coinciden: las lluvias persistentes han cesado y no hay peligro de inundación.

—Pero los giptanos conocen los ríos y el tiempo…

—Gracias por transmitirme su advertencia, pero creo que no corremos ese riesgo. ¿Algo más?

—¿Está bien el señor Taphouse?

—Está un poco enfermo. Ahora que están instalados todos los postigos, le dije que podía descansar unos días. Ya te puedes ir, Malcolm. Y no olvides lo que te he dicho de ese hombre.

Era muy difícil discutir con la hermana Benedicta. Aunque lo cierto es que no quería discutir con ella: lo único que pretendía era avisarla, tal como le había recomendado el señor Van Texel.

Esa noche volvió a soñar con perros salvajes. O, tal vez, era el mismo sueño de la otra noche: una manada de perros salvajes, de todas clases, que corrían con desenfreno por una llanura pelada esa vez, con la intención de cazar y matar algo que no alcanzaba a ver. Y él se deleitaba en la persecución, temeroso y exaltado a un tiempo. Se despertó sudando, con la respiración alterada: se quedó abrazando con fuerza a Asta, que obviamente también había soñado lo mismo. Todavía pensaba en ello cuando se levantaron mucho después para ir a la escuela.

Después del poco caso que le hicieron las monjas, Malcolm intentó avisar a sus maestros del peligro de inundaciones. Su reacción fue la misma. Aquello eran bobadas, supersticiones... Los giptanos no sabían nada..., o estaban tramando algo..., o no eran gente de fiar.

—No lo entiendo —les dijo Malcolm a Robbie, Eric y Tom durante el recreo—. Hay gente que no quiere que la avisen.

—Hombre, es que no parece muy probable esa inundación —adujo Robbie.

—El río aún está crecido —señaló Tom, que era un fiel incondicional de todo cuanto proponía Malcolm—. No haría falta que lloviera mucho más...

—Mi padre dice que no hay que creer nada de lo que digan los giptanos —declaró Eric—. Dice que siempre ocultan algo.

—¿Cómo? —inquirió Robbie.

—Tienen planes secretos de los que nadie está enterado.

—No digas tonterías —replicó Malcolm—. ¿Y qué plan secreto sería en este caso?

—No sé —repuso Eric con cara de santurrón—. Por eso es secreto.

—Ya no llevas la insignia de la liga —constató Robbie—. Apuesto a que debe de ser porque tienes intenciones secretas de esas.

Eric reaccionó levantándose la solapa de la chaqueta y la hizo girar entre el índice y el pulgar. Debajo llevaba sujeta la pequeña lámpara de esmalte de la Liga de san Alexander.

—¿Por qué la escondes? —preguntó Malcolm.

—Los que hemos llegado al segundo nivel la llevamos así —explicó Eric—. En la escuela somos unos cuantos, no muchos.

—Si la llevas por fuera, la gente puede saber por lo menos a qué atenerse. Pero eso de esconderla es engañoso.

—¿Por qué? —preguntó Eric, asombrado.

—Porque si uno ve que alguien lleva una insignia, puede no decir algo de lo que podrían informar —explicó Malcolm—. En cambio, si la esconden, uno puede tener problemas sin saber por qué.

—¿Y qué es eso del segundo grado? —quiso saber Robbie.

—No estoy autorizado a decirlo.

—Apuesto a que de todas formas nos lo dirás —lo retó Malcolm—. Seguro que antes de que acabe la semana nos lo habrás contado.

—No, no —se reafirmó Eric.

—A que sí —insistieron Robbie y Tom a la vez.

Eric se alejó de ellos, ofendido.

La influencia de la liga se había estabilizado después de su primera oleada de éxitos. El señor Hawkins, el sustituto que de inmediato se había mostrado partidario de sus métodos, quedó confirmado como sucesor del antiguo director, que había desaparecido. Eric dijo que el señor Willis estaba en un campo de entrenamiento especial, pero como nadie concedía mucho crédito a sus afirmaciones, no lo sabían a ciencia cierta. Algunos de los maestros que habían abandonado su puesto como protesta o porque les habían exigido que se fueran habían regresado, hoscos y escarmentados; otros se habían esfumado y los habían sustituido. La auténtica autoridad de la escuela residía en las manos del innombrable, inaprensible y difuso grupo de alumnos mayores constituido por los primeros y más influyentes miembros de la liga. Se reunían con el señor Hawkins todos los días; al día siguiente, sus decisiones y órdenes se anunciaban en la asamblea. De una manera u otra, se daba a entender que dichas proclamaciones eran palabra emanada directamente de Dios, lo que convertía en blasfemia toda desobediencia o protesta. Muchos alumnos tuvieron problemas hasta que no lo comprendieron. A aquellas alturas, no obstante, la comprensión era generalizada.

Los alumnos de aquel grupo semisecreto recibían ayuda y orientación por parte de dos o tres adultos, a quienes los rumores señalaban como miembros especiales del consejo escolar. Ellos nunca tomaban la palabra en las asambleas, ni daban clases, ni hablaban apenas con los alumnos; patrullaban los pasillos tomando notas y recibían un trato obsequioso por parte del personal, pero nadie informó a los niños ni de sus nombres ni de la función que cumplían. Ellos lo entendieron por sí solos.

En torno a la mitad de los alumnos de la escuela había ingresado en la liga. Unos cuantos se habían salido; pero, entre los demás, algunos habían acabado cediendo y sumándose a ella. Por el momento, no se había vuelto a ver a la mujer que había ido a darles la primera charla y los periódicos no habían publicado absolutamente nada sobre el asunto. Uno podía pasar un tiempo en la escuela sin oírlo mencionar, pero, aun así, su existencia se volvía manifiesta para todos, como si siempre hubiera estado allí, como si fuera extraño que una escuela no estuviera impregnada por aquella atmósfera, entre opresiva y cautivadora. Las clases se desarrollaban como de costumbre, aunque siempre iban precedidas de una oración. Habían quitado los cuadros que antes había en los pasillos y las aulas (por lo general, reproducciones de lienzos famosos o pinturas de escenas históricas) para sustituirlos con pósteres con citas de la Biblia impresas en intimidantes colores. Eran ya pocos los alumnos que se comportaban mal; en el recreo, por ejemplo, había menos peleas que antes. Eso sí, todos parecían cargar con un mayor sentimiento de culpabilidad.

El sábado, Malcolm sacó *La bella salvaje* para navegar con ella por primera vez desde que el señor Van Texel se la había devuelto. El giptano tenía razón: la barca era más estable, más manejable y se deslizaba muchísimo mejor por el agua que antes. Malcolm estaba encantado. Le parecía que sería capaz de remar durante kilómetros sin cansarse y acampar en cualquier sitio sin que apenas se notara. Podía poseer las aguas de una manera inédita.

—Cuando necesitemos un barco grande —dijo a Asta, encaramado a su lado en la borda en forma de martín pescador—, iremos a ver a ese constructor giptano para que nos haga uno.

—¿Cómo lo encontraremos? ¿Y cuánto costaría?

—No sé. Podríamos preguntar al señor Van Texel.

—¿Y cómo vamos a saber dónde está?

—Tampoco lo sé. Igual era un espía —apuntó Malcolm al cabo de un instante—. De Oakley Street, me refiero...

Asta no contestó nada. Estaba observando un pececillo. Se encontraban en el canal que, aunque llevaba mucha agua, era más tranquilo que el río, desde luego. Percibiendo el ansia que tenía su daimonion de zambullirse en el agua y atrapar el pescado, Malcolm lo alentó en silencio, pero este refrenó el impulso.

Amarraron la canoa en su sitio habitual, donde el dueño de la tienda de material para barcos prometió vigilarla. Al poco se encontraba ya en Cranham Street.

—¿Qué es eso? —dijo Asta al doblar la esquina.

Justo delante de la casa de la doctora Relf había un impresionante vehículo de combustión de gas. Malcolm se detuvo para observarlo.

—Tiene visita —dedujo Asta, transformado en grajilla.

—Igual deberíamos esperar.

—¿No quieres ver qué es?

—Sí, un poco, pero no querría molestar.

—Son ellos los que molestan —afirmó Asta—. Ella nos está esperando a nosotros, porque siempre venimos a esta hora.

—No, tengo la sensación...

Era el lujo del vehículo lo que lo tenía perplejo. No concordaba con la idea que tenía de la doctora Relf. Bien mirado, Asta tenía razón: ella los esperaba.

—Bueno, tendremos que ser educados y mantener los ojos bien abiertos —dijo—. Como espías de verdad.

—Es que somos espías de verdad —señaló Asta.

En la parte exterior del vehículo había recostado un chófer. Llevaba una pipa corta en la boca y les dedicó una mirada indolente mientras Malcolm llamaba a la puerta.

La doctora Relf acudió a abrir. Parecía algo preocupada.

—Podemos volver más tarde si... —dijo Malcolm, pero ella lo descartó sacudiendo la cabeza.

—No, Malcolm, entra —lo invitó—. Pero ten cuidado —murmuró Jesper, muy bajito, de forma que solo lo oyeran ellos.

—Mi visita está a punto de irse —añadió en voz más alta la doctora Relf.

Malcolm sorteó los sacos de arena y Asta se convirtió en petirrojo primero y después en grajilla. Aunque compartía por entero su incertidumbre, Malcolm pensó «quédate así» una vez que estuvo cubierto de plumas de color negro apagado. Por su parte, adoptó una bobalicona expresión de simpatía, que era lo que más se parecía a la invisibilidad.

Hizo bien tomando precauciones.

—Señora Coulter, este es mi alumno Malcolm —lo presentó, al llegar al salón, la doctora Relf—. Malcolm, saluda a la señora Coulter.

La mención de aquel nombre le causó a Malcolm el mismo efecto de un disparo. Aquella mujer era la madre de Lyra. Era la dama más guapa que había visto nunca: joven, de pelo dorado y cara aterciopelada, vestida con un conjunto de seda gris y perfumada con una tenue fragancia que evocaba la calidez del sol y de los climas del sur. La sonrisa que le dedicó era tan radiante que le hizo recordar aquel extraño momento vivido con Gerard Bonneville. ¡Y aquella era la mujer que no quería tener nada que ver con su propia hija! Se suponía, no obstante, que él no lo sabía, de modo que no iba a reconocer por nada del mundo que estaba al corriente de la existencia de la niña.

—Hola, Malcolm —dijo, tendiéndole la mano—. ¿Y qué es lo que te enseña la doctora Relf?

—La historia de las ideas —respondió Malcolm sin inmutarse.

—Pues has elegido a la profesora ideal.

Su daimonion era desconcertante. Era un mono con un largo pelaje dorado, de expresión indescifrable, que permanecía sentado e inmóvil en el respaldo de su sillón. A Asta, que normalmente habría ido volando hasta él para saludarlo por cortesía, le inspiró tal repulsión y miedo que permaneció en el hombro de Malcolm.

—¿Usted también es investigadora, señora Coulter? —preguntó Malcolm.

—Solo aficionada. ¿Cómo encontraste a una profesora como la doctora Relf?

—Encontré un libro que ella había perdido y se lo devolví. Ahora me presta libros y después hablamos de ellos —explicó con el educado tono neutro que usaba con los clientes de La Trucha a los que apenas conocía.

Confiaba en que no le preguntase dónde vivía, por si sabía dónde estaba Lyra y establecía una conexión. De todas formas, según decían, ella no tenía ningún interés por la niña. Quizá no lo sabía ni le importaba.

—¿Y dónde vives? —dijo.

—Por Saint Ebbe —respondió, recurriendo al nombre de un barrio de la zona sur de la ciudad. Se sorprendió por mentir con tal tranquilidad.

El mono dorado rebulló, pero no dijo nada.

—¿Y qué quieres ser de mayor?

Todo el mundo le preguntaba eso, pero de ella había esperado algo más interesante.

—No lo sé, la verdad —confesó—. Igual trabajar en algo relacionado con los barcos o el ferrocarril.

—Espero que la historia de las ideas te sea muy útil, entonces —dijo ella con una dulce sonrisa.

Era un sarcasmo. Como no le gustó, le dieron ganas de desconcertarla.

—Señora Coulter, el otro día conocí a alguien que era amigo suyo —dijo.

Asta vio que a Jasper se le agrandaban los ojos. La señora Coulter volvió a sonreír, pero de otra manera.

—¿Quién era?

—No conozco su nombre. Vino a nuestro pub. Estuvo hablando de usted. Su daimonion era una hiena con tres patas.

Aquello le causó una terrible conmoción. Malcolm se dio cuenta, como también lo notaron Asta, la doctora Relf y Jesper… Pero lo único que ocurrió fue que el mono dorado se inclinó hacia delante y apoyó las dos patas en los hombros de la señora Coulter; sus mejillas perdieron su habitual tono rosado.

—Qué cosa más curiosa —dijo, sin que se le alterara en lo más mínimo la voz—. No conozco a nadie así, estoy segura. ¿Y qué pub es ese?

—Las Armas del Barquero —repuso Malcolm, con la certeza de que no había ningún pub con dicho nombre en la ciudad.

—¿Y qué era lo que decía?

—Solo que era amigo suyo y que iba a verla pronto. Me parece que casi nadie lo creyó, porque no había estado allí antes y nadie lo conocía.

—¿Y tú pasas mucho tiempo charlando con desconocidos en el bar?

Sus mejillas habían recobrado el color, pero, en lugar del delicado arrebol de antes, ahora tenía un pequeño círculo colorado en cada pómulo.

—No, yo solo ayudo por las tardes —explicó Malcolm, con tono igual de inmutable—. Oigo a mucha gente que dice toda clase de cosas. Si vuelve, ¿quiere que le diga que la he visto y que usted no lo conoce?

—Más vale que no digas nada. Más vale que no escuches sandeces. Estoy convencida de que la doctora Relf estará de acuerdo.

Malcolm miró a la doctora Relf, que escuchaba con ojos desorbitados. Enseguida pestañeó y se recuperó.

—¿Hay algo más en que pueda ayudarla, señora Coulter?

—Por ahora no —contestó ella.

El mono dorado, que se había sentado en su regazo, hundió la cara en su cabello, como si le susurrara algo. Ella le acarició el pelo con gesto automático y él volvió la cabeza para clavar aquella mirada insondable en Malcolm. Este se la sostuvo calmadamente, pese a que no estaba nada tranquilo. Si aquel mono tenía un nombre, debía de ser «Malicia».

La señora Coulter rodeó al daimonion con los brazos y se puso en pie, murmurándole algo. Después tendió la mano a la doctora Relf.

—Ha sido muy amable al recibirme sin que la hubiera avisado con antelación —dijo. Después se volvió hacia Malcolm—. Adiós, Malcolm —se despidió escuetamente y sin alargar la mano.

La doctora Relf la acompañó a la puerta, la ayudó a ponerse un abrigo de piel y esperó a que hubiera salido. Malcolm observó por la ventana al chófer, que iba de un lado a otro, muy tieso, tratando de ayudarla.

—Vamos a ver, ¿para qué le has dicho eso? —le preguntó la doctora Relf en cuanto se hubo alejado el coche.

—No quería decirle dónde vivía.

—¡Pero lo del hombre del daimonion hiena! ¿Por qué diantre…?

—Quería ver cómo reaccionaba.

—Malcolm, ha sido una gran imprudencia.

—Sí. Pero no me fío de ella. Quería alterarla un poco y he pensado que eso tendría un efecto.

—Desde luego que lo ha tenido. Pero… refréscame la memoria. ¿Él habló de verdad de la señora Coulter? ¿Dijo que era amigo suyo?

Malcolm le refirió lo que Alice le había contado a propósito de Bonneville.

—Se me ha ocurrido —añadió— que si él pretendía hacerle daño a Lyra, igual eso la asustaba un poco.

—A mí sí que me ha asustado —replicó la doctora Relf—. Necesito una taza de té. Vamos a la cocina.

—¿Para qué ha venido? —preguntó Malcolm, sentándose en el taburete.

—A preguntar por Lyra —respondió ella.

—¿De verdad? ¿Qué le ha dicho usted?

—Ha sido extraño. Creía que yo tenía algún tipo de relación con la niña. Aunque supongo que sí la tengo, de manera indirecta, a través de ti. Ha sido… —Calló, con la hervidora en la mano, como si se le acabara de ocurrir algo—. Sí. Era como si se hubiera enterado de eso gracias a un aletiómetro. ¡Qué curioso! Es exactamente el tipo de conocimiento parcial que se obtiene cuando uno consulta con prisas o cuando no se es un lector experto. Lo que está claro es que tenía un interés enorme por averiguar dónde está la niña y que algo le había indicado que yo lo podía saber.

—Pero usted no le habrá...

—¡Claro que no! Ha empezado haciéndome preguntas sobre el grupo del aletiómetro de Oxford, acerca de... todo tipo de cosas. Educadamente, como si de verdad le interesaran. Después ha pasado a preguntar por la niña, que se encontraba en algún lugar de Oxford, o cerca de Oxford, como si fuera algo interesante pero no importante, aunque se notaba que fingía. Jesper, que observaba a su daimonion, ha visto cómo crispaba las manos en el respaldo del sillón...

Mientras ponía a calentar el agua y sacaba el té de la caja, se quedó pensativa. Malcolm lo advirtió y guardó silencio.

No volvió a hablar hasta que estuvieron instalados delante de la chimenea. Entonces respiró hondo.

—Malcolm, voy a asumir un riesgo contándote ciertas cosas que no debería decirte —anunció—. ¿Mantendrás el secreto? ¿Comprendes lo importante que es?

—Sí, claro.

—Sí, por supuesto que te haces cargo. Es que me asusta ponerte en peligro. Y no sé si es más peligroso para ti saber estas cosas o no.

—Probablemente es más peligroso que no las sepa.

—Sí, eso me parece a mí. Bien, el caso es que he dejado el grupo del aletiómetro.

—¿Por qué?

—Me ofrecieron la oportunidad de hacer otra cosa, de trabajar con un aletiómetro distinto. Yo sola.

—Pensaba que no había muchos.

—Este quedó disponible... de manera imprevista.

—Qué suerte.

—No lo sé. Quizá sí. Creo que esa era una de las cosas que intentaba averiguar la señora Coulter..., si lo tenía yo.

—Entonces ¿es una espía?

—Creo que sí. Ella trabaja para el otro bando.

—¿Ha conseguido que no se enterara de lo que hace ahora?

—Espero que sí. Ese daimonion… es imposible percibir nada en su cara.

—Se ha quedado un poco cortado cuando he hablado de Gerard Bonneville.

—Sí. Y ella estaba muy turbada. Todavía no sé si deberías haberlo sacado a colación.

—Entonces nos habríamos quedado sin saberlo.

—¿Sin saber qué?

—Que ella sabía quién era. Ah, ¿se acuerda de cuando le conté lo del postigo roto de la ventana del priorato, cuando lo vimos dándole golpes a su daimonion?

—Sí.

—Pues no estaba roto. La hermana Benedicta me dijo que alguien se había olvidado de cerrarlo.

—Es un dato interesante. Podría ser que alguien lo dejara abierto a propósito.

—Eso es lo que pensamos nosotros —admitió Malcolm—. Pero no sé quién podría haber sido.

La doctora Relf dejó la taza de té en la alfombrilla de la chimenea.

—Malcolm, no le contarás a nadie lo del aletiómetro, ¿verdad?

—Absolutamente a nadie —respondió, sorprendido de que se lo preguntara.

—No pensaba que lo fueras a hacer, pero es que se trata de un secreto vital.

—Puede confiar en mí —le aseguró.

Él se comió una galleta. Ella se acercó a la ventana.

—Pero, doctora Relf —dijo—, ¿puedo preguntarle qué hace con el nuevo aletiómetro? ¿Es lo mismo que hacía con el grupo?

—No, es diferente. Las personas que me lo dieron quieren que lo consulte a propósito de Lyra, entre otras cosas.

—¿Qué quieren saber de ella?

—Esa niña es importante y ellos no comprenden de qué manera. También quieren que indague sobre ciertas cuestiones relacionadas con el Polvo.

La mujer estaba de espaldas. Malcolm se había dado cuenta de que era reacia a responder a demasiadas preguntas, pero tenía que hacerle otra más.

—¿Y esas personas son Oakley Street?

La doctora Relf se volvió. El cielo se había oscurecido a su espalda y la única luz de la habitación provenía del fuego de carbón del hogar: no pudo verle la expresión.

—Sí —confirmó con un suspiro—. Pero recuerda que de eso tampoco hay que hablar.

—No. De acuerdo. No haré más preguntas.

Ella se volvió de nuevo hacia la ventana.

—Parece que ese giptano tenía razón y que va a volver a llover —comentó—. Terminemos pronto, no sea que luego acabes empapado. Ven a escoger un par de libros.

Malcolm advirtió que estaba preocupada. Como no quería molestarla, se apresuró a elegir una novela de misterio y un libro sobre China y se despidió.

Dado que ya le habían instalado la caja fuerte y que la ruptura con el grupo del aletiómetro se había consumado, Hannah le preguntó al profesor Papadimitriou por aquel extraño momento, hacia el final de la cena, en que nadie fue capaz de mirarla y en el que se había producido aquella alteración tan repentina del ambiente.

Papadimitriou se lo explicó. Al parecer, Oakley Street, al igual que otras agencias secretas, debía recurrir al chantaje para hacerse con los servicios del otro bando. En ese momento, por ejemplo, tenían puestas las miras en un agente que casualmente tenía un interés sexual por los niños.

No bien lo oyó, Hannah comprendió la trampa en la que había caído.

—¡No! —exclamó, consternada—. No se referirá... ¡A Malcolm, no!

—Hannah...

—¡No lo pienso consentir! ¿Qué creen, que lo pueden ofrecer..., digamos..., como tentación? ¿Y después qué? ¿Van a irrumpir en la habitación para pillarlo con las manos en la masa? ¿O algo peor? ¿Van a instalar una cámara oculta para tomar fotogramas? ¿Quieren poner a Malcolm en ese tipo de situación? Es detestable. Nugent dijo que no iban a ponerlo en peligro... y yo lo creí. ¡Qué idiota fui, Dios mío!

—Hannah, él no correría el menor riesgo. Sería algo tan rápido que ni siquiera se daría cuenta de lo ocurrido. Nosotros nos aseguraríamos de que así fuera. Es demasiado valioso.

—No pienso consentirlo, ¿me entiende? Jamás. Antes devolvería este aletiómetro y me olvidaría de que he tenido algo que ver con...

—Mujer, eso sería...

—Y esperaron a que me hubiera comprometido para decírmelo. Ya veo en qué clase de avispero me metí.

—Vuelva cuando esté más calmada —se limitó a replicar él.

No, estaba dispuesta a hacer cualquier cosa para proteger a Malcolm de algo así. Ahora veía a lord Nugent desde otra perspectiva. Bajo su encanto y su afabilidad aristocrática, era despiadado. Lo único que podía hacer era consultar el aletiómetro y tratar de esclarecer algo a partir de los giros y pausas de la aguja dorada. Como siempre, cuanto más hondo llegaba, mayor era el número de preguntas que percibía.

Esa noche empezó a llover intensamente.

15

El cobertizo

Cuando Malcolm fue esa tarde al priorato para ver si el señor Taphouse había mejorado, encontró el taller cerrado y a oscuras. En la cocina, no obstante, se llevó una sorpresa: Alice estaba allí, amasando harina.

—Ah —dijo, porque no se le ocurrió nada más que decir.

Ella guardó un silencio desdeñoso, como de costumbre.

—Hola, Malcolm —lo saludó la hermana Fenella. La anciana estaba sentada junto a la estufa, al lado de la cuna de Lyra; no tenía buen aspecto—. Alice nos está ayudando un rato —prosiguió la religiosa, jadeante y con un hilo de voz.

—Ah, qué bien —dijo—. ¿Cómo está Lyra?

—Profundamente dormida. Ven a verla.

Lyra tenía la cara apoyada en el pelaje de su daimonion gatito, pero la postura no se prolongó mucho: en cuanto Asta se posó en la cuna, Pantalaimon se despertó y soltó un fiero bufido. Como era de prever, eso despertó a Lyra, que se puso a berrear a pleno pulmón.

—No pasa nada, Lyra —intentó calmarla Malcolm—. Ya sabes quiénes somos. ¡Menudo escándalo! Seguro que te oyen hasta el otro lado del río, dentro de La Trucha incluso.

Asta se transformó en un gato joven y saltó a la cuna. Tomando precauciones para no tocar a Lyra, cogió al gatito Pan entre las patas y lo sacudió un poco. El daimonion se quedó tan sorprendido que Lyra paró de llorar de inmediato para ver qué ocurría. Eso hizo reír a Malcolm, y entonces Lyra también se puso a reír, con los ojos anegados de lágrimas.

Malcolm quedó encantado de haber logrado aquel efecto. Alice se había acercado a mirar.

—Es una coqueta —dijo, antes de volver a concentrarse en la masa.

—Oh, no —replicó la hermana Fenella—. Ella conoce a Malcolm, ¿a que sí, cariño? ¿A que conocemos bien a Malcolm y a Asta?

—¿La puedo coger? —pidió Malcolm.

—Ya casi le toca comer… Sí, cógela. ¿Sabes sacarla de la cuna?

—Es fácil —aseguró Malcolm.

Mientras Asta atizaba zarpazos de mentira al gatito, él se encorvó y levantó a la pequeña. Ya estaban acostumbrados y no se pusieron a llorar alarmados como la primera vez. Malcolm corrió un taburete con el pie y se sentó con Lyra en el regazo al lado de la hermana Fenella. La niña miraba a su alrededor atentamente; después acercó la mano a la boca y se introdujo el pulgar.

—Tiene tanta hambre que se comería el dedo —observó Malcolm.

La hermana Fenella removía un cazo con leche en el fogón.

—Ya está lista —dictaminó, después de comprobar que estaba tibia con el dedo meñique—. Malcolm, cariño, ¿puedes llenar tú el biberón?

Malcolm le entregó a Lyra y trasvasó la leche con mucha precaución. Tenía ganas de contarle a Alice lo que había ocurrido esa tarde con la señora Coulter, pero no quería hacerlo en presencia de la hermana Fenella; además, la muchacha estaba tan distante y fría que le costaba hablarle.

Cuando el biberón estuvo preparado, la hermana Fenella apoyó a Lyra en el brazo y se puso a darle la leche. Malcolm estaba confundido. La anciana se comportaba con la misma dulzura y amabilidad de siempre, pero tenía la tez cenicienta y los ojos enrojecidos y apagados.

—Había venido a ver si estaba mejor el señor Taphouse —dijo volviéndose a sentar.

—Hace varios días que no viene. Espero que esté bien. Seguro que el señor Taphouse nos avisaría si estuviera enfermo.

—Igual se ha tomado unas vacaciones. Ya acabó de poner todos los postigos, ¿no?

—Ah, es un artesano magnífico.

—Si necesitan terminar algo, puedo hacerlo yo.

Alice soltó una breve carcajada. Malcolm optó por no darse por aludido.

Durante un momento, en la cocina solo se oyó el rítmico golpeteo que Alice imprimía a la masa, el tenue crepitar del fuego en la cocina, la satisfecha succión de los labios de Lyra en la tetina de goma y otro sonido que Malcolm no alcanzaba a identificar hasta que se dio cuenta de que era la respiración afanosa de la hermana Fenella. La anciana tenía los ojos cerrados y el entrecejo levemente fruncido como si estuviera haciendo un gran esfuerzo.

Mientras Malcolm la observaba, el biberón se deslizó de su mano, muy despacio. Y el brazo que sostenía a Lyra se fue cayendo, más despacio todavía, dándole tiempo para llamar «¡Alice!» y coger a la niña antes de que la hermana Fenella se desplomara en la chimenea.

Lyra lanzó un alarido de protesta, pero Malcolm la tenía bien sujeta, al igual que el biberón. Al cabo de un instante, Alice cogió a la hermana Fenella por los hombros y la levantó con cuidado. Pero la anciana estaba inconsciente. Su daimonion ardilla, Geraint, había desfallecido encima de su pecho.

—¿Qué hay que…? —planteó Alice.

—Tú la sostienes para que no se vuelva a caer y yo iré a buscar…

—Sí, sí… Ve…

Malcolm se puso en pie con Lyra. Aunque el movimiento bastó para interrumpir sus gritos, el chico le puso el biberón en la boca; seguido de cerca por Asta que, transformado en gato sujetaba al gatito Pan por la boca y salió al pasillo en dirección a la oficina de la hermana Benedicta.

No había nadie, por supuesto. Miró a su alrededor, como si pudiera estar escondida y después sacudió la cabeza.

—No está, Lyra —dijo—. Nunca está aquí cuando la necesitamos, ¿eh?

Al salir, vio una esbelta figura en el pasillo.

—¿Hermana Katarina? —llamó.

La joven monja se volvió. Parecía más sobresaltada de lo que Malcolm hubiera pensado.

—¿Qué? ¿Qué pasa?

—La hermana Fenella se ha desmayado y necesitamos ayuda... Le estaba dando el biberón a Lyra y...

—¡Ay! ¡Ay, Jesús! ¿Qué...?

—Llame a la hermana Benedicta y después venga a ayudarnos a la cocina.

—¡Sí! ¡Sí! ¡Claro!

Dio media vuelta y se alejó a toda prisa, llamando a voces a la hermana Benedicta.

—Esa era la hermana Katarina, Lyra —la informó Malcolm—. Va a ir a buscar a la hermana Benedicta. Tú sigue tragando y no te preocupes por nada. Ahora vamos a volver a la cocina. Aquí hace un frío que pela, ¿no?

Alice había vuelto a sentar a la hermana Fenella en su sillón, pero esta no había recobrado el conocimiento y tenía una respiración áspera y trabajosa.

—Neumonía —diagnosticó Alice, manteniéndola incorporada—. Así estaba mi abuela cuando la tuvo.

—¿Se murió?

—Bueno, al final sí, pero no de eso. Vaya, hay que cambiarla.

Miraba a Lyra, que estaba decidida a apurar el biberón hasta el final.

—Ah, eso yo no lo sé hacer —dijo Malcolm.

—Típico.

—Es solo porque nunca me han enseñado.

—«Si necesitan terminar algo, puedo hacerlo yo» —lo imitó, burlona.

—Tampoco iban a buscar a un carpintero para hacer eso —replicó Malcolm—. ¿Queda más leche en el cazo?

—Sí, un poco. Aguántala..., ahora dámela..., yo me encargaré. Tú pon la leche en el biberón.

—¿Sabes cuidar de los recién nacidos?

—Claro. Tengo dos hermanas pequeñas.

Parecía que se ocupaba de Lyra de una manera competente; cuando le dio una palmada en la espalda, de esta surgió un gigantesco eructo, que sobresaltó a su daimonion y lo impulsó a convertirse en polluelo de pavo. Malcolm volvió a poner a calentar el cazo en el fuego.

—Que no esté demasiado caliente —le advirtió Alice.

—No, no. Ya vi cómo lo hacía ella.

Como no tenía el dedo meñique muy limpio, se lo chupó con detenimiento antes y después. Lo mantuvo dentro del cazo hasta que la leche se puso tibia. Luego la vertió en el biberón. A continuación, enderezó la espalda de la hermana Fenella y le puso un cojín detrás de la cabeza, justo en el momento en que llegaron la hermana Benedicta y la hermana Katarina.

—Ocúpese de la niña —le indicó la hermana Benedicta.

La hermana Katarina intentó coger a Lyra, pero Alice se resistió.

—Ahora está tranquila conmigo —adujo—. Lo haré yo hasta que haya acabado.

—Ah..., si estás segura...

Alice la miró. Malcolm, que conocía esa mirada, sentía curiosidad de ver el efecto que causaba en otra persona. La hermana Katarina desvió la vista con nerviosismo y después hasta corrió un poco el taburete para que Alice se pudiera sentar. El daimonion doguillo de la religiosa se escondió detrás de sus piernas.

La hermana Benedicta pasó unas sales aromáticas debajo de la nariz de la hermana Fenella, que dio un respingo y emitió un gemido... Pero no recobró el conocimiento.

—¿Quiere que vaya a buscar al médico? —propuso Malcolm.

—Gracias, Malcolm, pero no lo vamos a necesitar esta

noche —rehusó la hermana Benedicta—. La pobre hermana Fenella necesita más que nada reposo. La llevaremos a la cama. Habéis reaccionado muy bien los dos. Alice, ahora deja a Lyra con la hermana Katarina y ocúpate de amasar el pan. Malcolm, por hoy ya has hecho suficiente, gracias. Vuelve a casa.

—Si necesitan algo…

—Sí, te lo pediré. Buenas noches.

Estaba preocupada por la hermana Fenella. Él también lo estaba, pero, por lo menos, con respecto a Lyra no había motivos para inquietarse, se dijo.

Al día siguiente, al ser sábado, Malcolm dispuso de tiempo por la mañana para cargar en la canoa material de emergencia, por si acaso, tal como no dejaba de recordarle Asta. Lo más importante de todo era su pequeña caja de herramientas, pero también tenía una vieja caja de galletas con diversos utensilios dentro. Pensó en incluir un botiquín, pero lo descartó, más que nada porque no tenía ninguno. Estaría bien conseguir uno.

Cuando terminó, Alice acababa de llegar para ayudar durante un par de horas en la cocina.

—¿Has visto esta mañana a la hermana Fenella? —le preguntó ella en cuanto estuvieron solos.

—No, pero si necesitaran un médico, me habrían avisado.

Mientras la señora Polstead estaba allí, guardaron silencio, como si hubieran acordado mantenerlo en secreto, aunque no fuera necesario. Malcolm les había explicado lo sucedido a sus padres. Ellos se habían quedado igual de sorprendidos que su hijo al enterarse de que Alice trabajaba en la cocina del priorato.

—Si sabe hacer pan, podría emplearla algunas horas más —dijo su madre.

—Es un pozo de sorpresas —comentó su padre.

Cuando volvieron a salir, Malcolm y Alice reanudaron la conversación.

—¿Sabes aquello de que me hablaste…? —dijo Malcolm.

—La otra monja… —dijo al mismo tiempo Alice—. Bueno, empieza tú primero.

—¿Sabes aquello que me contaste sobre Gerard Bonneville, cuando decía que era el padre de Lyra?

—¿No se lo habrás dicho a nadie?

—Escucha —exigió Malcolm, antes de explicarle que había encontrado a la señora Coulter en casa de la doctora Relf y hablarle de la conversación que había tenido con ella.

—No le dijiste que él había dicho que era…

—No, claro que no. Solo que había dicho que la conocía. Con eso fue suficiente. Se quedó de piedra. Así que estoy seguro de que es verdad… En todo caso, ella sabía quién era.

—¿Y qué hacía allí?

—Fue a preguntarle dónde estaba Lyra a la doctora Relf.

—¿Y ella se lo dijo?

—¿La doctora Relf? ¡No! Ella jamás haría algo así.

«Es una espía», iba a añadir, pero se contuvo. No debía revelar nada de eso. Pero cada vez era más fácil hablar con Alice: debía tener mucho cuidado.

—Ella le aseguró que no lo sabía. Me refiero a la doctora Relf. Estaba muy sorprendida. La señora Coulter seguramente fue a verla por el aletiómetro.

—¿Qué es eso?

Empezó a explicárselo; cuando volvió su madre, como habría quedado mal que parara de hablar de golpe, siguió con la descripción del aletiómetro. Su madre se paró a escuchar.

—¿Es eso en lo que pasas el tiempo en Jericho? —preguntó.

—No. Eso es a lo que se dedica ella en la biblioteca Bodley.

—En fin, vaya por Dios —dijo—. Oye, Alice, ¿te interesaría trabajar unas cuantas horas más aquí en la cocina? No para fregar los platos, sino para preparar la comida.

—No sé —respondió Alice—. A lo mejor sí.

—Bueno, cuando hayas consultado tu agenda de actividades, ya me dirás algo.

—Ahora trabajo en la cocina del priorato. Puede que me necesiten más tiempo si la hermana Fenella está enferma.

—Mira a ver qué puedes hacer. Aquí tienes trabajo si quieres.

—De acuerdo —respondió Alice, con la mirada fija en el fregadero.

La madre de Malcolm hinchó los carrillos y puso los ojos en blanco, antes de irse al almacén.

—Qué querías decirme de la hermana Katarina —preguntó Malcolm.

—Sí. Fue ella la que dejó abierto ese postigo. Lo hizo por él.

—¿De verdad?

—Sí, claro que es de verdad. ¿No me crees?

—Sí, sí te creo. Pero ¿de qué lo conoce?

—Te lo enseñaré —dijo Alice.

Después se encerró en su mutismo.

Antes de que Malcolm saliera, no obstante, su daimonion habló con Asta. Los dos se habían transformado en gatos. Malcolm se quedó sorprendido, porque era la primera vez que ocurría una cosa como esa, pero se limitó a esperar a que los daimonion concluyeran su breve conversación antes de irse.

—¿Qué te ha dicho? —susurró a Asta mientras se dirigían al bar.

—Ha dicho que tenemos que ir a la cocina del priorato hacia las ocho. Nada más. No me ha explicado por qué.

Las ocho era la hora de completas, tal como Malcolm sabía. Todas las hermanas estarían en la capilla para asistir al último servicio del día, excepto la hermana Fenella, seguramente, y la hermana Katarina, si tenía a su cargo el cuidado de Lyra.

Había empezado a llover con violencia. No caían gotas, sino que llovía a cántaros. El suelo se había convertido en un arroyo: no se distinguía nada sólido. Solo se veían unos campos movedizos de agua helada. Con la excusa de hacer los deberes, Malcolm había ido al piso de arriba a las siete y media; después había bajado con sigilo, pese a que nadie lo habría oído con el tremendo repiqueteo que producía la lluvia al chocar contra el tejado, las puertas y las ventanas.

En el almacén, se puso las botas altas, el chubasquero y un sombrero impermeable; después fue hasta el cobertizo e instaló la lona de seda-carbón en *La bella salvaje,* como medida de precaución.

Después, encorvado para protegerse del viento, con Asta resguardado en su pecho, avanzó a duras penas hasta el puente y posó la mirada en las turbulentas aguas. Se acordó de lo que le había dicho Coram van Texel: había cosas turbias en el agua y en el cielo… Haciendo visera con la mano, miró hacia arriba. Casi al instante, un relámpago lo deslumbró: pareció una inscripción en los cielos de su aurora particular. El trueno que siguió fue tan estruendoso que lo dejó aturdido. Casi a punto de caer, se agarró asustado al parapeto de piedra.

—«Su carro de la ira compuesto de nubarrones está» —citó Asta.

Y Malcolm continuó con otro verso:

—«Y tenebrosa es su senda en alas de la tormenta.»

Allí estaba a merced de los elementos; impulsado por el miedo, se apresuró a cruzar el puente para buscar refugio en los muros del priorato. El sonido de los cánticos salía, apagado, de la capilla.

Golpeó la ventana de la cocina; al cabo de un momento, Alice abrió la puerta y salió, protegiéndose los hombros con un abrigo fino. La lluvia la azotó de inmediato, pegándole el cabello a las mejillas.

—¿Tú conoces los cobertizos? —preguntó en voz baja.

—¿Los del priorato?

—Claro, tonto. Hay uno al final a la izquierda. Adentro hay una luz. Puedes entrar en el de al lado y mirar desde allí. Ve a ver.

Tenían que juntar las cabezas para hablar. Malcolm notaba el calor de su aliento en la cara.

—Pero ¿qué…?

—Ve. No me puedo quedar aquí. Estoy cuidando de Lyra.

—Pero ¿dónde está la hermana Kat…?

Alice sacudió la cabeza. Su daimonion Ben y Asta cuchicheaban con frenesí. Cuando la niña se volvió para abrir la puerta, Ben saltó a sus brazos en forma de hurón. Malcolm notó que Asta se posaba en su hombro; luego la puerta se cerró y se encontraron de nuevo solos.

—¿Qué ha dicho? —lo consultó, por segunda vez ese mismo día.

—Que tenemos que ir con cuidado y no hacer ruido. Ni el más mínimo ruido.

Malcolm asintió. Asta se coló bajo el chubasquero y se acomodó para poder mirar afuera por debajo de su barbilla. Doblaron la esquina del priorato, alejándose del puente, en dirección a la huerta donde lord Asriel había estado caminando con su hija bajo la luz de la luna. Malcolm tenía que fijarse bien en dónde ponía los pies, porque la lluvia era torrencial; contra las botas notaba la corriente de agua que afluía con fuerza desde el río. ¿Estaría desbordándose el cauce? Aunque no podía verlo, debía de ser eso.

—Ese cobertizo..., el último —identificó Asta, cuando llegaron al huerto—. Hay una luz allí, tal como ha dicho Alice.

Efectivamente, si se enjugaba los ojos y los protegía con las manos un instante, alcanzaba a distinguir una tenue y vacilante luz proveniente de la ventana. Salía por el lado opuesto al priorato.

Conocía la distribución de los cobertizos porque había ayudado muchas veces a la hermana Martha en el huerto. Los dos últimos formaban en realidad uno solo, que estaba dividido por una pared. Las puertas se cerraban con un simple pestillo de hierro. La hermana Martha no utilizaba una llave a propósito, pues, tal como decía, no había herramientas que mereciera la pena robar y era mucho más fácil no tener que estar complicándose con una llave todo el tiempo.

Malcolm abrió con suma precaución la puerta del cobertizo contiguo al que tenía luz. Asta se había transformado ya en lechuza para ver mejor, porque la hermana Martha utilizaba aquel cobertizo para almacenar los tiestos; si Malcolm hacía caer una pila, produciría un ruido que ni siquiera la lluvia podría sofocar.

Avanzó de puntillas entre la oscuridad, que en realidad no era completa, ya que las planchas que separaban aquel cobertizo del otro estaban abombadas en ciertos lugares y dejaban pasar la débil luz de una vela que vacilaba a causa de la fuerte corriente de aire. El delgado tejado resonaba bajo el martilleo de la lluvia. Era como estar dentro de un enorme tambor, que podía ceder de un momento a otro bajo los enloquecidos golpes del intérprete.

Con sumo cuidado, Malcolm se abrió paso entre los tiestos y apoyó las manos en las planchas de la pared. Aguzando el oído, le pareció oír una voz..., dos voces..., y después, ahogada de repente, aquella horrenda y aguda risa sincopada.

Bonneville estaba allí, a unos centímetros de distancia. Asta se convirtió en polilla; cuando se posó cerca de otra rendija de la pared, Malcolm quedó conmocionado por lo que vio. Se acercó más. Por un agujero, vio a Gerard Bonneville y la hermana Katarina unidos en un torpe abrazo. Ella estaba reclinada sobre una pila de sacos vacíos —sus piernas desnudas relucían con la luz de la vela— y la hiena lamía a su daimonion doguillo que, tumbado de espaldas, se retorcía de placer.

Malcolm dio un paso atrás, apenas con la entereza suficiente para mantener el sigilo. Alejándose de la pared, se sentó en un cajón puesto boca abajo en la otra punta del cobertizo.

—¿Lo has visto? —susurró Asta.

—Se supone que ella tenía que estar cuidando de...

—¡Por eso está con ella! ¡Quiere que le entregue a Lyra!

Malcolm sentía un torbellino en la cabeza, como los remolinos de hojas que se formaban con el viento. Era incapaz de pensar con claridad en nada.

—¿Qué vamos a hacer? —dijo Asta.

—Si se lo decimos a la hermana Benedicta, no nos creería. Le preguntaría a la hermana Katarina, y ella diría que no es verdad, que nos lo hemos inventado...

—Ella sabe que la hermana Katarina dejó el postigo abierto.

—Y también sabe que Bonneville ronda por aquí, pero no nos creería. Además, no tenemos ninguna prueba.

—Todavía no —matizó Asta.

—¿Qué quieres decir?

—Nosotros sabemos cómo se hacen los hijos, ¿no?

—Ah. ¡Ah! Entonces...

—Eso es lo que están haciendo. Si ella se queda embarazada, sería una prueba suficiente para la hermana Benedicta.

—Pero no demostraría que hubiera sido él —objetó Malcolm.

—No, eso no.

—Y para entonces ya podía haberse ido.

—Con Lyra.

—¿Tú crees que es lo que anda buscando?

—Claro. ¿Tú no?

Era una idea horrible.

—Sí —coincidió Malcolm—. Tienes razón. Quiere llevarse a Lyra, aunque no entiendo por qué.

—Da igual por qué. Por venganza. Tal vez quiera matarla o usarla como rehén, para pedir un rescate.

La monja emitió un prolongado y agudo gemido, impregnado de una emoción que Malcolm no comprendió. Sonó a través de la pared, entre el viento y la lluvia. Pensó que su grito subía por el cielo nocturno y hacía esconder la cara a la luna y temblar las lechuzas en pleno vuelo.

Cayó en la cuenta de que tenía los puños crispados.

—Bueno, vamos a tener que... —dijo.

—Sí, vamos a tener que hacer algo —concluyó el daimonion.

—Supongamos que no hacemos nada y que se lleva a Lyra...

Entonces sonó una grave risa masculina, muy distinta de la risa de la hiena o de la carcajada de quien encuentra algo divertido. Era más bien una demostración de satisfacción.

—¡Es él! —exclamó Asta.

—Si se lo contamos a la hermana Benedicta, probablemente pensará que los dos se han comportado mal, pero solo podría castigar a la hermana Katarina —previó Malcolm—. A él no lo puede castigar.

—Eso en caso de que nos crea, porque igual piensa que nos lo hemos inventado.

—Si esto es un delito, ¿en qué están faltando a la ley?

—Si ella no quisiera, sería un delito, supongo.

—A mí me parece que sí que quiere.

—Sí, a mí también. Así que la policía no podría hacer nada contra él, aunque nos creyera y aunque pudieran detenerlo.

—Pero el hecho de castigarlo a él no es lo que más cuenta. Lo importante es proteger a Lyra.

—Supongo que sí…

Por el lado del edificio del priorato sonó un estruendoso retumbar, más profundo que el de un trueno. También duró más. Al principio no fue como un ruido, sino como un movimiento de la tierra. Hasta los tiestos se pusieron a vibrar y entrechocar; algunos cayeron al suelo, mientras el atronador ruido se prolongaba y el suelo seguía temblando.

—¡No! ¡No! —gritó la hermana Katarina—. Suéltame…, por favor…, me tengo que ir…

Bonneville murmuró algo con su voz profunda.

—Sí —contestó ella, jadeante—. Te lo prometo…, pero tengo que…

De repente, Malcolm se levantó de un brinco, pensando «¡Lyra!». Salió como una exhalación por la puerta, dejando que se cerrara de golpe. Salió disparado hacia el priorato, sin preocuparse por la lluvia torrencial, por el agua que corría como un arroyo por el sendero, por el grito del hombre que sonó a sus espaldas ni por las enloquecidas carcajadas del daimonion hiena.

A su lado, Asta corría transformado en galgo. Al llegar al edificio del priorato, después de doblar la esquina, advirtió que el nivel del agua era más alto; también era más potente la presión con la que corría. Se dio cuenta de que la luz de la caseta de la portería se había apagado… porque la caseta de la portería había dejado de existir. En su lugar había un montón de piedras, planchas, escombros, tablones y tejas, que se iluminaban de forma intermitente con la luz que provenía del interior del edificio. Entonces, ante la mirada consternada de Malcolm, una ola irrumpió por encima de los escombros: el río se había desbordado. Cuando lo alcanzó, le llegaba hasta las rodillas. Estuvo a punto de derribarlo.

—¡Alice! —chilló Malcolm.

A su espalda sonó un alarido de terror. Era la voz de la hermana Katarina.

—¡La cocina! —gritó Asta.

Malcolm se dirigió trabajosamente a la puerta de la estancia. El agua se acumulaba abajo; cuando empujó para abrirla, descubrió que la cocina ya se había inundado. El fuego chisporroteaba, despidiendo vapor; el suelo estaba cubierto de agua.

Y allí estaba la cuna de Lyra, flotando…, meciéndose en el agua… Vio a Alice tumbada encima de la mesa, con la mitad del cuerpo cubierta de un montón de yeso y de vigas caídas del techo…

—¡Alice! —gritó.

Ella se revolvió, gimiendo, aturdida, pero se incorporó demasiado deprisa y volvió a caer de lado.

Malcolm sacó a Lyra de la cuna. Asta se precipitó para atender a Pan. Después, Malcolm cogió las mantas y la envolvió con ellas. Lo único que alcanzaba a ver era el resplandor anaranjado proveniente de la cocina. ¿Había cogido todas las mantas? ¿Sería suficiente para que no tuviera frío?

Alice buscaba a tientas la pared, tratando de ponerse en pie. De repente, se vio arrojada a un lado, justo cuando Bonneville entró como una exhalación, abriendo de golpe la puerta a pesar del agua del suelo. Al ver a Malcolm, se abalanzó hacia él, gruñendo de una forma que aún sonaba más espantosa que la risa de su daimonion…

Malcolm apretó contra sí a Lyra, que lloraba atemorizada…

Entonces Bonneville cayó de bruces en el agua: Alice le había golpeado en la cabeza con una silla, por detrás. Trató de agarrarse a la mesa, pero no logró asirse y volvió a caer pesadamente. Alice levantó la silla y la volvió a descargar contra él.

—¡Ahora, deprisa! ¡Deprisa! —gritó Alice.

Malcolm trató de correr por el agua, pero solo consiguió avanzar con una horrible lentitud, cuando las manos, los brazos y luego la cabeza ensangrentada de Bonneville ya emergían por encima de la mesa. Después, el hombre resbaló y cayó hacia atrás, pero se volvió a levantar. Tenía un lado de la cabeza recubierto de sangre.

—¡Malcolm! —chilló Alice.

Se precipitó hacia la puerta, apretando con fuerza a Lyra. La niña berreaba con furia, agitando las piernas y los puños.

—Dámela... —rugió el hombre.

A continuación volvió a resbalar. Malcolm salió por la puerta y echó a correr con Alice hacia el puente, pero el agua no les dejaba avanzar: aquello era una pesadilla.

No se veía por ninguna parte ni a la hermana Katarina ni a ninguna monja... ¿Se habrían ahogado todas? ¿O habrían quedado aplastadas dentro de la caseta de la portería? La única alma viviente que se veía por ahí era Bonneville, que salió tras ellos de la cocina, empapado en sangre, en compañía de su tambaleante daimonion...

Apenas se veía, por la ausencia de luz y porque el aire estaba impregnado de salpicaduras de agua. Malcolm prosiguió con esfuerzo por el sendero, guiado por el instinto y la memoria, llamando: «¡Alice! ¡Alice!».

Entonces, sin verla, chocó con ella y ambos estuvieron a punto de caer.

—¡Agárrate! ¡No te sueltes! —gritó él.

Enlazados a través de las frías manos, porfiaron en su avance contra la corriente hasta llegar a lo alto del puente. Gracias a la luz que aún estaba encendida en La Trucha, vieron que la riada se había llevado el parapeto y una parte de la calzada.

—¡Cuidado! —gritó Alice.

—¡No te sueltes!

Continuaron por el lado intacto de la calzada, notando cómo temblaba bajo sus pies. Lyra había parado de llorar; con el pulgar metido en la boca, permanecía tranquilamente en brazos de Malcolm, observándolo todo con gran interés.

—Se va a... El puente... —gritó Alice—. ¡Está ahí! ¡Deprisa! —advirtió, mirando hacia atrás.

—¿Cómo ha podido...?

—¡Vamos!

Bajaron a trompicones las escaleras que comunicaban con la terraza de La Trucha y descubrieron que tenían que volver atrás, porque el agua les habría llegado hasta más arriba de la cintura y la fuerza de la crecida los habría derribado enseguida.

—¿Dónde? ¿Por qué lado? —gritó Alice.

—Hay que dar un rodeo... Tal vez por la otra puerta...

Malcolm se olvidó de lo que iba a decir, porque muy cerca de ellos sonó aquella terrorífica risa: «¡Ja! ¡Ja! ¡Ja!». Allí, iluminada de pleno por la luz que colgaba de la puerta de la posada, apareció la cara de Bonneville, empapada de agua y de sangre. Alice cogió una piedra suelta del parapeto, grande como un puño; se la arrojó y lo hizo caer de nuevo.

—¡Deprisa! ¡Deprisa! —la apremió Malcolm, emprendiendo una carrera por la pendiente en dirección al otro lado de la posada, hacia la puerta tras la que se hallarían a salvo.

La puerta estaba cerrada con llave.

«Claro —pensó—, ellos creen que estoy arriba...»

—¡Mamá! ¡Papá! —gritó.

El viento, la lluvia y los torrentes de agua se llevaron su voz, como si fuera un mero trozo de papel.

Aferrando contra sí a Lyra con un brazo mientras mantenía a Alice cogida de la mano con el otro, bordeó como pudo la pared del pub para ir a la puerta de atrás. También estaba cerrada.

Tras pasarle la niña a Alice, cogió una voluminosa piedra con la que se puso a aporrear la puerta. La turbulencia del agua y el ruido que producía el azote del viento en los árboles eran tan fuertes, no obstante, que incluso a él le costaba oír sus golpes. Siguió aporreando la puerta, una y otra vez, hasta que ya no pudo seguir sosteniendo la piedra. Dentro no hubo la menor reacción. Bonneville estaba cerca y no podían quedarse allí, esperando a que los localizara.

—Vamos —dijo.

Echó a andar por el agua, precediendo a Alice en dirección al huerto, hacia el almacén y el cobertizo donde guardaba la canoa. Con la tenue luz que se filtraba a través de la lluvia, proveniente de la ventana del descansillo, vieron un pavo ahogado enredado en un arbusto.

En el cobertizo, *La bella salvaje* aguardaba, muy elegante, bajo su dosel de seda-carbón.

—Sube. Siéntate allí y coge a Lyra. No te muevas —advirtió, apartando un poco la lona para que Alice viera la proa y por dónde debía poner los pies y sentarse.

Después le entregó a Lyra. Cuando la tuvo bien cogida entre los brazos, Malcolm volvió a colocar el toldo y subió. Era tal la cantidad de agua que corría por encima de la hierba que abrigaba pocas dudas de la viabilidad de su plan; de hecho, *La bella salvaje* tensaba ya la cuerda de amarre, como si captara sus intenciones.

El nudo se deshizo con un breve tirón. Malcolm cogió el remo y lo usó para estabilizar la embarcación mientras esta empezaba a moverse, despacio al principio y después más y más deprisa, descendiendo la herbosa pendiente en dirección al río.

El río acudía, en realidad, a su encuentro; de repente, la pequeña barca dejó de tocar fondo y se incorporó a su cauce.

Solo podían navegar en un sentido. *La bella salvaje* salió disparada como un rayo por encima del río embravecido, en dirección a Port Meadow, hacia la vasta extensión de agua que se desparramaba por Oxford y lo que hubiera más allá.

SEGUNDA PARTE

La inundación

cielo y de la [illegible] 5

16

La farmacia

Malcolm apenas veía nada. Aparte de la densa oscuridad del cielo y de la violenta lluvia, la lona obstruía la visión. Además, sujeta a los embates del viento, la canoa se movía de forma descontrolada de derecha a izquierda, de tal forma que le habría costado mucho fijar la vista en algo, en el supuesto de que hubiera podido verlo. Por espacio de unos minutos, pensó que había cometido un terrible error al decidir coger la canoa. Pensó que se iban a ahogar sin remedio. Pero ¿qué otra alternativa tenían? Bonneville los habría alcanzado, les habría arrebatado a Lyra, la habría matado…

Se concentró en mantener en equilibrio la barca en la medida de lo posible, con el timón. La fuerza de la riada los impulsaba sin que tuviera que realizar ningún esfuerzo, pero no tenía idea de dónde estaban, ni manera de prever si iban a chocar de un momento a otro contra un árbol, un puente, una casa… Prefería no pensar en eso.

Había otro problema. Malcolm estaba sentado en la popa y para poder mantener el remo en el agua tenía que retirar la lona en aquella zona, de tal forma que con la incesante lluvia la barca se estaba llenando y ya tenía los pies cubiertos de agua.

—En cuanto encontremos algo estable, amarraremos la barca y achicaremos el agua —gritó a Alice.

—De acuerdo —respondió ella.

Inclinado a la derecha, trató de ver algo más allá de la lona, apartándose el ala del sombrero de delante de los ojos. En la turbulencia, percibió algo, alto y oscuro… Un árbol, tal vez. Posado en el último arco de la cubierta de lona, convertido en lechuza, Asta escrutaba la oscuridad, pese a que las grandes gotas de lluvia que le azotaban los ojos le impedían ver apenas nada.

—¡Ve a la izquierda! ¡Ve a la izquierda! —chilló de pronto.

Malcolm hundió el remo en el agua y empujó con todas sus fuerzas en el momento en que un árbol de ramas bajas aparecía en su camino. Pasaron rozándolo y casi le arrancó el sombrero de la cabeza.

—¡Más árboles! —volvió a gritar Asta.

Malcolm apretó el remo tanto como pudo, luchando con desesperación contra la corriente; entonces la canoa dio un giro y chocó contra las copas de unos árboles y después una rama erizada de espinas le azotó la cara, arrancándole un alarido. Asustada, Lyra se puso a llorar a pleno pulmón.

—¿Qué pasa? —preguntó Alice.

—Nada. Todo está bien, Lyra —aseguró, pese a que tenía los ojos anegados de lágrimas a causa del dolor y apenas podía pensar.

A pesar de todo, siguió controlando el remo; después encontró una gruesa rama que se acercaba lentamente al arco donde estaba posado Asta. Agarrándose a ella, inmovilizó la canoa.

Dejando el remo a sus pies, con la mano libre buscó a tientas la amarra. Cuando la hubo encontrado, la arrojó por encima de la rama y formó un as de guía con los dedos temblorosos y ateridos.

—Debajo de tus pies tiene que haber un cubo de lona —dijo.

Mientras Alice lo buscaba, volvió a correr la lona por encima del último arco y la sujetó a la borda, dejando abierto tan solo un punto de sujeción.

—Aquí tienes —anunció Alice, que le tendió el cubo.

Lyra lloraba en su regazo.

Malcolm empezó a achicar, arrojando el agua por el tramo al que no había sujetado la lona. No tardó mucho en terminar. Entonces se dio cuenta de que tenía las botas llenas de agua: se las quitó y las vació. Después sujetó la lona y se recostó, exhausto. Dejó que Asta explorase los arañazos de su cara con su suave y pulcra lengua de cachorro. Aunque le dolía todavía más, procuró no gritar.

Con la lona puesta, al menos ya no estaban expuestos a aquella lluvia brutal. Pese a que el agua golpeaba con fuerza la lona de seda-carbón, no entraba ni una gota.

—Debajo de tu asiento hay una caja —dijo—. La sellé con cinta adhesiva, para que no le entrara agua. Si me la pasas, la abriré. Hay galletas dentro.

Alice encontró a tientas la caja. Él la palpó hasta encontrar el extremo de la cinta y la abrió. Estaba completamente seca. ¡Se había olvidado! ¡También había puesto la navaja suiza y una pequeña linterna ambárica! Al encenderla, quedó deslumbrado por su brillo. Con eso, Lyra dejó de llorar.

—Dale una galleta para que la chupe —indicó.

Alice cogió dos, una para ella y otra para Lyra; después de esquivarla, la dejó entrar en contacto con la boca y empezó a chuparla con inmenso placer.

Malcolm vio algo por un lateral... o tal vez fuera algo que estaba dentro de su ojo... Una pequeña mancha blanca en el suelo de la canoa que a continuación, sin margen alguno de transición, se volvió a transformar en aquella reluciente y parpadeante franja de luz, que se quedó flotando en la oscuridad delante de él. Pestañeó y sacudió la cabeza; aquel no era el momento adecuado para círculos de lentejuelas. Y no se iba. Suspendida en el aire, giraba y giraba, centelleando.

—¿Qué pasa? —preguntó Alice.

Debía de haberse dado cuenta de que sacudía la cabeza o que estaba distraído. O quizás alcanzaba a ver algo en la oscuridad.

—Tengo algo en el ojo. Será mejor que me quede quieto.

—Quítatelo con la punta del pañuelo —le recomendó ella.

Malcolm permaneció inmóvil, con la ropa mojada, intentando calmarse. Sintió algo similar a lo que había descrito Asta esa noche en que les sobrevino aquel fenómeno especial mientras hacía los deberes de geografía: una especie de sosegada sensación de incorporeidad, de estar flotando en un espacio inmenso o infinito, que se prolongaba en todas direcciones. El círculo de lentejuelas se fue haciendo mayor, igual que la vez anterior; como entonces, se quedó inerme y paralizado mientras se acercaba más y más, expandiéndose hasta invadir todo su campo visual. En ningún momento, sin embargo, tuvo miedo. No era inquietante. En cierto sentido, aquella tranquila deriva oceánica resultaba incluso reconfortante. Era su aurora, que le decía que aún formaba parte del gran orden de las cosas, que siempre sería así.

Dejó que el fenómeno siguiera su curso; después volvió en sí, extenuado, como surgiendo de una experiencia agotadora. Pestañeó y sacudió la cabeza. Sin embargo, la pequeña mancha blanca seguía en el suelo. Palpando, encontró una tarjeta de esas en las que hacían imprimir sus nombres las damas y los señores. Como todavía tenía la visión alterada para leer qué ponía, la guardó en el bolsillo de la camisa sin comentarle nada a Alice.

Al instante, volvió a ser consciente de dónde estaba: en el reducido espacio recubierto por la lona. Enseguida notó lo que Alice ya había advertido antes: que había que cambiar a Lyra. Pero ahora no podían hacer nada al respecto.

—¿Qué vamos a hacer? —planteó Alice.

—Permanecer despiertos, eso es lo primero. Si el agua baja mientras la canoa está atada a la rama, volcaremos y la canoa se quedará colgada del árbol.

—Sí, sería una tontería.

Lyra balbuceaba o decía algo a Pantalaimon, o simplemente expresaba su placer al succionar la galleta empapada.

—Vaya, se contenta con poco —observó Malcolm.

—La tendremos que cambiar pronto. Si no, le saldrán llagas.

—Tendremos que esperar hasta que veamos adónde vamos. Y hasta que dispongamos de agua caliente para lavarla. Cuando se haga de día, veremos si es posible volver remando a casa.

—Ese hombre seguirá por ahí —predijo Alice.

Aquello no era lo que más le preocupaba. De todos modos, era posible que la fuerza de la riada les impidiera volver atrás. Entonces se verían arrastrados más allá de Oxford, hasta tierras desconocidas.

—Bueno, buscaremos una casa, una tienda o algo donde podamos encontrar… lo que necesite —dijo.

—Sí —convino Alice—. De acuerdo.

—Hay una manta por allí abajo si tienes frío. Os podéis envolver las dos con ella.

Después de buscar a ciegas, la encontró.

—Está empapada —dijo.

—Bueno, al menos te protegerá del viento.

—¿Te vas a quedar despierto?

—Sí. Voy a montar guardia. Como mínimo, lo intentaré.

Apagó la linterna. La canoa no era el mejor lugar para dormir, desde luego. Aunque hubiera querido tumbarse, en el fondo quedaban todavía un par de centímetros de agua helada que no podía sacar con el cubo; aunque hubiera estado seco, solo habría podido apoyar la cabeza en el banco de madera.

En realidad, había muchas razones para quejarse, pero Alice no lo había hecho en ningún momento. Impresionado, se juró a sí mismo no decir ni una palabra del dolor que le causaban los arañazos de la cara.

Notó que se recostaba en la otra punta de la barca. Lyra había dejado de llorar, gracias a la galleta, y dormitaba en sus brazos. Alice se había apoyado en la cara interior de la proa; con las rodillas apoyadas en el banco de delante, así que componía con el cuerpo y los brazos una cuna para Lyra. Su daimonion estaba ovillado a su lado.

Asta se transformó en hurón y se enroscó en el cuerpo de Malcolm.

—¿Dónde crees que estamos? —susurró.

—No lejos de Port Meadow. A la derecha se ve esa capilla, al lado de la arboleda…

—Eso no queda cerca del río.

—Es que me parece que ya no hay río. El nivel ha subido tanto que hay agua por todas partes.

—Tal vez baje enseguida.

—Va a tardar, porque todavía llueve a cántaros.

—Sí... ¿Crees que se nos va a llevar la corriente?

—No. Conseguimos amarrarnos en la oscuridad. Eso ya es mucho. En cuanto veamos algo, por la mañana, encontraremos la manera de volver. Será fácil.

—Pero el agua baja muy deprisa.

—Entonces nos quedaremos amarrados hasta que pare.

—No podemos. Tenemos que encontrar paños limpios para Lyra.

Asta guardó silencio. Malcolm sabía que no se había dormido: estaba pensando.

—¿Y si nunca para? —musitó.

—El giptano no dijo que fuera a pasar eso. Solo avisó de que iba a haber inundaciones.

—Pues parece como si fuera a durar para siempre.

—En el mundo no hay suficiente agua para eso. Al final parará y volverá a salir el sol. Todas las riadas tienen un final; el agua volverá a su cauce.

—Esta vez podría ser distinto.

—No lo será.

—¿Qué pone en la tarjeta? —preguntó al cabo de un momento—. Esa que has cogido del suelo.

—Ah, sí...

La sacó del bolsillo y, haciendo pantalla con la mano para que la luz de la linterna no despertara a Lyra, leyó:

Lord Asriel
October House
Chelsea
Londres

En el dorso había un mensaje: «Muchas gracias. Siempre que necesites mi ayuda, no dudes en pedírmela. Asriel».

Se le ocurrió una idea, brillante, luminosa, salpicada de lentejuelas. Asta lo comprendió al instante.

—No se lo digas a Alice —susurró.

La idea consistía en dejarse llevar por la corriente, siguiendo por el Támesis hasta Londres, localizar a lord Asriel y entregarle a su hija. Casi parecía como si lord Asriel hubiera costeado las mejoras en *La bella salvaje* para eso, como si supiera que se avecinaba una inundación y hubiera preparado una embarcación segura para su hija; como si la fiel canoa le hubiera transmitido el mensaje a Malcolm. La idea cada vez le seducía más.

Llegaron a un acuerdo mudo: «No hay que decírselo a Alice por ahora». Guardó la tarjeta en el bolsillo y apagó la linterna.

La lluvia martilleaba la lona con la misma furia que cuando habían iniciado aquel viaje. El único cambio que se había producido, pensó Malcolm después de tentar con cuidado la longitud de la amarra, era que la canoa estaba más alta con respecto al árbol. Si se corría el riesgo de volcar por una repentina disminución del nivel del agua, también podían verse arrastrados hacia abajo en caso de que subiera.

De todas formas, el as de guía era un nudo muy fiable; él podría deshacerlo a oscuras si era necesario.

—Claro que el nudo de envergue corredizo sería aún mejor. Entonces bastaría con dar un tirón...

—Tendrías que haber practicado más —le recordó Asta.

Al cabo de unos minutos de silencio, notó que daba cabezadas y se irguió.

—No te duermas —le pidió el daimonion.

—No me estoy durmiendo.

—Que sí.

Malcolm supuso que había replicado algo, pero de lo único que tuvo conciencia fue del golpe que se dio contra la borda y en la cara, lastimada ya por los arañazos. Se había ido deslizando poco a poco hasta quedar casi en posición horizontal.

—¿Por qué no me has despertado? —le susurró a Asta.

—Yo también estaba dormido.

Se enderezó con esfuerzo, pestañeando y bostezando; se frotó el ojo izquierdo, ya que en aquel lado no se había arañado como en el derecho.

—¿Estás bien? —preguntó en voz baja Alice.

—Sí. Solo me he deslizado de lado.

—Pensaba que te ibas a quedar despierto.

—Estaba despierto. Solo he resbalado.

—Ya.

Volvió a erguirse y tanteó la rama. No parecía que se hubiera producido una variación de nivel con respecto a la barca, pero la lluvia todavía martilleaba la cubierta de lona.

—¿Tienes frío? —le preguntó a Alice.

—Sí. ¿Y tú?

—Un poco. Necesitamos más mantas.

—Que estén secas. Y cojines o algo por el estilo. Se está muy incómodo así.

—Iremos a buscarlas por la mañana. Intentaré remar para volver a casa cuando podamos ver dónde estamos —dijo—, pero primero tendremos que conseguir lo que necesita Lyra.

Estuvieron callados un minuto.

—¿Y si no podemos volver? —planteó ella.

—Sí podremos.

—Eso piensas tú.

—Bueno, no está tan lejos…

—El agua baja muy rápida. No podremos ir contracorriente.

—Entonces resistiremos amarrados hasta que la cosa se calme.

—Pero la niña necesita…

—Tampoco estamos en medio de la nada. Hay tiendas y otras cosas justo al otro lado de Port Meadow. Iremos hacia allá en cuanto haya luz, por la mañana.

—Tus padres estarán preocupados.

—No lo podemos remediar por ahora. ¿Y los tuyos?

—Yo no tengo padre. Solo a mi madre y mis hermanas.

—Ni siquiera sé dónde vives.

—En Wolvercote. Deben de pensar que me he ahogado.

—Y las monjas también. Creerán que a Lyra se la llevó el agua…

—Bueno, ha sido algo así.

—Ya sabes a qué me refiero.

—Si es que hay alguna viva todavía.

Transcurrieron un par de minutos más. Malcolm oyó que el daimonion de Alice le cuchicheaba algo y que ella le contestaba en susurros.

—¿Has ido al cobertizo tal como te dije? —le dijo después.

Notando que se ruborizaba, Malcolm se alegró de que estuvieran a oscuras.

—Sí. Ese hombre estaba allí con la hermana Katarina.

—¿Qué hacían?

—Eh..., no lo he visto muy bien.

—Yo sé lo que hacían. Ese cerdo de Bonneville... Tenía ganas de matarlo, ¿sabes? Cuando lo golpeé, quiero decir.

—¿Por qué?

—Porque no se había portado bien conmigo. Tú no lo entenderías.

—No. Pero si lo hubieras matado, no se lo habría dicho a nadie.

—¿De verdad crees que es Lyra lo que busca?

—Bueno, tú misma me lo dijiste.

—¿Crees que podría ser el padre de Lyra?

—No. Yo hablé con el padre de Lyra, el verdadero.

—¿Cuándo?

Le contó aquel extraño episodio nocturno que sucedió en la huerta del priorato y cómo había prestado la canoa a lord Asriel. Pensaba que se iba a burlar de él, pero Alice se limitó a preguntar:

—¿Y qué hizo con ella?

—Ya te lo he explicado. Estuvo caminando arriba y abajo sosteniéndola en brazos y diciéndole cosas al oído.

Estaban hablando prácticamente en susurros, lo más bajo posible teniendo en cuenta el ruido de la lluvia. Alice volvió a guardar silencio.

—¿Oíste lo que le decía? —preguntó a continuación.

—No. Yo hacía guardia al lado de la pared del priorato.

—Pero ¿parecía como si la quisiera?

—Sí. De eso estoy seguro.

Transcurrió otro minuto.

—Si no podemos volver —apuntó—, si se nos lleva la corriente…

—¿Sí?

—¿Qué vamos a hacer con ella?

—Podríamos…, podríamos intentar llegar al Jordan College.

—¿Por qué?

—Por lo del asilo académico.

—¿Qué es eso?

Se lo explicó lo mejor que pudo.

—¿Crees que la aceptarían? Ella no es una profesora ni nada de eso.

—Me parece que si alguien pide asilo, están obligados a dárselo.

—¿Y cómo podrían cuidar ellos de un bebé? Todas esas universidades están llenas de viejos. No sabrían lo que hay que hacer.

—Seguramente pagarían a alguien para que se encargara. Podrían escribir, por ejemplo, a lord Asriel: él lo pagaría. O, si no, podría venir y llevársela él mismo.

—¿Dónde está ese Jordan College? —preguntó Alice.

—En Turl Street, justo en el centro de la ciudad.

—¿Cómo sabes eso del asilo?

—Me lo explicó la doctora Relf.

Luego le contó que ella había dejado un libro en La Trucha en el que constaba su dirección y que él se lo había devuelto; omitió cualquier mención a la bellota o las actividades de espionaje. Hablar con Alice resultaba mucho más fácil en la oscuridad. Alargó más el relato, pese a que ya se lo había narrado antes, pensando que con ello la ayudaba a mantenerse despierta. No sospechó ni por un instante que ella pretendía lo mismo.

—¿Dónde has dicho que vivía?

—En Jericho, en Cranham Street. A estas horas, su casa debe de estar inundada, por lo menos el piso de abajo. Espero que siguiera mi consejo y subiera todos los libros arriba.

Si por la mañana el agua de Port Meadow estaba calmada

como una inmensa laguna y el sol salía y destellaba sobre el agua, si todos los edificios de Oxford relucían recortados en el cielo azul como si estuvieran recién pintados, sería fácil llegar hasta el centro y encontrar el Jordan College, pensó. Sería fantástico ir remando hacia allí, deslizándose por las calles como si fueran canales y pararse a la altura de las ventanas del primer piso y observar todas las curiosas vistas y los extraños reflejos. De camino encontraría algún sitio donde pudieran suministrarles lo que Lyra necesitaba, como leche, porque no había comido más que una galleta desde que la había cogido de los brazos de la hermana Fenella. Ya no sabía cuántas horas hacía de eso. Además, tenía que beber algo limpio, porque el agua sobre la que flotaban debía de estar llena de tierra removida y de animales muertos. Los fantasmas de todos los animales estarían gritando bajo el agua. Hasta los oía... «¡Ja! ¡jaa! ¡Alice!»

Alice le estaba dando patadas en el tobillo.

—¡Malcolm! —susurraba con afán—. ¡Malcolm!

—Sí, estoy despierto... ¿Qué pasa? ¿Es él?

—¡Calla!

Aguzó el oído. Aquella risa fantasmagórica era inconfundible, pero ¿de dónde salía? La lluvia persistía, el viento seguía gimiendo y silbando entre las ramas desnudas a su alrededor. Entre el caos de sonidos naturales, Malcolm alcanzó a oír, no obstante, algo diferente y regular: el salpicar de unos remos, el crujido de unos toletes mal engrasados y aquella risa de hiena que lo dominaba todo, como si se estuviera burlando del propio Bonneville, de la riada, de Malcolm y de sus esfuerzos por mantenerse a salvo en su pequeña canoa.

Después oyeron la voz de Bonneville.

—Cállate, zorra... Cierra la boca, loca... Asqueroso ruido... Arráncate a mordiscos la otra pierna, venga..., mastícala... ¡Cállate! ¡Para de hacer ruido!

Cada vez estaba más cerca. Malcolm buscó a tientas la navaja y la abrió en silencio. Primero se la clavaría al daimonion y después al hombre. El remo estaba allí, a sus pies... Si le golpeaba bien fuerte con él, quizá podría hacer caer al daimonion al agua; entonces el hombre quedaría fuera de combate..., aunque también cabía la posibilidad de que le arrebatara el remo antes de que pudiera descargarlo…

Los ruidos disminuyeron.

Malcolm oyó que Alice dejaba escapar un poco de aire, como si hubiera estado conteniendo la respiración. Dormida, Lyra soltó un quedo gemido que Alice sofocó de inmediato. Aunque no veía nada, tuvo la impresión de que Alice le había tapado la boca. Después la pequeña hizo un ruidito satisfecho, pero fue tan suave que solo habría podido oírlo alguien que estuviera, como él, en la canoa.

—¿Se ha ido? —susurró Alice.

—Me parece que sí —contestó.

—¿Llevaba alguna luz?

—No he visto ninguna.

—¿Va remando sin más en la oscuridad?

—Hombre, está loco.

—Pero no nos ha visto.

—No nos va a dejar en paz —predijo Malcolm al cabo de un momento.

—Pues tampoco se va a quedar con ella —afirmó Alice en el acto.

—No.

Escuchó atentamente. Ningún ruido de remos, ninguna voz, ninguna risa daimónica. Bonneville iba en su barca en la misma dirección que ellos, que era la de la crecida, río abajo. No obstante, con todo lo que había bajo el agua y todos los remolinos y corrientes que debían de haberse formado en la oscuridad, ¿quién sabía adónde podía ir a parar? Malcolm ansiaba que llegara la mañana.

—Toma —susurró Alice.

Se inclinó hacia delante hasta tocarle la mano y cogió la galleta que ella le tendía. La mordisqueó despacio, tomando solo otro bocado cuando se había disuelto por completo el anterior. El azúcar se fue dispersando por su cuerpo, aportándole un poco de fuerzas. Si no recordaba mal, había un paquete entero en la caja. Todavía les quedaba algo de provisiones.

Sin embargo, el azúcar no bastó para disipar su cansancio.

Poco a poco, fue quedándose dormido. Alice no dijo nada. Lyra seguía sin despertarse.

Al poco rato, los tres estaban sumidos en un profundo sueño.

Malcolm despertó cuando un tenue rayo de luz gris se coló por la lona. Tenía un frío atroz y temblaba tanto que hacía mover la canoa. Por lo menos, el repiqueteo de la lluvia había cesado y la barca seguía flotando en el agua.

Desató con cuidado la parte más próxima de la lona y la levantó un poco para mirar. A través de las ramas desnudas, vio una vasta extensión de agua gris, que se prolongaba a diestro y siniestro por el espacio que había ocupado Port Meadow; más allá distinguió los campanarios de la ciudad. No había más que agua: ni suelo, ni riberas, ni puente. Corría con una fuerza suprema, casi silenciosa. En todo caso, era irresistible. Parecía imposible remar en sentido contrario y regresar a casa.

Examinó la rama, el nudo de la amarra y el árbol. De hecho, la canoa estaba bien arrimada; la suerte se había puesto de su lado, cuando menos en parte. Estaban entre las copas de un grupo de árboles que rodeaba la torre de una antigua capilla, exactamente donde él había pensado que se encontraban, aunque todo se veía diferente desde lo alto de un árbol. No se acordaba de cómo se llamaba ese sitio, pero estaba en la mitad de Port Meadow yendo hacia el sur. En ese punto, los árboles amortiguaban y dispersaban el impulso de la corriente. Gracias a ello, la canoa no se había desatado para quedar a merced de la riada.

Sin embargo, pronto tendrían que moverse. Observando aquella devastación, Malcolm sintió que se le encogía el corazón; su barca, en medio de la fuerza de toda aquella agua... Eso no tenía nada que ver con los calmados ríos, los remansos y los canales de escasa profundidad a los que estaba acostumbrado.

Pero no quedaba otra. Calculó la distancia que mediaba entre ellos y los tejados de Oxford, así como hasta dónde podía llegar a remo a través de aquella violenta riada... La ciudad quedaba muy lejos, con toda aquella agua de por medio.

Se levantó, volvió a colocar la lona y localizó el remo. Con sus movimientos, hizo oscilar la barca y despertó a Alice, que estaba acostada con Lyra en el regazo, envuelta en una manta empapada. La pequeña seguía dormida.

—¿Qué haces? —susurró Alice.

—Cuanto antes nos vayamos, antes encontraremos la manera de ayudarla. Por lo menos, ha parado de llover.

Alice levantó la lona y asomó la cabeza.

—Es horrible —dijo—. No puedes atravesar remando todo eso. ¿Dónde estamos?

—Por el lado de Binsey, más o menos.

—Eso es como el océano alemán, Jesús.

—No es tan grande. Además, será más fácil avanzar una vez que estemos entre los edificios.

—Si tú lo dices... —concedió, soltando la lona.

—¿Cómo está Lyra?

—Empapada y apestando.

—Bueno, entonces será mejor que nos pongamos en marcha. No vale la pena esperar a que salga el sol.

Alargó la mano para deshacer el nudo. Estaba más cerca que cuando lo había formado: el agua tenía que haber subido.

—¿Y yo qué tengo que hacer? —preguntó Alice.

—Quedarte lo más quieta que puedas. Se va a bambolear un poco. Pero si te asustas y te entra el pánico, va a ser mil veces peor. Quédate sentada y ya está.

Aunque Malcolm percibió su mirada de desprecio, Alice guardó silencio y se acomodó. El as de guía se había ido apretando por la tensión, pero no tardó en deshacerlo. Eso era lo bueno que tenía el as de guía, que siempre se podía deshacer; aunque con el nudo de envergue corredizo habría ido más deprisa, volvió a pensar. Bueno, lo dejaría para la próxima vez.

En cuanto hubo soltado la amarra, la canoa empezó a alejarse de los árboles. Malcolm se arrepintió de inmediato de no haber retirado más la lona, porque apenas veía nada al frente.

—Voy a quitar la lona —avisó—. Solo una parte, para poder ver mejor.

—Tendrías que haber...

—Ya lo sé.

Alice se mordió la lengua. Malcolm agradeció la pericia de los artesanos giptanos que habían confeccionado los cierres, porque todos se soltaron con gran facilidad. Alice alargó la mano para tirar la lona de seda-carbón hacia ella; de este modo, se agrandó mucho su campo visual.

Cogió el remo y probó a desplazar la canoa hacia aguas abiertas. La corriente se apoderó de ella de inmediato y la hizo girar: la popa quedó delante. Malcolm se dio cuenta de que había cometido un error, de que debía ir con más cuidado. Hundió el remo en el agua hasta colocar la barca en el sentido correcto; mientras tanto, Alice guardó silencio, siguiendo sus recomendaciones. Después Malcolm trató de atravesar la vasta superficie inundada, sin apenas resultados. Divisaba los tejados de Jericho, el campanario de Saint Barnabas, el gran edificio clásico de Fell Press y hasta las agujas y las torres del centro urbano de Oxford, pero estaban muy lejanas, inalcanzables. La riada se obstinaba en imprimir otro rumbo a la canoa.

Está bien, se dijo, concéntrate en mantener la estabilidad y trata de evitar los salientes y los objetos que pueda haber bajo el agua.

De hecho, la idea de chocar contra algo oculto bajo la superficie era tan angustiante que Malcolm la ahuyentó del pensamiento al instante. La canoa avanzaba vertiginosamente, vapuleada por el agua como una diminuta rama. La riada los conducía de forma inexorable hacia Oxford, pero el recorrido era complicado y turbulento, porque los edificios que afloraban interrumpían el flujo y hacían encrespar el agua. Incapaz de mantener estable la canoa, Malcolm alcanzaba solo a impedir que volcara, con la esperanza de encontrar un tramo más calmado en las proximidades de Broad Street y el Jordan College. La idea de ir hasta Londres le parecía entonces como una fantasía nocturna: Jordan College-asilo-seguridad. Seguridad, esa era la prioridad.

La gran masa de agua que desbordaba desde Port Meadow se había abierto paso entre el entramado de callejuelas de Jericho y corría impetuosamente por el amplio bulevar de Saint Giles, tras haberse unido con los torrenciales arroyos que bajaban por Banbury y Woodstock Road. Entonces vieron otras personas que luchaban contra la riada, algunas que pugnaban desesperadamente por mantener la cabeza a flote mientras se las llevaba el agua; otras que iban a bordo de pequeñas embarcaciones (bateas o lanchas) trataban de rescatar a los que corrían peligro de ahogarse; otras que se mantenían agarradas a los árboles del cementerio de Saint Mary Magdalen; otras que recibían ayuda a través de las ventanas de las universidades Balliol o Saint John. Los alaridos de desesperación, los gritos de aliento y el ruido de un barco de motor que avanzaba por una calle lateral se combinaban con el producido por el choque del agua contra los antiguos edificios de piedra. Cuando Malcolm se disponía a girar hacia Broad Street, *La bella salvaje* estuvo a punto de quedar engullida por la turbulencia. Estuvo a un tris de volcar.

Alice lanzó un chillido, alarmada. Malcolm hundió el remo en el agua con todas sus fuerzas y logró mantener derecha la pequeña embarcación. Pero, por culpa de todo eso, pasaron de largo el cruce de Broad Street. Antes de que pudiera remediarlo, se encontraban ya en Cornmarket.

—¡Ship Street! —gritó Asta, en forma de halcón.

—Ya sé…, eso procuro —contestó Malcolm, porfiando por dirigir la canoa hacia la torre de Saint Michael Northgate, situada en la esquina de la callejuela que desembocaba directamente en el Jordan.

Sin embargo, la vía estaba bloqueada. Una parte de la torre se había derrumbado y la riada chocaba, embravecida y espumeante, contra un enorme montón de piedras acumuladas en la boca de la calle. La única alternativa era seguir de nuevo hacia delante, para tratar de desviarse en Market Street. No obstante, esa calle también estaba obstruida por un gran carro cargado de verduras volcado que se había estrellado contra la tienda de la esquina. Las cajas de coles y de cebollas se mecían en el agua; el caballo que tiraba del carro yacía ahogado entre los ejes. Por allí tampoco había forma de pasar.

La crecida los seguía arrastrando hacia la encrucijada de Carfax, donde Malcolm volvió a tratar de maniobrar hacia la izquierda para entrar en High Street, con intención de torcer por Turl Street para llegar al Jordan por esa vía. La pequeña canoa era, no obstante, como un pedazo de corcho a merced de las aguas. La riada los precipitó más allá del cruce, obligándolos a entrar por Saint Aldate, donde la inclinación de la calle le imprimió aún mayor velocidad.

—No va a funcionar —gritó Alice.

Malcolm oyó que Lyra lloraba. No era un llanto de terror, sino una prolongada queja, causada por el frío, la humedad y los incesantes bandazos de la canoa.

—Pronto encontraremos algún sitio donde parar, por Lyra —gritó a su vez.

A su alrededor, los edificios tenían los vidrios reventados, paredes caídas o puertas rotas; los árboles arrancados navegaban por el agua. Una lancha motora trataba de arrimarse a una ventana de un piso superior, donde una mujer de pelo cano vestida con camisón pedía socorro, junto a su daimonion terrier, que ladraba enloquecido. El Folly Bridge había quedado borrado del mapa y el Támesis ya no era un río, sino un mar gris, turbulento y arrollador que amenazaba con inundar por completo *La bella salvaje*. Malcolm, no obstante, tuvo tiempo para prepararse y hundió el remo aún con más energía que antes: así logró mantener el rumbo hacia la tierra que había más abajo.

Era un barrio de las afueras, con casas y tiendas pequeñas. Asta escrutaba la zona con ojos de halcón, volando cerca de Ben por encima de la canoa.

—¡A la izquierda! ¡A la izquierda! —indicó al cabo de poco.

Esa vez no encontraron ningún impedimento. Malcolm condujo la canoa hacia una calle lateral, algo más tranquila, a recaudo de la corriente principal.

—Voy a ir hasta esa cruz verde —gritó—. Es una farmacia. Mira a ver si puedes agarrar ese aro…

Alice se levantó. Tras mirar en torno a sí, se colocó a Lyra apoyada en el costado y siguió sus indicaciones. Como no se movían muy deprisa, no le costó agarrar el aro e inmovilizar la barca junto al edificio. Malcolm se inclinó para inspeccionar la sujeción del aro al muro.

—¿Lo notas firme?

—No está flojo, si es eso a lo que te refieres.

—Bueno, suéltalo. Yo lo cogeré y ataré la amarra.

Alice obedeció. La canoa se desplazó por debajo de la cruz verde y Malcolm agarró el aro. Luego volvió a atar la cuerda con un as de guía, por si acaso: estaba acostumbrado a ese nudo y se fiaba de él. Se encontraban justo al lado de una ventana del piso de arriba.

—Voy a romper el cristal —advirtió—. Tápale la cara.

Dio un golpe con el remo y el vidrio cayó hacia dentro produciendo un ruido que habría sido mucho más estrepitoso de no haber quedado sofocado por el rugido del agua. Pensó que en circunstancias normales se habría sentido culpable por hacer aquello, pero habría sido muchísimo peor mantener a Lyra fuera, mojada y soportando el frío.

—Voy a entrar —anunció.

—¡No! Espera —dijo ella.

La miró, desconcertado.

—Primero haz caer todos los vidrios, porque, si no, te vas a hacer muchos cortes —explicó.

Tenía razón: golpeó todo el marco para hacer caer hacia dentro todos los restos de cristal.

—Está vacío —constató—. No hay muebles ni nada.

—Será que llamaron a los de mudanzas cuando se enteraron de que iba a haber una inundación —aventuró Alice.

Se alegró de oír aquel sarcasmo, tan propio de la Alice de siempre.

Una vez que hubo quitado todo resto de vidrio del marco, Malcolm se aferró a él con ambas manos: hizo pasar una pierna y luego otra, hasta entrar en el interior.

—Pásame a Lyra —pidió.

Alice tuvo que ir hasta el centro de la canoa, cosa que no era fácil, y menos con Lyra retorciéndose y berreando. No obstante, después de casi un minuto haciendo equilibrios, durante el cual el halcón Asta transportó al polluelo de golondrina Pan, Alice tendió la niña envuelta en la manta y Malcolm la cogió para meterla en la habitación vacía.

—¡Caramba! —exclamó—. Hueles a corral, Lyra. Apestas. Bueno, pronto te limpiaremos.

—Lo haremos los dos, ¿eh? —ironizó Alice, que ya había entrado—. Eso sí que es gracioso. Tú te irás a atar nudos o algo así. Seré yo la que la limpie.

—Una farmacia no está mal —dijo Malcolm—, pero preferiría que vendieran comida. Mira, por ahí hay un almacén.

El almacén parecía una cueva del tesoro: había todo lo necesario para el cuidado de los bebés, medicamentos de toda clase e incluso galletas y varios tipos de zumos.

—Necesitamos agua caliente —dictaminó Alice, que no parecía impresionada por aquel lugar.

—Es posible que aún quede en algún depósito. Iré a echar un vistazo —anunció Malcolm.

Al ver un pequeño cuarto de baño, de repente tomó conciencia de que necesitaba usarlo con urgencia. Comprobó que la cadena del váter funcionaba y que de los grifos salía agua: incluso surgió un chorrito de agua tibia. Enseguida le dio la buena noticia a Alice.

—Perfecto —dijo—. Ahora ve a buscar unos cuantos pañales, de esos que se tiran. Primero la lavaremos y la cambiaremos. Y después le daremos de comer. Si encuentras una manera de hervir el agua, tanto mejor. Y no bebas de ella.

En la chimenea de la habitación vacía había troncos, pequeños troncos de leña y papel. Malcolm se puso a buscar un cazo o algún recipiente para hervir agua, bendiciendo al previsor propietario que había surtido tan bien su tienda. Estaba convencido de que abajo habría toda clase de utensilios, pero, como el agua había llegado casi hasta el último peldaño de la escalera, no había forma de cogerlos. Fue una suerte que almacenaran las mercancías arriba y no en el sótano. Allí había incluso una cocinilla con un horno de gas (que no funcionaba) y un hervidor.

Sacó la navaja y golpeó varias veces el pedernal contra la lima: produjo una lluvia de chispas en cada ocasión, aunque no logró encender el papel de la chimenea.

—¿Qué haces? —preguntó Alice, lanzándole una caja de cerillas—. Qué tonto.

Suspiró y encendió un fósforo: pronto tuvo el fuego en

marcha. Después llenó el hervidor en el grifo del agua fría y lo colocó encima de las llamas.

Lyra había estado chillando mientras Alice la lavaba y le ponía un pañal limpio, pero se notaba que sus gritos eran más de rabia que de angustia. Su pequeño daimonion, que antes era una desaliñada rata, se convirtió en un diminuto bulldog que se sumó al alboroto hasta que el daimonion galgo de Alice lo cogió y lo sacudió. Eso sobresaltó a la niña e indujo en ella una reacción de ofendido silencio.

—Eso está mejor —se felicitó Alice—. Ahora, a callar. Te daré de comer dentro de un minuto, cuando este chico haya hervido un poco de agua.

Llevó a Lyra a la cocinilla y la dejó en el escurreplatos mientras Malcolm se ocupaba del fuego. El chico tuvo que envolverse las manos con la manta mojada para no quemarse mientras sostenía el hervidor: no había ningún trébede donde apoyarlo.

—Así al menos se seca la manta —comentó a Asta.

—¿Y si viene el dueño? —apuntó el daimonion.

—Nadie podría exigirnos que no cambiemos y demos de comer a un bebé. Excepto Bonneville, a lo mejor.

—Era él el que ha pasado cerca por la noche, ¿a que sí?

—Sí. Debe de estar loco. Completamente loco.

—¿Y de verdad la vamos a llevar hasta...?

—Chis. —Miró a su alrededor, pero Alice seguía en la otra habitación—. Sí —susurró—. Ahora no tenemos más remedio.

—¿Y entonces por qué no se lo dices a Alice? —preguntó Asta.

—Porque no querría. Se quedaría atrás, o nos dejaría solos o algo así. Y se llevaría a Lyra.

El contacto del calor de las llamas en las manos y la cara le hicieron darse cuenta del frío que tenía, bajo la ropa empapada, en el resto del cuerpo. Había empezado a rebullir, incómodo, cuando Alice habló a sus espaldas.

—¿Dónde está esa agua?

—Ah..., ya casi hierve.

—Mejor será dejarla hervir unos minutos, para matar todos los microbios. Después hay que dejarla enfriar: habrá que esperar un rato hasta que pueda prepararle la comida.

—¿Cómo está?

—Hombre, huele mejor, pero tiene el culito irritado.

—Tiene que haber alguna crema o algo…

—Sí. Ha sido una suerte que esto sea una farmacia y no una ferretería. Que no se te derrame el agua.

El agua hervía y él notaba que se le chamuscaba la mano.

—¿Puedes traerme agua fría? —pidió—. La necesito para volver a mojar la manta. Me estoy quemando la mano.

Alice salió y regresó con una jarra. Cuando vertió el agua por encima de la manta, el dolor en la mano se le hizo más intenso. Entonces retiró el hervidor y miró en derredor.

—¿Qué pasa?

—Voy a buscar algo mejor para que se aguante.

No tuvo que buscar mucho. En la pila de troncos contigua a la chimenea había uno de la altura idónea que, colocado junto al fuego, le permitió apoyar en él el hervidor, con una cara hacia las llamas.

—Si se cae…

—Ya lo sé —dijo—. Quédate y vigílalo un momento.

Se incorporó y fue a ver a Lyra. Estaba bastante cómoda en el suelo, con una galleta en la mano. Asta lamió la cabeza del cachorrillo Pantalaimon y Lyra reaccionó con un rosario de gorjeos.

En el almacén de al lado, encontró lo que buscaba: un lápiz. Con él escribió en la pared del rellano: «Malcolm Polstead de la posada La Trucha de Godstow pagará cualquier desperfecto y lo que nos llevemos».

Después localizó una pila de toallas nuevas y las hizo pasar por la ventana rota. Empezó a secar con ellas el interior de la canoa.

—Ahora intentaremos que estés bien seca —le dijo.

Aunque había parado de llover, el aire estaba saturado de humedad y el viento transportaba un rocío de agua. El nivel de la crecida no había disminuido en lo más mínimo.

—Bueno, solo llevamos aquí media hora —dijo Asta.

—Ojalá pudiéramos esconderla un poco. Si Bonneville pasara por el extremo de la calle, la vería enseguida.

—Pero si él nunca vio la canoa a la luz del día —señaló Asta—. Entonces todo estaba oscuro. Tal vez se imagine que vamos en una batea.

—Mmmm —murmuró Malcolm, cubriendo la barca con el toldo.

—Eh, Malcolm, ven aquí —lo llamó Alice.

—¿Qué? —preguntó, volviendo a introducir el torso por la ventana.

—Siéntate en este taburete y quédate quieto —indicó ella.

—¿Por qué?

Había sacado el hervidor del fuego; el agua debía de haber hervido bastante. Tenía un paño húmedo en una mano; con la otra le hizo volver la cabeza hacia un lado y hacia otro, con firmeza pero sin brusquedad, mientras se lo aplicaba a la cara. En cuanto empezó, comprendió por qué.

—¡Ay!

—Cállate. Te sientan fatal todos esos arañazos. Además, se te podrían infectar. ¡Quieto!

Permaneció callado a pesar de lo mucho que le escocía. Cuando hubo acabado de limpiarle la sangre seca, le aplicó una crema antiséptica.

—Para de retorcerte. Tampoco puede doler tanto.

Sí le dolía, pero no estaba dispuesto a reconocerlo: apretó los dientes y se aguantó.

—Ya está —concluyó Alice—. No sé si te convendría un par de tiritas…

—De todas formas, se caerán.

—Como quieras. Ahora déjame el taburete. Tengo que darle de comer a Lyra.

Tras comprobar la temperatura del agua tal como había hecho la hermana Fenella, puso un poco de leche en polvo y removió con fuerza.

—Pásame ese biberón —le pidió.

Malcolm le entregó el biberón y la tetina.

—En realidad, habría que esterilizarlo todo —dijo.

Malcolm fue a buscar a la niña. Como Pan era un polluelo de gorrión, Asta se convirtió también en pájaro, en un verderón.

—¿Has terminado la galleta? —le dijo a Lyra—. Entonces ya no querrás la leche. Yo me la tomaré.

Era una niña robusta y fuerte, tal como habría dicho su madre. Después de dejarla en brazos de Alice, volvió a acercarse a la ventana; sin poderlo evitar, los ojos se le habían anegado de lágrimas al pensar en su madre.

—¿Qué ocurre? —preguntó Alice.

—Me escuece.

Se asomó a la ventana, tratando de percibir algún indicio de movimiento en los otros edificios, pero no advirtió nada. Había ventanas con o sin cortinas, pero en ninguna había luz. El único sonido audible era el tumulto del agua.

Después distinguió algo que se movía. Asta, que lo vio primero, emitió una queda exclamación y se refugió en su pecho convertido en gatito. Entonces él también lo vio. Venía flotando por la calle en dirección a ellos, chocando blandamente contra las fachadas, a medio sumergir. Era el cadáver de una mujer. Boca abajo.

—¿Qué deberíamos hacer? —susurró Asta.

—No podemos hacer nada.

—He dicho deberíamos hacer. Es distinto.

—Supongo que... deberíamos recogerla y ponerla acostada, como una muestra de respeto. No sé. Pero si el farmacéutico volviera y encontrara a una mujer muerta en su tienda...

Por un momento pareció como si la pobre mujer tratara de quedar encajada entre la pared y la canoa. Malcolm temía tener que coger el remo y empujar el cadáver, pero la corriente se la llevó. Malcolm y Asta pararon de mirar. Les parecía una falta de respeto.

—¿Qué ocurre con los daimonions cuando se muere la gente? —musitó Asta.

—No sé..., igual su daimonion era pequeño, como un pájaro. Y está metido en su bolsillo, por ejemplo...

—Igual se quedó detrás.

Era demasiado horrible seguir pensando en aquellas cosas. Volvieron a mirar por última vez a la muerta, que ya se alejaba. Mejor sería centrarse en otra cosa.

—Provisiones —dijo Malcolm—. Deberíamos llevarnos tantas como quepan en la barca.

—¿Por qué? —quiso saber Alice.

Estaba parada justo detrás de ellos. Malcolm no se había dado cuenta de que estaba allí.

—Por si acaso no podemos volver —respondió Malcolm con calma—. Ya has visto la fuerza que tiene la riada. Por si nos arrastra más abajo, a un sitio donde no haya tiendas ni casas.

—Podríamos quedarnos aquí.

—Si hacemos eso, Bonneville nos encontrará.

Alice se quedó pensando.

—Sí, puede ser —respondió. Dio una palmada en la espalda de Lyra y esta soltó un sonoro eructo—. ¿Y para qué la quiere?

—Seguramente quiere matarla, por venganza.

—¿Por qué?

—Por sus padres. No sé. En todo caso...

—En todo caso..., ¿qué?

—Eso del asilo... Probablemente no habríamos podido entrar en el Jordan College, aunque hubiéramos llegado hasta allí, porque hay que decir algo en latín y yo no sé qué es. Así que igual...

Alice lo observó con los ojos entornados. Algo había cambiado en su actitud.

—¿Qué pasa? —preguntó.

—Tú no tenías ninguna intención de parar en el Jordan, ¿verdad?

—Claro que sí...

—No. Soy capaz de leerte el pensamiento, cabrón.

De repente se acercó y le cogió la tarjeta blanca del bolsillo de la camisa. La leyó por ambas caras, con expresión airada; luego la arrojó al suelo.

Acto seguido, le soltó una patada en la pierna. No podía hacer nada más con la niña en los brazos. Lyra, contagiada por su rabia, parecía asustada. Malcolm se alejó un poco.

—Son imaginaciones tuyas...

—¡No lo son! Lo tenías todo pensado, ¿eh? Te vi mirando

esto en la canoa cuando creías que estaba dormida. Y querías llevarme contigo para que cuidara de la niña. Eres un cerdo. Y yo me dejé engatusar.

Siguió dándole patadas. Su daimonion se puso a gruñir, tratando de agarrar a Asta, que se convirtió en pájaro y alzó el vuelo. Alice se había puesto pálida y los ojos azules se le habían agrandado a causa de la ira. Malcolm se limitó a retroceder y cogió el taburete.

—¿Qué vas a hacer con eso, eh? ¿Pegarme en la cabeza? Atrévete, anda. Te haría papilla si lo intentas. Dejaría a Lyra en el suelo y te partiría los brazos, fíjate. A ver cómo remarías luego con esa maldita canoa... Chis, chis, pequeñina. No te pongas a llorar ahora. Alice se ha enfadado con ese desgraciado de ahí, pero no contigo, preciosa. Pon ese taburete donde estaba, miserable. Aún no he acabado de darle la leche. Y pon otro tronco en el fuego. Después ni te acerques a mí.

Malcolm cumplió las indicaciones. Una vez que estuvo sentada, dándole el biberón a Lyra, se decidió a hablar.

—Acuérdate de lo que pasó anoche. No teníamos ninguna otra opción. No podríamos haber hecho otra cosa. Tuvimos que ir a La Trucha. Allí encontramos todas las puertas cerradas porque mis padres pensaban que yo estaba arriba. Aunque aporreamos la puerta, no nos oyeron. Solo nos quedaba la canoa. Tuvimos que subirnos y...

—Cállate. Déjate de charlas, que tengo que pensar lo que hay que hacer ahora.

—No nos podemos quedar aquí. Ese hombre nos encontrará.

—¡Que te calles!

Por la frente le resbalaba un líquido hasta el ojo. Era sangre: los arañazos se habían abierto. Se la enjugó con el pañuelo, que aún seguía húmedo, al igual que el resto de la ropa. Entonces se retiró al almacén.

—En un momento u otro tenía que darse cuenta —susurró Asta.

—Sí, pero...

—Ya sabíamos que tenía mal genio.

—Malcolm.

Lo cierto era que ambos estaban afectados. Enfrentarse al enfado de Alice era peor que ver a la mujer muerta en el agua, peor que pensar en Gerard Bonneville.

Malcolm volvió a observar las estanterías, pero fue incapaz de ver nada. No podía pensar en aprovisionar la canoa ni en nada. En su cabeza había un remolino, como en el agua.

—Tenemos que explicarnos —le dijo en voz baja a Asta.

—¿Crees que va a escuchar?

—Por lo menos, si tiene a Lyra en el regazo…

Cogió una botella de zumo de naranja y la destapó.

—¿Para qué es eso? —espetó Alice cuando se la ofreció.

—Para el desayuno.

—Te la puedes meter donde te quepa.

—Escúchame un momento. Deja que te explique.

Ella le miró enfadada, pero no dijo nada.

—Lyra corre peligro en cualquier sitio donde esté. Por lo menos, en cualquier lugar de Oxford. Incluso suponiendo que el priorato sea un sitio tranquilo y que las monjas estén todas vivas, hay como mínimo dos clases de personas que quieren quedarse con ella. Una de ellas es Bonneville. No sé qué pretende, pero la está buscando. Y es violento y está loco. Le pega a su propio daimonion. Creo que fue él mismo quien le partió la pierna que al final perdió. No podemos permitir que se quede con Lyra. Después está el…

—Departamento de Protección de Menores —dijo Asta.

—El Departamento de Protección de Menores. Oíste cuando le hablaba a mi madre de ellos. Y tu daimonion…

—Ah, sí —confirmó Alice—. Cabrones.

—Pero aparte de eso está el asilo académico del que te hablé anoche.

—Ya. Si es que es verdad. Y si pudiéramos volver al Jordan College, con una riada así. De todas formas, no nos dejarían entrar. O sea, que la idea no sirve.

—Además está lord Asriel, el padre de Lyra. Ya te lo conté, ¿te acuerdas? Él está en el bando contrario al Tribunal Consistorial de Disciplina. Quiere a la niña, de eso no cabe duda. Por eso pensé que deberíamos llevársela a él, porque no hay nadie más que pueda protegerla. El Departamento de Protección de

Menores volverá al priorato y las monjas estarán ocupadas quitando los escombros y haciendo reparaciones: no podrán cuidar bien de ella, ni siquiera la hermana Benedicta. Y luego está Bonneville. Es..., bueno, es un demente. No hay forma de controlarlo. Podría llevársela en cualquier momento. Y la hermana Katarina se la entregaría...

Alice se quedó pensando un momento.

—¿Y tus padres? ¿Por qué no podrían ocuparse de ella?

—Están siempre muy atareados con el pub... Y los del Tribunal Consistorial de Disciplina volverían. ¿Tú conoces al señor Boatwright? ¿George Boatwright?

—¿Qué tiene que ver él con todo esto?

—Una noche vinieron y trataron de detenerlo. Él quiso plantarles cara cuando todos los demás se achicaron, pero no hay forma de defenderse del Tribunal Consistorial de Disciplina. Si quisieran registrar la posada de arriba abajo, podrían hacerlo y nadie sería capaz de impedírselo. Y aparte está la Liga de san Alexander. Alguien podría decirle a su hijo que Lyra estaba allí, y el niño podría ser un miembro de la liga que la denunciaría.

—Ya —dijo Alice. Dejó el biberón en el suelo, antes de levantar a Lyra para darle unas palmadas en la espalda—. Bueno, también está la madre.

—Está en el bando del Tribunal Consistorial. Fue ella la que fundó la Liga de san Alexander.

Alice se puso en pie y empezó a caminar lentamente de un sitio a otro. Adoptando la variante de una cría de golondrina, Pantalaimon inició una conversación de trinos a la que se sumaron Lyra y Asta. El daimonion de Alice, que estaba acostado junto al hogar, en forma de mastín, abrió un ojo para mirar. Malcolm se mantuvo quieto y callado. Al final, la chica se volvió:

—¿Cómo vas a encontrar a ese tal lord Asriel?

—Aquí está su dirección —repuso Malcolm, cogiendo la tarjeta—. Eso fue lo que me dio la idea. De todas formas, los giptanos lo sabrán, si es que vemos a alguno. Además, es un hombre famoso. No será difícil encontrarlo.

—Eres un idiota —soltó Alice, con un bufido.

—No sé cuál de los dos lo es más.

—Para eso solo hace falta que te mires en el espejo.

Malcolm optó por guardar un prudente silencio. La chica se acercó a la ventana y miró un momento afuera.

—Dame una manta —pidió.

Malcolm buscó una, la desplegó y se la echó sobre los hombros.

—¿Por qué no me lo dijiste? —preguntó.

—Porque todo pasó muy deprisa.

—Pero tú lo habías estado planeando, porque lo tenías guardado en la canoa.

—No tenía pensado irme todavía. No sabía que la inundación iba a llegar tan pronto. Y, en ese caso, seguramente me habría llevado a la hermana Fenella, porque yo no podría cuidar de un bebé y remar...

—¿La hermana Fenella? Antes te he dicho que eras un idiota, ¿no? Pues lo que eres es un tonto de remate.

—Hombre, alguien...

—Tenía que ser yo, a la fuerza. No hay nadie más.

—¿Por qué me has dado patadas, entonces?

—Porque no me lo habías dicho. Ni siquiera me lo habías pedido.

—No se me había ocurrido hasta esta noche, mientras estábamos amarrados a ese árbol.

Alice se acercó a la chimenea y añadió el último tronco al fuego.

—¿Cuál es el plan? —preguntó.

—Seguir río abajo. Mantenernos fuera del alcance de Bonneville y encontrar la manera de localizar a lord Asriel.

Tuvo que volver a enjugarse la sangre del ojo. Luego se limpió la mano en los pantalones, que ya casi se habían secado.

—Siéntate y coge a Lyra —indicó Alice—. Te voy a poner una tirita ahí, digas lo que digas. Me vas a volver loca con tanto pestañear para que no se te cuele la sangre en el ojo.

Se la puso con más miramientos que antes. Después le tendió el paquete de tiritas y el tubo de crema antiséptica.

—Los puedes poner en la barca. Y también lleva más mantas y unos cojines, si hay. Anoche hacía un frío que pelaba. Y bastantes pañales de esos desechables. Y cerillas. Y ese cazo. Y todas las galletas...

Prosiguió sin pausa, con una lista de tantas cosas que juntas habrían hecho hundir la canoa. Malcolm asentía con seriedad con cada artículo añadido.

—Bueno, ya puedes empezar —concluyó Alice.

Él reunió las cosas por orden de importancia: los cojines y las mantas primero; después los pañales, la leche y otros artículos para Lyra. Como Alice no parecía muy dispuesta a ayudar, no se atrevió a pedírselo. Así pues, cada vez tenía que asomarse con los brazos cargados por la ventana, acercar la canoa, dejar caer las cosas y después bajar y distribuirlas de la mejor manera posible. Colocó varias mantas en la proa para que Alice se sentara encima y para protegerla del frío del agua que llegaba por el casco. Luego puso un par de cojines donde pudiera apoyarse.

—Es muy rara —susurró Asta cuando estaban afuera—. Podría haberse pasado la noche gimiendo y quejándose, pero no dijo nada.

—No me ha gustado nada que me diera patadas.

—Pero te ha curado esos arañazos...

—¡Chis!

Malcolm había percibido un movimiento en el extremo de la calle. Después distinguió un bote con dos hombres a bordo. Ninguno de ellos era Bonneville. Uno remaba; el otro mantenía la vista al frente. En cuanto vio a Malcolm en la canoa, dijo algo al remero, que se volvió a mirar.

—¡Eh! —gritó uno de ellos—. ¿Qué haces?

Sin responder, Malcolm se puso a llamar a través de la ventana.

—Alice, trae a Lyra aquí.

—¿Para qué? —preguntó.

Pero Malcolm observaba atentamente el bote, que ya estaba mucho más cerca: el hombre remaba deprisa. Cuando se encontraron a una distancia que no le exigía gritar, Malcolm les contestó:

—Tenemos un bebé que atender. Hemos tenido que parar aquí porque se estaba muriendo de frío.

Alice apareció a su lado y vio a los recién llegados, que estaban a una distancia que les habría permitido aferrar la canoa.

—¿Qué quieren? —preguntó, con Lyra en los brazos, casi dormida ya.

—Solo asegurarnos de que todo está bien y de que nadie se dedica a hacer lo que no debe —explicó el individuo que no remaba.

—¿Tienen un bebé? —preguntó el remero.

—Es mi hermana —dijo Alice—. Nuestra casa estaba a punto de derrumbarse cuando se inundó, así que tuvimos que irnos con la barca. Pero como hemos pasado toda la noche afuera, estaba tan helada que hemos parado y hemos buscado un sitio donde darle de comer y cambiarla. Si hubiera habido alguien aquí, se lo habríamos pedido, pero no hay nadie.

—¿Qué estás poniendo en la barca? —preguntó el otro hombre a Malcolm.

—Mantas y cojines. Vamos a intentar llegar a casa. Nuestros padres deben de estar preocupados. Pero por si acaso tuviéramos que quedarnos otra noche en la barca…

—¿Por qué no os quedáis aquí?

—Por nuestros padres —respondió Alice—. ¿No lo ha oído? Estarán preocupados. Tenemos que intentar volver lo más pronto que podamos.

—¿Adónde?

—¿Es un policía o qué? ¿A usted qué le importa eso?

—Sandra, ellos solo vigilan para que no haya destrozos —intervino Malcolm—. Vivimos en Wolvercote. Anoche nos arrastró la corriente hasta Port Meadow. Tenemos que intentar volver atravesando Oxford, pero, por si acaso nos quedáramos sin poder seguir…

—¿Cómo te llamas?

—Richard Parsons. Esta es mi hermana Sandra. Y ella es la pequeña Ellie.

—¿Dónde estaban anoche vuestros padres?

—Ayer nuestra abuela se puso enferma. Fueron a verla; mientras estaban fuera, se inundó la casa.

—Déjalos —dijo el remero que manipulaba los remos para mantener la embarcación parada—. No pasa nada.

—¿Sabéis que estáis robando? —señaló su compañero—. ¿Conocéis la palabra «saqueo»?

—No es ningún saqueo —replicó Alice.

—Solo cogemos lo que necesitamos para seguir vivos y darle de comer a la niña —se apresuró a precisar Malcolm—. En cuanto baje el agua, mi padre vendrá a pagar lo que hemos cogido.

—Si conseguís entrar en la ciudad y encontráis el Ayuntamiento… —dijo el remero—. ¿Sabéis dónde queda? ¿Por Saint Aldate?

Malcolm asintió con la cabeza.

—Allí hay un centro de emergencia. Está lleno de gente que ha huido de las inundaciones y de personas que prestan ayuda. Allí encontraréis todo lo que necesitéis.

—Gracias. Eso haremos —les aseguró Malcolm—. Muchas gracias.

Los hombres inclinaron la cabeza y empezaron a alejarse.

—«Sandra» —dijo Alice con desprecio—. ¿No se te ha ocurrido otro nombre mejor?

—No —contestó Malcolm.

Al cabo de diez minutos, se pusieron en marcha. Sandra/Alice iba bien abrigada en la proa; Lyra, limpia, seca y saciada, dormía sobre su pecho. *La bella salvaje* estaba más baja sobre el nivel del agua que la última vez que Malcolm había acompañado a la hermana Benedicta a facturar los paquetes, pero se desplazaba con un brío renovado y respondía al remo como un potente corcel al contacto de los pies de su dueño en los costados.

Bueno, pensó Malcolm, las cosas habrían podido ser mucho peores. Aún estaban vivos y se dirigían hacia el sur.

17

La torre de los Peregrinos

Más o menos en ese mismo momento, George Papadimitriou se encontraba frente a la ventana de sus habitaciones, en lo alto de la torre de los Peregrinos, el lugar más elevado del Jordan College. Contemplaba la vasta extensión de agua que rodeaba la torre y que lamía las ventanas de los otros edificios universitarios. Incluso en el espacio resguardado del patio, la corriente se elevaba en forma de rocío por el azote del viento. El cielo nublado hacía presagiar más lluvia; en la habitación hacía tanto frío, a pesar del fuego encendido en la chimenea, que llevaba puesto el abrigo de invierno.

—¿Para cuándo cree que deberíamos esperarlo? —dijo.

—Con esta riada... —respondió lord Nugent, acudiendo a la ventana—. ¿Quién sabe? Recursos no le faltan.

Nugent había llegado a Oxford la tarde anterior, un par de horas antes de que se inundara la ciudad. Oakley Street había sabido que Lyra estaba en peligro y quería tomar medidas para garantizar su seguridad. Se habría desplazado hasta el priorato aquella misma mañana, a pesar de la crecida, de no haber sido porque aguardaban la llegada de un viajero proveniente de las remotas tierras del norte, Bud Schlesinger, de quien Coram van Texel había dado noticias en la carta codificada que había enviado desde Uppsala. Schlesinger era danés de nacimiento y nuevo agente de Oakley Street por afición y formación. Había ido al norte para tratar de averiguar qué sabían las brujas respecto a Lyra. Y es que parecía que todo cuanto se decía de la niña provenía de ellas. Las brujas tenían mucha ascendencia en aquellas latitudes y las alianzas que efectuaban eran caras pero valiosas. Nugent, que estaba ansioso por granjearse su apoyo, temía sobre todo que ellas se decantaran por el otro bando.

—Yo diría que las autoridades deben de haber requisado todas las embarcaciones existentes —aventuró Papadimitriou—. Les conviene mantener el orden antes que nada.

—Bah, ya llegará. Mientras tanto, voy a... Un momento. ¿No es Hannah Relf esa mujer de abajo?

Papadimitriou miró el patio inundado: una persona pequeña y abrigada con un chubasquero se abría paso hacia la torre con el agua hasta la cintura. Cuando levantó un instante la cabeza, ajustándose el sombrero azul, la reconocieron de inmediato. Papadimitriou la saludó con la mano, pero ella no lo vio y siguió avanzando por el agua.

—Bajaré a recibirla —dijo Papadimitriou.

Descendió a toda prisa las empinadas escaleras y la encontró en el primer rellano, cuando se había detenido, jadeante, para desabrocharse el chubasquero. Su pequeño daimonion la ayudaba con los botones.

—Deje que le eche una mano —se ofreció—. Jesús. ¿Qué es lo que lleva?

—Un traje de pescador —respondió—. Nunca pensé que lo fuera a necesitar aquí.

—Pues sí, será que tuvo una revelación. Nunca la hubiera imaginado con una caña de pescar en las manos —reconoció mientras la ayudaba con el chubasquero.

El traje de goma, que le llegaba hasta el pecho, parecía muy resistente.

—No es mío. Era de mi hermano, que dejó de pescar cuando tuvo un accidente... No es fácil llevar este traje con una pierna artificial. Si me siento en la escalera, quizás usted podría...

Papadimitriou bajó un par de escalones y tiró con fuerza. Al ir completamente vestida por debajo, debía de estar muy incómoda.

—Bueno, ya está —dijo él.

—¿Está muy ocupado? No querría interrumpir nada, pero…

—No, no. No se preocupe.

—He creído que debía venir a informarle de algo importante.

—Tom Nugent está aquí. Subamos arriba y cuéntenoslo a los dos.

Sus daimonions se adelantaron, hablando en voz baja. Papadimitriou estaba inquieto por Hannah: respiraba entrecortadamente y tenía la cara roja.

—¿No habrá venido caminando? —preguntó—. Perdone —añadió—. Más vale que no hable. Tómeselo con calma, no hay prisa.

—Le he pedido a un vecino que tiene una lancha que me acompañara —explicó una vez que llegaron al piso de arriba—. No sé si alguien podría venir andando desde allí. ¿Ha visto lo rápida que baja el agua por Saint Giles?

Nugent abrió la puerta al oír sus voces.

—Doctora Relf, esto es un acto de valentía —alabó—. Pase y siéntese al lado del fuego. Le serviré una copa del coñac de George.

—Gracias, no me vendría mal —aceptó ella—. Solo me quedaré el tiempo estrictamente necesario.

—Se quedará hasta que haya entrado en calor y se le haya secado la ropa —replicó Papadimitriou—. De todas formas, es bueno que conozca a Schlesinger.

Hannah cogió la copa que le tendía lord Nugent y tomó un sorbo con fruición.

—¿Quién es Schlesinger?

—Un agente de Oakley Street que creemos que tiene algo que contarnos.

—He venido porque anoche ocurrió algo en el priorato —anunció—. Lo he sabido por un vecino, el propietario de la lancha; me llevó allí para ver cómo estaban las cosas y si

Malcolm se encontraba bien. La situación es... caótica... Para empezar, se han derrumbado la caseta de la portería y otras partes del edificio central. También se ha venido abajo el puente que comunica con la posada. Siete de las monjas fallecieron, ahogadas. Hay dos más desaparecidas. Y la niña... Bueno, también está desaparecida. Y hay algo más: Malcolm, el niño, ¿se acuerda?, también ha desaparecido. El caso es que tampoco encuentran la canoa y la muchacha que estaba ayudando en el priorato con el cuidado del bebé. Eso es lo único por lo que los padres de Malcolm mantienen alguna esperanza.

—Creen que podría haber... ¿Qué? ¿Rescatado a la niña y marcharse con ella en la barca?

—Puede ser. Le tenía mucho cariño a la cría y estaba muy interesado por ella y todo lo que había que hacer al respecto. O sea, que..., bueno, eso es lo que tenía que decirles.

—¿Quién es esa muchacha?

—Alice Parslow. Tiene quince años. Ayuda en la posada y acaba de empezar a trabajar a ratos en el priorato. Pero también hay algo que podría guardar relación con...

—Un momento. ¿Es seguro que la niña ha desaparecido? ¿Seguro que no ha quedado enterrada bajo los escombros del edificio derruido?

—Sí, están seguras, porque estaba en una cuna de madera en la cocina cuando se derrumbó la caseta de la entrada, al cuidado de esa muchacha, Alice. Y la cuna sigue ahí, pero todas las mantas han desaparecido. Y hay algo más. Había un hombre que se había presentado en La Trucha una noche... Malcolm me había hablado de él por primera vez unas semanas antes de que nos conociéramos en la cena en casa del doctor Al-Kaisy. Yo lo mencioné en esa ocasión, pero, como me dio tantas cosas en las que pensar, no hice más preguntas. Se llama Gerard Bonneville. Tiene un daimonion hiena al que le falta una pierna y...

Nugent se adelantó en el asiento.

—¿Qué tiene que ver él con esto? —preguntó Papadimitriou—. ¿Qué hacía?

—No sé si será importante o no —dijo Hannah—, pero

a Malcolm le daba miedo, por cómo se comportaba su daimonion. El día de la cena en casa del doctor Al-Kaisy, Malcolm me contó que había visto a Bonneville tratando de entrar en el priorato la noche del domingo... Ah, y la muchacha, Alice, había hablado con él, con Bonneville. Le aseguró que era el padre de la niña, de Lyra. ¿Ustedes saben algo de él?

—En realidad, sí —confirmó Nugent—. Nos interesamos por él desde hace tiempo. Es un científico, una autoridad en el tema de las partículas elementales. O más bien, lo era. Era el responsable de un grupo de París que investigaba el campo de Rusakov, esa teoría sobre la conciencia que tiene tan enfebrecido al Magisterio. Escribió un artículo en el que postulaba que debía de haber una partícula asociada con el campo y planteó la extraordinaria hipótesis de que el Polvo podía ser esa partícula. Lo esencial de esa teoría era, a mi entender, que todo es material, pero que la propia materia es conciencia. No hay necesidad de incorporar lo espiritual al debate. Comprenderá por qué el Magisterio está ansioso por reducirlo al silencio. Era..., bueno, todavía es una eminencia. ¿Y está implicado en todo este asunto relacionado con Lyra?

—Pero estuvo en la cárcel —añadió Papadimitriou—. ¿No hubo un proceso contra él por algún tipo de agresión sexual?

—Eso precipitó su caída. O tal vez solo en parte. Lo juzgaron por una agresión relacionada con jovencitas. Creo que Marisa Coulter tuvo alguna participación... Quizá declaró contra él. Consultaremos los detalles. ¿Y va afirmando por ahí que es el padre de Lyra?

—Eso me dijo Malcolm. A él se lo contó esa tal Alice. Además, la señora Coulter conoce a Bonneville.

—¿Cómo lo sabe? —preguntó Nugent.

—Vino a mi casa.

—¿Cómo? ¿Cuándo?

Les refirió lo sucedido aquella tarde, contándoles la manera en que Malcolm había hablado con la señora Coulter y esquivado sus preguntas.

—Estaba claro que conocía a ese tal Bonneville, pero no quiso admitirlo. Quería saber dónde estaba la niña. No dijo que era su propia hija. Y menos dijo quién era el padre. Fue una conversación extraña… —apuntó, antes de añadir—: ¿No hay alguien afuera?

En ese mismo instante, alguien llamó a la puerta. Papadimitriou fue a abrir y estrechó con efusión la mano del recién llegado.

—¡Bud! Has conseguido llegar —dijo—. ¡Fantástico!

Nugent se levantó para saludarlo. Schlesinger era un hombre de unos treinta años, delgado, de pelo rubio, que llevaba muy corto, y de gesto vivaz. Tenía por daimonion una pequeña lechuza. Su ropa adaptada al frío parecía estar completamente empapada.

—Hola —dijo, al ver a Hannah—. ¿Interrumpo algo?

—No, más bien creo que soy yo la que interrumpo —matizó ella—. Ya me iba.

—No, quédese, doctora Relf —insistió Nugent—. Esto es importante. Bud, Hannah forma parte de nuestra organización. Está al corriente de nuestras actividades y nos ha proporcionado una valiosa información. Vaya, estás empapado. Acércate al fuego.

—Encantado de conocerla —dijo Schlesinger, estrechando la mano de Hannah—. ¿De qué hablaban? ¿Me he perdido lo mejor?

Mientras Schlesinger se quitaba la capa exterior de ropa y se sentaba junto al fuego, Nugent expuso la situación: Hannah lo escuchó con admiración profesional. Aquel resumen merecía un excelente, pensó: lo incluía todo, en su correcta relación con lo demás, sin una palabra de más, con claridad meridiana de principio a fin.

Mientras lord Nugent hablaba, Papadimitriou preparó café.

—En eso estábamos, ya ves —concluyó Nugent—. Y ahora dime: ¿nos traes alguna información?

—Mucha —confirmó Schlesinger, después de tomar un sorbo de café—. En primer lugar, la niña, Lyra. No cabe duda de que es la hija de Coulter y Asriel. No hay ninguna posibilidad más. A raíz de los rumores que oímos sobre la profecía relacionada con ella y del interés que nos consta que tiene el Magisterio por la niña, fui al norte para averiguar algo más. Las brujas de la región de Enara habían oído voces en la aurora boreal (así es como ellas lo expresaron, aunque entiendo que es una metáfora): esas voces decían que la niña estaba destinada a poner fin al destino. Eso es todo. Ignoran qué significa eso y, desde luego, yo también. Tanto podría ser algo bueno como malo. Y la condición principal es que debe llevar a cabo eso sin saber que lo hace. El caso es que el Magisterio se enteró de esta profecía, a través de sus propios contactos, e inmediatamente se propuso localizar a la niña. Fue entonces cuando nos dimos cuenta de que se estaba tramando algo importante y cuando ustedes se pusieron a buscar un sitio donde ocultarla.

—Así es —confirmó Nugent—. Continúa.

—La segunda parte concierne a Gerard Bonneville. Lo traté un poco en París; puesto que había oído decir que había ido al norte, pregunté discretamente entre mis conocidos de los círculos de la universidad. Había estado en la cárcel por ese delito sexual, o lo que fuera, y lo habían soltado hacía poco. Lo habían despedido de su cargo académico, le habían impedido el acceso a las instalaciones de laboratorio y soporte técnico, a las bibliotecas y a todo cuanto necesita un físico. Nadie quería darle un empleo. Nunca fue fácil trabajar con él. Era exigente, obsesivo y con ese daimonion tan horrible y desagradable... Ahora tiene tres patas, ¿eh? Pues la última vez que vi a Bonneville tenía cuatro. Creo que Coram van Texel sabe algo al respecto. Lo vi en Suecia... Supongo que se lo habrá dicho.

Al oír mencionar a Coram van Texel, Hannah miró de reojo a lord Nugent, que le devolvió la mirada con una expresión impasible.

—Bonneville vislumbró una manera de recuperar sus funciones —prosiguió Schlesinger—. Cuando se enteró de la profecía de las brujas, pensó que, si podía hacerse con la niña, estaría en condiciones de llegar a un trato con el Magisterio: devolvedme mi laboratorio, prestadme toda la ayuda que necesito y podréis quedaros con la niña y hacer lo que queráis con ella. Por eso va tras ella. ¿Se sabe dónde está ahora? ¿Cuándo supieron de él por última vez?

—Son solo suposiciones —advirtió Papadimitriou—, pero es posible que esté persiguiendo al niño y a la muchacha que cuidan de Lyra. Tienen una embarcación..., una canoa, creo... Y Hannah cree que escaparon con ella. Pero, Hannah, ¿adónde podrían ir? ¿Qué podrían estar buscando?

—Hace unos días, Malcolm me consultó sobre la noción de asilo, porque una de las monjas le había hablado de ello: me preguntó si las universidades todavía ofrecían asilo a los estudiosos. Le contesté que el Jordan College mantenía la tradición..., en cierta medida...

—En efecto —asintió Papadimitriou—. El asilo académico debe solicitarse ante el propio decano. Hay una fórmula en latín...

—Por eso estoy segura de que Malcolm intentaría traerla aquí —afirmó Hannah—. Sin embargo, con la velocidad con que baja la riada a través de la ciudad, no creo que una canoa pueda hacer todo ese recorrido en medio de esta especie de torrente. Seguramente habrán tenido que ir adonde los lleve la corriente.

—Además, una niña no es un académico —señaló Papadimitriou—. No la hubieran aceptado.

—De todas formas, en caso de que le concedieran asilo académico, ¿hasta qué punto le garantizaría una protección?

—La protección es absoluta. Esa ley se ha debatido diversas veces en los tribunales y siempre se ha demostrado incontestable. Pero tal como decía...

—¿Saben? —apuntó Schlesinger, con repentino entusiasmo—. Esto concuerda con algo que oí en el norte. Estaba indagando sobre la niña, aunque a propósito no dije «niña», sino niño. Pregunté si había una profecía relacionada con un niño. Entonces una bruja..., ¿cómo se llamaba?, Tilda Vasara, la reina Tilda Vasara..., me dijo que había oído una profecía en la que aparecía un niño. La escuché por educación, porque en realidad solo me interesaba lo que tenía que ver con una niña. Esa bruja dijo que las voces de la aurora boreal habían hablado de un niño que debía transportar un tesoro a un lugar seguro. Dado que no tenía ningún interés por un niño, me olvidé por completo hasta que habéis empezado a hablar de asilo y protección. ¿Es posible que ese chico estuviera haciendo eso?

—¡Sí! —confirmó Hannah—. Él se tomaría la situación justo así. Es sumamente romántico.

—En cualquier caso, no la ha traído aquí —objetó Papadimitriou—. Debemos concluir, pues, que si intentaba venir aquí, no lo ha conseguido. Y han tenido que seguir río abajo. ¿Qué otro sitio se le podía ocurrir?

Hannah advirtió que los tres hombres la observaban, como si creyeran que tenía la respuesta. Bueno, tal vez sí que la tuviera.

—Lord Asriel —dijo—. Esa noche en que lord Asriel fue a ver a la niña al priorato y Malcolm le prestó su canoa, este quedó muy impresionado con él. Malcolm podría pensar que Asriel es una garantía de seguridad para Lyra. Podría intentar llevarla hasta él.

—¿Sabría dónde encontrarlo? —planteó Papadimitriou.

—No lo sé. Supongo que en Londres..., pero no tengo ni idea.

—En todo caso —intervino Schlesinger—, anoche vi un momento a Asriel en Chelsea: está a punto de marcharse otra vez hacia el norte. Incluso si ese Malcolm llega hasta allí, es posible que Asriel ya se haya ido.

—A menos que la crecida lo retenga —dijo Nugent, que se puso en pie. De repente parecía más joven, vigoroso y determinado—. Bien, todo ha quedado claro. Ya sabemos lo que debemos hacer. Hemos de ponernos en marcha en medio de esta riada y localizarlos antes de que Bonneville los encuentre. Bud, ¿cómo has viajado hasta aquí?

—Alquilé una lancha motora. Supongo que el propietario aún está cerca. Dice que va a tratar de encontrar algún otro cliente en Oxford.

—Localízalo ahora mismo —indicó Nugent—. George, tú que conoces a los giptanos utiliza tus contactos. Consigue un par de barcas, para ti y para mí. El Magisterio también debe de estar buscando a Lyra. El Tribunal Consistorial de Disciplina posee varias barcas fluviales. Seguro que las emplearán todas para esto. Hannah, déjelo todo a un lado y consulte el aletiómetro para averiguar su paradero.

—¿Cómo me pondré en contacto con ustedes? —preguntó Hannah.

—No podrá —respondió Nugent—. Tanto si logra dar con respuestas como si no, lo pondrá por escrito a su debido tiempo. Vaya a su casa, quédese allí y consulte el aletiómetro. Encontraré la manera de ponerme en contacto con usted.

18

El Lord Asesino

Malcolm nunca había creído posible que todo un río, y menos aún una extensión de campo, pudiera desaparecer bajo una riada. Resultaba difícil imaginar de dónde había salido aquella colosal cantidad de agua. Entrada ya la mañana, se inclinó para mojarse la mano y se la acercó a la boca para probarla: tal vez estuviera salada, quizás el canal de la Mancha se estuviera desparramando por todo Londres. Sin embargo, no había sal; no tenía muy buen sabor, pero no era agua de mar.

—Si fueras a Londres en la canoa —dijo Alice— y el río estuviera normal, sin inundaciones, ¿cuánto tardarías?

Aquella era la primera vez que hablaba desde que habían abandonado la farmacia dos horas antes.

—No sé. Queda a casi cien kilómetros, o puede que más, porque el río da muchas vueltas y tiene muchas curvas. Pero como iría impulsado por la corriente…

—¿Qué, cuánto sería entonces?

—¿Varios días?

Alice puso cara de fastidio.

—Pero ahora iremos más deprisa —precisó Malcolm—, porque la corriente es más fuerte. Fíjate en la velocidad a la que estamos pasando delante de esos árboles.

La cumbre de una colina asomaba por encima del agua, coronada por un grupo de árboles, en su mayoría robles, cuyas ramas desnudas se recortaban con aire tétrico sobre el cielo gris. Con todo, *La bella salvaje* se movía muy rápido; al cabo de un minuto, ya habían dejado atrás la colina.

—O sea, que no deberíamos tardar tanto —añadió—. Quizás un día solamente.

Alice guardó silencio, alargando la mano para mecer a Lyra. La pequeña estaba acostada entre sus pies, tan tapada que Malcolm solo alcanzaba a verle la punta de la cabeza y a Pantalaimon, que, en forma de reluciente mariposa, seguía posado en su pelo.

—¿Está bien? —preguntó.

—Eso parece.

Asta sentía una gran curiosidad por Pan. Se había fijado en que podía transformarse mientras Lyra dormía, pese a estar dormido. Había elaborado la teoría de que cuando adoptaba la variante de mariposa era porque Lyra estaba soñando, pero Malcolm era escéptico al respecto. Ni uno ni otro tenían, por supuesto, la menor idea de lo que ocurría cuando ellos mismos estaban dormidos; sí sabían, aun así, que Asta podía ponerse a dormir como una criatura y despertar transformado en otra. Sin embargo, ninguno de los dos se acordaba de nada relacionado con el cambio. Le habría gustado comentarlo con Alice, pero la perspectiva de ser blanco de su inacabable desdén le quitó la idea de la cabeza.

—Apuesto a que está soñando —insistió Asta.

—¿Quién es ese tipo? —dijo Alice, secamente.

Señalaba por encima del hombro de Malcolm. Al volverse, vio, apenas perceptible entre el brumoso aire gris, a un hombre que se dirigía hacia ellos en un bote, remando con todas sus fuerzas.

—No lo veo bien —dijo Malcolm—. Podría ser…

—Es él —dictaminó Alice—. El daimonion ese está ahí delante. Ve más deprisa.

Malcolm advirtió que iban en un bote salvavidas, mucho menos rápido y fácil de maniobrar que *La bella salvaje*. Aun así, el hombre tenía una musculatura de adulto y manejaba los remos con determinación.

Malcolm hundió el remo e incrementó la velocidad. No pudo mantener el ritmo mucho rato, porque le dolían los hombros, los brazos, el torso y la cintura.

—¿Qué hace? ¿Dónde está? —preguntó.

—Se está quedando atrás. No lo veo... Está detrás de esa colina... ¡Sigue!

—Voy lo más deprisa que puedo, pero pronto tendré que parar. Además...

El cambio de ritmo había despertado a Lyra, que empezó a llorar en voz baja. Pronto tendrían que darle de comer, y para eso debían amarrar la canoa y hacer fuego para calentar agua. Antes, tendrían que encontrar un sitio donde esconderse.

Malcolm miró en derredor, sin dejar de remar. Estaban en un amplio valle, probablemente muy por encima del cauce del río. A la izquierda, una ladera boscosa sobresalía del agua; a la derecha, una gran casa de líneas clásicas y color blanco, situada en lo alto de una verde colina cubierta también de árboles. Ambos lados quedaban alejados; lo más probable era que el individuo de la barca los viera mucho antes de que llegaran al lugar donde pretendían esconderse.

—Ve a la casa —eligió Alice.

Malcolm, que también consideraba que aquella era la mejor opción, hizo avanzar lo más rápido que pudo la canoa en esa dirección. Cuando se hallaron más cerca, advirtió una fina columna de humo que se elevaba de una de las diversas chimeneas y que enseguida se dispersó impulsada por el viento.

—Hay gente dentro —dedujo.

—Mejor —dictaminó ella, lacónica.

—Si hay otras personas —dijo Asta—, es menos probable que ese hombre...

—¿Y si ya ha llegado allí y está con ellas? —objetó Malcolm.

—Pero era él el que iba detrás en ese bote, ¿no? —dijo ella.

—Es posible. Estaba demasiado lejos para distinguirlo.

Malcolm se dio cuenta de que estaba cansadísimo. No sabía cuánto tiempo llevaba remando. Pero, cuando aminoró el ritmo en las proximidades de la casa, notó que tenía frío y que sentía un hambre atroz. Estaba tan agotado que apenas podía mantener la cabeza erguida.

Ante ellos, una suave pendiente cubierta de césped conducía, a orillas de la crecida, a la blanca fachada de la casa, que estaba ornada con columnas y un frontón. Detrás de estas se movía alguien, pero la luz era demasiado escasa para vislumbrar nada más. El humo salía de una chimenea situada en la parte de atrás.

Malcolm detuvo la canoa en el césped.

—¿Y ahora qué es lo que tenemos que hacer? —se preguntó Alice.

La pendiente era suave; el borde del agua se extendía más lejos de adonde podía llegar la canoa.

—Quítate los zapatos y los calcetines —le indicó Malcolm, quitándose las botas—. Sacaremos la canoa del agua. Resbalará fácilmente por encima de la hierba.

En la casa sonó un grito. Un hombre salió de entre las columnas y los conminó con gestos a que se fueran. Después volvió a gritar, pero no entendieron qué decía.

—Lo mejor será que subas y le digas que tenemos que dar de comer a un bebé y que necesitamos descansar un rato —dijo Malcolm.

—¿Por qué tengo que ir yo?

—Porque a ti te hará más caso.

Después de sacar la canoa del agua, Alice empezó a subir con mala cara hacia donde estaba el hombre, que volvió a gritar algo.

Malcolm apartó la canoa del agua y la metió entre un seto maltrecho que estaba en el límite del jardín, antes de dejarse caer a su lado.

—A que te acabas de despertar, ¿eh? Qué bien. Eso de ser un bebé es fantástico.

No estaba de muy buen humor. Malcolm la sacó de la barca y se la puso en el regazo, haciendo caso omiso del olor que indicaba que había que cambiarla y del plomizo cielo gris, del gélido viento y del individuo de la barca, que apareció de nuevo a lo lejos. Apretando a la niñita contra su pecho, le besó tímidamente la frente.

—Te vamos a proteger —aseguró—. ¿Ves? Alice está hablando con ese hombre de arriba. Enseguida te llevaremos allí y te calentaremos leche. Claro que si tu mamá estuviera aquí... Tú nunca tuviste madre, ¿verdad? Te encontraron... simplemente... en algún sitio. El lord canciller te encontró debajo de un matorral y pensó: «Vaya, yo no puedo ocuparme de un bebé. Mejor será que lo lleve a las hermanas de Godstow». Así que entonces fue la hermana Fenella la que cuidaba de ti. Seguro que te acuerdas de ella. Es muy buena, ¿eh? Después llegó la inundación y tuvimos que llevarte con *La bella salvaje* para que no te pasara nada. No sé si te acordarás de eso. Seguramente no. Yo no me acuerdo de nada de cuando era bebé. Mira, ya vuelve Alice. A ver qué dice.

—Dice que no nos podemos quedar mucho rato —explicó—. Le he contado que tenemos que hacer fuego y darle leche al bebé y que, de todas formas, no queremos quedarnos mucho. Me parece que ahí está pasando algo raro. Tenía una pinta... curiosa.

—¿Había alguien más? —preguntó Malcolm, levantándose.

—No. Por lo menos, yo no he visto a nadie.

—Coge a Lyra y yo esconderé mejor la canoa —dijo, entregándole a la pequeña, con brazos temblorosos a causa de la fatiga.

Un vez que hubo ocultado la canoa, cogió las cosas que necesitaban para Lyra y fue hacia a la casa. La puerta principal estaba abierta detrás de las columnas. Al lado estaba el hombre: un individuo de expresión agria, vestido con ropa tosca, cuyo daimonion mastín permanecía inmóvil cerca, observando.

—No se pueden quedar mucho —insistió.

—No mucho rato, no —aceptó Malcolm.

Enseguida se percató de algo: el hombre estaba un poco borracho. Y Malcolm sabía cómo había que tratar a los borrachos.

—Qué casa más bonita —le alabó.

—Sí, no está mal. No es vuestra.

—¿Es suya?

—Ahora sí.

—¿La compró o la ganó en una pelea?

—Te gusta meterte donde no te llaman, ¿no?

El daimonion mastín se puso a gruñir.

—No —respondió Malcolm—. Es que, como todo ha cambiado tanto con las inundaciones, no me extrañaría que hubiera tenido que pelearse con alguien para quedarse con ella. Ahora todo es distinto. Y si usted tuvo que pelear por ella, entonces ahora le pertenece a usted: eso está claro.

Miró más allá de la pendiente, hacia la turbia riada. En la penumbra del crepúsculo, no alcanzó a ver ni rastro del bote.

—Es como un castillo —prosiguió—. Podría defenderse fácilmente si lo atacaran.

—¿Y quién lo iba a atacar?

—Nadie. Era una manera de hablar. Ha elegido un buen sitio.

El hombre se volvió y dirigió la mirada en la misma dirección que él.

—¿Tiene nombre? La casa, quiero decir —soltó Malcolm.

—¿Por qué?

—Parece importante. Parece una casa de señores… o un palacio o algo así. Le podría poner su apellido.

El hombre soltó un bufido que pareció una carcajada.

—Podría poner un cartel en el borde del agua en el que dijera: «Prohibido el paso. Los intrusos serán sancionados». Estaría en su derecho. Como con ese hombre que va en la barca —añadió, porque entonces ya la veía, aún a cierta distancia, avanzando hacia ellos.

—¿Qué tiene que ver ese tipo?

—Nada, hasta que intente desembarcar y quitarle la casa.

—¿Lo conoces?

—Me parece que sé quién es. Por eso creo que intentaría hacer eso.

—Tengo una escopeta.

—Perfecto. No se atreverá a desembarcar si lo amenaza con ella.

El hombre se quedó pensativo.

—Tengo que defender mi propiedad —declaró.

—Claro. Está en todo su derecho.

—¿Y quién es?

—Si es la persona que yo creo, entonces es Bonneville. No hace mucho que salió de la cárcel.

Con la vista fija en el mismo punto que ellos, el daimonion mastín soltó un gruñido.

—¿Os está siguiendo?

—Sí. Nos sigue desde Oxford.

—¿Qué es lo que quiere?

—Quiere a la niña.

—¿Acaso es su hija?

El hombre enfocó los ojos turbios en la cara de Malcolm.

—No. Es nuestra hermana. Solo quiere robárnosla.

—¡No me digas!

—Pues sí, eso me temo —respondió Malcolm.

—¡El muy canalla!

La barca se acercaba hacia la casa. Malcolm ya no tuvo duda de quién iba en ella.

—Será mejor que entre, por si acaso me ve —dijo—. Con usted no se va a meter. Nos iremos lo antes posible.

—No te preocupes, hijo —dijo el hombre—. ¿Cómo te llamas?

—Richard —respondió Malcolm, tras un instante—. Y mi hermana se llama Sandra; la pequeña es Ellie.

—Entra, que no te vea. Déjame a mí.

—Gracias —dijo Malcolm, antes de escabullirse en el interior.

El hombre lo siguió y sacó una escopeta de una vitrina situada al lado de la sala principal.

—Tenga cuidado —lo avisó Malcolm—. Podría ser peligroso.

—Yo sí que soy peligroso.

El hombre salió con paso inseguro. Malcolm miró a su alrededor. La sala principal estaba decorada con relieves, vitrinas de maderas nobles con incrustaciones de nácar y oro. También había estatuas de mármol. Sin embargo, la inmensa chimenea estaba resquebrajada y el hogar estaba vacío. Alice debía de haber encontrado fuego en otra habitación.

Temiendo llamarla, se desplazó de una habitación a otra, atento por si oía algún disparo, pero desde el exterior solo llegaba el sonido del viento y el rugir del agua.

Encontró a Alice en la cocina. Había fuego encendido en una cocina de hierro. Lyra descansaba, recién cambiada, en el centro de una gran mesa de madera de pino.

—¿Qué ha dicho? —preguntó Alice.

—Que podemos quedarnos todo el tiempo que necesitemos. Tiene una escopeta y va a defender la casa contra Bonneville.

—¿Viene hacia aquí? El de la barca era él, ¿verdad?

—Sí.

El agua del cazo hervía desde que Malcolm había llegado. Alice lo retiró para dejarla enfriar. El niño recogió la galleta que había caído de la mano de Lyra y se la volvió a dar. Ella se lo agradeció con un gorgorito.

—Si deja caer la galleta, tendrías que decirle adónde ha ido a parar —le dijo a Pantalaimon, que al instante se convirtió en lémur y se lo quedó mirando con unos enormes ojos, inmóvil y silencioso.

—Fíjate en Pan —dijo Malcolm a Alice.

Ella le dirigió un vistazo, sin demostrar interés.

—¿Cómo sabrá cómo transformarse en un animal de esos? —prosiguió Malcolm—. Es imposible que hayan visto un bicho así antes. No entiendo cómo…

—¿Qué vamos a hacer si ese hombre no consigue parar a Bonneville? —preguntó Alice, con voz áspera y aguda.

—Escondernos. Después, correr y escapar.

La expresión de la muchacha le dio a entender la opinión que le merecía aquella estrategia.

—Ve a ver qué pasa —le dijo—. Y procura que no te vea.

Malcolm salió y fue de puntillas hacia la sala principal. Pegado a las sombras detrás de la puerta, aguzó el oído; como no oyó nada, se asomó a mirar con cautela. No había nadie en el salón. Sin embargo, le pareció oír algo.

Solo se oía el viento y el agua. No había ruido de voces ni

de disparos. Alguien debía de estar hablando en el borde del agua, dedujo. Sin separarse de la pared, avanzó con sigilo por el suelo de mármol hacia el gran ventanal.

Asta, convertido en polilla, llegó primero. Malcolm sintió una horrible conmoción cuando el daimonion vio algo afuera y se soltó de la cortina para caer en su mano.

El hombre que los había acogido en esa casa estaba tendido en la hierba con la cabeza y los brazos en el agua, al lado de la barca de Bonneville. No se movía. Pero no se veía a Bonneville por ninguna parte, ni tampoco la escopeta.

Alarmado, Malcolm se acercó de forma temeraria a la ventana y se puso a mirar a uno y otro lado. Los únicos movimientos que captó fueron el balanceo de la barca, que estaba amarrada a una estaca que Bonneville había clavado en el césped, y el del cuerpo del hombre. Aunque la luz era demasiado tenue y grisácea, Malcolm creyó atisbar un reguero de color rojo por debajo de su garganta.

Se pegó al cristal, tratando de ver el lugar donde había ocultado *La bella salvaje*. Le pareció distinguir que los matorrales seguían igual que antes.

¿Cuál era la vitrina que había abierto el hombre para sacar la escopeta? En aquella habitación del extremo del salón...

Él no sabía cargar ni disparar un arma, pero...

Regresó corriendo a la cocina. Alice estaba vertiendo la leche en el biberón de Lyra.

—¿Qué pasa?

—Chis. Bonneville ha matado al hombre y ha cogido la escopeta. Ahora no lo veo por ninguna parte.

—¿Qué escopeta? —preguntó, asustada.

—Ya te he dicho que ese hombre tenía una escopeta con la que iba a defender la casa. Ahora Bonneville se ha quedado con ella y lo ha matado. Está tumbado en el agua...

Miraba en derredor, jadeando de miedo. Vio una trampilla de madera con una argolla de hierro. Presa del pánico, la levantó de inmediato. De allí salían unas escaleras que se adentraban en una densa oscuridad.

—Velas..., en ese estante de ahí... —le indicó Alice, que levantó a Lyra junto con el biberón, al tiempo que lo repasaba todo con la vista para detectar algo que pudiera delatar su presencia.

Malcolm se precipitó hacia el estante, donde también encontró una caja de cerillas.

—Tú baja primero. Yo cerraré la trampilla detrás de ti —dijo.

Alice empezó a descender con cuidado en medio de la oscuridad. Lyra se retorcía y pataleaba. Pantalaimon trinaba como un pájaro miedoso. Asta voló hasta él y, posado en la manta de Lyra, emitió un arrullo tranquilizador.

Malcolm forcejeó con la trampilla. Había un mango de cuerda en el interior, pero los goznes estaban duros y la madera era muy pesada. Finalmente logró hacerla bajar y la cerró intentando no hacer ruido.

Empezaba a notar la tensión de encontrarse lejos de su daimonion. Le temblaban las manos y el corazón le daba golpetazos en el pecho.

—No sigas —le susurró a Alice.

—¿Por qué...?

—Daimonion.

Enseguida comprendió y dio un paso atrás, rozándolo levemente cuando él frotaba una cerilla. Encendió una vela y Asta voló hasta él: la pequeña llama bastó para distraer a Lyra. Orientada por su luz, Alice fue bajando con pasos prudentes hacia el sótano.

—Ya está, Lyra, tranquila, mi niña —susurró, mientras se sentaba en el suelo de tierra, tan frío. Apoyó la espalda en la pared.

Casi enseguida se oyó un sonido de succión y el daimonion de Alice se instaló, convertido en cuervo, cerca del pollito Pan. El angustiado trinar del daimonion enseguida se detuvo.

Malcolm se sentó en el último escalón, mirando a su alrededor. Aquello era una despensa de verduras, sacos de arroz y otro tipo de comestibles. Era un espacio seco, pero terriblemente frío. Un arco bajo comunicaba con otro recinto.

—Lo único que tiene que hacer —apuntó Alice, con un estremecimiento— es poner algo pesado encima de la trampilla y...

—No pienses en eso. No es bueno pensar así. Dentro de un momento iré por ese arco para averiguar adónde lleva. Tiene que haber otra entrada.

—¿Por qué?

—Porque en el sótano están las bodegas, el sitio donde guardan el vino: cuando mandan al mayordomo a buscar unas botellas de burdeos o de lo que sea, no va a tener que estar forcejeando con la trampilla y bajar a trompicones las escaleras como hemos hecho nosotros. Tiene que haber unas escaleras como Dios manda en algún sitio…

—¡Chis!

Se quedó quieto, tenso y temeroso, procurando no dejar ver el miedo que sentía. En el piso de arriba sonaron unos pasos tranquilos. Se detuvieron en el extremo de la cocina. Al cabo de un poco, la volvieron a cruzar. Los pasos se volvieron a parar cerca de la trampilla.

No ocurrió nada por espacio de un minuto. Después oyeron el ruido de una silla de madera desplazada de la mesa, nada más. No pudieron discernir si Bonneville la había puesto encima de la trampilla o si simplemente la había movido y se había marchado.

Transcurrió otro minuto, y luego otro.

Con mucha precaución, Malcolm se puso en pie y empezó a andar por el suelo de tierra. Aseguró la vela encendida en el suelo, cerca de Alice, para que no se decantara. Después pasó con sigilo bajo el arco para introducirse en la otra parte del sótano. Una vez allí, encendió otra vela. Era otro almacén, destinado a guardar muebles viejos. Tras echarle un breve vistazo, pasó al siguiente arco.

En el otro extremo de aquella sala había una recia puerta de madera con unos grandes goznes de hierro y una cerradura del tamaño de un voluminoso libro. No se veía ninguna llave. Ni siquiera mirando de cerca, alcanzaba a saber si la puerta estaba cerrada con llave o no.

Entonces sonó una voz en el otro lado. Era Bonneville. Asta, que permanecía en su hombro en forma de lémur, estuvo a punto de desmayarse. Lo cogió y lo acercó a su pecho.

—Bueno, Malcolm —dijo Bonneville, con voz grave y

confiada—, aquí estamos, cada uno en un lado de una puerta cerrada. Y ninguno de los dos tiene la llave. Yo, por lo menos, no la tengo. Y supongo que tú tampoco, porque, de lo contrario, ya habrías abierto y salido, ¿no? Habría sido una lástima para ti.

A Malcolm le había faltado poco para desmayarse. El corazón le latía como las alas de un pájaro apresado; Asta se transformó rápidamente de lémur en mariposa y después en cuervo, antes de volver a convertirse en lémur y agazaparse en el hombro de Malcolm, encarando los enormes ojos en la cerradura.

—No digas ni una palabra —le murmuró al oído.

—Bah, sé que estás ahí —dijo Bonneville—. Veo la luz de la vela. Te he visto en el césped hablando con vuestro anfitrión. ¿Sabías, por cierto, que esto es una isla? Si tu canoa sufriera algún percance, quedaríais incomunicados, ¿qué te parece?

Malcolm persistió en su silencio.

—Sé que eres tú porque tienes que ser tú —continuó Bonneville. Hablaba con tono tranquilo y confiado, con el volumen de voz apenas suficiente para traspasar la puerta—. No podía ser nadie más. Esa muchacha está dando de comer a la niña... Ella no estaría merodeando por ahí con una vela. Sé que me estás escuchando. Pronto nos veremos las caras. Esta vez no escaparás. ¿Los ves, por cierto?

—¿A quién? —Malcolm se maldijo a sí mismo no bien hubo pronunciado aquellas palabras—. Aquí no hay nadie más que yo —añadió.

—Ah, no creas eso, Malcolm. Uno nunca está solo.

—Bueno, está mi daimonion.

—No me refiero a él. Tú y él sois el mismo ser, claro. Me refiero a alguien que hay a tu lado.

—¿De quién habla?

—No sé por dónde empezar. En primer lugar, hay espíritus del aire y de la tierra. Una vez que aprendas a verlos, te darás cuenta de que el mundo está lleno de ellos. Aparte, en sitios malignos como este, hay espectros nocturnos de muchas clases. ¿Sabes qué es lo que había antes aquí, Malcolm?

—No —respondió el chico, que no tenía ningunas ganas de saberlo.

—Pues este lugar es donde lord Murdstone solía traer a sus víctimas —respondió Bonneville, acercándose más a la puerta y como si le estuviera contando un secreto—. ¿Habías oído ese nombre? Lo llamaban el Lord Asesino. De eso no hace tanto tiempo.

A Malcolm le latía el corazón de forma opresiva.

—¿Era...? —dijo con esfuerzo—. ¿Era el dueño de esta casa?

—Aquí podía hacer lo que quisiera —prosiguió la pausada y tenebrosa voz desde el otro lado de la puerta—. No había nadie para impedírselo. Acostumbraba a traer niños aquí abajo y los descuartizaba.

—¿Qué...? —preguntó Malcolm con un hilo de voz.

—Los cortaba a trozos mientras aún estaban vivos. Eso le procuraba un placer especial. Y, por supuesto, el horrible dolor de esos niños era demasiado grande para desaparecer para siempre cuando por fin morían. Se adhería a las piedras de las paredes. Permanecía flotando en el aire. En estos sótanos, nunca sopla un viento limpio, Malcolm. El aire que ahora respiras estuvo antes en los pulmones de esos niños torturados.

—No quiero oír nada más —lo atajó Malcolm.

—Te entiendo. Yo tampoco querría oírlo. Desearía taparme los oídos y que se fueran, pero no hay escapatoria. Ahora te rodean los espíritus de ese sufrimiento. Perciben tu miedo y acuden en bandada hacia ti para aspirarlo. Después empezarás a oírlos... Una especie de susurro desesperado ... Y luego empezarás a verlos.

A estas alturas, Malcolm estaba al borde del desmayo. Se creía todo cuanto le decía Bonneville. Sonaba tan verosímil...

Después, una suave corriente de aire topó con la llama de su vela y la inclinó un instante. Al mirarla, en su campo de visión apareció al momento la pequeña mancha de luz en movimiento, el germen de su aurora. En su mente empezó a fluir un diminuto manantial de esperanza.

—Se equivoca con respecto a la niña —dijo, sorprendiéndose por la firmeza de su voz.

—¿Que me equivoco? ¿Cómo?

—Cree que es su hija, pero no lo es.

—Bueno, tú también estás equivocado con respecto a ella.

—Yo no me equivoco. Ella es hija de lord Asriel y de la señora Coulter.

—Te equivocas al pensar que estoy interesado en ella. Puede que esté interesado en Alice.

—No dejes que nos haga hablar de lo que le conviene —susurró Asta.

Malcolm asintió. El daimonion tenía razón. El corazón le latía con fuerza en el pecho. Después se acordó del mensaje que había en la bellota de madera.

—Señor Bonneville, ¿qué es el campo de Rusakov? —preguntó.

—¿Qué sabes tú de eso?

—Nada. Por eso le pregunto.

—¿Por qué no se lo preguntas a la doctora Hannah Relf?

La respuesta le sorprendió, pero no podía demorarse en responder.

—Ya lo hice —dijo—, pero no es su especialidad. Ella sabe más cosas de la historia de las ideas.

—Eso es su tema, ¿no? ¿Por qué te interesa el campo de Rusakov?

El círculo de lentejuelas se estaba agrandando, tal como ocurría siempre. Entonces era como una pequeña serpiente rutilante que se retorcía y se enroscaba solo para sus ojos.

—Porque usted sabe de qué forma se combina el campo gravitatorio con la fuerza de la gravedad, ¿no? Y puesto que el campo magnético se combina con esa fuerza, entonces ¿con qué fuerza se combina el campo de Rusakov?

—Nadie lo sabe.

—¿Es algo que tiene que ver con el principio de incertidumbre?

Bonneville guardó silencio un momento.

—Vaya, vaya, qué chaval más curioso. En tu lugar, querría saber una cosa bien distinta.

—Bueno, a mí me interesan muchas cosas, pero hay prioridades. El campo de Rusakov es lo más importante, porque está relacionado con el Polvo…

Malcolm oyó un ruido a su espalda. Al volverse, vio a Alice, que pasaba bajo el arco sosteniendo la vela. Se llevó los dedos a los labios y los movió exageradamente, como si pronunciara «Bonneville» al tiempo que señalaba la puerta. Con un gesto, le indicó que se fuera.

Ella se quedó quieta, con los ojos desorbitados.

Malcolm se volvió de nuevo: Bonneville volvía a hablar.

—Porque hay cosas que no se pueden explicar a un alumno de primaria, y otras que quedan fuera del alcance de su entendimiento. Esta es una de ellas. Se necesitan como mínimo las nociones de teología experimental de un estudiante universitario para percibir un mínimo de sentido en la cuestión del campo de Rusakov. No merece siquiera la pena intentarlo.

Malcolm miró en silencio a su alrededor y vio que Alice se había ido.

—Pero, aun así… —dijo, volviéndose otra vez.

—¿Por qué te has dado la vuelta?

—Me había parecido oír algo.

—¿Esa muchacha? ¿Alice? ¿Era ella?

—No. Aquí solo estoy yo.

—Creía que ya habíamos descartado eso, Malcolm. Esos niños muertos… ¿Te he contado lo que les hacía a sus daimonions? Era algo de lo más ingenioso…

Malcolm dio media vuelta sosteniendo la vela con ambas manos y retrocedió por el sótano. A pesar del éxito de su argucia para distraer al hombre y de su aurora, que entonces relucía en el límite de su campo de visión, sentía que aquel lugar seguía plagado de horrores casi visibles. Avanzaba tanteando el suelo con los pies. No quería perder el equilibrio. Al tiempo, procuraba que no se le apagara la vela; mientras tanto, la voz de Bonneville seguía sonando desde el otro lado de la puerta. «¡No es verdad! ¡No es verdad!», repetía para sus adentros.

Por fin llegó a la otra sala. Alice y Lyra habían desaparecido. Fue casi a trompicones hasta las escaleras, se calmó y luego empezó a subir, lentamente, con sigilo.

Se detuvo al llegar a la trampilla, atento por si oía algo. Reprimiendo unas ansias casi incontenibles de abrirla de golpe y salir a toda prisa hacia el aire limpio del exterior, siguió escuchando. Nada. No había voces ni ruido de pasos, nada aparte del latir intenso de su corazón.

Impulsó la trampilla con la espalda y esta cedió con facilidad. Luego una racha de aire le apagó la vela. Pero no era importante: por la ventana de la cocina entraba luz. Veía la mesa, las paredes… y todavía quedaban brasas en la chimenea. Salió del hueco y se apresuró a bajar con cuidado la trampilla; después, antes de precipitarse hacia la puerta y el exterior, se detuvo.

Aquello era una cocina. Y si los cocineros de allí se parecían a su madre o a la hermana Fenella, tenía que haber un cajón con cuchillos. Palpó el contorno de la mesa, encontró un pomo y tiró de él. Dentro había varios cuchillos de mango de madera. Los fue palpando hasta encontrar uno no demasiado largo, uno que podía esconder. Terminaba en punta.

Tras colocárselo en el cinto, por la espalda, caminó hacia la puerta que daba acceso al frío y claro aire del exterior.

Con la última luz mortecina del día, vio que Alice avanzaba presurosa por la pendiente de césped, con Lyra en brazos. La barca de Bonneville seguía amarrada. Sin embargo, al cadáver de su anfitrión se lo había llevado el agua. No se veía a Bonneville por ninguna parte.

Corrió hacia la barca de Bonneville, arrancó la estaca a la que estaba amarrada y empezó a empujarla hacia la corriente.

En el último momento, paró: dentro había una mochila, debajo de la bancada. Enseguida se le ocurrió una idea: «Si nos quedamos con eso, podríamos negociar con él». La cogió y la dejó en la hierba (pesaba lo suyo). Después empujó la barca y la alejó de tierra.

Cargando la mochila, se fue corriendo hacia Alice. Había dejado a Lyra en el suelo y estaba sacando *La bella salvaje* de entre los arbustos. Malcolm dejó caer la mochila en la canoa y empezó a ayudarla.

Aún no la habían desplazado más de unos centímetros. No obstante, a sus espaldas oyeron la risa de aquel abominable daimonion. Al volverse, vieron a Bonneville, que empezaba a bajar con aire despreocupado desde la entrada de la casa, con la escopeta bajo el brazo y el daimonion cojeando detrás, como si tirara de él a través de una correa invisible.

Malcolm soltó al instante la canoa y cogió a Lyra, mientras Alice se volvía para mirar.

—Oh, Dios mío, no —exclamó.

No les iba a dar tiempo de llevar la canoa hasta el agua. Incluso si lo lograban, el hombre tenía la escopeta. Pese a que su semblante quedaba difuminado con la penumbra, su porte y su actitud dejaban bien claro que se sabía vencedor.

Se detuvo a unos pasos de distancia y se pasó la escopeta a la mano izquierda. ¿Sería zurdo? Malcolm no logró recordarlo y se maldijo por eso.

—Bueno, da igual que me la deis —dijo Bonneville—. Ahora ya no podéis escapar.

—¿Para qué la quiere? —preguntó Malcolm, apretando a la niña contra el pecho.

—Porque es un maldito pervertido —dijo Alice.

Bonneville soltó una queda carcajada.

Malcolm tenía el corazón tan desbocado que le dolía el pecho. Notó que Alice se tensaba a su lado. Bonneville aún no se había dado cuenta de que había desaparecido su barca. Mejor sería que no mirara en esa dirección.

—Eso que me decía desde el otro lado de la puerta no era verdad —soltó.

Malcolm sostenía a Lyra con el brazo izquierdo, aferrándola contra sí; Asta, en forma de ratón, les susurraba algo a ella y a Pan. Malcolm palpó detrás con la mano derecha, tratando de localizar el cuchillo. Los músculos del brazo le temblaban de tal manera que temía que se le cayera antes de poder utilizarlo. De todas formas, tampoco estaba seguro de querer apuñalar a ese tipo. Jamás le había hecho daño a nada, ni a una mosca; las únicas peleas en que había participado habían sido riñas en el patio de la escuela. Incluso cuando hizo caer a aquel crío al río por haber pintado una S encima de la V de «Salvaje», enseguida lo había ayudado a salir del agua.

—¿Cómo ibas a saber si era verdad o no? —replicó Bonneville.

—Porque le cambia la voz cuando dice la verdad —afirmó Malcolm.

—Ah, ¿tú crees en ese tipo de cosas? También debes de creer que lo último que alguien ve se le queda grabado en la retina, ¿no?

—No, eso no lo creo —contestó Malcolm, tentando el mango del cuchillo—. Pero díganos: ¿qué piensa hacer con ella?

—Es mi hija. Quiero darle la educación que se merece.

—No lo es. Tendrá que darnos otra explicación.

—De acuerdo. La voy a asar y me la voy a comer. ¿Tienes idea de lo deliciosa...?

Alice le escupió.

—Vamos, Alice —dijo Bonneville—, con lo amigos que habríamos podido ser tú y yo. Más que amigos..., diría yo. ¡Con lo unidos que estuvimos a punto de estar! Pero mira cómo ha acabado nuestra historia. No deberíamos permitir que una cosa tan pequeña estropee una hermosa posibilidad.

Malcolm había sacado el cuchillo del cinto. Alice, que percibía lo que estaba haciendo a pesar de la oscuridad, se acercó un poco más.

—Aún no nos ha dicho la verdad —soltó Malcolm, que equilibró el peso de Lyra.

Bonneville avanzó unos pasos. Malcolm apartó a Lyra de su torso como si fuera a entregársela. Bonneville alargó el brazo derecho para cogerla.

En cuanto lo tuvo lo bastante cerca, Malcolm movió la mano derecha y clavó lo más hondo que pudo el cuchillo en el muslo de Bonneville, que era la parte que tenía al alcance. El hombre soltó un rugido de dolor y se tambaleó, dejando caer el arma para agarrarse la pierna. El daimonion se puso a aullar: se precipitó hacia delante, resbaló y cayó de bruces. Malcolm giró sobre sí a toda velocidad y dejó a Lyra en el suelo... Entonces se oyó una explosión tan estruendosa que lo derribó.

Con un tremendo zumbido en los oídos, se puso en pie y

vio que Alice empuñaba la escopeta. Bonneville gruñía y se balanceaba sobre la hierba, con la mano sobre el muslo, que sangraba profusamente. Su daimonion yacía pataleando, aullando y chillando. Era incapaz de levantarse: tenía destrozada la única pierna delantera que le quedaba.

—Coge a Lyra —le dijo Alice a Malcolm.

Por su parte, agarró la borda de la canoa para arrastrarla sobre la hierba en dirección a la orilla del agua.

Bonneville soltaba gritos sin sentido. Trató de arrastrarse por el suelo hacia la niña. Alice arrojó la escopeta entre las matas a la sombra de los árboles y recogió a Lyra de donde Malcolm la había dejado. Bonneville intentó cogerla cuando se acercó, pero ella lo esquivó con facilidad y sorteó de un salto al daimonion, que se retorció entre aullidos. Volvió a caer al tratar de ponerse en pie apoyándose en lo que le quedaba de pierna.

Era un espectáculo horrible. Malcolm tuvo que cerrar los ojos. Luego Alice subió a la canoa, con Lyra entre los brazos. Se separó de la orilla impulsando el remo. La canoa cumplió sus órdenes y se alejaron hacia el flujo de la riada.

19

El pescador furtivo

En el firmamento se acumulaban los nubarrones, pero detrás la luna, casi llena, irradiaba su tenue luz por todo el cielo.

Lyra seguía despierta, celebrando con alegres gorgoritos el balanceo de la barca. Malcolm sintió que el agarrotamiento de sus brazos y sus hombros disminuía; la canoa avanzaba a toda velocidad en la oscuridad. Alice mantenía la mirada fija más allá de la cabeza de Malcolm, en la casa que iba desapareciendo detrás. Malcolm alcanzaba a verle la expresión de la cara, severa, ansiosa y enojada. Luego advirtió que se inclinaba para arropar a Lyra y acariciarle la cara.

—¿Quieres una galleta? —preguntó en voz baja.

Él pensó que se lo decía a Lyra. Después vio que le estaba mirando a él.

—¿Qué pasa? Estás embobado —le dijo.

—Ah, era a mí. Sí, por favor. Me vendría bien una galleta. En realidad, me comería una empanada entera de ternera y riñones, con gaseosa y…

—Calla —reclamó Alice—. Es una tontería hablar de eso. Lo único que tenemos son galletas. ¿Quieres una o no?

—Sí.

Alice adelantó el torso y le dio un puñado de galletas de

higo. Malcolm se las comió a bocados pequeños, haciéndolos durar lo más que podía en la boca.

—¿Lo ves? —preguntó él al cabo de cinco minutos.

—Ni siquiera veo la casa. Me parece que ya nos hemos librado de él.

—Pero está loco. Los locos no saben darse por vencidos.

—Entonces tú debes de estar loco.

No supo qué contestar. Siguió remando, pese a que la corriente era tan fuerte que le bastaba con gobernar la canoa, manteniendo bien encarada la proa.

—Seguramente está muerto —dijo Alice

—Eso mismo pensaba yo. Estaba perdiendo mucha sangre.

—Creo que tenía una arteria en ese sitio de la pierna. Y ese daimonion...

—No puede seguir con vida, seguro. Ninguno de los dos está en condiciones de moverse.

—Ojalá estén muertos.

Las nubes se dispersaban de vez en cuando, dejando pasar la luz de la luna, que brillaba con tal intensidad que Malcolm tenía casi que protegerse los ojos. Alice permanecía erguida, escrutando con semblante fiero lo que dejaban atrás. Él oteaba al frente, en busca de un lugar donde atracar y descansar, pero entre las turbulentas aguas solo sobresalía algún que otro grupo de árboles de ramas desnudas. Tenía la sensación de que había superado el límite del agotamiento para entrar en un estado de trance. Le parecía que había minutos en que su cuerpo dormido remaba, observaba y gobernaba la barca sin la intervención de su mente.

El viento era el único ruido que se superponía al de las aguas, aunque también había un intermitente zumbido como el de los insectos. La riada debía de estar creando pestilencia, pensó Malcolm.

—Será mejor que no se acerquen a Lyra los mosquitos... o esos otros bichos —dijo.

—¿Qué mosquitos, con el frío que hace?

—Pues yo oigo uno.

—No es un mosquito —respondió ella con desdén y señalando con la barbilla algo que había a su espalda.

Malcolm se volvió. Las voluminosas nubes se habían apartado y la luna relucía sobre la vasta extensión de agua. En todo aquel espacio vacío solo había algo que se movía: una lancha motora que aún estaba lejos de ellos. La alcanzaba a ver solo porque tenía un reflector en la proa. A cada minuto que pasaba iba acortando la distancia.

—¿Es él? —planteó Malcolm.

—No puede ser. Es demasiado grande. No tenía una barca con motor.

—Aún no nos han visto.

—¿Cómo lo sabes?

—Porque están moviendo el reflector por todas partes; además, irían mucho más deprisa si quisieran alcanzarnos. Nos tendremos que esconder: si se acercan más, nos van a ver.

Se encorvó para remar con más fuerza, aunque le dolían todos los huesos y los músculos del cuerpo y a pesar de que tenía ganas de llorar de agotamiento. Pero por nada del mundo habría querido llorar delante de Lyra. Para ella, Malcolm era grande y fuerte, así que supuso que se asustaría si se daba cuenta de que él tenía miedo.

Apretando las mandíbulas, seguía hundiendo el remo en el agua. Los músculos le temblaban e intentaba no fijarse en el zumbido del motor. Ya no era intermitente, sino constante. Poco a poco, se oía más y más cerca.

La riada los estaba llevando a una zona de colinas y bosques. Las colinas estaban más próximas entre sí que antes; en los bosques, había zonas de árboles pelados y otras de especies perennes. Las nubes volvieron a tapar la luna y lo ensombrecieron todo.

—No los veo —dijo Alice—. Se han ido detrás de ese bosque… No, ahí están.

—¿A cuánta distancia dirías que están?

—Nos alcanzarán dentro de cinco minutos.

—Entonces voy a parar.

—¿Por qué?

—En el agua podrían hacernos volcar. En tierra tenemos más posibilidades.

—¿Posibilidades de qué?

—Posibilidades de no morir.

En realidad, estaba aterrorizado. Apenas habría podido controlar la canoa si soltaba el remo. A su izquierda había una ladera boscosa, poblada de oscuros árboles. También había algo que en la oscuridad parecía un dique de piedra, aunque probablemente fuera el tejado de una casa grande. En cualquier caso, fue hacia allí.

En ese momento, volvió a salir la luna.

No era un tejado, sino un simple retazo de tierra plana delante del bosque. Malcolm llevó *La bella salvaje* hasta la tierra mullida. Alice cogió a Lyra y se bajó casi en un solo movimiento. Después de tocar tierra, Malcolm se volvió para vigilar la lancha.

Alice se había alejado un poco ladera arriba, pero el espacio despejado no era muy amplio. Las encinas de denso ramaje cargado de hojas erizadas lo rodeaban por todas partes. Con Lyra entre sus brazos, observaba con temor el horizonte en busca de la lancha, basculando inconscientemente el cuerpo de un pie a otro, jadeando.

Por su parte, Malcolm sintió que nunca le había costado tanto moverse; le temblaban todos los músculos. Levantó la vista hacia la espesura de los árboles, cuyas hojas eran aún más oscuras que el cielo. Los rayos de luna parecían tener una fuerza despiadada, pero, aun así, eran incapaces de colarse entre aquel dosel de hojas. Tiró y tiró de *La bella salvaje*, subiéndola por el suelo rocoso. Llegó al amparo de la sombra de los árboles justo cuando el reflector aparecía por detrás de un denso bosque, a unos doscientos metros de distancia, y giraba en dirección a ellos.

—No te muevas —dijo Malcolm—. Estate quieta.

—¿Crees que soy estúpida? —musitó Alice.

Luego la luz los enfocó directamente, deslumbrante y cegadora. Malcolm cerró los ojos, permaneciendo como una estatua. Oía que Alice le susurraba algo a Lyra, con desesperación, para que no se moviera. Después la luz pasó de largo y la lancha se alejó.

Cuando se hubo ido, el miedo que Malcolm había estado

refrenando desde que había apuñalado a Bonneville regresó. Dobló el cuerpo y se puso a vomitar.

—No te preocupes —dijo Alice—. Dentro de nada estarás mejor.

—¿Sí?

—Sí. Ya lo verás.

Nunca le había oído ese tono en su voz. Le pilló por sorpresa. Lyra lloriqueaba. Se limpió la boca y buscó a tientas la linterna en la canoa. Después la encendió y la movió para distraer a Lyra. La niña paró de llorar y alargó las manos para cogerla.

—No, no te la puedes quedar —dijo—. Voy a buscar leña para hacer fuego. Ya verás qué bonito. Cuando nos hayamos calentado, podremos...

No supo cómo terminar la frase. Jamás había sentido tanto miedo. Pero ¿por qué? El peligro había pasado.

—Alice, ¿estás asustada?

—Sí, pero no mucho. Si estuviera sola, sí lo estaría, pero al estar los dos...

Malcolm empezó a subir la ladera en dirección al bosque. Los árboles eran tan densos y espesos que le costó abrirse paso entre ellos; cuando entró, las hojas le arañaron las manos y la cabeza. Aun así, sintió cierto alivio. Cualquier actividad conllevaba esa sensación. En el suelo había muchas ramas secas y leña menuda.

Cuando volvía cargado con ella, encontró a Alice de pie, desesperada.

—¿Qué pasa?

—Están volviendo...

Señaló hacia el horizonte. Por la dirección por donde habían llegado, vieron una luz en el agua..., el reflector... Aunque era difícil decirlo desde tan lejos, el barco tenía un aspecto oficial, como si fuera de la policía o del Tribunal Consistorial de Disciplina. Estaba buscando algo o a alguien. Se acercaba sin prisa pero sin pausa. Pronto los verían.

En ese momento, oyeron un roce de hojas y, de entre las ramas, salió un hombre.

—Malcolm, esconde mejor la barca bajo los árboles, rápido —dijo—. Trae a la niña por aquí. Que no la vean. Son del Tribunal Consistorial. ¡Vamos!

—¿Señor Boatwright? —preguntó Malcolm, con estupor.

—Sí, soy yo. Ahora date prisa.

Mientras Alice corría a refugiarse con Lyra bajo los árboles, Malcolm desató *La bella salvaje*. Con la ayuda de George Boatwright, la subió por la ladera. Una vez al amparo de las ramas bajas, sacó la mochila de Bonneville y la puso boca abajo por si volvía a llover.

Entre tanto, el barco con el reflector seguía aproximándose.

—¿Cómo sabe que son del Tribunal Consistorial? —susurró.

—Han estado patrullando. No te preocupes. Si nos quedamos quietos y sin hacer ruido, no se pararán.

—La niña…

—Una gota de vino servirá para que esté callada —dijo Boatwright, tendiéndole algo a Alice.

Malcolm miró a su alrededor. Lo único que tenía ante la vista era a Boatwright y una sucesión de sombras, pero entonces la luna volvió a ocultarse y las sombras se disolvieron en una tupida oscuridad. El barco con el reflector estaba más cerca.

—¿Dónde está Alice? —preguntó Malcolm a Asta.

—Un poco más allá, dándole una bebida a Lyra —contestó el daimonion, con un murmullo casi inaudible.

Los ocupantes del barco habían visto algo que les había llamado la atención. El reflector enfocó la orilla y siguió proyectando la luz por la ladera cubierta de árboles. Malcolm se sintió como si todo su cuerpo fuera visible.

—Quédate quieto y no verán nada —susurró Boatwright desde la oscuridad.

—¿No hay unas huellas de pisadas? —dijo una voz desde el barco.

—¿Dónde? —preguntó otra.

—En la hierba. Por allí, mira.

El reflector volvió a bajar. Las voces sonaron de nuevo, más apagadas.

—¿Van a…? —empezó a musitar Malcolm, antes de que Boatwright le tapara la boca con su mano impregnada de olor a humo.

—… no hay que molestarse por eso —dijo una de las voces—. Vamos.

La luz se alejó, el ruido del motor aumentó y el barco se fue alejando. Al cabo de un minuto había desaparecido en medio de la riada.

Boatwright apartó la mano. Malcolm apenas podía hablar: estaba temblando. Dio un traspiés y Boatwright lo sostuvo.

—¿Cuánto hace que no has comido ni dormido? —preguntó.

—No me acuerdo.

—Bueno, eso lo explica todo. Ven por aquí y te daré un poco de comida caliente. Tú madre estaría orgullosa de un estofado como el que tenemos en la cueva, fíjate. ¿Quieres que te lleve eso?

A pesar de que la mochila pesaba bastante, Malcolm sacudió la cabeza. Enseguida añadió un «no», cuando se dio cuenta de que no se veía nada en aquella oscuridad. Boatwright le ayudó a colgarse las correas. Unos pasos más allá, había un claro donde estaba sentada Alice, sobre un tronco caído. Lyra, completamente dormida, descansaba en su regazo. Le había dado de beber vino con una cuchara.

Al ver a Malcolm, Alice se levantó y se acercó a él.

—Coge a Lyra. Tengo que ir a hacer pipí…

Después de dejarle a la pequeña, se alejó a toda prisa entre los matorrales.

A pesar del temblor, Malcolm sostuvo con la mayor firmeza posible a la niña, notando su tranquila respiración.

—Tendríamos que haberte dado vino antes —le dijo—. Estás durmiendo como un bebé.

—Ahora hay que andar cinco minutos, muchacho —le dijo Boatwright—. ¿Quieres traer algo más de la canoa?

—¿Estará segura?

—Es invisible, hijo. No puede haber nada más seguro.

—Ya. Bueno…, hay algunas cosas para la niña. Alice sabe qué son.

En ese preciso momento llegó Alice, alisándose la falda. Como los había oído, cogió varias cosas: un cojín, mantas, el cazo, un paquete de pañales, una caja de leche en polvo... No obstante, temblaba tanto como Malcolm.

—Extiende esa manta en el suelo —le pidió Boatwright. Una vez que Alice hubo seguido la indicación, lo concentró todo en el medio y, juntando las cuatro puntas, formó un hatillo que se colgó a la espalda—. Ahora, seguidme.

—¿Puedes llevarla? —susurró Alice.

—Un rato sí. Está dormida.

—Debimos haber probado antes con el vino...

—Eso mismo he pensado yo.

—No sé qué efecto tendrá en sus tripas. A ver, dámela. Tú ya llevas esa mochila. ¿Y qué hay adentro? ¿Es de Bonneville?

—Sí —confirmó Malcolm—. La tenía en la barca.

Se alegró de poder pasarle al bebé. Y es que la mochila pesaba lo suyo. No tenía ni idea de por qué la había cogido, aparte de que pudiera servirle para negociar. Quizá ya no la iban a necesitar. Bonneville había sido un espía y era posible que allí dentro hubiera pruebas de ello. Estaría bien entregársela a la doctora Relf.

Se le hizo un nudo en la garganta. Solo pensar en aquellas agradables tardes en esa casa tan acogedora, charlando sobre libros y oyéndola hablar de la historia de las ideas hizo que le sobreviniera un acceso de nostalgia. Quizá tendría que ser un fugitivo durante el resto de su vida, un proscrito como el señor Boatwright. Todo estaba muy bien con las inundaciones, cuando todo estaba trastocado, pero cuando el agua se retirase y volviera a emerger la vida normal... La verdad era que nada volvería a ser normal.

Después de caminar durante unos minutos, llegaron a un claro más grande delante de una roca que surgía directamente del suelo. La luna había vuelto a salir; con su plateada luz, vieron la entrada de una cueva, medio oculta detrás de la maleza. El humo de un fuego se dispersaba por el aire, mezclado con diversos y apetecibles olores de carne y de salsa. Oyeron el sonido amortiguado de voces.

El señor Boatwright levantó una pesada cortina de lona e

invitó a pasar a Malcolm y a Alice. Cuando entraron, todas las conversaciones se interrumpieron. Con la luz de un farol vieron a media docena de personas, hombres, mujeres y dos niños, sentadas en el suelo en cajas de madera: comían en platos de hojalata. Al lado del fuego había una corpulenta mujer a quien Malcolm reconoció: era la señora Boatwright. Esta reparó primero en Alice.

—¿Alice Parslow? Eres tú, ¿no? Conozco a tu madre. Y tú eres Malcolm Polstead de La Trucha... Vaya por Dios. ¿Qué pasa, George?

—Son supervivientes de las inundaciones —dijo George Boatwright.

—Podéis llamarme Audrey —dijo la mujer mientras se ponía en pie—. ¿Y quién es este bebé? ¿Es un niño o una niña?

—Una niña —precisó Malcolm—. Es Lyra.

—Vaya, hay que cambiarle el pañal. Allí tenemos agua caliente. ¿Tenéis comida que darle? ¿Leche en polvo? Ah, ya tenéis. Perfecto. Pondré a hervir un cazo mientras la laváis y la cambiáis. Después podéis comer algo con nosotros. ¿Habéis venido navegando desde Oxford? Tenéis que estar agotados. Comed y después dormid.

—¿Dónde estamos? —preguntó Malcolm.

—En la zona de los Chilterns, no sé exactamente dónde. Por ahora es un sitio seguro. Esa otra gente es como nosotros. Están pasando por los mismos apuros, más o menos, pero no es de buena educación preguntar cuál es su caso.

—De acuerdo —convino Alice.

—Gracias —dijo Malcolm.

Después se fue con Alice a un rincón de la cueva, lejos de las personas que comían. Audrey Boatwright les llevó un farol y lo colgó. Con su cálida luz, Alice desabrochó la empapada ropa de Lyra y entregó a Malcolm el pestilente paquete.

—Su vestido y todo está... —dijo este.

—Lo lavaremos y lo tenderemos en una mata. Por ahora la envolveré con la manta y la volveré a vestir en la canoa. Nos queda otro juego de ropa seca.

Malcolm se llevó el empapado bulto y separó con cuidado lo que era para tirar y lo que había que lavar. Miró a su alrededor, buscando dónde dejaban la basura: vio a un niño más o menos de su edad que lo estaba mirando.

—¿Quieres saber dónde lo tienes que tirar? —le dijo—. Ven conmigo: te lo enseñaré. ¿Cómo te llamas?

—Malcolm. ¿Y tú?

—Andrew. ¿Es tu hermana?

—¿Quién, Alice? No…

—Quiero decir el bebé…

—No. Solo estamos cuidando de ella por las inundaciones.

—¿De dónde sois?

—De Oxford. ¿Y tú?

—De Wallingford. Mira, puedes tirarlo en ese hoyo de aquí.

Pese a que el muchacho se mostraba servicial, Malcolm no tenía ganas de hablar. Lo único que quería era dormir. De todas formas, y basándose en el principio de que no había que crearse enemigos, dejó que lo acompañara a la cueva e intercambió unas cuantas frases con él.

—¿Estás aquí con tus padres? —le preguntó.

—No. Solo con mi tía.

—¿Os arrastró la riada?

—Sí. Mucha gente de nuestra calle se ahogó. Seguramente no ha habido una inundación así desde los tiempos de Noé.

—Sí, no me extrañaría. Aunque no creo que dure mucho.

—Cuarenta días y cuarenta noches.

—¿Ah, sí? Ah…, claro —dijo Malcolm al recordar las clases de la Biblia.

—¿Cómo se llama la pequeña?

—Lyra.

—Lyra… ¿Y quién es la muchacha? ¿No has dicho que se llamaba Alice?

—Es solo una amiga. Gracias por enseñarme dónde estaba el hoyo. Buenas noches.

—Oh, buenas noches —repuso Andrew, un poco decepcionado.

Alice estaba dando de comer a Lyra, sentada bajo la luz del farol, con cara de cansancio. Audrey Boatwright se acercó con dos humeantes platos llenos de estofado con patatas.

—Dejádmela a mí —se ofreció—. Yo acabaré de darle la leche. Vosotros también necesitáis comer.

Alice le entregó a la pequeña sin pronunciar ni una palabra y empezó a comer, tal como ya había hecho Malcolm. Jamás había tenido tanta hambre ni había sentido tanta satisfacción al saciarla, ni siquiera en la cocina de su madre.

Terminó el estofado y casi de inmediato notó que se le cerraban los ojos. A fuerza de voluntad logró mantenerse despierto para coger a Lyra, después de que Audrey le diera unos golpecitos en la espalda, y llevarla hasta Alice, que ya se había hecho un ovillo en el suelo.

—Toma —dijo el señor Boatwright, que le dio unas mantas y unos sacos de lona llenos de heno.

Con las pocas fuerzas que le quedaban, Malcolm los ahuecó y los colocó uno al lado del otro; después, una vez que hubo situado a Lyra entre ambos, se acostó junto a Alice y se sumergió en el acto en el sueño más profundo de toda su vida.

Fue Lyra quien los despertó, cuando la luz gris de un amanecer lluvioso se coló en el interior de la cueva. Asta mordisqueó, medio dormido, la oreja de Malcolm, que regresó al estado de vigilia como quien se esfuerza por emerger hasta la superficie de un lago de láudano. En el fondo parecían concentrarse todas las delicias; mientras arriba no había más que frío, miedo y obligaciones.

Lyra lloraba y Asta trataba de confortar a Pan, pero el pequeño hurón, inconsolable, se refugió en las profundidades del cuello de Lyra, irritándola aún más. Con los párpados pesados, Malcolm se levantó y se puso a mecer a la niña en el suelo. Como aquello no dio resultado, la cogió en brazos.

—Veo que esta noche también has ido al baño —susurró—. Nunca vi una producción tan intensa de estiércol. Veré si puedo cambiarte yo mismo. Alice todavía está dormida, ¿ves?

Se había calmado un poco al tenerla en brazos, pero no mucho. En lugar de llorar a pleno pulmón, gimoteaba. Pan asomó la cabeza y dejó que Asta le lamiera el hocico.

—¿Qué haces? —murmuró Alice.

De inmediato, su daimonion despertó y se puso a gruñir débilmente.

—Tranquila —dijo Malcolm—. La voy a cambiar.

—Tú no sabes —afirmó Alice, incorporándose—. Lo vas a hacer mal.

—Sí, puede ser —concedió Malcolm, con cierto alivio.

—¿Qué hora es?

—Está amaneciendo.

Susurraban porque no querían despertar a los demás. Con una manta sobre los hombros, Alice fue hasta el fuego y añadió otro leño al montón de cenizas, que removió hasta encontrar un rescoldo. Después puso a calentar el cazo. Cerca había un tonel con agua limpia. Audrey había dicho que todo aquel que la utilizara tenía que volver a llenarlo con el agua de la fuente de afuera, de modo que se encargó de cumplir aquella norma mientras esperaba que se calentara el cazo.

Malcolm, mientras tanto, caminaba de un lado a otro con Lyra. Fueron a la entrada de la cueva y observaron la densa cortina de lluvia que caía, incesante, y el aire impregnado de humedad. Volvieron a mirar el interior de la cueva, donde la gente dormía a ambos lados, unos solos y otros acurrucados junto a otras personas. Eran bastantes más de lo que le había parecido la noche anterior, quizá porque ya dormían en un rincón o porque habían llegado más tarde. Tal vez habían estado cazando. Si la riada había obligado a los ciervos y a los faisanes a refugiarse en las tierras altas, abandonando sus guaridas y nidos, debía de haber abundante caza.

Comentó todo aquello con Lyra, mientras la mecía al tiempo y se movía arriba y abajo.

—Fíjate en Pantalaimon —susurró Asta.

Entonces vio que el daimonion, convertido en gatito, clavaba involuntariamente las diminutas garras en la mano de Malcolm. Este se quedó estupefacto, cohibido, como si fuera un privilegiado. El gran tabú que prohibía tocar al daimonion de otra persona no era instintivo, sino fruto de la educación. Sintió una oleada de amor por la niña y su daimonion, pero eso no provocó cambio alguno en ellos, porque Lyra seguía lloriqueando y Pantalaimon pronto soltó la mano de Malcolm y se transformó en sapo.

Luego volvió a asaltarlo el miedo. Lo que le habían hecho a Bonneville… Cuando los de la patrulla del Tribunal Consistorial de Disciplina encontraran al daimonion con la pierna destrozada y al hombre con una herida en el muslo, tendrían un motivo más para perseguirlos. ¿Seguiría Bonneville con el cuchillo clavado en la herida? ¿Habría muerto? Tenía un recuerdo confuso de lo que había pasado. Todo había transcurrido tan deprisa como en una pesadilla…

—Ya está a punto —susurró Alice a su espalda.

Faltó poco para que diera un brinco del susto. Sin embargo, ella no se rio. Parecía como si supiera en qué pensaba, pues Alice también debía estar pensando lo mismo. Malcolm nunca olvidaría la mirada que intercambiaron en la entrada de la cueva antes de volver al fuego. Fue algo profundo, complejo e íntimo. Algo que le llegó a todas las fibras de su ser, del cuerpo, del daimonion y del fantasma.

Se arrodilló a su lado y estuvo distrayendo a Lyra con Asta, mientras Alice la lavaba y la secaba.

—Es como si una pudiera verla pensando, aunque todavía no tenga palabras —comentó.

—Pues por aquí abajo no se ve nada —dijo Alice en voz baja.

La luz iba en aumento. Ya había un par de personas que empezaban a moverse. Malcolm cogió el paquete que había que tirar y se desplazó sin hacer ruido hasta el hoyo que le había enseñado el niño.

—No lo he visto en la cueva —susurró Asta.

—Quizá duerme en otro sitio.

Después de localizar el hoyo de la basura, se apresuraron a volver. Estaba lloviendo a cántaros. Cuando llegaron, Audrey sostenía a Lyra, que parecía bastante tranquila, a pesar de que había un aire de duda en su expresión mientras Alice preparaba la leche.

—¿Quién es su madre? —preguntó Audrey, que se instaló al lado del fuego.

—No lo sabemos —respondió Malcolm—. Cuidaban de

ella las monjas de Godstow, así que debe de ser alguien importante.

—Ah, ya sé cuáles —dijo Audrey—. La hermana Benedicta.

—Sí, ella es la superiora, pero la que más se ocupaba de la niña era la hermana Fenella.

—¿Qué pasó?

—El priorato se vino abajo con la riada. Tuvimos justo el tiempo para cogerla y llevárnosla. Después la corriente nos arrastró.

—¿Así que no sabéis quién es su familia?

—No —contestó Malcolm, que cada vez mentía con más desenvoltura.

Audrey entregó la pequeña a Alice, que ya tenía listo el biberón. El señor Boatwright se levantó, se estiró y salió de la cueva. Poco a poco, la gente se iba despertando.

—¿Quiénes son los demás? —preguntó Malcolm—. ¿Son todos familiares suyos?

—Están mi hijo Simon, con su mujer y sus dos hijos. Los demás son… otra gente.

—Hay un niño que se llama Andrew. Hablé con él anoche.

—Sí, es el sobrino de Doris Whicher. Doris está por allí, al lado de esa piedra tan grande. Son de la zona de Wallingford. Vaya, qué hambre tiene, ¿eh? —dijo con admiración, observando la avidez con que Lyra engullía la leche.

Doris Whicher todavía dormía. Andrew no estaba con ella.

—No creo que nos quedemos mucho tiempo —dijo Malcolm—. Solo hasta que pare de llover.

—Quedaos todo el tiempo que haga falta. Aquí no corréis peligro. Nadie sabe que existe ese sitio. Somos varios los que debemos cuidar de que no se sepa dónde estamos. Hasta ahora no le ha pasado nada a nadie.

El señor Boatwright llegó de fuera con un pollo muerto.

—¿Sabes desplumar un pollo, Malcolm? —dijo.

Sabía cómo se hacía. Se lo había visto hacer a la hermana Fenella en la cocina del priorato. También había ayudado a su madre en un par de ocasiones. Cogió el ave, que estaba bastante esquelética, y se puso manos a la obra mientras el señor Boatwright se sentaba y, tras avivar el fuego, encendía una pipa.

—¿Qué dijeron cuando desaparecí? —preguntó—. ¿Alguien adivinó adónde había ido?

—No —repuso Malcolm—. Todos dijeron que usted era la única persona que había escapado del Tribunal Consistorial de Disciplina. Al día siguiente vinieron los agentes e hicieron muchas preguntas, pero nadie dijo nada, excepto un par de personas que contaron que usted tenía poderes diabólicos, como la capacidad de volverse invisible. Dijeron que por eso el Tribunal Consistorial de Disciplina nunca conseguiría encontrarlo.

Al señor Boatwright le dio tanta risa que tuvo que dejar la pipa a un lado.

—¿Has oído eso, Audrey? —dijo, resollando—. ¡Invisible!

—No sé... A mí lo que me gustaría más bien es que no pudiera oírte —bromeó ella.

—No —prosiguió—, lo que pasa es que ya estaba preparado para algo así. Esté uno donde esté, siempre ha de tener un modo de escapar, siempre. Y cuando llegue el momento, no debe dudar ni un segundo. ¿A que sí, Audrey? Nosotros teníamos pensada nuestra huida: escapamos la noche en que esos cabrones fueron a La Trucha.

—¿Vinieron directamente aquí?

—De alguna manera, sí. Hay senderos ocultos y refugios secretos por todos los bosques, por todo Oxfordshire, Gloucestershire y Berkshire. Y aún más allá. Uno podría ir desde Bristol hasta Londres por esos caminos secretos sin que nadie se enterara.

—¿Qué pasó cuando vino la riada?

—Ah, la riada lo trastocó todo. Al principio les dio ventaja, porque ellos tenían más barcos y hombres, pero lo único que tuvimos que hacer nosotros era subir más arriba. Este sitio donde estamos ahora es el trozo de terreno más alto de Berkshire.

—Pero al tener menos terreno donde buscar, ¿no les resultaría más fácil encontrarlos?

—No, porque teníamos más formas de escapar —aseguró George Boatwright—. Al haber más agua alrededor, hay más vías de escape, ¿entiendes? Conocemos todos los atajos, los sitios menos profundos y los más hondos. Siempre podemos escapar y nunca nos van a encontrar. El agua está de nuestra parte, no de la suya.

—No lo entiendo —reconoció Malcolm, que le dio la vuelta al pollo.

—Es por las criaturas que hay en el agua, Malcolm. No me refiero a los peces ni a las ratas de agua, sino a los antiguos dioses. Yo he visto varias veces al Viejo Padre Támesis, con su corona, sus algas y su tridente. Está de nuestra parte. Esos malditos del Tribunal Consistorial de Disciplina nunca vencerán al Viejo Padre Támesis. Tampoco a otros seres. Había un hombre aquí con nosotros que vio a una sirena cerca de Henley. Como el mar estaba tan crecido, subió por el río, hasta un sitio tan alejado de la costa. Bueno, pues ese tipo me juró que, si volvía a ver a esa sirena, se iría con ella. En fin, al cabo de dos días desapareció. O sea, que es probable que hiciera eso. En cualquier caso, es lo que yo creo.

—Si estás hablando de Tom Simms —intervino Audrey—, yo diría que seguramente estaba borracho y que su sirena era una marsopa.

—No era una marsopa. Habló con ella, ¿no? Y ella le respondió. Me dijo que tenía una voz más dulce que el sonido de un carrillón. Apostaría diez contra uno a que ahora está con ella en el océano Germano.

—Pues entonces pasará un frío de narices —replicó Audrey—. A ver, dame ese pollo. Yo acabaré de desplumarlo.

Aunque le pareció que tampoco lo estaba haciendo tan mal, se alegró de que la mujer se encargara de ello. Tenía los dedos entumecidos por el frío y le costaba agarrar las plumas más pequeñas.

—Ve a buscar pan en ese cubo de allá —le indicó Audrey—. En el cubo de al lado hay queso.

Eran unos cubos de basura galvanizados. En el primero vio tres barras y media de pan, duras y rancias, y un cuchillo para cortarlas. Malcolm cortó una rebanada para él y otra para Alice; a continuación, cogió un poco de queso mientras la tal Doris Wicher se despertaba cerca de allí y miraba con ojos soñolientos a su alrededor.

—¿Andrew? —llamó—. ¿Dónde está Andrew?

—Esta mañana no lo he visto —dijo Malcolm.

La mujer se incorporó: olía a alcohol.

—¿Adónde ha ido?

—La última vez que lo vi fue anoche.

—¿Y quién eres tú?

—Malcolm Polstead —contestó, considerando que no tenía sentido dar un nombre falso, puesto que el señor Boatwright sabía perfectamente quién era.

Doris soltó un gruñido, antes de volver a acostarse. Malcolm fue a llevar el pan con queso a Alice. Audrey Boatwright tenía a Lyra en brazos y le daba golpecitos en la espalda. Lyra correspondió a la atención dejando escapar un pequeño eructo. Malcolm se sentó para masticar el pan y el queso. Aunque le parecieron bastante duros, su estómago agradeció el esfuerzo que hacía con la dentadura.

Luego, en cuanto tuvo oportunidad de sentarse con tranquilidad, regresó el recuerdo: la conciencia de que habían matado a Bonneville, de que él y Alice eran unos asesinos. Aquella espantosa palabra se quedó grabada en su mente como impresa con tinta roja. Asta se transformó en polilla y voló desde su hombro hasta el daimonion de Alice, Ben, que inclinó la cabeza al tiempo que Asta le susurraba algo. El señor Boatwright iba de un lado a otro, enseñando a Lyra a las personas que acababan de despertar. Ahora el pollo había quedado a cargo de alguien más, que le quitaba las tripas, lo trinchaba y lo rebozaba con harina. Si iba a servir de comida para todos los ocupantes de la cueva, pensó Malcolm intentando distraerse, las raciones serían escasas.

Alice, que se había acercado, se inclinó para susurrarle algo.

—Ese hombre, el señor…

—El señor Boatwright.

—¿Te fías de él?

—Eh…, creo que sí. Sí.

—Porque no deberíamos quedarnos aquí mucho más tiempo.

—Sí, es mejor. Aparte está ese niño…

Le explicó lo de Andrew y a ella se le alteró el semblante.

—¿Y ahora no está aquí?

—No. Eso me tiene un poco preocupado.

En ese momento, la tía de Andrew se acercó con paso incierto al fuego y se dejó caer con pesadez. Alice la miró mal, pero ella ni se percató. El olor a alcohol era tan fuerte que Malcolm pensó que debería tener cuidado de no respirar cerca del fuego. Su daimonion cuervo no paraba de caerse y levantarse como podía.

Luego posó la mirada en Malcolm.

—¿Quién me estaba preguntando por Andrew? ¿Eras tú?

—Sí. No sabía dónde estaba.

—¿Por qué lo quieres saber?

—Porque anoche hablé con él y dijo algo interesante por lo que le quería preguntar.

—¿Es lo de esa maldita liga?

A Malcolm se le tensaron todos los nervios del cuerpo.

—¿La Liga de san Alexander? ¿Es miembro de ella?

—Sí, el muy canalla. Si una vez le dije…

Malcolm se levantó como un resorte. Alice, que se dio cuenta de que algo iba mal, fue tras él.

—Tenemos que irnos ahora mismo —resolvió.

Alice corrió al encuentro de Audrey Boatwright, que hablaba con otra mujer cerca de la entrada de la cueva, con Lyra cómodamente instalada en el regazo. Malcolm paseó la vista en derredor y vio a George Boatwright doblando unas ramas para confeccionar una trampa.

—Señor Boatwright, disculpe que lo moleste, pero tenemos que irnos ahora mismo. ¿Puede enseñarnos el camino para…?

—No os preocupéis por ese barco del Tribunal Consistorial de Disciplina —dijo confiadamente Boatwright—. Lo más probable es que…

—No, no es por ellos. Tenemos que llevarnos a Lyra antes de que…

Entonces oyeron unas voces. Se volvió y vio a Alice, que intentaba interponerse entre la señora Boatwright y un hombre que vestía un uniforme oscuro. Detrás de él, otros tres tipos más se dispersaron para impedir que nadie saliera de la cueva. A su espalda vieron, entre orgulloso y avergonzado, a Andrew.

Malcolm corrió a ayudar a Alice, que intentaba arrancar a Lyra de los brazos de Audrey Boatwright. Uno de los hombres agarró a Alice por el cuello y se puso a dar voces. Malcolm también empezó a gritar sin saber lo que decía. Audrey, que intentaba proteger a Lyra, retrocedió al interior de la cueva. El señor Boatwright trataba de ayudarla. Asustada, Lyra comenzó a chillar. En un momento dado, Malcolm llegó hasta la señora Boatwright; cogiendo a Lyra, se dispuso a llevársela, pero entonces recibió un golpe en la cabeza y cayó medio inconsciente al suelo. Alice mordía los brazos que la apresaban y gritaba, dando patadas.

Malcolm se puso de rodillas a duras penas, débil, mareado y aturdido. Entre la confusión de voces, solo podía oír una con claridad: la de Lyra.

—¡Lyra! ¡Lyra! ¡Ya voy!

Entonces le cayó encima algo muy pesado que lo volvió a derribar. Era Audrey Boatwright, que había perdido a Lyra y había trastabillado tras el golpe que le había dado uno de los hombres. Malcolm trató de salir de debajo de su cuerpo, pero era difícil porque ella no paraba de moverse. Luego logró ponerse de rodillas y vio que Alice yacía inmóvil en el suelo, igual que George Boatwright. Alguien gemía y gritaba, pero no era Lyra. Alguien daba alaridos un poco más allá. Una voz de mujer decía cosas sin sentido. Había en ellas rabia e impotencia. Audrey Boatwright empezó a sollozar cuando encontró a su marido inconsciente a su lado.

Los hombres de uniforme oscuro se habían ido y se habían llevado a Lyra con ellos.

20

Las hermanas de la Santa Obediencia

Malcolm trató de avanzar, pero la cueva daba vueltas a su

alrededor. Tropezó y, al volver a intentar dar un paso, cayó en redondo, a punto de vomitar. Asta le susurraba con voz ronca: «Es por el golpe en la cabeza. Todavía no te puedes levantar. Quédate quieto un poco». Él, no obstante, poseído por una frenética mezcla de rabia y miedo, insistía en ponerse en pie.

Allí estaba Andrew, que sonreía con nerviosismo y con una expresión de mojigata petulancia al mismo tiempo. Levantó las manos con un gesto defensivo. Malcolm las apartó de un manotazo y luego lo golpeó en la cara con tanta fuerza que lo hizo caer.

—¡Tía! ¡Tía! —gimoteó.

—¿Qué has hecho? —gritó su tía.

Malcolm no supo si le hablaba a él o a Andrew. Tal vez ni ella misma lo sabía.

Le soltó una patada al chico, que se apartó rodando como una cochinilla.

—¿Quiénes eran esos hombres? —gritó—. ¿Adónde iban?

—A ti no te... ¡ay! —gritó Andrew, que recibió un nuevo puntapié.

Al final, Doris Wicher se dio cuenta de lo que ocurría y apartó a Malcolm.

—¿Quiénes eran? —vociferó Malcolm, forcejeando entre los gordos brazos y el olor a alcohol de la mujer—. ¿Adónde se llevan a Lyra?

Andrew, que se había puesto fuera de su alcance, trató de levantarse. Exagerando los daños, se tentaba el cuerpo con muecas de dolor, cojeaba y se tocaba la cara.

—Creo que me has roto la mandíbula...

Malcolm le dio un pisotón a Doris. Entonces llegó Alice, que empezó a abofetear y arañar al chico; luego se volvió para tirar de los temblorosos brazos de su tía, que trataba de retener a Malcolm. Este se soltó y se precipitó a acorralar a Andrew contra la pared rocosa de la cueva. El daimonion del chico, un ratón, chillaba y gritaba, agazapado detrás de sus pies.

—¡No! ¡No me pegues!

—Solo dime quiénes eran.

—¡Del Tribunal Consistorial de Disciplina!

—Mentiroso. Llevaban otro uniforme. ¿Quiénes eran?

—¡No lo sé! Yo pensaba que eran del Tribunal Consistorial de Disciplina...

—¿Dónde los encontraste?

Para entonces, los demás adultos habían formado un corro en torno a ellos, para observar y alentar a un bando o a otro. A algunos, que todavía no estaban despiertos cuando llegaron los hombres, hubo que explicarles lo que había sucedido. George Boatwright seguía inconsciente. Audrey, angustiada, lo llamaba por su nombre, arrodillada a su lado. En la cueva reinaba un tremendo griterío.

Andrew sollozaba. Malcolm le dio la espalda, asqueado, y se dejó caer de rodillas. Pero Asta, convertido en gato, se abalanzó sobre el daimonion ratón de Andrew y lo tumbó en el suelo. Ben, con el pelo erizado, le gruñía al chico con la ferocidad de un bulldog.

Alice tiraba del brazo de Malcolm para que se pusiera de pie, de modo que dejó de prestar atención a los daimonions un momento.

—Escucha, escucha a este hombre —reclamó.

Era un individuo bajito y enjuto, de pelo oscuro, que tenía un daimonion zorra.

—Ya he visto otras veces esos uniformes —afirmó—. No son del Tribunal Consistorial de Disciplina. Los llaman algo así como la Seguridad del Espíritu Santo. Algo parecido. Se dedican a proteger sitios religiosos, como seminarios, conventos, escuelas y esas cosas. Seguramente, vinieron de Wallingford, del priorato que hay allí.

—¿Un priorato? —dijo Malcolm—. ¿De monjes o monjas?

—Monjas —precisó una mujer a quien Malcolm no alcanzó a ver—. Las hermanas de la Santa Obediencia.

—¿Cómo lo sabe? —preguntó el hombre.

—Trabajé allí —explicó, saliendo de la oscuridad hacia la zona de luz gris contigua a la entrada de la cueva—. Para las hermanas. Hacía la limpieza y me ocupaba de los pollos y de las cabras.

—¿Dónde están? ¿Dónde está ese sitio? —preguntó Malcolm.

—Cerca de Wallingford —respondió la mujer—. No tiene pérdida. Son unos edificios grandes de piedra blanca.

—¿Y quiénes son esas hermanas? ¿A qué se dedican? —preguntó Alice, muy pálida, con la mirada encendida.

—A rezar. También enseñan y cuidan de niños… No sé… Son…, son fieras.

—¿Fieras? ¿En qué sentido?

—Severas. Muy severas y crueles. No pude soportarlo; por eso me fui —aclaró la mujer.

—Una vez vi a los guardias atrapando a un niño que se había escapado —recordó el hombre—. Le pegaron allí mismo, en la calle, hasta que se desmayó. No merecía ni la pena intervenir… Tienen todo el poder que quieren.

—¿Es eso lo que hiciste? —dijo Malcolm, dirigiéndose a Andrew—. ¿Fuiste a hablarles de nosotros y de la niña?

Andrew soltó un gemido y se secó la nariz con la manga.

—Díselo, niño —le ordenó su tía—. Para de lloriquear.

—No quiero que me vuelva a pegar —dijo Andrew.

—No te voy a pegar. Dinos solo qué hiciste.

—Yo soy de la liga. Tenía que hacer lo correcto.

—Déjate de ligas. ¿Qué fue lo que hiciste?

—Sabía que vosotros no teníais por qué cuidar de un bebé que no era vuestro. Pensé que debíais de haberlo robado o algo por el estilo, así que se lo conté a los del Departamento de Protección de Menores. Ellos vinieron a nuestra escuela y explicaron por qué estaba bien contarles cosas como esa. Yo no sé nada de esa Seguridad del Espíritu Santo. Nunca he oído hablar de ellos. Fue el Departamento de Protección de Menores.

—¿Dónde están?

—En el priorato.

—¿No se ha inundado el priorato como todo lo demás?

—No, porque está en una colina.

—¿Quién lo dirige?

—La madre superiora.

—De modo que fuiste a contárselo a ella, ¿no?

—Los de Protección de Menores me llevaron a verla. Hice lo correcto —reiteró, temblando y empezando a gemir.

Su tía le dio un golpe que le hizo engullir el gemido, transformado en tos.

—¿Y qué dijo la madre superiora? —le preguntó Malcolm.

—Quiso saber quién era la niña, dónde estábamos y todo eso. Le expliqué todo lo que sabía. Lo tenía que hacer.

—¿Y después qué pasó?

—Rezamos una oración; entonces me dio una cama para dormir un rato y luego los guie de vuelta aquí.

Ante la hostilidad y el desprecio manifestado por casi toda la gente que había en la cueva, Andrew se encogió y se dejó caer al suelo, sollozando. Faltaban en el corro George Boatwright, que aún no había recobrado el conocimiento, y Audrey, que, arrodillada a su lado, cada vez más alarmada, le frotaba las manos, le acariciaba la cabeza, lo llamaba y miraba en torno a sí reclamando ayuda.

Alice la vio y se inclinó para ver si podía hacer algo, mientras Malcolm seguía interrogando a Andrew.

—¿Dónde está el priorato? ¿A qué distancia queda?

—No sé…

—¿Fuiste andando o en barca?

—No tengo barca.

—No queda muy lejos —informó la mujer que había trabajado allí—. Es el sitio más alto. No tiene pérdida.

—¿Tienen muchos niños? —le preguntó Malcolm.

—Sí, de todas las edades. Desde bebés de meses hasta adolescentes de unos dieciséis años.

—¿Qué hacen? ¿Les enseñan? ¿Les hacen trabajar? ¿Qué?

—Les enseñan, sí... Los preparan para llevar vidas de sirvientes, ese tipo de cosas.

—¿Niños y niñas?

—Sí, niños y niñas, pero después de los diez años, los tienen aparte.

—Y a los bebés... ¿también los tienen apartados de los demás?

—Hay una guardería para los más pequeños, sí.

—¿Cuántos bebés tienen allí?

—Dios, no lo sé... En mi época había unos quince, dieciséis...

—¿Son todos huérfanos?

—No. A veces, si un niño se porta muy mal, lo meten allí. Nunca salen antes de los dieciséis años. Nunca vuelven a ver a sus padres.

—¿Cuántos niños debe de haber en total, contando a los bebés y a los mayores?

—Puede que unos cien...

—¿Nunca intentan escapar?

—Algunos se escapan una vez, pero siempre los pillan; después nunca más se atreven a intentarlo.

—¿Tan crueles son esas monjas?

—Te costaría creer lo crueles que son. Cuesta creer.

—Tú, Andrew —dijo Malcolm—. ¿Has denunciado a algún otro niño o has intervenido para que lo metieran allí?

—No lo pienso decir —murmuró el chico.

—Di la verdad, asqueroso —le soltó su tía.

—¡No!

—¿Nunca? —insistió Malcolm.

—No es asunto...

Su tía lo volvió a abofetear.

—¡Vale, puede que sí! —chilló con voz atiplada.

—Maldita serpiente traidora —lo insultó la tía.

—¿Con quién hablas cuando denuncias a alguien? —dijo Malcolm, que estaba haciendo un inmenso esfuerzo por mantener la concentración, a pesar del zumbido en los oídos y los intermitentes accesos de náuseas—. ¿Adónde fuiste anoche? ¿Con quién hablaste?

—Con el hermano Peter. Tengo prohibido decir eso.

—Me da igual lo que tengas prohibido. ¿Quién es el hermano Peter y adónde fuiste para hablar con él?

—Es el director del Departamento de Protección de Menores de Wallingford. Tienen una oficina en el priorato.

—¿Y te conocía porque habías ido a verle otras veces?

Andrew se limitó a hundir la cabeza entre las manos, dando alaridos.

Al oír exclamaciones de alborozo y alivio a su espalda, Malcolm se volvió a mirar, pero lo asaltó un acceso de dolor y náuseas tan brutal que fue como si lo hubieran vuelto a golpear. Permaneció quieto, consciente de que el menor movimiento de la cabeza le provocaría un horrible mareo.

Alice acudió a su lado y lo cogió del brazo.

—Apóyate en mí —ofreció—. Y ven por aquí.

—Lyra —murmuró él, al tiempo que seguía su indicación.

—Sabemos dónde está y no se va a ir a ninguna parte. Ahora no te puedes mover. Sería peor. Quédate sentado aquí.

Asombrado por la dulzura y la suavidad de su voz, se dejó conducir y cuidar por ella.

—El señor Boatwright ha recuperado el conocimiento —le informó—. Le han dado un porrazo en la cabeza, como a ti, pero más fuerte todavía. Audrey hasta pensaba que estaba muerto. Ahora quédate quieto.

—Toma —dijo una voz de mujer—. Hazle tomar esto.

—Gracias —contestó Alice—. Mal, levanta un poco la cabeza y toma unos sorbos de eso. Ten cuidado, que está muy caliente.

¡Mal! Nunca lo había llamado Mal. Nadie lo había hecho. A partir de entonces no iba a permitir que nadie más le llamara así, aparte de Alice. La bebida estaba hirviendo y solo pudo tomarla a pequeños sorbos. Tenía un sabor a limón, parecido al remedio contra el resfriado que a veces le daba su madre, aunque se notaba que tenía algún ingrediente más.

—Le he puesto un poco de jengibre —explicó la mujer—. Es bueno para las náuseas y para el dolor.

—Gracias —murmuró.

No comprendía de dónde había sacado las energías para interrogar a Andrew hacía tan solo un minuto. Después de tomar unos sorbos más, no tardó en quedarse dormido.

Cuando despertó, había vuelto a oscurecer. Estaba caliente, abrigado con algo pesado que desprendía un olor animal. Se movió un poco. Al comprobar que la cabeza no lo castigaba por ello, se movió un poco más y se incorporó.

—Mal —dijo Alice al instante, a su lado—, ¿estás mejor?

—Sí, creo que sí —respondió.

—Quédate aquí. Voy a buscar un poco de pan y queso.

Cuando se levantó, se dio cuenta de que estaba acostada junto a él. No dejaba de sorprenderlo. Permaneció allí, despertando poco a poco, dejando que los recuerdos del día y la noche anterior regresaran lentamente. Se acordó de lo que había ocurrido con Lyra y se incorporó de golpe. Alice le tendía algo.

—Aquí tienes —dijo, poniéndole un mendrugo en la mano—. Está duro, pero no tiene moho. ¿Quieres un huevo? Te puedo freír un huevo, si te apetece.

—No, gracias. Alice, ¿de verdad lo...? —susurró, incapaz de concluir la frase.

—¿Bonneville? —musitó ella—. Sí, entre los dos. Pero no hables de eso ahora. No digas nada. Ya pasó.

Malcolm intentó morder el pan; le pareció tan duro que temió por la integridad de sus dientes, así como por la estabilidad de su cabeza. Aun así, perseveró. Alice volvió a aparecer con una taza llena de un líquido fuerte y salado.

—¿Qué es?

—Una especie de caldo de pollo. No sé. Te sentará bien.

—Gracias —dijo, antes de tomar un sorbo—. ¿Ha sido muy larga la noche?

—No. Hay gente afuera cazando o algo así. La oscuridad no ha durado mucho.

—¿Dónde está Andrew?

—Lo está vigilando su tía. No va a volver a salir.

—Tenemos que... —Trató de engullir un trozo de pan, luego intentó masticar un poco más—. Tenemos que rescatar a Lyra —añadió con voz ronca.

—Sí, es lo que había estado pensando.

—Primero tenemos que ir a mirar en el priorato.

—También hemos de averiguar qué fue exactamente lo que les dijo Andrew de nosotros —agregó Alice.

—¿Crees que nos dirá la verdad?

—Podría sacársela.

—No es muy de fiar. Diría cualquier cosa para evitar que le peguen.

Volvió a masticar otro bocado de pan.

—Querría hablar con la mujer que trabajó allí —dijo—, para saber dónde está cada cosa: dónde está la guardería, cómo se llega hasta allí..., todo eso.

—La iré a buscar.

Alice se levantó y se dirigió presurosa al fuego, donde había congregadas varias personas, que bebían y charlaban; de vez en cuando, removían una gran olla de estofado.

Malcolm procuró levantarse un poco más y comprobó que, pese a que se le había mitigado el dolor de cabeza, por todo su cuerpo sentía diversas punzadas y molestias. Mordió otro bocado de pan y se concentró en masticar bien.

Alice no tardó en volver con la mujer que conocía el priorato. Tenía por daimonion un hurón, que no paraba de roer posado en su hombro.

—Es la señora Simkin —la presentó Alice.

—Hola, señora Simkin —saludó Malcolm, que después de tratar de engullir el queso, tuvo que ablandarlo con un sorbo de caldo—. Queremos saber todos los detalles sobre ese priorato.

—¿No estaréis pensando en ir a rescatarla? —dijo ella, sentándose cerca.

Subía continuamente la mano para acariciar a su daimonion, que parecía muy nervioso.

—Pues sí —admitió Malcolm—. Tenemos que hacerlo. No puede ser de otra manera.

—No vais a poder —aseguró ella—. Es como una fortaleza. No conseguiréis entrar.

—Ya, bueno, pero ¿cómo es por dentro? ¿Dónde tienen a los niños?

—Está la guardería, donde duermen los más pequeños: queda en el primer piso, cerca de donde las monjas tienen sus celdas.

—¿Sus celdas? —preguntó Alice.

—Así llaman a sus dormitorios —explicó Malcolm—. ¿Podría dibujarnos un plano? —le pidió a la mujer.

Pareció tan incómoda y dubitativa que dedujo que no debía de saber leer ni escribir y que desconocía por completo los principios de los planos y los mapas.

—¿Cuántos tramos de escaleras hay? —se apresuró a preguntar, para dejar a un lado esa incomodidad.

—Hay unas delante, muy grandes, y otras pequeñas atrás, para los criados y personas de servicio como yo. También hay otras, pero yo nunca las vi. Como a veces tienen huéspedes, hombres incluidos, y no estaría bien que se mezclaran con las monjas ni con los criados, pues… tienen sus propias escaleras. Esas solo van a las habitaciones de los huéspedes y no se comunican con el resto del edificio.

—Vale. Y, cuando se sube por la escalera de servicio, ¿adónde se llega en el primer piso?

El daimonion de la mujer le susurró algo.

—Me acaba de recordar una cosa —dijo, después de escucharlo—. En la primera planta hay un pequeño rellano con una puerta que da a un pasillo donde está la guardería.

—¿Hay algo más en ese pasillo?

—Hay dos celdas enfrente de la guardería. Las monjas que se ocupan de los pequeños duermen allí.

—¿Cómo es la guardería?

—Es una habitación grande, con unas…, no sé…, unas veinte camas y cunas, más o menos.

—¿Tienen tantos niños pequeños?

—No siempre. Suelen tener un par de camas vacías por si acaso llegan nuevos.

—¿Qué edad tienen los niños que hay allí?

—Hasta cuatro años, creo. Después los trasladan al pabellón principal. La guardería está en el pabellón de la cocina…, justo encima de la cocina.

—En ese pasillo, ¿hay algo más aparte de la guardería?

—Hay dos cuartos de baño, a la derecha, antes de llegar allí. Ah, y un ropero para orear las mantas y las sábanas.

—¿Y las celdas quedan a la izquierda?

—Eso es.

—¿Así que solo hay dos monjas que cuidan de los pequeños?

—Hay otra que duerme en la misma guardería.

El daimonion ratón le volvió a susurrar algo.

—Tened en cuenta que se levantan muy temprano para los servicios —advirtió.

—Sí, lo sé. En Godstow hacían lo mismo.

Pensó que no dispondría de mucho tiempo para localizar a Lyra y volver a salir. Eso si lograba entrar. Además para dar la alarma bastaría con que algún niño, asustado por la llegada de desconocidos, se echara a llorar…

Preguntó a la mujer por la disposición de las puertas y las ventanas de la cocina; en realidad, por todo lo que se le ocurrió. Cuantos más detalles conocía, más difícil se le antojaba el reto y más desanimado se sentía.

—Muchas gracias —dijo—. Ha sido muy útil.

La mujer inclinó la cabeza y volvió a sentarse junto al fuego.

—¿Qué vamos a hacer? —preguntó Alice en voz baja.

—Entrar y rescatarla. Pero supongo que habrá veinte niños de la misma edad…, todos dormidos… ¿Cómo sabremos cuál es?

—Hombre, yo sí la reconocería. Es inconfundible.

—Cuando está despierta, sí. Pan reconocería a Asta y

también a Ben. Pero si está dormida... No podemos despertarlos a todos.

—No me voy a confundir ni tú tampoco.

—Bueno. ¿Qué hora es? ¿Es de madrugada o tarde por la noche?

—Está oscuro, eso es lo único que te puedo asegurar.

—Entonces vamos ahora.

—¿Estás bien para eso?

—Sí. Me encuentro mucho mejor.

En realidad, Malcolm todavía estaba un poco mareado y tenía dolores, pero le resultaba demasiado insoportable la perspectiva de quedarse sin hacer nada mientras Lyra estaba cautiva. Se levantó despacio y dio un par de pasos hacia la entrada, con cuidado, sin hacer ruido. Alice recogía sus pertenencias, envolviéndolas con la manta tal como había hecho Boatwright.

—Esas galletas que tanto le gustan... ¿están en la canoa? —le preguntó a Alice, una vez que estuvieron afuera.

—Hombre, si no las trajimos aquí, tienen que estar allí.

—Podemos darle una para que se quede tranquila.

—Sí, sí...

—Vigila que no venga Andrew.

—¿Te acuerdas de cómo llegar a la canoa?

—Si seguimos bajando, acabaremos encontrándola.

En todo caso, confiaba en que así fuera. Incluso en el supuesto de que George Boatwright estuviera recuperado del todo, cosa poco probable, no habría sido una buena idea pedirle que los acompañara hasta abajo. Habría querido saber adónde iban y qué se proponían. Seguro que habría intentado disuadirlos.

Malcolm ahuyentó aquel pensamiento. Estaba descubriendo que tenía una nueva capacidad, la de dejar de pensar en las cosas en las que no quería pensar. Mientras descendían por aquel sendero iluminado por la luna, se dio cuenta de las muchas veces que había evitado pensar en su madre y en su padre, en lo mucho que debían de sufrir, sin saber dónde estaba, si vivía o había muerto, si conseguiría encontrar el modo de regresar con la riada. En aquel momento, hizo lo mismo.

Con lo oscuro que estaba allí, bajo las encinas, no importaba si su cara reflejaba aquella angustia. Al cabo de unos segundos, también logró librarse de ese sentimiento.

—Allí está el agua —anunció Alice.

—Habrá que ir con cuidado. Podría haber otro barco fisgoneando…

Se detuvieron en el linde de la oscuridad de los árboles, escrutando y escuchando. Sobre las aguas no percibieron nada ante ellos; lo único que se oía era el ruido que hacían al rozar la hierba y los arbustos.

Malcolm trataba de recordar si habían dejado la barca a la derecha o a la izquierda del camino.

—¿Te acuerdas de dónde…?

—Allí está, mira —dijo ella, señalando hacia la izquierda.

No bien enfocó la mirada hacia ese lado, la vio. La canoa estaba apenas escondida; sin embargo, había permanecido invisible hasta ese momento. El brillo de la luna era tan intenso que bajo los árboles todo conformaba una red de confusas sombras.

—Tienes mejor vista que yo —la elogió Malcolm.

Luego sacó la barca hacia el claro, la examinó y la volvió boca arriba. Palpando el casco con delicadeza, comprobó que todas las anillas estaban en su sitio y se cercioró de que la lona estaba bien plegada y guardada. Todo estaba en perfecto estado y el revestimiento del casco no había sufrido desperfectos, aparte de algún arañazo en la capa de pintura que le había aplicado el giptano.

La empujó hasta el agua y, una vez más, sintió como si aquel objeto inanimado cobrara vida al encontrarse en su propio elemento.

Aguantó la borda mientras Alice subía y después le entregó la mochila que le había cogido a Bonneville.

—Caramba, cómo pesa —exclamó ella—. ¿Qué hay dentro?

—No he tenido tiempo de mirar. En cuanto hayamos rescatado a Lyra y hayamos encontrado un sitio seguro donde parar, la abriremos y miraremos. ¿Lista?

—Sí, vámonos.

Con sus delgados hombros arropados con una manta, Alice se puso a montar guardia detrás mientras él empezaba a remar. La luna estaba radiante y el agua era como un espejo ondulante. A pesar de las contusiones, Malcolm se dirigió sin vacilar hacia el centro de la riada, contento de volver a remar. Solamente tenía noción de la velocidad por el frío contacto del aire en la cara y por el temblor que ocasionaban en el casco los remolinos provocados en la corriente por algo que obstruía el camino pero no subía a la superficie.

Tenía muchas dudas. Si no conseguían parar en ese priorato, serían incapaces de volver atrás superando la fuerza del agua. ¿Y si llegaban allí y estaba custodiado? ¿Y si les resultaba imposible entrar? Y si... Así podría haber seguido un buen rato, pero finalmente consiguió desechar tales pensamientos.

Seguían avanzando a gran velocidad bajo la luna. Alice escrutaba la corriente por atrás, a ambos lados y hasta donde le alcanzaba la vista, pero no vio otras embarcaciones ni el menor atisbo de vida. Apenas hablaban. Desde su pelea con Bonneville, su relación había cambiado mucho: no solo era que ella hubiera empezado a llamarlo Mal. El muro de hostilidad que antes había entre ellos había caído. Ahora eran amigos. Así era más fácil ir sentados juntos.

Algo brillaba en el horizonte, todavía lejos.

—¿Crees que es una luz? —dijo Malcolm, que señaló en esa dirección.

Ella se volvió a mirar.

—Podría ser, aunque parece más bien algo blanco, que refleja la luna.

Allí estaba otra vez: el círculo de lentejuelas, su aurora personal. Estaba tan acostumbrado que casi se alegró, a pesar de que aquello hacía más difícil ver las cosas que quedaban tras él. Y justo en el interior de la preciosa curva celestial vio el gran edificio blanco que relucía bajo la luz de la luna.

Iban tan deprisa que pronto comprobaron que ella estaba en lo cierto: un gran edificio, semejante a un castillo, que surgía en mitad del agua. Sin embargo, comprobaron que no era un castillo, porque, en lugar de una torre del homenaje, en el centro se alzaba la aguja de una capilla.

—¡Es eso! —exclamó Malcolm.

—Ostras, es inmenso —observó Alice.

A poca distancia, a su izquierda, se alzaba una mole de piedra clara que relucía casi como la nieve bajo el resplandor de la luna: un extenso conjunto de paredes, tejados y contrafuertes, dispuestos en torno a la esbelta aguja. Las ventanas negras que horadaban los lisos acantilados de color blanco destellaban de vez en cuando, reflejando la luna. La canoa se acercaba poco a poco a aquel lugar.

El conjunto era igual de radiante e igual de negro que el centelleo del círculo de lentejuelas, que entonces estaba tan cerca que casi se perdía de vista tras él. El edificio carecía de ventanas bajas hasta donde trepar y no tenía ni puertas ni escaleras. Las grandes paredes verticales de piedra blanca se prolongaban sin aberturas hasta una altura imposible de alcanzar desde el nivel del agua. Igual que una fortaleza, aquel monasterio parecía construido para mantener alejados a los intrusos.

Malcolm retenía la canoa, tratando de resistir la enorme fuerza de la crecida. *La bella salvaje* respondía con precisión. Hasta casi podría bailar en el agua, pensó Malcolm, acariciando con afecto la borda.

—¿Ves alguna manera de entrar? —preguntó Alice en voz baja.

—Aún no, pero, de todas formas, no vamos a entrar por la puerta principal.

—No, claro… Es enorme. No se acaba nunca.

Malcolm viró a babor, para rodear el edificio y ver hasta dónde llegaba. Cuando dejaron atrás la luna para entrar en la gran zona de sombra contigua a los muros, le recorrió un escalofrío. Ya antes tenía frío, pero aquella oscuridad hizo que lo sintiera aún más. Al hallarse fuera del flujo central del agua, pudo aproximar más la canoa y observar las imponentes paredes, para ver si había alguna vía de entrada, pero parecía tarea imposible.

—¿Qué es eso? —señaló Alice.

—¿Qué?

—Escucha.

Al quedarse quieto, oyó una especie de continuo murmullo de agua que llegaba desde el pie de la pared, un poco más allá. Había algo semejante a un recio contrafuerte de piedra, que se prolongaba hasta lo alto del muro, rematado por unas chimeneas que brillaban bajo la luna. «En algún sitio, deben de tener una cocina; quizás está aquí...», pensó. Entonces comprobó qué producía el rumor: un hueco cuadrado, situado casi al pie del muro, cerca de la columna de la chimenea. Allí había una reja de hierro suelta; por allí brotaba un torrente de agua que caía como una cascada.

—Los baños —apuntó Alice.

—No. Yo diría que no. El agua está bastante limpia, fíjate. Y no huele... Debe de ser otra clase de desagüe.

Siguió remando hasta la otra esquina, despacio y con sigilo. Aunque seguían en la zona de sombra, sabía que cualquier cosa que se moviera podría llamar la atención; allí no había arbustos ni cañas donde esconderse. Entre el agua despejada y la piedra lisa sería muy fácil detectarlos. Con gran precaución, dobló la esquina de aquel edificio enorme y observó lo que parecía ser la fachada.

Agarrada a la borda, Alice forzaba la vista entre aquella engañosa luz. Malcolm colocó la barca de lado para que, si alguien miraba en aquella dirección, se los viera menos. Más o menos en el centro de la fachada, había una amplia escalinata que terminaba en un pórtico con columnas clásicas rematadas con un frontón... ¿Era una persona lo que se veía entre las columnas?

Alice se había vuelto para mirar hacia allá.

—Hay un hombre... —susurró—. No, dos. Mira, tienen una barca...

Al pie de las escaleras vieron una lancha motora. Alice tenía razón: había dos hombres. Malcolm los observó salir de la zona acotada por la hilera de columnas con paso indolente, charlando y fumando. Llevaban sendas escopetas al hombro.

Malcolm volvió a doblar la esquina con la canoa, para desaparecer de su vista. Con sumo cuidado.

—¿Cómo ha dicho que se llamaban ese hombre de la

cueva? —murmuró—. La Seguridad del Espíritu Santo, que custodian conventos, monasterios y sitios así... Bueno, por ese lado no podemos entrar.

Volvió a levantar la mirada hacia la chimenea; entonces se le ocurrió una idea.

—Si aquí está la cocina, justo al otro lado de ese muro, porque aquí está la chimenea... Bueno, conoces el priorato, el de Godstow, ¿no? —preguntó con un repentino entusiasmo—. ¿Sabes esa habitación tan vieja a la que llaman la trascocina?

—Nunca he estado allí.

—Pues es muy vieja; tiene un desagüe antiguo que proviene de una fuente y que circula por una especie de canal de piedra que hay justo en medio del suelo y que vierte el agua al río. La hermana Fenella a veces tiraba el agua de lavar por allí...

—¿Crees que es algo por el estilo?

—Podría ser. El agua está limpia.

—Pero en medio hay una maldita reja de hierro.

—Mira, coge el remo y mantén la canoa cerca de ahí...

Cuando la embarcación estuvo estabilizada, se levantó y agarró la reja de hierro. Esta se soltó al instante provocando una lluvia de polvo y argamasa: fue a caer con un fuerte ruido entre la canoa y la pared.

—¡Caramba! —exclamó recuperando el equilibrio.

—¡No podemos entrar por ahí!

—¿Por qué no?

—Pues primero porque no podríamos volver a salir por aquí. No hay nada donde amarrar la barca. Y, además, puede que haya otra reja arriba en la cocina, o en la trascocina o lo que sea. De todas formas, quedaríamos empapados y hace muchísimo frío.

—Lo voy a intentar. Tú tendrás que quedarte aquí en la canoa. Solo tienes que impedir que se mueva y esperar bien abrigada.

—No puedes... —quiso protestar, y después se mordió el labio—. Te vas a ahogar, Mal.

—Si lo veo demasiado difícil, volveré y pensaremos otra

solución. Tú quédate cerca de la pared, sin alejarte de la chimenea. Iré lo más rápido que pueda.

Agarrando la borda de la canoa, pensó: «Cuida de ella, *Bella salvaje*».

Después se puso en pie, alargó las manos hacia el hueco y se aferró al marco de piedra. Aunque no había mucha, el agua era fría y no paraba de fluir. Cuando logró encaramarse, estaba calado hasta los huesos. Asta, que ya se había adentrado por el conducto en forma de nutria, le tiró de la manga con los dientes, hasta que ambos quedaron tumbados y jadeantes en el suelo del túnel, tratando de mantenerse a un lado del cauce del agua.

—Levántate —lo animó el daimonion—. Puedes gatear, hay suficiente altura…

Tenía la espinilla raspada y las uñas rotas. Cuando se puso de rodillas con cuidado, comprobó que efectivamente había espacio para avanzar a gatas. Transformado en alguna especie de animal nocturno, Asta se aferró a su espalda aprovechando con los ojos muy abiertos el más mínimo atisbo de luz. Al cabo de un poco no quedó, no obstante, ni eso. Siguieron adelante envueltos en una oscuridad total. Malcolm, que empezaba a ser presa del terror, imaginaba la gran mole de piedra que se erguía encima de él. Ansiaba enderezarse; anhelaba levantar los brazos por encima de la cabeza, necesitaba disponer de mucho más espacio del que había allí…

—Ya falta poco…, de verdad… —susurró Asta, cuando estaba a punto de ceder al pánico—. Veo la luz de la cocina…, un poco más allá…

—Pero ¿y si…?

—No pienses en eso. Tú solo respira hondo.

—Estoy temblando de frío…

—Claro, pero no pares. En un sitio tan grande como este debe de haber una cocina encendida toda la noche. Dentro de un minuto te podrás calentar. Solo tienes que mantener a raya esos pensamientos, tal como hemos aprendido a hacer. Sigue…, eso es…

Tenía las manos y las piernas entumecidas por el frío, pero aún le quedaba sensibilidad para sentir el dolor que las atenazaba.

—¿Cómo vamos a llegar hasta Lyra desde aquí abajo?

—Encontraremos una manera. Seguro que la hay. Solo tenemos que averiguarlo. No te pares…

Al cabo de otro minuto de desesperación, comenzó a atisbar lo que no había creído que pudiera percibir: un reflejo de luz en las paredes del túnel.

—Ya está —constató Asta.

—Si… Esperemos que no haya…

«Una reja como la de abajo», estuvo a punto de decir. Sí la había, evidentemente: a quienes trabajaban en la cocina no les convenía que desaparecieran las cosas que caían en el desagüe. Le faltó poco para desesperarse. Unos oscuros y recios barrotes de hierro se interponían entre él y la trascocina en penumbra. No había forma de pasar. Reprimió un sollozo.

—No, espera —dijo Asta. En forma de rata, trepó por la reja para examinarla—. Deben de tener que limpiar el desagüe de vez en cuando, para quitar los cepillos y las cosas que se cuelen por ahí…

Malcolm se tranquilizó un poco. Tras un sollozo más, que tanto se debió al frío como al desaliento, recobró el habla.

—Sí, es verdad. Quizá…

Agarró los barrotes, los agitó y notó que se movían un poco.

—¿Hay arriba una…?

—¡Una bisagra, sí!

—O sea, que abajo…

Malcolm introdujo el brazo por la reja, palpó su contorno y, sin mayores esfuerzos, localizó un pesado cerrojo de hierro justo por encima del agua, cuya punta quedaba encajada en un orificio de la piedra. Como estaba bien engrasado, se deslizó sin problema. Después de levantar la reja, con manos ateridas y temblorosas, encontró un cierre para sujetarla.

Al cabo de un momento se coló por debajo y emergió en la habitación: era, tal como había supuesto, una trascocina con fregaderos y escurreplatos. Después de la oscuridad del túnel, sus ojos se adaptaron a la tenue luz que le permitía ver cuanto allí había. El agua discurría por el suelo, igual que en Godstow, por un canalón bordeado de ladrillos. Y lo mejor de todo fue que había una cocina que conservaba todavía un rescoldo, encima de la cual habían colgado a secar unas toallas. Después de quitarse el jersey y la camisa, se envolvió los hombros con una de ellas; acurrucado cerca de los fogones, se balanceó mientras el frío iba desapareciendo.

—No me voy a calentar nunca —dijo Malcolm—. Si sigo temblando así, voy a llamar la atención de alguien cuando busquemos a Lyra en esa guardería. ¿Estás seguro de que la vamos a reconocer? Los bebés se parecen mucho entre sí, ¿no?

—Yo reconoceré a Pan y él me reconocerá a mí.

—Si tú lo dices... No podemos quedarnos mucho rato aquí —dijo, pensando en Alice.

Debía de tener los nervios a flor de piel, esperando en la canoa, sin poder esconderse en ninguna parte. Se volvió a poner la camisa y el jersey, pese a que aún estaban mojados: se estremeció con un violento escalofrío.

—Vamos, pues —dijo Asta, convertido en gato—. ¡Ah, mira! Ese cajón...

El cajón al que se refería era de esos de madera, como los que servían para guardar las manzanas.

—¿Y qué...? ¡Ah, sí! ¡Perfecto!

Tenía el tamaño idóneo para poner a Lyra adentro. Si lo revestía con toallas, podría mantenerla seca cuando la trasladara a rastras por el túnel del desagüe. Descolgó unas cuantas toallas y las colocó en el interior.

—Vamos —dijo.

Abrió la puerta de la trascocina y escuchó. Silencio. Después, en algún piso de arriba, a cierta distancia, sonaron tres sonoras campanadas. Se alejó de puntillas por el pasillo de piedra, con la esperanza de ir a parar a la escalera de atrás. El pasillo, blanco y desnudo, estaba alumbrado con unas tenues lámparas ambáricas, que permitían distinguir las puertas a ambos lados.

Después volvió a sonar la campana, más fuerte. A continuación oyó un coro, como si se hubiera abierto la puerta de un oratorio o de una capilla. Miró a su alrededor: no había ningún sitio donde ocultarse. Los cánticos se hicieron más audibles; después vio, horrorizado, cómo las monjas doblaban en fila una esquina, con las manos juntas y la mirada gacha: se dirigían directas hacia él. Evidentemente, al igual que las hermanas de Godstow, se levantaban a cualquier hora de la noche para cantar y rezar. Estaba atrapado. No tuvo más remedio que quedarse parado, cabizbajo y temblando.

Alguien se detuvo ante él. Como siguió con la cabeza gacha, lo único que alcanzó a ver fueron los pies calzados con sandalias y el borde del hábito.

—¿Y tú quién eres, chico? ¿Qué estás haciendo?

—Me he hecho pipí en la cama, hermana, y después me he perdido.

Procuró usar un tono lastimero; en realidad, no le costó mucho. Acababa de sorberse los mocos y limpiarse la nariz con la manga cuando recibió una sonora bofetada en un lado de la cabeza: se tambaleó hasta la pared.

—Mocoso repugnante. Sube al cuarto de baño y lávate. Después coge un hule y una manta limpia del armario y vuelve a la cama. Mañana hablaremos del castigo que te corresponde.

—Perdón, hermana...

—Deja de lloriquear. Haz lo que te digo y en silencio.

—No sé dónde está el cuarto de baño...

—Claro que lo sabes. Subiendo por las escaleras de atrás y luego por el pasillo. Sobre todo, no hagas ruido.

—Sí, hermana.

Se alejó arrastrando los pies y con aire contrito en la dirección indicada.

—¡Muy bien! ¡Estupendo! —susurró en su hombro Asta, que, reprimiendo su lógico deseo de convertirse en algo capaz de morder e intimidar, había conservado su variante de petirrojo.

—Sí, para ti todo es perfecto, porque no te ha dado un mamporro en la cabeza. Eso del hule nos será útil. Para la caja.

—Y las mantas...

No le costó encontrar la escalera. Al ver que estaba iluminada, al igual que el resto de los espacios, con una tenue bombilla ambárica, se extrañó de que todavía tuvieran corriente.

—Cuando hay una inundación, debe de ser lo primero que falla —comentó.

—Tendrán un generador.

Hablaban en susurros. En lo alto de la escalera vieron un pasillo feo, con una alfombra de fibra de coco en el suelo. La luz era aún más débil. Recordando lo que les había explicado aquella mujer en la cueva, Malcolm contó las puertas. Las de la izquierda eran celdas para las monjas; mientras que las dos primeras de la derecha eran los cuartos de baño. A continuación, estaba la guardería.

—¿Dónde está el armario de la ropa de cama? —susurró.

—Allí, entre los cuartos de baño.

Al abrir la puertecilla, salió una bocanada de aire caliente impregnada de olor a humedad. Los estantes que guardaban las finas mantas dobladas estaban encima de un depósito de agua caliente.

—Ahí están los hules —dijo Asta.

Estaban dispuestos en rollos en el estante de arriba. Malcolm cogió uno y un par de mantas.

—Si tengo que llevarla a ella, no puedo coger más. Ya costará bastante así.

Después de cerrar con cuidado el armario, con Asta transformado en ratón, se paró aguzando el oído al lado de la guardería. Solo oyó un leve ronquido; tal vez de la monja que estaba de guardia: un quedo resoplido y unos gemidos.

—No vale la pena esperar —resolvió Malcolm.

Hizo girar la manija, procurando no hacer ruido. Pero el débil ruido que hizo le sonó como un estacazo. Ya no podía remediarlo; se coló en el interior. Tras cerrar la puerta, permaneció completamente quieto, examinando el dormitorio.

Vio una larga sala, con una tenue luz ambárica al final. Una hilera de cunas adosadas a una pared, de camas pequeñas alineadas junto a la otra, con una cama de adulto en la punta más cercana, donde dormía una monja que, tal como había oído desde afuera, roncaba un poco.

El suelo era de desagradable linóleo y las paredes estaban desnudas. Acordándose de la bonita habitación que habían preparado para Lyra las monjas de Godstow, crispó los puños.

—Concéntrate —musitó Asta—. Está en una de esas cunas.

Había tantas cosas que podían salir mal que Malcolm a duras penas lograba apartarlas todas del pensamiento. Avanzó de puntillas hasta la primera cuna y la observó. Asta hizo lo mismo convertido en ave nocturna.

Un niño rollizo de pelo negro: no, esa no era, constataron, moviendo la cabeza de un lado a otro.

El siguiente: demasiado pequeño.

El siguiente: tenía la cabeza demasiado pequeña.

El siguiente: demasiado rubio.

El siguiente: demasiado grande.

El siguiente...

La monja soltó un gruñido detrás de ellos y murmuró algo en su sueño. Malcolm se quedó petrificado, conteniendo la respiración. Al cabo de un momento, la mujer dejó escapar un hondo suspiro y volvió a guardar silencio.

—Vamos —apremió Asta.

El siguiente niño tenía el tamaño y el color adecuado, pero no era Lyra. A Malcolm le sorprendió que no fuera tan difícil distinguir a los bebés.

Cuando fueron a mirar en la siguiente cuna, la manija de la puerta se movió.

Sin pensarlo, Malcolm se precipitó hacia la cama más cercana, contigua a la pared de enfrente. Se coló debajo, aferrando las mantas y el hule.

En el otro extremo del dormitorio hablaban dos personas en voz baja y con un tono de intimidad. Una de las voces era de hombre.

Malcolm, que ya estaba helado hasta los huesos, se puso a temblar.

«Ayúdame a parar de tiritar», pensó con desesperación.

Asta se convirtió en un hurón y se enroscó en su cuello.

Unos pasos se acercaron despacio hacia ellos, mientras las voces proseguían el diálogo en un murmullo.

—¿Estás seguro? —preguntó la mujer.

—Segurísimo. Esa niña es la hija de lord Asriel.

—Pero ¿cómo fue a parar a una cueva en medio del bosque con una banda de cazadores furtivos y ladrones? No tiene sentido.

—No sé cómo, hermana. Nunca lo sabremos. Para cuando enviemos a alguien allá para interrogarlos, ya se habrán ido. Debo reconocer que ha sido una…

—Baje la voz, padre.

En el tono de ambos se detectaba cierta irritación.

—¿Cuál de ellos es? —preguntó el sacerdote.

Malcolm levantó la cabeza y miró cómo la monja lo conducía a la sexta cuna, contando desde su extremo. El sacerdote la observó.

—Me la llevaré por la mañana —anunció.

—Lo siento mucho, padre Joseph, pero no puede ser. Ahora está a nuestro cargo y aquí se va a quedar. Esa es la regla de nuestra orden.

—Mi autoridad tiene más peso que la regla de su orden. En cualquier caso, diría que lo primero que debe hacer una hermana de la Santa Obediencia es obedecer. Me la llevaré por la mañana. No se hable más.

Acto seguido, dio media vuelta y, tras dirigirse a la punta de la sala, salió por la puerta. Un par de niños dormidos murmuraron o gimieron a su paso, sin llegar a despertarse. La monja de la cama soltó un suave ronquido y se dio la vuelta.

La religiosa que había llegado permaneció junto a la cuna de Lyra un momento y después caminó despacio hasta la puerta. Por debajo de las camas, con la débil luz del pasillo, Malcolm vio sus pies calzados con sandalias bajo el largo hábito cuando se detuvo y se volvió a mirar. Se quedó allí un momento. «¿Me habrá visto? ¿Qué va a hacer?», se preguntó Malcolm.

Al final, no obstante, dio media vuelta, salió y cerró la puerta.

Malcolm pensó en Alice, que estaría esperando fuera, muerta de frío y sin saber lo que ocurría. ¡Qué suerte tenían él y Lyra de poder contar con ella! Pero ¿cuánto tiempo podría permanecer escondido allí en el suelo? No mucho más, porque estaba aterido.

Lentamente, con cuidado, salió de debajo de la cama. Asta miraba en derredor, en forma de gato, con las orejas tiesas. Cuando se puso en pie, voló hasta su hombro, convertido en chochín.

—Se ha ido por el pasillo —susurró—. ¡Vamos!

Malcolm se acercó a la cuna. Estaba tiritando. Ya había abierto los brazos para coger al bebé cuando Asta lo contuvo.

—Para... —Malcolm retrocedió, mirando en torno a sí—. ¡No..., mírala!

La niña dormida tenía unos tupidos rizos morenos.

—No es Lyra —observó, desconcertado—. Pero si ella ha dicho...

—¡Mira en las otras cunas!

Examinó las que había al lado. La de la derecha estaba vacía, pero en la de la izquierda...

—¿Es ella?

Se sintió muy confuso. Creía que era Lyra, pero la monja parecía tan segura...

Asta voló en silencio hasta la almohada. Allí inclinó la cabeza hacia el pequeño daimonion que dormía enroscado en el cuello del bebé y lo tocó con suavidad. El bebé se movió y suspiró.

—¿Es él? —preguntó Malcolm con apremio.

—Sí, es Pan. Pero hay algo raro..., no sé bien qué es...

Levantó la cabecilla del daimonion hurón y esta volvió a caer pesadamente en cuanto la soltó.

—Deberían haberse despertado —dijo Malcolm.

—Están drogados. Noto un olor dulzón en sus labios.

Al menos eso facilitaría las cosas, pensó Malcolm.

—¿Estás totalmente seguro de que es ella?

—Mira. ¿Tú no?

La luz era muy débil, pero cuando se inclinó a mirar la cara de la niña, tuvo la absoluta certeza de que era Lyra, aquella niña que le inspiraba tanto cariño.

—Sí, es ella. Claro que sí. Bueno, vamos.

Después de extender en el suelo las mantas que llevaba, mientras Asta levantaba con cuidado a Pan, que seguía dormido, cogió a la niña, sorprendido por su solidez. Sin agitarse ni emitir murmullo alguno, siguió profundamente dormida entre sus brazos.

La depositó encima de las mantas y la envolvió con ellas. Asta, en forma de tejón, cogió a Pan con la boca y luego empezaron a caminar con sigilo entre las hileras de cunas y de camas; después de pasar delante de la monja dormida, que aún roncaba quedamente en el extremo del dormitorio, abrieron la puerta.

Silencio. Sin perder un segundo, Malcolm salió al pasillo seguido por Asta. A continuación cerraron la puerta y caminaron de puntillas hacia las escaleras.

Cuando se disponían a bajar por el primer escalón, sonó la campana. Se llevó tal susto que casi soltó el improvisado hatillo. Pero solo estaba dando la hora. Al comprobar que no ocurría nada, bajaron hacia la cocina y después pasaron a la trascocina, donde encontraron el cajón de madera que habían dejado preparado.

Malcolm dejó a Lyra encima de la mesa y recubrió el cajón con el hule y después puso a la niña envuelta con las mantas en el interior. Luego Asta colocó el flácido daimonion en el cuello de Lyra.

—¿Listos? —consultó Malcolm.

—Yo iré primero —se ofreció Asta.

Malcolm tiritaba con tal violencia que dudaba de si sería capaz de llevar el cajón. Aun así, logró entrar en el desagüe de espaldas, tirando de él. Una vez que hubieron pasado bajo la reja, la bajó y volvió a correr el pestillo. La estructura de hierro cayó bruscamente, sin que pudiera impedirlo, provocando un buen estruendo. Se arrepintió de no haberla dejado tal como estaba, pero ya no lo podía remediar.

Retrocedió a rastras por el túnel, gimiendo de frío, golpeándose la cabeza, arañándose las rodillas, resbalando, cayendo de bruces y volviéndose a erguir, rodeado de oscuridad.

—¡Es allí! —exclamó por fin Asta—. ¡Ya casi hemos llegado!

Vio un tenue reflejo de luz en las húmedas paredes, percibió el olor del aire del exterior, oyó el rumor del agua.

—Cuidado..., no vayas demasiado deprisa...

—¿Está allí?

—Claro que está allí. Alice..., Alice..., acércate...

—Vaya, cuánto has tardado —se quejó ella desde abajo—. A ver..., dame el pie... Eso es... Ahora el otro...

Notando el balanceo de la canoa bajo los pies, apoyó el peso del cuerpo en ella. Después no supo qué hacer con el cajón. Le podían el agotamiento, el miedo y el frío.

—La tengo bien fija… No hay prisa —dijo Alice—. Solo tienes que sacarla despacio y con cuidado. Sin prisa. ¿La tienes cogida? Poco a poco. Gira hacia aquí. Ya la tengo… La tengo… ¿Y ha estado durmiendo todo el tiempo? Menuda perezosa. Ven aquí, bonita, ven con Alice. Mal, siéntate y tápate con las mantas. Abrígate bien, por Dios. Y cómete esto… Toma… Lo cogí en la cueva. Si tienes algo en la barriga, entrarás en calor más deprisa.

Le puso un mendrugo con manteca en las manos; él engulló un pedazo al instante.

—Dame el remo —murmuró.

Y con otro bocado de pan con manteca en la boca, las mantas sobre la espalda y el remo en la mano, alejó la fiel canoa de los muros blancos de aquel inmenso priorato: de vuelta al flujo de la corriente.

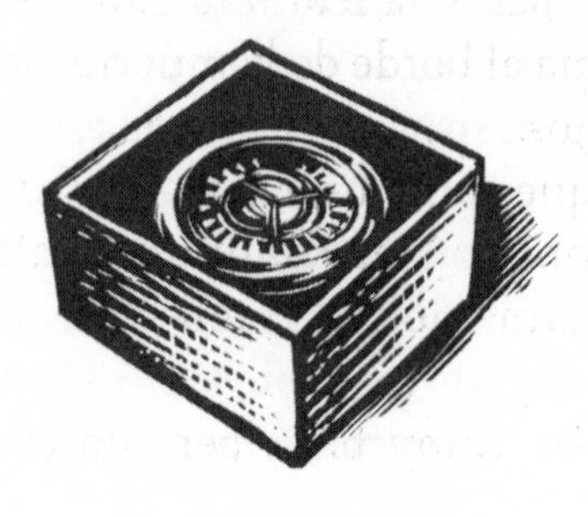

21

La isla encantada

Entre bocado y bocado de pan con manteca y paladas de remo, Malcolm le contó a Alice todo lo que había sucedido.

—¿Así que el cura quería llevársela? —dijo—. ¿Y la monja le enseñó una niña que no era ella? ¿Crees que era porque no lo sabía?

—No, creo que sí lo sabía. Intentaba engañarlo, y le habría salido bien. Bueno, igual todavía le va a dar resultado durante un tiempo, hasta que se dé cuenta de que no era Lyra y hasta que las monjas se den cuenta de que la auténtica Lyra ya no está.

—Pero ¿cómo podía saber que era la hija de lord Asriel?

—Debió de ser por Andrew. Tuve que usar nuestros nombres de verdad, porque el señor Boatwright sabe quiénes somos, pero tenía que haber dado otro nombre para Lyra. Seguro que no hay muchas personas con ese nombre en el mundo.

—Ahora ya no tiene remedio. Yo también me fie de ellos. El muy sinvergüenza…

—Lo que no entiendo es qué pensaban hacer las monjas con Lyra si el cura se hubiera llevado a la niña equivocada. No podrían haberla tenido escondida para siempre. Tal vez lo que la monja pretendía era aún peor.

—Me gustaría ver qué pasa por la mañana. Lástima que no pudiéramos rescatarlos a todos, pobrecillos.

Se terminó el pan y la manteca. Solo le apetecía tumbarse y dormir. Se sentía al borde de la muerte: no podía evitarlo. Se le cerraron los ojos.

—¿Quieres que reme un rato? —se ofreció Alice, que lo sacó de su sopor. Con el sobresalto, faltó poco para que Malcolm no dejara caer el remo—. Estás que te caes de sueño.

—No —dijo—. Estoy bien, pero en cuanto encontremos un sitio…

—Sí. ¿Y esa colina de allá?

Se volvió, apuntando hacia una ladera arbolada que surgía del agua: era una pequeña isla que relucía bajo la luz de la luna, cerca del horizonte. El aire estaba tibio y de ella irradiaba una especie de suavidad parecida a una fragancia.

Malcolm viró hacia allí, medio dormido. Condujo *La bella salvaje* hasta un flanco de la colina, al amparo de la corriente central, donde quedó danzando y cabeceando entre los suaves torbellinos hasta que Alice localizó una rama a la que sujetarse.

—Mira, un poco más allá…, hay una especie de cala… —dijo.

Malcolm impulsó el remo en el agua y encaró la proa de la canoa hacia un terreno cubierto de hierba. Iluminándolo con su resplandor, la luna lo ayudó a ver una recia rama donde atar la amarra; después se dejó caer tal como estaba en la barca, cerró los ojos y se quedó dormido.

Durmió varias horas. Cuando despertó, le pareció que habían transcurrido meses: hacía una temperatura agradable y la luz que se filtraba a través de las hojas era intensa y resplandeciente. ¡Hojas! ¡Aún no podía haber hojas! Parpadeó y se frotó los ojos, pero las hojas seguían ahí. Y también había flores. Tuvo que protegerse los ojos de tan fuerte que era la luz. Sin embargo, su brillo lo derrotó porque estaba dentro de sus ojos, retorciéndose y centelleando como un…

Para entonces era ya como un viejo amigo. Aquello era una señal de algo, sin duda. Permaneció quieto, con el cuerpo entumecido y dolorido, esperando recuperar la noción de las cosas mientras el círculo de lentejuelas se expandía poco a poco, acercándose más y más, hasta que se esfumó por el rabillo del ojo.

Oyó una voz cerca de él. Era Alice. También se oía la voz de una mujer, dulce y suave. Hablaban de niños. Le pareció oír a Lyra, balbuceando sus frases incomprensibles, aunque también podía tratarse del ruido del agua, que más bien sonaba como el rumor de un arroyuelo y no de una gran riada. ¡Y había trinos! Oyó un mirlo, gorriones y una alondra, como si de verdad fuera primavera.

Había en el ambiente un olor dulce, como de flores. Y otro olor cálido... ¿Sería de café? ¿De tostadas? ¿O de ambas cosas? Era imposible, inconcebible. La fragancia se intensificaba, no obstante, minuto a minuto.

—Creo que se ha despertado —dijo la mujer.

—¿Richard? —se apresuró a llamarlo Alice.

Al momento se puso en guardia.

Oyó el sonido de sus pasos livianos, después notó el contacto de su mano en la suya y tuvo que acabar de abrir los ojos.

—Richard, ven a tomar café —lo animó—. ¡Café! ¿Te imaginas?

—¿Dónde estamos? —murmuró.

—No sé, pero esta dama... Ven. ¡Despierta!

Se estiró con un bostezo y se incorporó con esfuerzo.

—¿Cuánto rato he dormido?

—Hora y horas.

—¿Y cómo está...?

—¿Ellie? —lo interrumpió—. Está bien. Todo va bien.

—¿Y quién...? —quiso indagar con un susurro.

—¿Esta señora? Vive aquí —repuso en voz baja—. Es muy agradable, pero...

Malcolm se frotó los ojos y salió con desgana de la canoa. Había dormido tan profundamente que no recordaba haber soñado, a menos que el episodio del priorato hubiera sido un sueño, lo cual no parecía del todo improbable ahora que empezaba a recordarlo.

Todavía atontado, empezó a caminar detrás de Alice (¡no! ¿Cómo se llamaba? ¿Cómo era? ¡Sandra! ¡Sandra!) por la ladera cubierta de hierba hasta el lugar donde se encontraba Lyra/Ellie, con Pan, que reía contemplando una veintena de grandes mariposas azules que revoloteaban a su alrededor. Una de ellas podría haber sido el daimonion de la mujer.

La mujer...

Era joven, de unos veinticinco años, según le pareció. Iba vestida con un vaporoso vestido verde: era muy guapa, con un pelo dorado que relucía con los rayos del sol. Arrodillada en el suelo junto a Lyra, le hacía cosquillas, o dejaba caer unos pétalos de alguna especie de flor sobre su cara, o se inclinaba para dejar que jugase con el largo collar que llevaba. Lyra, sin embargo, nunca lograba agarrarlo, porque sus manos lo traspasaban, como si no existiera.

—Señorita, este es Richard —lo presentó Alice.

La mujer se levantó con un grácil y rápido movimiento.

—Hola, Richard —lo saludó—. ¿Has dormido bien?

—Muy bien, gracias, señorita. ¿Es por la mañana o por la tarde?

—Casi es mediodía. Si Sandra ha terminado con la taza, puedes tomar un poco de café. ¿Te apetece?

—Sí, por favor.

Alice la llenó con el cazo de cobre que había colgado sobre un fuego rodeado de un cerco de piedras.

—Gracias. ¿Usted vive aquí? —preguntó.

—No siempre. Vengo aquí cuando me viene bien. ¿Vosotros dónde vivís?

—En Oxford. Remontando el río...

Parecía como si escuchara atentamente, aunque no era seguro que fueran sus palabras lo que concentraba su atención. Irradiaba belleza, ligereza y amabilidad, pero, aun así, era inquietante.

—¿Y qué vais a hacer con la pequeña Ellie? —dijo.

—La vamos a llevar a Londres, con su padre.

—Eso queda muy lejos —respondió.

Se volvió a sentar para acariciarle el pelo a la pequeña.

Pan, que se había transformado en mariposa, se esforzaba por volar con la bandada que revoloteaba a su alrededor. Pese a su ayuda, no pudo alejarse mucho de Lyra. Al cabo de poco, cayó en la hierba, a su lado, liviano como una hoja. Entonces se convirtió en ratón y correteó hasta refugiarse en su cuello.

—Bueno, sí —reconoció Malcolm.

—Podéis quedaros a descansar aquí todo el tiempo que queráis.

—Gracias…

Alice estaba haciendo algo al lado del fuego.

—Aquí tienes —anunció, tendiéndole un plato con un tenedor y un par de huevos fritos.

—¡Ah, gracias! —exclamó.

De repente, se dio cuenta de que se moría de hambre.

Se los comió en un santiamén.

Lyra reía. La mujer la había cogido y la aupaba y reía con ella. Pan, de nuevo transformado en mariposa, blanca en aquella ocasión, bailaba en el aire con la bandada de mariposas azules. «¿Y si su daimonion no fuera una sola mariposa, sino toda la bandada?», pensó Malcolm.

Aquello le produjo un escalofrío.

Alice le dio una rebanada de pan. Era fresco y tierno, a diferencia de los mendrugos de la cueva. Tuvo la impresión de no haber probado nunca otro mejor.

—Señorita, ¿cómo se llama? —preguntó, una vez que hubo terminado el pan.

—Diania —respondió.

—¿Diana?

—No, Diania.

—Ah. Vaya, eh… ¿A qué distancia estamos de Londres?

—Huy, a muchísimos kilómetros.

—¿Queda más cerca Londres que Oxford?

—Depende de en qué se vaya. Por carretera, sí, probablemente esté más cerca, pero todas las carreteras de Albión están inundadas. Por el agua, todo ha cambiado. Por el aire creo que estamos justo a la misma distancia de ambas ciudades.

Malcolm miró a Alice, que mantenía una expresión neutra.

—¿Por el aire? —dijo a Diania—. No tendrá un zepelín… o un girocóptero, ¿no?

—¡Zepelines! ¡Girocópteros! —exclamó, riendo y volviendo a aupar a Lyra, que también se echó a reír—. ¿Para qué íbamos a necesitar un zepelín, con el ruido que hacen?

—Pero no puede… No, quiero decir…

—¿Sabes, Richard? Aunque te conozco solo desde hace media hora, ya me he dado cuenta de que eres un niño de mentalidad muy terrenal.

—No sé qué significa eso.

—Que enfocas las cosas de una manera muy literal.

No quiso contradecirla, pues cabía la posibilidad de que estuviera en lo cierto. De hecho, Malcolm pensaba que no se comprendía del todo a sí mismo. Y ella era una persona adulta.

—¿Es malo ser así? —preguntó con prudencia.

—No, para un mecánico no lo es, por ejemplo. Eso estaría bien si fueras mecánico.

—Bueno, no me importaría ser mecánico.

—¿Ves?

Alice escuchaba atentamente la conversación, un poco ceñuda y con los ojos entornados.

—Voy a ver la canoa —dijo Malcolm.

La bella salvaje se balanceaba mansamente en el agua, que había perdido la furia de los días anteriores y bajaba con brío, pero con apenas mayor rapidez que la que tenía el Támesis a su paso por Port Meadow. Parecía como si se fuera a quedar meciéndose allí para siempre así.

Revisó la canoa de punta a punta, pausadamente, demorando más de lo necesario el contacto de las manos en ella. Aquello le hacía sentir más tranquilo. No había ningún desperfecto. La carga del interior estaba seca y resguardada. La mochila de Bonneville seguía debajo del asiento.

La mochila…

La sacó.

—¿La vas a abrir? —preguntó Asta.

—¿A ti qué te parece?

—Yo pensaba que podía ser como una prueba, por si encontraban su cadáver —apuntó.

—Una prueba de que nosotros…

—Sí, pero después pensé que podríamos haberla recogido en cualquier parte. Que la habíamos encontrado en la orilla o algo así.

—Sí. Pesa mucho.

—Igual hay lingotes de oro ahí dentro. Ábrela, vamos.

Era una mochila antigua, de lona verde, con refuerzos de cuero en los bordes y en las puntas. Malcolm desabrochó las hebillas de latón deslucido y levantó la solapa. Lo primero que encontró fue un jersey de lana azul marino, que olía a fueloil y a hoja de fumar.

—Esto no tiene ningún interés —se lamentó.

—Hombre, ahora sabemos que estaba allí… Sigue.

Dejó el suéter en el suelo y volvió a mirar. Había cinco carpetas de cartón descolorido, con las esquinas gastadas o dobladas, llenas de papeles.

—No me extraña que pesara tanto —dijo.

Sacó la primera y la abrió. Los papeles estaban cubiertos con una escritura de trazos largos y finos, en tinta negra: costaba descifrarla. Parecía una larga disertación sobre matemáticas, enteramente escrita en francés.

—Hay un mapa —señaló Asta.

En una hoja de papel había algo que parecía el plano de un edificio, con habitaciones, pasillos, entradas… La leyenda estaba en francés, con una letra distinta. No entendía nada. Aparte, había otros planos, que habrían podido ser de otras plantas del mismo edificio.

Volvió a colocarlo todo en su sitio y sacó otra carpeta.

—Esto está en inglés —constató.

—Él era inglés, ¿no?

—¿Bonneville? Puede que fuera francés. ¡Eh, mira!

La primera página, la del título, estaba escrita a máquina:

ANÁLISIS DE DIVERSAS IMPLICACIONES FILOSÓFICAS
DEL CAMPO DE RUSAKOV,
A CARGO DE GERARD BONNEVILLE, DOCTOR EN FILOSOFÍA

—¡El campo de Rusakov! —exclamó Malcolm—. ¡Teníamos razón! ¡Él sabía de este tema!

—Y tenía un doctorado en filosofía, igual que la doctora Relf. Tendríamos que llevarle todo esto a ella.

—Sí —dijo—. Si es que...

—¿Qué más hay en la carpeta?

Empezó a hojear el contenido. Páginas con densos textos mecanografiados, intercalados con ecuaciones llenas de signos que nunca había visto y que le eran incomprensibles. Leyó el párrafo de introducción.

> Desde el descubrimiento del campo de Rusakov y la asombrosa pero incontestable revelación de que la conciencia no puede seguir considerándose como una función exclusiva del cerebro humano, diversos investigadores e instituciones han estado buscando activamente una partícula asociada con dicho campo sin obtener, hasta el momento, ningún resultado. En esta disertación, propongo abordar una metodología...

—Mejor será dejarlo para más adelante —opinó Malcolm—. De todas maneras, apuesto a que será interesante.

—¿Qué más hay?

En la tercera, cuarta y quinta carpetas había solo papeles de contenido indescifrable. Una mezcla de letras, números y símbolos componían un lenguaje totalmente desconocido para Malcolm.

—Debe de estar codificado —dedujo—. Apuesto a que la doctora Relf y Oakley Street podrían entenderlo.

En el fondo de la mochila todavía quedaba algo, también bastante pesado. Era un paquete envuelto en hule, después en una capa de cuero flexible y, finalmente, en otra de terciopelo negro. Al retirar esta última, apareció una caja cuadrada de madera, del tamaño de la palma de una mano grande, profusamente decorada con exóticos motivos en marquetería.

—¡Fíjate! —exclamó, con admiración—. ¡Debe de haber costado años de trabajo!

—¿Cómo se abre? —preguntó Asta, que había adquirido forma de ratón.

La inspeccionó por todos los lados y no vio bisagras, ni cierre, ni cerradura, ni orificio alguno.

—Hummm —murmuró—. Si no hay bisagras…

—¿No se levantará simplemente la tapa?

Lo probó y descubrió que no.

—Si tú fueras mecánico… —dijo.

No pudo terminar, porque Malcolm lo arrojó por la borda; antes de tocar el agua, se transformó en mariposa y subió volando para posarse en su cabello.

Hizo girar lentamente la caja y la apretó por diversos puntos, buscando un cierre secreto.

—Ese canto de ahí —indicó su daimonion con voz de mariposa—. Donde tiene un color como verde.

—¿Qué?

—Aprieta por el lado.

Primero aplicó una suave presión; después, al intensificarla, notó que algo se movía. Una estrecha tablilla que recorría todo el extremo de la caja se movió un centímetro o puede que dos.

—Ah —dijo—. Ya es algo.

La devolvió a su sitio y la volvió a sacar, palpando en busca de algo suelto que pudiera accionar otro movimiento. Al cabo de un momento, lo encontró: el lado contrario de la caja corrió hacia abajo, un par de centímetros también.

—Ya falta menos.

La primera tablilla salió un poco más y después ocurrió lo mismo en el otro lado. En uno y en otro, la distancia se alargó por tercera vez, pero eso fue todo. Podía empujarlas hasta su posición inicial y volverlas a hacer salir. Pero, por más que las deslizara en sus tres fases, la caja seguía sin abrirse. Siguió inspeccionándola y palpándola.

—Ah —dijo—. Ya lo tengo.

Cuando el lado había bajado al máximo, se podía correr la tapa. Era así de sencillo.

—¡Oh! —exclamó Asta—. Es un…

En un lecho de terciopelo negro había un instrumento dorado parecido a un reloj grande o una brújula. Era la cosa más hermosa que Malcolm y su daimonion habían visto jamás. Era tal y como se lo había descrito la doctora Relf, pero más delicado de lo que habría sido capaz de imaginar. Los treinta y seis dibujos del borde de la esfera eran nítidos y minuciosos; las tres manecillas y la aguja, de exquisita forma, eran de un metal plateado; y en el centro se podía ver un motivo dorado en forma de rayos de sol.

—Eso es lo que es —concluyó, susurrando de forma inconsciente.

—Escóndelo. Guárdalo ahora mismo —le aconsejó Asta—. Ya lo mirarás después, cuando estemos en otro sitio.

—Sí, sí. Tienes razón.

Pese a estar hechizado por su belleza, lo volvió a colocar en la caja, que envolvió y metió en el fondo de la mochila.

—¿De dónde lo sacaría? —susurró.

—Debió de robarlo.

Después de cerrar la hebilla, lo guardó todo donde estaba antes, debajo del asiento.

—La doctora Relf dijo que había seis, en un principio. ¿Te acuerdas? Contó que faltaba uno. Sabían dónde estaban cinco de ellos, pero no el sexto... Apuesto a que es este.

En el herboso claro de arriba reinaba el silencio. Al volver allí, Malcolm entendió por qué: Lyra dormía sobre la hierba y la mujer estaba atareada haciéndole algo al cabello de Alice. La chica estaba de rodillas delante de ella, que le entrelazaba con destreza el pelo formando unas complejas trenzas en las que entremezclaba flores. Las mariposas seguían allí. Un par de ellas reposaban encima de Pan, dormido; unas cuantas estaban en el hombro y en el cuello de la mujer; otras trataban de posarse encima de Ben, que estaba acostado con la cabeza encima de las patas cerca de Alice, pero, cada vez que lo intentaban, este soltaba un quedo y profundo gruñido que las espantaba.

Alice tenía una expresión extraña. Por un lado, parecía incómoda, pero, por otro, estaba cohibida, encantada y decidida a quedar tan bonita como quisiera la mujer. La mirada que le dedicó a Malcolm fue casi airada, como si lo retara a que se atreviera a reírse o hacer alguna mueca, aunque en su cara también percibió una especie de ruego. Desde que habían matado a Bonneville estaban muy unidos, con una clase de complicidad que Malcolm no creía haber compartido con nadie. Ahora la mujer le estaba dando una apariencia distinta de la muchacha irritable de cara enjuta y permanente semblante desdeñoso. Ahora parecía casi bonita. Malcolm se sentía extraño, como ella.

Optó por desviar la mirada.

La mujer le murmuraba algo. Procurando no escuchar, Malcolm se alejó un poco más y se tumbó en la hierba. Hacía un día cálido y tenía sueño. Cerró los ojos.

Alguien lo sacudía por los hombros. Era Alice.

—¡Despierta! Mal, no nos podemos quedar aquí. ¡Despierta!

Aunque susurraba, captó todas y cada una de las palabras.

—¿Por qué no? —contestó en voz baja.

—Ven a ver lo que está haciendo.

Se puso de costado y se frotó los ojos. Después se incorporó.

—¿Qué? ¿Dónde está?

—Al lado del fuego. Ven deprisa, sin hacer ruido.

Malcolm se levantó, todavía aturdido por el sueño. Alice lo cogió antes de que cayera.

—¿Estás bien? —preguntó.

—Solo un poco mareado. ¿Qué está haciendo?

—No puedo... Tienes que verlo.

Le cogió de la mano mientras recorrían la corta distancia que los separaba del fuego. Estaba a punto de atardecer. Por primera vez desde hacía meses, Malcolm pensó que podría ver una puesta de sol. El cielo estaba despejado por el suroeste y los rayos se colaban a través de los árboles, con deslumbrantes y cálidos tonos rojos. Ya recuperado, se volvió a mirar la canoa y comprobó que aún estaba allí y que la mochila seguía debajo del asiento. Alice tiró de su mano; no quería que se detuviera.

El pequeño claro estaba bañado de luz; Diania estaba sentada justo en el medio, con el hombro desnudo y el pecho al descubierto, sosteniendo a Lyra, que le chupaba vigorosamente el pezón derecho. La mujer levantó la vista y les dedicó una sonrisa tan extraña que podría haber sido inhumana.

—¿Qué hace? —dijo Malcolm.

—¡Dando de mamar a la niña, por supuesto! Dándole una nutritiva leche. ¡Fíjate en cómo chupa!

Miró hacia abajo con orgullo. El pezón se despegó de la boca de Lyra y la mujer la levantó hasta el hombro y le dio unas palmadas en la espalda. Lyra soltó el eructo correspondiente. La mujer la colocó en el otro lado y la boquita empezó a abrirse y cerrarse incluso antes de encontrar el pezón. Luego cerró los ojos y siguió a lo suyo.

Malcolm tiró de la mano de Alice. Abandonaron el claro para volver a la canoa.

—¡No es buena! —exclamó Asta.

—No, no lo es —convino el daimonion de Alice.

—No le está haciendo ningún daño —adujo Malcolm.

No obstante, en cuanto aquellas palabras salieron de su boca, supo que se equivocaba.

—Está haciendo eso para apoderarse de ella —afirmó Alice—. No es normal, Mal. No es un ser humano de verdad. ¿Has visto esas mariposas? A ver, ¿cuál de ellas es su daimonion?

—Creo que todas.

—¿Y dónde están ahora?

—Eh…, no estaban allí.

—Sí estaban. Estaban todas encima de Pan. Si hasta casi no se lo veía. Está haciendo alguna especie de magia, te lo juro. ¿Sabes las hadas de los cuentos? Pues se quedan con niños humanos.

—Pero eso no es de verdad —respondió Malcolm—. Es solo en los cuentos.

—Pero en muchos cuentos y en canciones también dicen que pasa eso. Roban niños y nunca los vuelven a ver. Es verdad —insistió.

—Hombre, normalmente… —dijo Malcolm.

—¡Que no es normal! —confirmó Asta—. Nada es normal. Todo está cambiado después de las inundaciones.

Asta tenía razón. Ya no había nada normal.

—Tenemos que recuperarla —dijo.

—Vayamos a pedírselo —propuso Alice—. Entonces lo comprobaremos.

—Tenemos que estar preparados para marcharnos de inmediato. Si nos quedamos aquí, nos robará a Lyra mientras durmamos.

—Sí —acordó Alice—, pero no podemos recoger todas nuestras cosas sin que ella lo vea. Es imposible.

—Tengo una idea —dijo Malcolm.

Asta alzó el vuelo desde su hombro y empezó a buscar una piedra del tamaño adecuado mientras él sacaba la mochila de la canoa.

—¿Qué haces? —preguntó Alice—. ¿Qué es eso?

Abrió la caja y le enseñó el aletiómetro a Alice, que lo observó con los ojos como platos.

—Aquí hay una —dijo Asta, un poco lejos—, pero no puedo...

Alice lo ayudó a coger la piedra del suelo y la lavó en el agua. Malcolm, entre tanto, envolvió el aletiómetro con el terciopelo y el hule. Luego lo volvió a poner en la mochila. Alice miraba con expresión de aprobación y ojos relucientes cuando puso la piedra dentro de la caja y la volvió a cerrar.

—Luego te lo contaré con más detalle —le prometió Malcolm.

A continuación, cargando el aletiómetro y la caja por separado dentro de la mochila, regresaron al claro. La mujer aún daba de mamar a Lyra. Pero, cuando llegaron, la apartó del pecho. La pequeña estaba casi dormida y completamente saciada.

—Seguro que no había tomado nunca una leche como esta —comentó la mujer.

—No. Gracias por alimentarla —dijo Malcolm—, pero ahora nos tenemos que ir.

—¿No os vais a quedar otra noche?

—No. Nos tenemos que ir. Ha sido muy amable al dejarnos quedar aquí, pero es hora de que nos vayamos.

—Bueno, si os tenéis que ir, marchaos.

—Nos llevaremos a Ellie.

—No, eso no. Es mía.

A Malcolm le latía con tanta violencia el corazón que le costaba sostenerse en pie. Alice lo cogió de la mano.

—Nos la vamos a llevar porque es nuestra. Nosotros sabemos lo que hacemos con ella.

—Es mía. Ha bebido de mi leche. ¡Fijaos en lo contenta que está en mis brazos! Se va a quedar conmigo.

—¿Por qué cree que puede quedarse con ella? —preguntó Malcolm.

—Porque quiero y porque tengo el poder para ello. Si supiera hablar, diría que quería quedarse aquí.

—¿Qué va a hacer con ella?

—Criarla para que se convierta en un miembro más de mi pueblo, desde luego.

—Pero ella no pertenece a su pueblo.

—Ahora que ha bebido de mi leche, sí. Eso no lo podéis cambiar.

—¿Y a qué pueblo se refiere?

—Al pueblo más antiguo que existe. A los primeros habitantes de Albión. Será una princesa. Será uno de los nuestros.

—Mire —dijo Malcolm, dejando la mochila en el suelo—, le puedo ofrecer un tesoro a cambio.

—¿Qué clase de tesoro?

—Un tesoro propio de una reina. Usted es una reina, ¿no?

—Desde luego.

—¿Es un hada?

—¿Dónde está ese tesoro?

Malcolm sacó la caja.

—Déjame ver —lo apremió.

—Deje que coja a Ellie; entonces podrá mirarlo bien —intervino Alice.

Diania, no obstante, apretó a la niña contra sí. No se fiaba.

—¿Creéis que soy estúpida? Todos los trucos que se os puedan ocurrir, ya los he visto y oído mil veces. ¿Cómo podrían custodiar un par de niños como vosotros un tesoro? No tiene sentido. Nadie os entregaría un tesoro del que cuidar.

—¿Entonces por qué cuida usted de un bebé? —replicó Alice.

—Eso tiene una explicación más sencilla.

Ese era el momento que Malcolm había estado esperando.

—Si es capaz de encontrar la explicación —propuso—, podrá quedarse con ella y también con el tesoro.

La mujer lo miró. Acercando a Lyra a su pecho, empezó a mecerla.

—Si es capaz de encontrar la explicación de por qué Sandra y yo acabamos cuidando de Ellie, podrá quedarse con ella.

—¿Cuántas veces puedo probar? —preguntó la mujer tras reflexionar un momento—. Quiero más de una.

—Tres.

—Tres. De acuerdo. Primera: es vuestra hermana y vuestros padres murieron. Os dejaron encargados de cuidarla.

—No es correcto —contestó Malcolm—. Quedan dos.

—De acuerdo... Segunda: la robasteis en su cuna y os la lleváis a Londres para venderla.

—Tampoco es correcta. Solo queda una posibilidad.

—Solo una... Solo una... Muy bien. Veamos. ¡Ya sé! Estaba a cargo de las monjas y entonces hubo la inundación y tú y Sandra la cogisteis de la cuna y la pusisteis en tu barca y se os llevó la riada y había un hombre que os perseguía, y entonces lo matasteis y después se la quedaron las hermanas de Obediencia, y la rescatasteis y la trajisteis aquí.

—¿Quién hizo todo eso?

—Vosotros. Richard y Sandra.

—¿A quién trajimos aquí?

—¡A Ellie, por supuesto!

—Pues se equivoca por tercera vez —dictaminó Malcolm—, porque ella es Alice, no Sandra. Y yo soy Malcolm, no Richard. Y la niña no es Ellie, sino Lyra. Ha perdido.

La mujer abrió la boca y soltó un alarido tan fuerte y terrible que Malcolm tuvo que taparse los oídos. Abrió los brazos, soltando a Lyra, que habría caído al suelo si Alice no se hubiera precipitado a recogerla. Luego se llevó las manos a la cabeza; con los ojos anegados de lágrimas, se arrojó cuan larga era al suelo, sollozando y gimiendo con una violencia tal que el corazón de Malcolm se llenó de miedo.

Aun así, después de recoger las mantas y la lata de galletas, le alargó la caja de madera.

—Aquí tiene el tesoro que le había prometido —dijo.

Los amargos sollozos de la mujer le agitaban el cuerpo entero.

—Tome —insistió, dejándola sobre la hierba.

La mujer se puso de espaldas y empezó a mover la cabeza de lado a lado.

—¡Mi niña! —gritó—. ¡Me estáis quitando a mi niña!

—No, no es su niña —exclamó Malcolm.

—¡He estado esperando mil años para acercar un bebé a mi pecho! ¡Ella ha bebido de mi leche! ¡Es mía!

—Ahora nos vamos a ir. Mire, aquí dejo el tesoro.

La mujer se incorporó, sollozando con tal violencia que apenas podía mantener el equilibrio. Con una mano se enjugó las lágrimas que inundaban su cara; con la otra, palpó el suelo hasta encontrar la caja.

—¿Qué es?

—Ya se lo he dicho, un tesoro. Ahora nos vamos. Gracias por habernos acogido.

La mujer se puso de rodillas y se abalanzó a los pies de Alice, aferrándose a sus piernas. La chica, asustada, puso a Lyra fuera de su alcance.

—Él no lo entiende... Es imposible... ¿Cómo iba a entenderlo un hombre? Tú, en cambio...

—No —la cortó Alice.

—¿Te has mirado en el espejo después de haberte arreglado el pelo?

—Sí.

—¿Y te ha gustado?

—Sí, pero...

—Yo podría hacer de ti una muchacha hermosa. Podría volver tan bonita tu cara que todos los hombres se convertirían en esclavos tuyos. ¡Podría hacerlo! ¡Tengo los poderes para ello!

Alice apretaba los labios. Malcolm la observaba con impotencia. Ya había intuido que su aspecto no la satisfacía del todo. En ese momento percibió cómo se sucedían en su cara las emociones; algunas de ellas eran demasiado duras para que él pudiera conocerlas o nombrarlas. Al final, en su semblante se asentó su habitual expresión de ligero desdén.

—Es una mentirosa —espetó—. Suélteme las piernas.

La mujer obedeció y empezó a sollozar de nuevo, aunque en sus quejas ya no había esperanza. Malcolm sintió pena por ella.

Pero no podían hacer nada.

Tras dejar la caja cerca de aquella mujer, se alejó en silencio. Alice se fue con él, llevando a Lyra en los brazos, dormida.

Cuando se dio la vuelta, vio a la mujer sentada, haciendo girar la caja entre las manos.

—¿Qué va a hacer cuando la abra? —susurró Alice.

—No la abrirá nunca.

—¿Cómo lo sabes?

—Porque no es un mecánico.

Se quitó un peso de encima al ver que la canoa seguía en su sitio. La aguantó para que Alice subiera. Una vez que estuvo instalada en la proa con la pequeña, tras guardar la mochila debajo del asiento, subió a su vez. Cogiendo el remo, impulsó *La bella salvaje* para alejarse de aquella isla encantada.

22

Resina

En el torrente de noticias posterior a las inundaciones, plagado de alusiones a edificios derrumbados, valerosos rescates, muertes y desapariciones, la información de que una comunidad religiosa cercana a Oxford había quedado devastada con la muerte de varias monjas y la destrucción de unas dependencias medievales no fue de las más llamativas. Muchos otros lugares y centros habían corrido peor suerte. Localizar hechos relevantes entre el inmenso volumen de información no fue tarea fácil para el Tribunal Consistorial de Disciplina, ni tampoco para Oakley Street. Oakley Street disponía, con todo, de una ligera ventaja. Gracias a Hannah Relf pudo empezar a buscar una canoa con un niño, una niña y un bebé antes que sus adversarios.

El Tribunal Consistorial de Disciplina contaba, no obstante, con más recursos. Oakley Street tenía tres embarcaciones: la barca que había alquilado Bud Schlesinger y dos barcos giptanos. En uno de ellos, iba Nugent; en el otro, Papadimitriou. El bando opuesto disponía de siete, entre las que había cuatro veloces lanchas motoras. Por otra parte, en los barcos giptanos, Oakley Street tenía a su disposición unos guías expertos e informados, que conocían como la palma de la mano todos los cursos de agua. El Tribunal Consistorial de Disciplina apenas podía contar con el miedo que provocaban con sus habituales y agresivos interrogatorios.

Ambos bandos emprendieron la búsqueda de *La bella salvaje*, con su tripulación y sus pasajeros. Las embarcaciones de Oakley Street partieron de Oxford; las del Tribunal Consistorial, de diversos puntos situados río abajo.

El tiempo era desapacible. Las inundaciones lo habían alterado todo. Por doquier, reinaba la confusión. Además, lord Nugent llegó a dudar de si aquel diluvio era natural. Tanto él como sus acompañantes giptanos tenían la impresión de que la riada no solo era cosa del mal tiempo; había empezado a provocar curiosos fenómenos ilusorios y a evolucionar de un modo imprevisto. En un momento dado, perdieron por completo de vista la tierra, como si hubieran estado en medio del océano. En otra ocasión, Nugent tuvo la certeza de haber visto un cocodrilo tan largo como un barco: los seguía sin llegar a dejarse ver del todo. Incluso una noche hubo unas misteriosas luces que se movían debajo de la superficie y hasta ellos llegó el sonido de una orquesta que tocaba una clase de música que nunca nadie había oído antes.

No pasó mucho tiempo antes de que Nugent oyera describir el fenómeno a sus compañeros giptanos utilizando una expresión que le era desconocida. Aludieron a las inundaciones y a todos sus efectos en relación con una comunidad secreta. Pero, por más que les preguntó qué significaba aquello, se negaron a dar ninguna explicación.

Y así siguieron buscando *La bella salvaje*.

La riada discurría mansamente. Parecía un río inmenso, como el Amazonas o el Nilo. Malcolm se los había imaginado así en sus lecturas: un increíble volumen de agua que fluía sin salientes, sin rocas, sin bajíos, sin vientos rigurosos ni tempestades que provocaran olas en su superficie.

El sol se puso y cedió paso a la luna. Malcolm y Alice guardaban silencio y Lyra seguía dormida. Malcolm pensaba que Alice también estaba dormida.

—¿Tienes hambre? —preguntó ella, de repente..

—No.

—Yo tampoco. Pensaba que íbamos a tener, teniendo en cuenta que llevamos horas sin comer...

—Y Lyra también.

—Esa leche embrujada, no sé qué efectos tendrá... —dijo—. Igual la vuelve medio hada.

—Nosotros también comimos comida embrujada.

—Los huevos. Sí, seguramente.

Flotaban sobre el agua, donde centelleaba la luz de la luna. Era como si compartieran el mismo sueño.

—Mal —dijo ella.

—¿Qué?

—¿Cómo supiste de qué manera la podías engañar? Pensaba que no iba a funcionar, pero en cuanto se dio cuenta de que los nombres eran equivocados...

—Me acordé del cuento de *El enano saltarín* y pensé que los nombres debían de ser importantes para las hadas. Decidí intentarlo. Claro que si tú no hubieras usado los nombres falsos al principio, no habríamos podido siquiera probarlo.

Se quedaron callados.

—Alice, ¿crees que somos unos asesinos?

—Tal vez no esté muerto —contestó ella, tras pensárselo un momento—. No podemos estar seguros. Nosotros no queríamos matarlo. No era nuestra intención. Solo estábamos defendiendo a Lyra. Eso está bien, ¿no?

—Eso mismo intento pensar yo. Pero sí somos unos ladrones, de eso no hay duda.

—¿Por lo de la mochila? No tenía sentido dejarla allí. La habría cogido otra persona. Entonces no... Mal, fue una idea genial. A mí ni se me habría ocurrido. Nos has salvado con eso. Y lo de sacar a Lyra de ese lugar...

—Todavía me siento mal.

—¿Por lo de Bonneville?

—Sí.

—Ya... Lo único que podemos hacer es...

—¿Tú también te sientes mal?

—Sí, pero entonces me acuerdo de lo que le hizo a la hermana Katarina. Y... Nunca te conté lo que me dijo a mí, ¿verdad?

—¿Cuándo?

—Esa primera noche en que lo vi, en Jericho.

—No...

—Ni lo que hizo.

—¿Qué hizo?

—Después de invitarme a una ración de pescado con patatas, dijo que fuéramos a pasear al prado. Y yo pensé, bueno, parece simpático...

—Era de noche, ¿no? ¿Para qué quería ir a pasear?

—Bueno, eh..., quería...

Malcolm se sintió ridículo.

—Ah, ya —dijo—. Eh..., perdona.

—No te preocupes. No ha habido muchos chicos que quisieran nada de eso conmigo. Parece como si los asustara o algo así. Pero él era un hombre correcto y no me pude resistir. Fuimos por Walton Well Road y pasamos el puente; luego me besó y me dijo que era guapa. No me hizo nada más. Sentí tantas cosas que no puedo ni explicarlo, Mal.

Algo brillaba en sus mejillas. No podía creer que se hubiera puesto a llorar.

—Pero yo siempre había pensado —continuó con voz débil— que si alguna vez me pasaba eso, si es que me sucedía, entonces el daimonion de la otra persona también sería..., digamos, agradable con el mío. Eso es lo que ocurre en las novelas. Eso es lo que dice la gente. Pero Ben...

Su daimonion, con forma de galgo, colocó la cabeza bajo su mano y ella le tocó las orejas. Malcolm los miró sin decir nada.

—Esa maldita hiena —prosiguió entre sollozos—, esa horrorosa hiena... Era horrible... Era imposible que fuera agradable. Él, Bonneville, sí lo era. Él quería seguir besándome, pero yo no podía, porque ella gruñía y mordía y... meaba. Meaba como si la orina fuera un arma...

—Una vez la vi hacer eso —dijo Malcolm.

—O sea, que le tuve que decir que no, que ya no podía seguir. Entonces él se rio y me apartó. Y podría haber sido... Yo pensaba que iba a ser lo mejor... Y al final solo fue desprecio y odio. No sabía qué pensar, Mal, porque al principio él estuvo tan amable y tierno conmigo... Me dijo dos veces que era guapa. Nadie me lo había dicho y yo creía que nadie me lo iba a decir nunca.

Sacó un pañuelo ajado del bolsillo y se enjugó los ojos.

—Y cuando esa especie de hada me arregló el pelo con todas esas flores y me hizo mirar en el espejo, pensé... Bueno, igual sí. Eso fue lo que pensé.

—Eres guapa —afirmó Malcolm—. Bueno, yo te encuentro guapa.

Procuró que su voz sonara sincera, porque de verdad lo pensaba. Sin embargo, Alice soltó una risa breve y amarga. Luego se volvió a secar los ojos en silencio.

—La primera vez que lo vi en el jardín del priorato, me llevé un susto de muerte —confesó—. Salió sin más de la oscuridad, sin decir nada. Esa hiena se plantó en el camino y se puso a orinar. Y después, esa misma noche, fue a La Trucha y mi padre tuvo que servirle. Bonneville no hizo nada malo, pero los otros clientes se apartaron de él. No les gustaba, como si ya lo conocieran. Sin embargo, cuando yo entré, estuvo tan simpático que pensé que debía de haberme equivocado, que debía de haber visto mal. Me pareció agradable. Y ya entonces iba detrás de Lyra...

—La hermana Katarina no tenía ninguna posibilidad —opinó Alice—. No tenía escapatoria. Ese hombre podría haber conseguido todo lo que quisiera.

—Por poco lo consigue. Si no hubiera sido por la inundación...

—¿Crees que de verdad quería matar a Lyra? —preguntó ella.

—Eso parecía. ¿Qué otra cosa podía ser? Quizá pretendía raptarla.

—Igual sí...

—Teníamos que defenderla.

—Claro.

Estaba seguro de que no tenían alternativa.

—¿Qué era eso que sacaste de la caja? —preguntó Alice al cabo de un par de minutos.

—Un aletiómetro. Eso creo, vamos. Nunca he visto uno. Se fabricaron solo seis. Se sabe dónde estaban cinco de ellos, pero había uno del que se desconocía el paradero desde hacía años. Creo que podría ser ese.

—¿Qué habría hecho con él?

—Venderlo quizá. O igual intentó leerlo él mismo, pero para eso se necesitan años de entrenamiento… También podría haber intentado usarlo para negociar. Era un espía.

—¿Cómo lo sabes?

—Muchos de los papeles de la mochila están escritos en código. Se los llevaré a la doctora Relf, si es que conseguimos volver…

—¿Acaso crees que no lo lograremos?

—No, claro que no. Esto que está pasando ahora, las inundaciones y todo lo demás…, es una especie de… No sé cómo explicarlo. Es una especie de tiempo intermedio, como un sueño o algo así.

—¿Son solo imaginaciones? ¿No es real?

—No, no es eso. Es totalmente real, pero es como si fuera mayor de lo que pensaba, como si tuviera más cosas dentro.

Le dieron ganas de contarle lo del círculo de lentejuelas, pero sabía que, si lo hacía, su significado se fragmentaría y se perdería. Tendría que dejarlo para cuando estuviera más seguro de qué era.

—Pero ahora nos estamos acercando a Londres y a lord Asriel —prosiguió—; después volveremos a Oxford: entonces ya habrá pasado la riada. Y luego veré a mis…

Iba a decir «padres», pero no pudo pronunciar la palabra: un sollozo le obstruyó la garganta. A este le sucedió otro, impulsado por un torrente de imágenes y recuerdos: la cocina de su madre, su paz y su ironía, sus pasteles de carne y patata, sus *crumbles* de manzana y el vapor y el calor, y la risa de su padre, sus anécdotas, cuando leía los resultados del fútbol o escuchaba, con orgullo, mientras Malcolm le hablaba de tal teoría o de tal descubrimiento. Sin poderlo evitar, cedió a los sollozos como si se le hubiera partido el corazón, como si estuviera condenado a seguir para siempre a la deriva en aquella inundación que lo arrastraría cada vez más lejos de su hogar. Como si sus padres nunca más fueran a saber de él.

Tan solo un par de días antes, se habría dejado arrancar un brazo antes que ponerse a llorar delante de Alice. Aquello era como desnudarse delante de ella, pero ya no le importaba. Tal vez porque ella también estaba llorando. Le pareció que de no haber sido porque estaban cada uno en un extremo de la canoa, con Lyra dormida entre medio, se habrían abrazado y habrían llorado juntos.

Siguieron sollozando un poco. Después, progresivamente, la tormenta de llanto amainó. La canoa seguía a flote, Lyra aún dormía y todavía no tenían hambre.

Aún no avistaba lugar alguno donde atracar y descansar. Malcolm pensaba que la crecida debía de haber llegado a su máximo nivel: aunque había algunos grupos de árboles que despuntaban aquí y allá en el agua, no se veía tierra por ninguna parte, ni islas como aquella donde habían descansado antes, ni colinas, ni tejados de casas, ni rocas. Era como si estuvieran en el Amazonas. Según había leído Malcolm, ese río era tan ancho que desde el centro no se veían las orillas.

Por primera vez, empezó a plantearse algo. En el supuesto de que consiguieran llegar a Londres y de que Londres siguiera sumergida bajo la riada, ¿sería difícil encontrar a lord Asriel? Pese a que le había asegurado alegremente a Alice que no les costaría dar con él, lo cierto es que no estaba tan seguro.

A pesar del agotamiento, no se atrevía a cerrar los ojos. Temía topar con algún obstáculo peligroso. Además, tampoco le apetecía dormir, porque había sobrepasado esa necesidad, como también había sobrepasado las ganas de comer. Quizás haber dormido en la isla encantada hacía que ya no tuviera que volver a dormir.

Lyra seguía durmiendo, quieta, calmada y en silencio.

Al cabo de una hora de tranquilidad, Malcolm comenzó a advertir una diferencia en el flujo del agua. Entre la inmensa riada, había una corriente definida que formaba una especie de torrente aparte. Tenía un ímpetu especial. Parecían atrapados allí mismo.

Por una parte, se movía un poco más deprisa que el resto de la masa de agua circundante; por otra, debían de haber viajado impulsados por él desde hacía rato, sin haberse dado cuenta. Ahora se había convertido ya en una especie de río separado, flanqueado por el otro. Malcolm pensó que tal vez debería tratar de salir remando de él para incorporarse al gran y manso espejo de la riada principal; pero, cuando lo intentó, se encontró con que *La bella salvaje* encaraba obstinadamente la proa, casi como si lo hiciera a propósito, para seguir en la corriente más rápida; además, comprobó que esta era demasiado fuerte para luchar contra ella. Si hubieran tenido dos remos y si Alice hubiera estado despierta, tal vez hubieran tenido alguna posibilidad. Dejó reposar el remo encima de las rodillas y se puso a escrutar el horizonte.

—¿Qué pasa? —preguntó Alice, que sí que estaba despierta.

—Hay una corriente en el agua. No hay de qué preocuparse. Nos está llevando en la buena dirección.

—¿Estás seguro? —dijo, incorporándose, más curiosa que alarmada.

—Creo que sí.

La luna casi se había ocultado; era la hora más oscura de la noche. En el cielo lucían unas cuantas estrellas, cuyos reflejos oscilaban y se dispersaban, produciendo un centelleo plateado en la negrura del agua. Paseando la mirada por el horizonte, Malcolm no vio perfilarse ninguna isla, ni árbol, ni acantilado. No obstante, de improviso le pareció distinguir algo más adelante: una especie de mancha más densa.

—¿Qué miras? —preguntó Alice.

—Allí hay algo…

La muchacha se volvió a mirar por encima del hombro.

—Sí. ¿Vamos directamente hacia allí? ¿No puedes remar para salir de la corriente?

—Ya lo he intentado. Es demasiado fuerte.

—Es una isla.

—Sí…, podría ser… Debe de estar desierta: no hay ninguna luz.

—¡Nos vamos a estrellar contra ella!

—La corriente nos llevará a un lado o a otro para rodearla —afirmó, aunque distaba de estar seguro.

Parecía como si el río los condujera directamente hacia la isla y, cuando se hallaron más cerca, Malcolm oyó un ruido que no le gustó nada.

—Es una cascada —identificó Alice—. ¿La oyes?

—Sí. Tendremos que agarrarnos bien fuerte. Pero todavía está lejos...

Era cierto, aunque cada vez estaban más cerca. Volvió a intentar remar con vigor hacia la derecha, que era hacia donde le resultaba más cómodo. Sus esfuerzos fueron en vano.

A juzgar por el ruido, la cascada parecía surgir del núcleo de la isla, de las profundidades de la tierra. Se maldijo a sí mismo por no haber reparado antes en la corriente y no haber salido de ella cuando aún no era tan potente.

—¡Agacha la cabeza! —gritó.

Iban directos hacia el oscuro flanco de la colina, cubierto de una frondosa vegetación... El torrente discurría todavía más deprisa...

Entonces hubo un choque, un roce de ramas bajas y espinos. Apenas le había dado tiempo a taparse la cara con las manos cuando entraron en un túnel, totalmente oscuro, en cuyas paredes resonaba el estruendoso clamor del agua. «¡Agarra bien a Lyra!», estuvo a punto de gritar, pero se dio cuenta de que no era necesario hacerle esa recomendación. Hizo pasar el brazo izquierdo por una de las correas de la mochila y, encajando el remo bajo los pies, se aferró con todas sus fuerzas a la borda.

El ruido fue aumentando hasta que llegaron a la catarata. La canoa se precipitó por ella con violencia. A la primera sacudida, Malcolm quedó empapado de agua helada. Alice se puso a chillar, aterrorizada.

—¡Agárrate! ¡Agárrate! —gritó Malcolm.

Y justo entonces la niña se puso a reír a carcajadas. Lyra estaba que no cabía en sí de contenta. Nada de lo que había visto u oído hasta entonces le había gustado tanto como aquella caída en medio de la más absoluta oscuridad.

Estaba en brazos de Alice..., pero ¿y Alice?

—Alice... Alice... Alice —exclamó Malcolm, entre el miedo y el ruido del agua.

De repente, como si hubieran encendido una luz, la canoa salió propulsada fuera de la caverna, de la catarata, de la oscuridad. Enseguida se vieron mecidos por un suave arroyo que fluía entre unas verdes riberas bajo la luz de un millar de resplandecientes faroles.

—¡Alice!

La chica yacía inconsciente. Aún tenía a Lyra entre los brazos. Ben estaba acostado a su lado, completamente inmóvil.

Malcolm cogió el remo con manos temblorosas y se apresuró a arrimar la canoa a la orilla izquierda, donde había un pequeño embarcadero flanqueado de hierba. En un momento, amarró la canoa. Mientras Asta trasladaba a Pan hasta la orilla, cogió a Lyra y la dejó encima de la hierba, donde se puso a gorjear con placer.

Después se inclinó sobre la canoa y movió la cabeza de Alice con cuidado. Con las sacudidas, se la había golpeado contra la borda, pero ya se empezaba a mover y no había sangre.

—¡Alice! ¿Me oyes?

La rodeó con un torpe abrazo y enseguida retrocedió al ver que trataba de incorporarse.

—¿Dónde está Lyra? —preguntó.

—En la hierba. Está bien.

—Resulta que a la niña le ha parecido de lo más divertido.

—Todavía está muy contenta.

Con ayuda de Malcolm, salió de la canoa y recorrió con paso tambaleante el embarcadero, seguida de Ben. Como Asta estaba impaciente por ir a ver a Pan, subieron un poco. Se sentaron junto a Lyra, exhaustos y temblorosos, y miraron a su alrededor.

Estaban en un extenso jardín cubierto de césped, intercalado con senderos y macizos de flores, que relucían con brillantes tonalidades verdes a la luz de unos faroles. Aunque tal vez no eran faroles... Parecía como si fueran grandes flores prendidas en cada rama de cada árbol, que brillaban despidiendo una suave y cálida luz. Había tantos árboles que el suelo estaba completamente alumbrado, pese a que arriba no había más que un negro dosel aterciopelado: tanto podría haber estado a un millón de kilómetros de distancia como a pocos metros.

Más arriba de la pendiente cubierta de césped se alzaba un gran palacio, con resplandecientes ventanas. En el interior había gente. Aunque estaban demasiado lejos para que pudieran verla bien, parecía que la gente se movía como si estuvieran en un baile o en una fiesta con invitados de categoría. Bailaban detrás de las ventanas, charlaban en la terraza o paseaban entre las fuentes y las flores del jardín. Hasta los viajeros llegaron retazos de un vals interpretado por una nutrida orquesta, así como fragmentos de conversaciones de las personas que caminaban fuera.

En la otra orilla del arroyo no había nada, o más bien no se podía ver nada. Una densa niebla la cubría por completo desde el borde del agua. De vez en cuando, la niebla se agitaba y parecía a punto de dispersarse. Pero nunca llegaba a despejar. No había forma de saber si la ribera de enfrente era como aquella, cultivada, hermosa y rezumante de lujo.

Malcolm y Alice contemplaban con asombro el lado ajardinado del río, señalando las maravillas que albergaba: una fuente resplandeciente, un árbol cargado de peras doradas, una bandada de peces multicolores que saltaban en el riachuelo, moviéndose todos al mismo tiempo. Volvieron la cabeza para mirarlos con ojos saltones.

Malcolm se puso de pie, con el cuerpo rígido y dolorido.

—¿Adónde vas? —dijo Alice.

—Solo voy a ir a achicar el agua de la canoa y a sacar las cosas para que se sequen.

Todas aquellas rarezas le aturdían. Tal vez, pensó, si se entretenía con una labor manual y aburrida todo volvería a la normalidad.

Sacó la bolsa de las cosas de Lyra y extendió su ropa mojada encima de las planchas del embarcadero. Luego inspeccionó la caja de galletas: estaban rotas, pero secas. Desenrolló la cubierta de seda-carbón y también la puso a secar. La mochila, que se había colgado al hombro, solo se había mojado por fuera; la recia lona había bastado para proteger su valioso contenido. Las carpetas estaban intactas; también el aletiómetro, envuelto con su forro de hule.

Después de disponerlo todo con cuidado encima del pequeño embarcadero, volvió con Alice, que estaba jugando con Lyra y la levantaba poniéndole los pies en contacto con el suelo, haciendo como si caminara. La pequeña seguía muy alegre; Ben, convertido en mirlo, ayudaba a volar a Pantalaimon, que no alcanzaba la altura de las ramas más bajas de uno de aquellos árboles cargados de luces.

—¿Qué quieres hacer? —preguntó Alice.

—Ir a esa casa, para ver si alguien nos puede decir dónde vive lord Asriel. Nunca se sabe. Todos parecen personas distinguidas.

—Vamos. Pero lleva un rato a Lyra.

—Igual encontramos algo de comer y un sitio donde cambiarla.

Lyra pesaba menos que la mochila, pero era más difícil de cargar: la mochila se colgaba de los hombros, pero a la niña

había que sostenerla con ambos brazos. Además, tampoco olía muy bien. Alice cogió con gusto la mochila y Malcolm se puso a caminar a su lado con Lyra, que no paraba de retorcerse en sus brazos y de quejarse.

—No, no puedes ir con Alice todo el tiempo —le dijo—. Te vas a tener que conformar conmigo. En cuanto lleguemos a esa casa tan bonita de arriba, ¿ves?, esa que tiene todas esas luces, te cambiaremos el pañal y te daremos de comer. Después estarás la mar de bien. No tardaremos mucho…

Tardaron más de lo esperado. El sendero que conducía al palacio atravesaba los jardines, entre los arbolillos con luces, los macizos de rosas, lirios y otras flores, una fuente con reluciente agua, otra con agua que destellaba y otra más de la que brotaba una bruma que no era de agua, sino de algo parecido a colonia… Después de dejar atrás todo eso, los viajeros tenían la impresión de no haberse aproximado ni un metro al edificio. Veían todas las ventanas, todas las columnas, cada uno de los escalones que daban acceso a la gran puerta abierta y al espacio impregnado de luz del interior; veían a la gente que se movía detrás de los grandes ventanales; alcanzaban incluso a oír música, como si se celebrara un baile. Pese a ello, estaban tan alejados de la mansión como al principio.

—Este camino debe de ser como un puñetero laberinto —aventuró Alice.

—Subamos cruzando directamente el césped —propuso Malcolm—. Si vamos en línea recta, no nos podemos equivocar.

Lo probaron. Si se encontraban con un camino, lo atravesaban. Si topaban con una fuente, la rodeaban y seguían sin desviarse. Si se interponía un macizo de flores a su paso, lo pisaban. Pero no conseguían acercarse.

—Mierda —exclamó Alice, que dejó la mochila en el suelo—. Me está volviendo loca tanto andar para nada.

—No es real —dictaminó Malcolm—. O en todo caso, no es normal.

—Ahí viene gente. Preguntémosles.

Un pequeño grupo compuesto por dos hombres y dos mujeres paseaba en su dirección. Malcolm dejó a Lyra sobre la hierba; la niña empezó a quejarse y Alice la cogió. Él esperó en el sendero a que estuvieran más cerca. Eran jóvenes y elegantes. Vestían ropa de gala: las mujeres llevaban vestidos largos que dejaban al descubierto los hombros y las mangas; los hombres, trajes de etiqueta blancos y negros. Con una copa en la mano, reían y charlaban con la misma ligereza y alegría que Malcolm había observado en las parejas de enamorados y sus daimonions, pájaros en su totalidad, que revoloteaban en torno a ellos o se les posaban en el hombro.

—Perdonen —dijo mientras avanzaban hacia él—, pero es que…

Siguieron acercándose sin hacerle caso. Entonces Malcolm se puso en medio del camino.

—Siento molestarles, pero ¿saben cómo podemos…?

No le prestaron la menor atención: como si no existiera, como si solo fuera un mero obstáculo en el camino. Dos de ellos siguieron caminando por un lado, riendo y conversando; los otros dos, por el otro, murmurándose algo al oído, cogidos de la mano. Asta se transformó en pájaro y subió volando para hablar con sus daimonions.

—¡No me escuchan! ¡Es como si no nos vieran! —dijo.

—¡Perdonen! ¡Hola! —exclamó Malcolm, apresurándose a interponerse ante ellos de nuevo—. Necesitamos averiguar cómo llegar a esa casa de arriba. ¿Podrían...?

Una vez más, lo rodearon, sin reparar en él. Era como si fuera invisible, inaudible, impalpable. Cogió un guijarro del camino y se lo arrojó; aunque le acertó a uno de ellos en la espalda, fue como si le hubiera tirado una molécula de aire.

Malcolm se volvió a mirar a Alice, impotente.

—Qué imbéciles maleducados —espetó, ceñuda.

Lyra se había puesto a llorar.

—Encenderé fuego —dijo Malcolm—. Así, al menos, podremos calentar un poco de agua para ella.

—¿Dónde está la canoa? ¿Podemos volver hasta allí o vamos a tener que soportar otro de esos puñeteros juegos?

—Está justo ahí, mira —respondió él, que señaló a unos cincuenta metros—. Tanto andar, y casi no nos hemos movido. A lo mejor es magia. Sea como sea, no tiene ni pies ni cabeza.

Le bastó con unos cuantos pasos para llegar a la canoa. A esas alturas, eso ya no le sorprendió. Después de recoger todo lo que necesitaban para la niña, volvió con Alice. Recogió unas briznas del árbol más próximo y arrancó unas cuantas ramas cortas. Una vez desmenuzadas y dispuestas las briznas, acercó las chispas. El fuego prendió de inmediato. Partió las ramas para disponer de leña. No le costó nada, como si su destino fuera quebrarse exactamente a la longitud idónea y tener el grado de sequedad necesario para arder, justo después de haberlas desprendido del árbol.

—Parece como si no importara que hagamos fuego. En cambio, sí nos impiden llegar a la casa. Iré a buscar agua.

La fuente estaba más cerca de lo que había pensado. Viendo que el agua era fresca y limpia, aparte de llenar el cazo, también repuso reservas en los cascos de las botellas que se habían llevado de la farmacia. Parecía haber pasado una eternidad desde entonces.

—Todo se nos muestra favorable, excepto la casa y la gente —observó Asta.

Varias personas habían pasado junto al fuego, pero nadie se había detenido para hacer ningún comentario ni ordenarles que se fueran. Aunque lo había encendido encima de la hierba, a poca distancia de uno de los senderos principales, se comportaban como si también aquello fuera invisible. Había más parejas de jóvenes enamorados y gente de más edad, personajes de pelo cano con graves semblantes de estadistas, ancianas con vestidos pasados de moda, personas de mediana edad cargadas de poder y de responsabilidades... A su alrededor paseaban toda clase de invitados; entre ellos iban y venían camareros con bandejas con copas de vino o platos de canapés. Malcolm cogió uno cuando pasó un camarero a su lado y se lo llevó a Alice.

—Primero cambiaré a Lyra —dijo, con la boca llena de un sándwich de salmón ahumado—. Así estará más cómoda y luego le daré la leche.

—¿Necesitarás más agua? La que hay ahora en el cazo estará demasiado caliente.

En realidad, la temperatura era la adecuada. Alice le desabrochó la ropa, la limpió y la dejó secar con el cálido aire. Después fue a buscar un lugar donde dejar el pañal sucio mientras Malcolm jugaba con la pequeña y le daba pedacitos de salmón ahumado. Lyra los escupía; cuando Malcolm se echó a reír, frunció el entrecejo y cerró la boca con firmeza.

—¿Has visto alguna papelera por aquí? —preguntó Alice al volver.

—No.

—Yo tampoco, pero cuando quería una, apareció ante mi vista.

Era otro más de los muchos detalles desconcertantes. Una vez que se hubo enfriado el agua hervida, Alice llenó el biberón y empezó a darle la leche a Lyra. Malcolm merodeó por los alrededores, observando los arbolillos de flores luminosas y escuchando los pájaros que revoloteaban y cantaban entre las ramas, con unos trinos tan bonitos como los de los ruiseñores.

Asta voló hasta ellos y no tardó en regresar.

—¡Pasa lo mismo que contigo y las personas del camino! —constató—. ¡Es como si esos pájaros no me hubieran visto!

—¿Eran pajarillos o pájaros adultos?

—Adultos, me parece. ¿Por qué?

—Porque todas las personas que hemos visto son adultos.

—Claro que al ser una especie de fiesta o baile de etiqueta, lo normal es que no haya niños.

—De todas maneras, es raro —opinó Malcolm.

Volvieron con Alice.

—Toma, te toca a ti —le dijo.

Cogió a Lyra, que no tuvo tiempo de ofrecer resistencia antes de que volviera a colocarle la tetina en la boca. Alice se tendió en la hierba. Ben y Asta se acostaron, convertidos en serpiente, cada cual procurando adoptar una longitud mayor que el otro.

—Antes nunca hacía el tonto —observó Alice en voz baja, refiriéndose a su daimonion.

—Asta no para de hacer el tonto.

—Sí. Me gustaría... —Se le quebró la voz.

—¿Qué? —preguntó él al cabo de un instante.

Miró a Ben. Al verlo absorto con Asta, prosiguió en voz baja.

—Me gustaría saber cuándo parará de cambiar y quedará con una forma fija.

—¿Qué crees tú que ocurre cuando dejan de cambiar?

—¿Qué quieres decir?

—Si sucede un buen día, si de repente pierden la capacidad de cambiar o si la van perdiendo poco a poco.

—No sé. Mi madre siempre decía que no me preocupara por eso, que era algo que pasaba y ya está.

—¿En qué animal te gustaría que se estabilizara?

—En algún animal venenoso —contestó con convicción.

Malcolm asintió con la cabeza. Por el camino seguía circulando gente de toda clase; entre ellos creyó reconocer algunas caras. Debían de ser clientes que habían ido a La Trucha o personas que había visto en sueños. Incluso podrían haber sido amigos suyos de la escuela que habían crecido y ahora eran personas de mediana edad; eso explicaría el hecho de que le resultaban familiares y extraños a la vez. También había un joven que se parecía muchísimo al señor Taphouse, aunque con cincuenta años menos. Malcolm casi estuvo a punto de levantarse de un salto para ir a saludarlo.

Alice estaba acostada de lado, observando el desfile.

—¿Ves a personas conocidas? —le preguntó él.

—Sí. Creía que estaba dormida.

—¿Son más viejos los mayores y más jóvenes los viejos?

—Sí. Y algunos están muertos.

—¿Muertos?

—Acabo de ver a mi abuela.

—¿Crees que estamos muertos?

Alice guardó silencio un momento.

—Espero que no —dijo.

—Lo mismo digo, aunque no sé qué hace toda esta gente aquí. ¿Y quiénes serán los demás, los que no conocemos?

—A lo mejor son personas a las que vamos a conocer.

—O quizás otra cosa... Igual es el mundo de donde provenía aquella hada. Tal vez estas personas son todas como ella. Me recuerdan a ella.

—Sí —convino—. Eso es. La diferencia está en que ellos no nos ven y ella sí...

—Pero entonces ella estaba en nuestro mundo; por eso debíamos de tener más..., no sé, más consistencia. Aquí seguramente somos invisibles para ellos.

—Sí. Debe de ser eso. De todas formas, más vale que tengamos cuidado.

Después bostezó, tendiéndose boca arriba. Lyra, para no ser menos, también bostezó. Pantalaimon trató de convertirse en serpiente, como los otros dos; al cabo de unos segundos, renunció y, transformándose en ratón, se acurrucó cerca del cuello de Lyra. La niña se durmió casi al momento. En cuanto Ben hubo adoptado la forma de galgo y se hubo acostado junto a Alice, esta también cedió al sueño.

Sin saber por qué, Malcolm se arrodilló al lado de Alice y la miró a la cara. Aunque la conocía bien, nunca la había observado de cerca. Lo hubiera apartado. Se sentía algo culpable por aprovechar que ella estaba inconsciente, con Ben pegado a su cuerpo.

Sin embargo, la curiosidad podía con él. La tenue arruga de su entrecejo había desaparecido. La cara parecía más dulce, la boca más relajada. El semblante, complejo y sutil, tenía una expresión bondadosa, placentera... Al menos, eso le parecía a él. Alrededor de los ojos seguía aquel gesto burlón. Los labios, finos y comprimidos cuando estaba despierta, parecían más sueltos y carnosos, casi risueños. Igual que los ojos. La piel también... ¿Cómo la llamaban las mujeres? ¿La tez? Su aspecto era suave y sedoso; tenía las mejillas un poco coloradas, como si tuviera calor o se hubiera ruborizado en sueños.

Estaba demasiado cerca. Sentía que lo que hacía no estaba bien. Se incorporó y desvió la vista. Lyra se movió y murmuró. Le acarició la frente y la notó caliente, igual que la cara de Alice. Le habría gustado acariciarle las mejillas, pero la idea le resultaba demasiado turbadora. Se levantó y se fue hasta el embarcadero, donde *La bella salvaje* se mecía plácidamente en el agua.

No tenía nada de sueño; todavía no se podía quitar del pensamiento la imagen de la cara de Alice ni parar de preguntarse cómo sería acariciarla o besarla. Al final ahuyentó la idea pensando en otra cosa.

Se arrodilló para examinar la canoa y se llevó un buen susto: había un par de centímetros de agua en el fondo..., y él la había achicado por completo antes.

Desató la amarra y arrastró *La bella salvaje* por encima de la hierba; luego la puso boca abajo para vaciarla. Tal como temía, había una grieta en el casco.

—Fue cuando pasamos por esa catarata —dictaminó Asta.

—Debemos de haber chocado contra una piedra.

Volvió a examinar con detenimiento la embarcación. Una de las planchas que conformaban la cobertura del casco se había agrietado; la pintura tenía una raspadura a su alrededor. La grieta no parecía muy grande, pero Malcolm sabía que el casco de la canoa se doblaba un poco cuando estaba en movimiento. Seguro que seguiría dejando entrar el agua si no la reparaba.

—¿Qué necesitamos? —planteó Asta, convertido en gato.

—Lo mejor sería tener otra plancha. O, si no, un poco de lona y cola. Pero no tenemos ni lo uno ni lo otro.

—La mochila es de lona.

—Sí, es verdad. Podría cortar un poco de la solapa…

—Y mira allá —indicó el daimonion.

Señalaba un gran cedro, una de las pocas coníferas que había entre el resto de los árboles. No lejos del suelo, se había desprendido una rama; por la herida supuraba una resina dorada.

—Eso servirá —opinó—. Cortemos un retal de lona.

Como la solapa de la mochila era bastante larga, no era grave retirar un pedazo. Tal vez la lona no era realmente necesaria, ya que lo que iba a impermeabilizar el desperfecto sería la resina. Pero entonces se imaginó a Alice y a Lyra mientras el agua iba entrando. Y a sí mismo tratando de encontrar con desesperación un lugar donde desembarcar… Debía reparar la canoa lo mejor que pudiera, tal como haría el señor Taphouse. Abrió la navaja y cortó, no sin esfuerzo, un retal de tela gruesa algo mayor que la grieta.

—Nunca pensé que la lona fuera tan resistente —comentó—. Debí haber afilado la navaja.

Asta, que había permanecido posado en forma de ave en una rama bien alta, voló hasta su hombro.

—Más vale que no nos demoremos mucho —susurró.

—¿Pasa algo?

—Hay algo que no alcanzo a ver. No es malo exactamente, pero… Mejor cogemos la resina y nos vamos.

Acabó de recortar las últimas hebras de lona y se puso en marcha. Asta se precipitó hacia delante; transformado en halcón, llegó al árbol justo antes que él. La resina estaba demasiado arriba para alcanzarla directamente, pero no le importó tener que trepar. El recio ramaje, que casi tocaba el suelo, le daba una sensación de seguridad. Apretó el trozo de lona a la resina y dejó que se impregnara.

Después tendió la mirada desde el árbol sobre la extensa superficie de césped, los macizos de flores, la terraza y la casa. Era todo un conjunto hermoso, cómodo, espléndido y acogedor. Pensó que un día acudiría allí por derecho propio y que sería bien recibido. Pasearía por aquellos jardines entre alegres acompañantes, sintiéndose a gusto con la vida y con la muerte.

A continuación miró en la dirección opuesta, hacia el otro lado del riachuelo. La altura hasta la que había trepado le permitió ver más allá del banco de niebla, que no era muy profundo, tal como comprobó. Tras ella vio un panorama desolador: un yermo de edificios en ruinas, casas quemadas, montones de escombros, toscas casuchas construidas con contrachapado y cartón impermeable, rollos de alambre de púas oxidado, charcos de agua sucia en cuya superficie relucían las tóxicas capas de residuos químicos, donde unos niños con llagas en las piernas y en los brazos arrojaban piedras a un perro atado a un poste.

Lanzó un grito sin poder evitarlo. Asta también había gritado.

—¡Bonneville! —dijo, deslizándose hasta su hombro—. ¡Es él! En la terraza…

Se volvió a mirar. Aunque estaba demasiado lejos para distinguirlo bien, sí percibió un revuelo de personas que corrían hacia alguien instalado en un carrito… Era una especie de carruaje…, una silla de ruedas…

—¿Qué hacen? —preguntó.

La intensidad de la mirada del daimonion era algo fuera de lo común. Despegó la lona de la resina con dedos temblorosos.

—Están mirando hacia aquí… Señalan donde está Alice… y la canoa… Caminan hacia las escaleras…

Entonces ya veía con más nitidez: en el centro de aquella agitación, estaba Bonneville, dando instrucciones a todo el mundo. La gente levantó su silla de ruedas para bajar las escaleras de la terraza.

—Coge esto —pidió Malcolm, que alargó la lona, que estaba terriblemente pegajosa.

Asta se la llevó con el pico y se mantuvo cerca del árbol mientras Malcolm bajaba. Una vez en el suelo, corrió hacia la canoa tan deprisa como pudo. Asta bajó en picado y dejó la lona empapada de resina en el lugar que él le indicó.

—¿Será suficiente con esto solo? —dijo.

—Voy a clavar unas tachuelas. Va a ser un poco difícil, porque tengo los dedos pringosos.

Alice, que los había oído, abrió los ojos, soñolienta.

—¿Qué haces? —preguntó.

—Arreglo un agujero. Nos tenemos que poner en marcha. Bonneville está allá arriba, cerca de la casa. ¿Puedes abrir la caja de herramientas? ¿Y pasarme una de esas tachuelas que hay en la caja de hojas de fumar? Tiene que ser rápido, ¿eh?

Alice se levantó para ayudarlo. Malcolm cogió la tachuela con dedos pegajosos y aplicó la punta a una esquina de la lona. Bastó con un martillazo para afianzarla; lo mismo ocurrió con las otras cinco tachuelas que clavó.

—Bueno, ahora la pondremos boca arriba —dijo.

Mientras tanto, Alice se puso de puntillas para observar la actividad que tenía lugar en la terraza. Malcolm no pudo evitar fijarse en sus piernas tensas y delgadas, su esbelta cintura y la leve rotundidad de las caderas. Apartó la vista reprimiendo un gemido en el pecho. ¿Qué le pasaba? De todas maneras, no había tiempo para pensar en eso: salió de su ensimismamiento para bajar la barca hasta el agua. Asta se cernía a la mayor altura que podía alcanzar con respecto a él, escrutando la terraza con ojos de halcón.

—¿Qué hacen? —preguntó Malcolm mientras Alice ponía las mantas en la canoa.

Lyra estaba despierta y parecía interesarle qué estaba pasando. Pan revoloteaba en torno a ella convertido en abeja.

—Lo están empujando por el camino —informó Asta desde el aire—. No lo veo bien… Hay un gran gentío a su alrededor. Y no para de llegar más gente…

—¿Qué vamos a hacer? —preguntó Alice, que se instaló en la proa con Lyra en el regazo.

—Lo único que podemos hacer —repuso Malcolm—. No se puede remontar una cascada. Tenemos que ver adónde vamos a parar por el otro lado.

Alejó la canoa del embarcadero, observando con febril curiosidad el remiendo de resina.

La bella salvaje se desplazaba, veloz, y Malcolm manejaba con fuerza el remo. Asta se puso en la borda. Ben, en forma de pájaro también, se posó en el hombro de Alice.

—Chis, cariño —arrulló Alice a Lyra, que empezaba a quejarse—. Estaremos lejos pronto. Ahora tienes que estar callada.

Pasaron por una zona de césped desprovista de la protección de árbol alguno. Aquello hizo que Malcolm se sintiera aún más ansioso. No había nada entre ellos y la casa; cuando levantó la mirada, vio que la multitud de gente empezaba a avanzar hacia ellos, con algo en el centro, un pequeño carruaje. Todos apuntaban hacia ellos. A su oído llegó una distante carcajada: «¡Jaaa, ja, jaaa! ¡Jaa, jaaa!».

—Dios mío —murmuró Alice.

—Ya casi estamos —dijo Malcolm.

Habían llegado hasta una arboleda que servía de pantalla y que tapaba la vista de la casa. Habían dejado atrás el jardín. La vegetación era muy tupida en ambas orillas; la luz proveniente de los faroles de los árboles se difuminaba a medida que se alejaban de él. Ante sí, casi todo estaba envuelto en sombras.

Con todo, aún quedaba suficiente luz como para que Malcolm pudiera ver dos grandes puertas reforzadas con hierro, envueltas en musgo y algas y que se levantaban en medio del arroyo como las compuertas de una esclusa para cerrarles el paso. No tenían manera de seguir adelante.

23

Antigüedad

Alice, que no entendía por qué habían parado, se volvió para mirar.

—Ah —suspiró con angustia.

—Tal vez la podemos abrir. Tiene que haber una manera —dijo Malcolm.

No obstante, por más que miró por todas partes, lo único que vio fueron matojos, hierbas acuáticas y ramas bajas de tejo. Habían dejado atrás la luz de los árboles; la oscuridad reinante no solo parecía la ausencia de luz, sino algo así como una presencia positiva, irradiada por la vegetación y la humedad.

Malcolm aguzó el oído. Solo se oía el ruido del agua que besaba la orilla y también como el rumor de un líquido que chorreara: quizá fuera el paso del riachuelo a través de las brechas de aquellas vetustas puertas, en puntos donde se había podrido la madera; tal vez se debiera al incesante gotear de las hojas a su alrededor. En todo caso, no oyó nada a sus espaldas.

Situando la canoa junto a las puertas, se puso de pie para comprobar su altura. Eran demasiado altas: no podía ver ni alcanzar la parte de arriba. Tampoco pudo discernir si se abrían corriendo hacia los lados, si giraban sobre goznes venciendo la resistencia del agua o si se levantaban. El río, en todo caso, seguía fluyendo hacia ellas: debía de pasar por debajo. Si había algún mecanismo, supuso que tenía que accionarse desde la orilla.

Todavía de pie, con las manos posadas en la fría y viscosa madera de las puertas, Malcolm tendió la mirada hacia la orilla derecha…

Se llevó tal susto que dio un brinco hacia atrás. Estuvo casi a punto de perder el equilibrio, haciendo oscilar la canoa.

—¿Qué? ¿Qué pasa? —gritó Alice, alarmada.

Apretando a Lyra contra sí, trató de atisbar algo entre la oscuridad, mientras Malcolm se sentaba, temblando.

—Ahí —dijo, señalando lo que había visto.

Era una cabeza enorme. La vio en el agua entre los juncos. Debía de pertenecer a un gigante. Tenía el pelo enredado con algas y una corona oxidada que parecía encajada en su cráneo; por su piel verduzca y una barba que descendía más allá de la garganta, se colaba el agua. Los observaba pacífica y amablemente. Cuando emergió un poco más, vieron que en la mano derecha llevaba una vara… No… ¿Era una lanza? Cuando Malcolm vio las tres puntas que reflejaban la escasa luz, se dio cuenta de que era un tridente.

Volvió a mirar la cara del gigante y creyó advertir un destello de bondad en ella.

—Señor, querríamos pasar por estas puertas, por favor —explicó—. Hemos de escapar de alguien que nos persigue. ¿Podría abrírnoslas?

—Ah, no, no puedo hacer eso —respondió el gigante.

—¡Pero si hay puertas es porque se pueden abrir, y nosotros necesitamos pasar!

—Es que no puedo. Esas puertas llevan miles de años sin abrirse. Solo están para usarlas en caso de sequía en el mundo periódico.

—Pero si pudiéramos solamente pasar… ¡Sería cuestión de segundos!

—Tú no sabes a la profundidad a la que llegan esas puertas, chico. Aunque para ti solo fueran unos segundos, no existen números suficientes para calcular la cantidad de agua que pasaría por ellas en un par de segundos.

—Las inundaciones no pueden empeorar más. Por favor, señor…

—¿Qué lleváis aquí? ¿Es un bebé?

—Sí, es la princesa Lyra —dijo Alice—. La llevamos a su padre, el rey. Hay unos enemigos que nos persiguen.

—¿El rey de dónde? ¿Qué rey?

—El rey de Inglaterra.

—¿Inglaterra?

—Albión —se apresuró a especificar Malcolm, recordando algo que había dicho aquella hada.

—Ah, Albión —dijo el gigante—. Vaya. ¿Por qué no lo habéis dicho antes?

—¿Entonces nos las puede abrir?

—No. Tengo instrucciones que cumplir.

—¿Quién se las dio?

—El Viejo Padre Támesis en persona.

A Malcolm le pareció oír la risa de la hiena. A juzgar por los ojos desorbitados de Alice, dedujo que también ella la había oído.

—Bueno, de todas formas no he debido pedírselo a usted, porque seguramente no tiene la fuerza suficiente —lo retó.

—¿Qué quieres decir con eso? —replicó el gigante—. Claro que puedo abrir esas puertas. Lo he hecho miles de veces.

—¿Y qué haría falta para que las volviera a abrir?

—Órdenes, eso es.

—Bueno, casualmente —dijo Malcolm, revolviendo con manos temblorosas dentro de la mochila—, tenemos esas órdenes del embajador del rey de Oxford. Es una especie de pasaporte para que podamos pasar sin percance. Mire.

Sacó una hoja de una de las carpetas y la tendió para que el gigante la viera. Estaba llena de fórmulas matemáticas. El gigante la miró.

—Levántala más —pidió—. Y está del revés. Ponla bien.

No era cierto, pero Malcolm obedeció. Estaba tan cerca que

captaba el olor de su piel: fango, peces y algas. El gigante aproximó más los ojos, moviendo los labios como si leyera y después asintió con la cabeza.

—Sí, ya veo —concluyó—. Es innegable. Contra eso no hay nada que decir. Déjame ver a la niña.

Malcolm volvió a meter el papel en la mochila. Cogió a Lyra de brazos de Alice y la levantó para enseñársela al gigante. Lyra se puso a mirarlo solemnemente.

—Ahh —dijo el gigante—. Se nota que es una princesa, bendita sea. ¿La puedo coger? —Alargó la voluminosa mano izquierda.

—Ten cuidado, Mal —advirtió Alice en voz baja.

No obstante, a Malcolm le inspiraba confianza. Dejó a Lyra sobre la enorme palma de la mano del gigante. La niña se quedó mirándolo con absoluta confianza, mientras Pantalaimon se ponía a dar trinos de ruiseñor.

El gigante se besó la punta del dedo índice y tocó con ella la cabeza de Lyra, antes de devolverla, con gran delicadeza, a Malcolm.

—¿Podemos pasar? —preguntó Malcolm, que acababa de volver a oír la risa de la hiena, todavía más cerca.

—De acuerdo, ya que me habéis dejado coger a la princesa, os abriré las puertas.

—Y después las volverá a cerrar y no dejará pasar a nadie más, ¿verdad?

—A no ser que traigan órdenes como teníais vosotros.

—Antes de irnos, ¿qué es ese sitio de allá atrás, ese jardín? —preguntó Malcolm.

—Es el sitio adonde van las personas cuando olvidan. ¿Habéis visto la niebla del otro lado?

—Sí, y también he visto lo que hay detrás.

—Esa niebla oculta todo lo que deberían recordar. Si se despejara, tendrían que hacer un repaso de su vida y ya no podrían quedarse en el jardín. Retrocede un poco para dejar espacio.

Malcolm devolvió a Lyra a Alice y apartó la canoa. El gigante clavó el tridente en la fangosa orilla y respiró hondo antes de sumergirse bajo el agua. Al cabo de un momento, las puertas empezaron a moverse, crujiendo; poco a poco, se abrieron contra la corriente, provocando grandes borbotones. En cuanto hubo una brecha lo bastante ancha, Malcolm hizo pasar *La bella salvaje* por ella y se adentraron en la oscuridad que se extendía más allá. Lo último que oyeron del jardín subterráneo fue la lejana risa de la hiena. Luego las puertas se cerraron.

Tardaron unos cinco minutos en recorrer remando el túnel que conducía al mundo exterior. Estaba completamente oscuro, por lo que Malcolm tuvo que ir despacio, localizando a tientas sus límites. Al final llegaron hasta una masa de vegetación colgante y respiraron el aire fresco del mundo de afuera; después de sortearla un momento, salieron al aire libre, de noche.

—No lo entiendo —dijo Alice.

—¿El qué?

—Para entrar en ese túnel que nos llevó hasta ahí bajamos por los rápidos; o sea, que para salir deberíamos haber subido, pero ahora estamos en el mismo nivel.

—De todas formas, estamos fuera —corroboró Malcolm.

—Sí, supongo que sí. ¿Y quién era el gigante?

—No sé. A lo mejor es el dios de un pequeño afluente, de la misma forma que el Viejo Padre Támesis es el dios del río principal. Podría ser algo así. George Boatwright dijo que había visto al Viejo Padre Támesis.

—¿De qué le has dicho que era rey el padre de Lyra?

—De Albión. Fue algo que dijo esa hada.

—Ha estado bien que te acordaras.

Malcolm siguió remando bajo la luna. La noche estaba calmada y la riada abarcaba todo el horizonte. Poco a poco, Alice se fue quedando dormida. Al darse cuenta, él pensó que tal vez debía subirle la manta para arroparle los hombros, pero no hacía frío.

Al cabo de una media hora vio una isla al frente. Era solo un retazo de tierra plana, sin árboles, ni edificios, ni acantilados, ni arbustos, sin ni siquiera hierba. Paró de remar y dejó que la canoa se aproximara suavemente a ella; tal vez podría amarrarla allí para acostarse a descansar, pese a que no ofrecía nada donde esconderse. Sin copas de árboles ni vegetación, la canoa sería visible desde muchos kilómetros a la redonda.

Sin embargo, no podía elegir: se moría de sueño. Arrimando *La bella salvaje* a la orilla, encontró una calita de tierra flanqueada de rocas. La canoa se deslizó hasta detenerse en el suelo. Alice y Lyra estaban profundamente dormidas.

Malcolm dejó el remo y salió con los miembros anquilosados. Volvió a acordarse del agujero del casco, del remiendo de resina; se inclinó y miró con ansiedad. El interior estaba seco, al igual que el resto de la armazón. La lona no se había desprendido.

—No hay peligro —dijo a su espalda una voz.

Casi se cayó hacia atrás del miedo. Giró sobre sí rápidamente, dispuesto a pelear. Asta aterrizó en sus brazos, convertido en gato muerto de miedo. Ambos se quedaron mirando a la mujer más rara que habían visto nunca. Tenía más o menos la edad de su madre a juzgar por el aspecto que ofrecía bajo la luz de la luna; llevaba una pequeña corona de flores en la cabeza. Tenía el cabello largo y negro; también iba vestida de negro. O más bien parcialmente vestida, porque era como si llevara unas cintas de seda negra agrupadas. Poco más. Lo miraba como si estuviera esperándolo. Malcolm se dio cuenta de que faltaba algo: no tenía daimonion. A su lado, había una rama de pino. ¿Podía haber adoptado su daimonion esa forma? Un escalofrío le recorrió la espalda.

—¿Quién es usted? —preguntó.

—Me llamo Tilda Vasara. Soy la reina de las brujas de la región de Onega.

—No sé dónde queda eso.

—Está en el norte.

—Hace un segundo no estaba aquí. ¿Por dónde ha llegado?

—Por el cielo.

Por el rabillo del ojo, captó un leve movimiento. Al volverse hacia la canoa, vio un ave blanca que susurraba al oído del daimonion de Alice, Ben. Aquel era el daimonion de la bruja.

—Ahora van a dormir durante el resto de la noche —predijo Tilda Vasara—. Y las personas que van a bordo de ese barco no os verán.

Señaló un punto por encima de su hombro justo cuando Malcolm empezaba a percibir otro reflejo de luz en sus ojos. Se volvió a mirar y vio el reflector de un barco que debía de ser el del Tribunal Consistorial de Disciplina; si no, otro muy parecido. Cuando se dio cuenta de que iba directo hacia la isla, Malcolm tuvo que contenerse para no precipitarse al suelo y esconderse detrás de algo, una roca, la canoa o la misma bruja. La embarcación siguió acercándose barriendo el espacio con la luz del reflector; cuando estaba casi a punto de chocar contra la isla, giró un poco a estribor y pasó de largo. En el último minuto antes de que se alejara, cuando la luz se hizo más cruda e intensa, vio la cara de la bruja: una expresión calmada, divertida casi, sin el menor atisbo de miedo.

—¿Por qué no nos han visto? —preguntó, una vez que se hubieron ido.

—Nosotras podemos volvernos invisibles. Su visión se desliza por encima de nosotras y de todo lo que tenemos cerca. No habéis corrido peligro alguno. Ni siquiera pueden ver la isla.

—¿Sabe quiénes eran?

—No.

—Quieren coger a esa niña... No sé qué pretenden hacer con ella, probablemente matarla.

La bruja dirigió la mirada hacia Lyra, que dormía, y en Alice, que también dormía.

—¿Es la madre de la niña?

—No, no —respondió Malcolm—. Es solo... Nosotros solo... cuidamos de ella. Pero ¿por qué se desviaron los del barco cuando estuvieron cerca, como si vieran la isla?

—Ellos no saben por qué. Da igual. Ya se han marchado. ¿Adónde vais?

—En busca del padre de la niña.

—¿Cómo lo vais a encontrar?

—Sé su dirección. No sé cómo daremos con ella, pero hemos de intentarlo.

El ave blanca se posó en su hombro. Malcolm no había visto nunca una igual, con el cuerpo y las alas blancas y la cabeza negra.

—¿Qué clase de ave es su daimonion? —preguntó Asta.

—Un charrán del Ártico —repuso—. Todos nuestros daimonions son aves.

—¿Cómo es que está aquí, tan lejos del norte? —preguntó Malcolm.

—Estaba buscando algo. Ahora que lo he encontrado, regresaré a casa.

—Ah. Gracias por escondernos.

La luz de la luna le iluminaba de pleno la cara. Antes había pensado que era joven o, en todo caso, no mayor que la señora Coulter, de la que calculaba que tendría unos treinta años. Era delgada y esbelta. Tenía el cabello negro y espeso; la tez lisa, sin arrugas. Pero Malcolm captó algo en su expresión que le hizo pensar que debía de ser infinitamente vieja, quizá tanto como aquel gigante que vivía en el agua. Aunque se veía tranquila y afable incluso, parecía al mismo tiempo despiadada. Malcolm notaba que sentían curiosidad el uno por el otro. Se miraron a los ojos un momento.

La bruja se volvió y se encorvó para recoger la rama de pino que había a su lado. Lo volvió a mirar una vez más; de nuevo, él sintió esa sensación de familiaridad, como si se conocieran muy bien y no hubiera secretos entre ambos. Después se precipitó en el aire, agarrando la rama con la mano izquierda; su daimonion planeó un instante por encima de Malcolm y de Asta como si se despidiera. Luego se fueron. Malcolm permaneció un rato observando cómo su oscura forma se iba empequeñeciendo en el telón de fondo de las estrellas. Después no quedó ni rastro de su presencia.

Se agachó junto a la canoa y subió la manta para tapar los hombros de Alice y disponerla en torno a la cabeza de Lyra, con cuidado para que pudiera respirar. Pan estaba acurrucado en forma de lirón entre las patas de gato de Ben, que dormía igual que él.

—¿Estás cansado? —le preguntó a Asta.

—Más o menos. Estoy algo más que cansado. Como en otro nivel.

—Yo también.

La isla tenía más o menos el tamaño de dos pistas de tenis juntas, sin ningún relieve superior a la altura de la cintura de Malcolm. Era una plataforma pelada de cantos rodados. Allí no crecía ni una brizna de hierba, ni árboles, ni arbustos, ni siquiera un poco de musgo o de liquen. Parecía un paisaje lunar. Malcolm y Asta le dieron la vuelta en poco más de un minuto, caminando despacio.

—No veo ningún trozo de tierra —comentó—. Es como si estuviéramos en medio del mar.

—Con la diferencia de que aquí el agua no está quieta. Todavía estamos en la riada.

Sentados en una roca se pusieron a contemplar el flujo de la inmensa y negra superficie cristalina tachonada de estrellas y la luna, que relucía arriba y abajo en su espejo.

—Me ha gustado esa bruja —dijo Malcolm—. Seguramente no la volveremos a ver más. Llevaba un arco y flechas.

—¿Crees que, cuando ha dicho que había encontrado lo que buscaba, se refería a nosotros?

—¿Cómo? ¿Que habría hecho todo ese viaje solo para venir a vernos? No. Debía de tener cosas más importantes que hacer. Es una reina. Ojalá se hubiera quedado más tiempo. Podríamos haberle preguntado muchas cosas.

Permanecieron sentados un rato; poco a poco, Malcolm tomó conciencia de que se le cerraban los ojos. La noche estaba tranquila; el mundo, en calma. Se dio cuenta de que, pese a lo que habían asegurado con Asta hacía un momento, se sentía más cansado de lo que había estado en toda su vida y que lo que más deseaba era perder la conciencia.

—Será mejor que vayamos a la canoa —opinó Asta.

Se instalaron en la barca, después de comprobar que Alice y Lyra estaban cómodas; enseguida se quedaron dormidos.

Esa noche volvió a soñar con los perros salvajes, sus perros salvajes, que tenían hocicos ensangrentados, orejas desgarradas, dientes rotos, ojos desorbitados, mandíbulas babeantes, flancos cubiertos de cicatrices; corrían aullando y ladrando a su alrededor, se levantaban para lamerle la cara, se precipitaban buscando el contacto de sus manos y se frotaban contra sus piernas, en un tumulto de furia canina. Y a él le reservaban la posición central, humillándose ante Asta, convertido en gato.

Igual que las otras veces, no sintió miedo, sino una excitación salvaje y un placer ilimitado.

24

El mausoleo

Estaban cansados, tenían hambre y frío, estaban sucios y los seguía a todas partes una sombra. El cielo estaba encapotado con nubes oscuras. Malcolm estuvo remando sobre la gris extensión de agua, mientras Lyra lloraba con inquietud y Alice permanecía echada con indolencia en la proa. Cada vez que veían la cima de una colina o un edificio que emergía entre el agua, Malcolm se detenía, amarraba la barca, encendía fuego. Y uno de los dos se ocupaba de Lyra. En ocasiones, Malcolm no sabía si era él quien lo hacía o era Alice.

A dondequiera que fueran, algo se desplazaba con ellos, por detrás, justo al borde de su campo visual. Era algo que parpadeaba y se esfumaba; luego volvía a aparecer cuando miraban otra cosa. Ambos lo veían. Era lo único de lo que hablaron. Ninguno de los dos lo alcanzaba a ver bien.

—Si fuera de noche, sería un fantasma nocturno —aventuró Malcolm.

—Pues no es de noche.

—Espero que cuando anochezca se vaya.

—Cállate. No quería pensar en eso. Gracias por ponerme más nerviosa.

Hablaba como la Alice de antes, la del principio, con amargura y desdén. Malcolm confiaba en que esa Alice hubiera desaparecido definitivamente, pero allí volvía a estar, despatarrada, ceñuda y con cara de desprecio. De todas formas, ya no podía mirarla sin experimentar una tensión eléctrica en su cuerpo. Era algo que solo entendía a medias: por una parte, le encantaba; por otra, lo temía. Además, no podía hablar de ello con Asta: estaban demasiado juntos en la canoa; en todo caso, sentía que su daimonion también estaba a merced de esa especie de embrujo... o lo que fuera.

El paisaje iba cambiando a medida que descendían con la crecida en dirección a Londres. Las escenas de devastación se hicieron más frecuentes: esqueletos de casas, con los tejados arrancados, con los muebles y la ropa desparramados alrededor o enganchados en árboles y arbustos; y los propios árboles, despojados de su ramaje y a veces de su corteza, que se mantenían erguidos, muertos y pelados, bajo el cielo gris; una capilla, cuyo campanario yacía sobre el suelo empapado, con las grandes campanas de bronce diseminadas a su lado, llenándose de barro y de hojas.

Y todo el tiempo, apenas visible pero presente, aquella sombra que se cernía tras ellos.

Malcolm trató de sorprenderla volviéndose súbitamente hacia la izquierda o la derecha, pero lo único que percibió fue el veloz movimiento que indicaba que se encontraba allí un instante antes. Asta miraba hacia atrás, pero nada: cada vez que fijaba la vista, se acababa de desplazar.

—No importaría si se notara que es algo agradable —le murmuró Malcolm.

Daba la impresión de que los persiguiera con no muy buenas intenciones.

Alice, sentada en la proa mirando hacia la popa, distinguía mejor que Malcolm lo que ocurría tras ellos. A lo largo del día, había visto en un par de ocasiones algo que también resultaba preocupante.

—¿Son ellos? ¿Los del Tribunal Consistorial de Disciplina? —preguntó—. ¿Es su barco?

Malcolm trató de volverse a mirar, pero le dolía todo el cuerpo de tanto remar; además, con aquel cielo plomizo y el agua gris que se levantaba con el azote del viento, era difícil ver algo. En una ocasión, le pareció atisbar los colores azul marino y ocre distintivos del Tribunal Consistorial de Disciplina; Asta se convirtió en un lobezno y lanzó un involuntario aullido, pero el barco pronto se difuminó entre la lóbrega neblina sin que lo hubiera identificado del todo.

A la caída de la tarde, las nubes se oscurecieron y oyeron unos truenos que presagiaban lluvia.

—Será mejor que nos paremos en el primer sitio que veamos —dijo Malcolm—. Entonces pondremos la lona.

—Sí —convino Alice con aire de cansancio, antes de añadir, alarmada—: Mira. Son ellos otra vez.

Cuando se dio la vuelta, Malcolm vio el rayo de un reflector destacado sobre el cielo gris: se movía de derecha a izquierda.

—Acaban de encenderlo —observó Alice—. Ahora nos van a ver enseguida. Vienen muy deprisa.

Malcolm hundió el remo en el agua con brazos temblorosos por culpa del agotamiento. Era inútil tratar de ir más rápido que ese barco. Tendrían que esconderse. El único sitio a la vista era una colina boscosa, que contaba con una franja cubierta de hierba justo al lado del agua. Malcolm puso rumbo a ella lo más rápido que pudo. Estaba oscureciendo; sobre su cabeza y sus manos empezaron a caer los primeros goterones.

—Allí no —dijo Alice—. Detesto ese sitio. No sé por qué, pero es horrible.

—¡No hay otro!

—Ya, ya lo sé, pero es horrible.

Malcolm condujo la canoa hasta la orilla y tras atar con precipitación la amarra a un tejo, se apresuró a ajustar los soportes de la lona en las anillas. Al notar las gotas de lluvia en la cara, Lyra se despertó y protestó. Alice no la atendió enseguida, pues estaba tensando la cubierta de seda-carbón siguiendo las instrucciones de Malcolm. El ruido del motor sonaba cada vez más cercano.

Una vez colocada la lona, se quedaron quietos. Alice sostenía a Lyra e intentaba que se callara. Malcolm apenas se atrevía a respirar. El reflector enfocó la canoa, iluminando cada rincón. Malcolm rogó para que la forma verde de tela no destacara entre la masa de irregulares sombras. Lyra miraba con gravedad en torno a sí; los tres daimonions permanecían apiñados en la borda. El reflector siguió fijo en ellos durante unos segundos que les parecieron minutos; luego se desvió y el ruido del motor cambió cuando el timonel abrió el gas y se alejó por el cauce desbordado. Malcolm lo oyó a duras penas por culpa del repiqueteo de la lluvia en la lona.

—Ojalá hubiéramos parado en otra parte —musitó Alice, abriendo los ojos—. ¿Sabes qué sitio es este?

—¿Qué?

—Es un cementerio. Tiene una de esas casitas donde entierran a la gente.

—Un mausoleo —dedujo Malcolm.

—¿Es eso? Bueno, pues no me gusta.

—A mí tampoco, pero no teníamos otra opción. Tendremos que quedarnos en la canoa y marcharnos cuando podamos.

La lluvia aporreaba sin piedad la lona. Si no querían mojarse de arriba a abajo y quedar helados, iban a tener que permanecer allí.

—¿Y cómo vamos a darle el biberón? —preguntó Alice—. Y también hay que cambiarla. ¿Vas a encender fuego en la barca?

—Tendremos que lavarla con agua fría y...

—No digas tonterías. No podemos hacer eso. De todas formas, el biberón tiene que ser con leche tibia.

—¿Qué te pasa? ¿Por qué estás enfadada?

—Por todo. ¿A ti qué te parece?

Malcolm se encogió de hombros: no podía luchar contra todo y no tenía ganas de discutir. Quería que el reflector se fuera y no volviera más. Quería hablar con Alice del jardín subterráneo y de qué podía representar; quería explicarle lo que había visto más allá del banco de niebla. Quería contarle lo de la bruja y los perros salvajes, y que ambos intentaran averiguar qué significado tendría. Quería hablar de la sombra que sentían que los estaba siguiendo y afirmar que no era nada y reírse de ella. Quería que lo admirase por haber reparado la grieta del casco. Quería que lo llamara Mal. Quería que Lyra estuviera caliente, limpia, contenta y bien alimentada.

Y, sin embargo, todo aquello quedaba fuera de su alcance.

La lluvia caía cada vez con más violencia sobre la lona. Hacía tanto ruido que ni siquiera se dio cuenta de que Lyra lloraba hasta que Alice se inclinó para cogerla en brazos. Con Lyra parecía tener una paciencia infinita.

Quizás hubiera un poco de leña seca bajo los árboles. Si salía entonces, podría ponerla dentro de la barca antes de que estuviera demasiado mojada. Tal vez pronto parara de llover.

Sonó otro trueno, aunque más lejano; al cabo de poco, la lluvia amainó. Después se fue reduciendo, hasta que al final las únicas gotas que caían sobre la lona provenían de las ramas de los árboles.

Malcolm levantó el borde. La vegetación rezumaba agua y el aire estaba mojado como una esponja empapada, impregnado de olores a vegetación húmeda, a descomposición y a tierra atestada de gusanos. No había más que tierra, agua y aire, cuando lo único que él deseaba era fuego.

—Voy a ir a buscar leña —anunció.

—¡No te vayas muy lejos! —pidió Alice, alarmada.

—No, pero la necesitamos, si queremos hacer fuego.

—No te pierdas de vista, ¿de acuerdo? ¿Tienes la linterna?

—Sí, aunque la pila está casi agotada. No puedo tenerla encendida todo el rato.

La luna había menguado un poco y las nubes se deshilachaban tras la tormenta: en el cielo había algo de luz. Sin embargo, debajo de los tejos reinaba una horrible oscuridad. Malcolm tropezó más de una vez con las lápidas, que estaban medio hundidas en el suelo o solo ocultas por las altas hierbas. No apartaba la mirada de aquel pequeño edificio de piedra, donde dejaban los cadáveres para que se pudrieran, sin enterrarlos.

Todo estaba empapado por culpa de la lluvia, del rocío o de los residuos de la riada; todo cuanto tocaba estaba pesado, mojado y descompuesto. Como su corazón. Nunca sería capaz de aliviar aquel sentimiento.

No obstante, detrás del mausoleo encontró, gracias a la luz de la linterna, un montón de estacas de cerca. Aunque estaban mojadas, cuando partió una con la rodilla (con gran esfuerzo), descubrió que estaba seca por dentro. Podría cortarla en virutas que le servirían de yesca; si no, podía recurrir a los cinco volúmenes de notas de Bonneville.

—Ni se te ocurra hacer eso —le advirtió Asta, que lo escrutaba todo, apoyado en forma de lémur en su hombro.

—Arderían muy bien.

Con todo, sabía que no iba a ser capaz, por más desesperada que fuera la situación.

Después de coger media docena de estacas y de llevarlas delante del mausoleo, se le ocurrió una idea. Encaró la linterna a la puerta: estaba cerrada con un candado.

—¿Qué te parece? —susurró a Asta—. Madera seca...

—No nos pueden hacer ningún daño si están muertos —contestó el daimonion.

El candado no parecía muy resistente. Fue fácil introducir la punta de una estaca por arriba y apretar con fuerza. El candado salió disparado con un chasquido. Luego le bastó con empujar para que se abriera la puerta.

Malcolm observó el interior. Olía a viejo, a humedad y a sustancias descompuestas. Con la tenue y vacilante luz de la linterna, vieron unas hileras de estantes. Encima había unos ataúdes Su madera estaba completamente seca, tal como comprobó tocando uno.

—Lo siento —susurró al ocupante del primero—, pero necesito su ataúd. Ya le darán otro, no se preocupe.

La tapa estaba sujeta con tornillos, pero, al ser de latón, no se habían deshecho con el óxido. Sacó la navaja y en cuestión de minutos había desprendido la tapa y la había partido en tablones. El esqueleto de dentro no le causó demasiada impresión, según descubrió, en parte porque no le vino de improviso y porque, además, había visto cosas peores. Debía de haber sido una mujer: en el cuello (o donde había estado la carne del cuello hacía mucho tiempo) tenía colgado un collar de oro; en los huesos de los dedos, había dos anillos de oro.

Tras un instante, Malcolm los sacó con cuidado y los metió debajo de la frágil tela de terciopelo sobre la que reposaba el esqueleto.

—Para que estén protegidos —susurró—. Perdone por lo de la tapa, señora. Lo siento muchísimo, pero la necesitamos de verdad.

Apoyando los trozos de la tapa en la repisa de piedra, la astilló con varios puntapiés. Estaba igual de reseca que su ocupante: era perfecta para hacer fuego.

Después de cerrar el mausoleo, colgó el candado roto. A primera vista parecería intacto. Luego regresó a la canoa. Al enfocar la luz de la linterna en ella para indicar a Alice que estaba allí, vio aquella sombra.

Tenía la forma de un hombre. Solo la vio durante un segundo antes de que se esfumara, pero al instante supo que no era una sombra. Era Bonneville. Había estado agachado al lado de la canoa. No podía ser nadie más. Se estremeció. Al no saber adónde había ido, se sintió más que vulnerable.

—¿Has visto…? —susurró.

—¡Sí!

Se apresuró a cruzar el cementerio. Tropezando con las tumbas, cayó dos veces y se rasguñó la rodilla. Asta, que corría a su lado en forma de gato, se detenía para ayudarlo y darle ánimos, vigilando a su alrededor.

Alice estaba cantando una nana.

—¿Mal? —lo llamó al oír que se acercaba, tambaleante y sin resuello.

—Sí…, soy yo…

Enfocó la débil luz de la linterna en la lona y después la desplazó sobre los oscuros tejos, las rezumantes ramas y el suelo empapado.

Como era de prever, no vio sombra alguna; tampoco a Bonneville.

—¿Has encontrado leña? —preguntó Alice desde la canoa.

—Sí. Un poco. Puede que sea suficiente —respondió, sin poder controlar el temblor de la voz.

—¿Qué pasa? —dijo ella, levantando la lona—. ¿Has visto algo?

El terror la invadió al instante. Sabía muy bien lo que había visto.

—No. No es nada.

Volvió a mirar a su alrededor, armándose de valor: la sombra (Bonneville) podía estar escondida en la oscuridad, debajo de cualquier árbol, detrás de cualquiera de las cuatro columnas de la entrada del mausoleo o agachada detrás de cualquiera de las tumbas. ¿Y dónde estaba el daimonion hiena? No, no, debían de ser imaginaciones suyas. No podían irse con la barca; aquel era el único retazo de tierra que habían visto y era de noche. Además, allá en el agua, estaba el barco del Tribunal Consistorial. Y Lyra necesitaba comida y calor. Malcolm respiró hondo, tratando de reprimir el temblor.

—Haré un fuego —dijo.

Con el cuchillo, hizo astillas una de las planchas rotas y las encendió sobre la hierba. Pese a que apenas le quedaba fuerza en las manos, el fuego prendió enseguida. Pronto pudo poner a calentar con el cazo una de las últimas botellas de agua que les quedaban.

Procuraba no despegar la vista de las llamas. El resplandor del fuego acentuaba la oscuridad circundante y hacía que las sombras se movieran.

Lyra lloraba sin parar, con un débil lamento. Cuando Alice la desnudó, permaneció inmóvil, sin moverse. Asta y Ben intentaron consolar a Pantalaimon, pero él se zafó; quería estar con aquella pequeñita forma pálida que no hacía más que llorar y llorar.

La tapa del ataúd ardió bien: sirvió de combustible para calentar la leche de Lyra y poco más. Una vez que Alice la hubo cambiado y le hubo dado el biberón, el último trozo de madera se quemó con una llamarada amarilla antes de apagarse. Malcolm dispersó las cenizas, contento de poder volver a entrar en la canoa. Le dolían los brazos, la espalda y hasta el corazón; la perspectiva de volver a navegar por aquellas despiadadas aguas se le hacía una montaña, aunque no hubiera ningún barco del Tribunal Consistorial persiguiéndolos. Su cuerpo, su mente y su daimonion anhelaban entregarse a la inconsciencia del sueño.

—¿Queda algún cabo de vela? —preguntó Alice.

—Un poco, creo.

Rebuscó entre los diversos artículos de la bolsa que había cogido en la farmacia hacía tanto tiempo y encontró un pedazo de vela de unos cuatro centímetros. Después de encenderla, aguardó a que se fundiera un poco la cera en torno a la mecha; luego la inclinó sobre el banco para que goteara y afianzó la vela encima.

Todavía podía hacer las cosas sencillas del día a día. No había perdido la capacidad de vivir segundo a segundo, ni de notar cierto sosiego con la cálida luz amarilla que llenó el espacio de la canoa.

Lyra se removió en brazos de Alice y miró la vela. Tras llevarse el pulgar a la boca, se quedó observando con seriedad la llamita amarilla.

—¿Qué has visto? —susurró Alice.

—Nada.

—Era él, ¿verdad?

—Podría ser… No. Solo me ha parecido que podía serlo durante un segundo.

—¿Y después qué ha pasado?

—Nada. Ya no estaba allí. No había nada.

—Debimos habernos asegurado…, cuando casi nos pilló. Teníamos que haberlo matado.

—Cuando alguien muere… —dijo.

—¿Qué?

—¿Qué ocurre con su daimonion?

—Desaparece y ya está.

—¡No habléis de eso! —protestó Asta.

—Sí, no habléis de esas cosas —lo apoyó el daimonion terrier de Alice.

—Entonces, cuando hay un fantasma… o un fantasma nocturno —prosiguió Malcolm, sin hacerles caso—, ¿es el daimonion de la persona muerta?

—No sé. ¿Podría moverse el cuerpo de una persona y hacer cosas si su daimonion estuviera muerto?

—Nunca hay una persona sin un daimonion. Es imposible porque…

—¡Callaos! —reclamó Ben.

—... porque duele demasiado cuando uno intenta apartarse de él.

—Pero yo he oído que en algunos sitios puede haber gente sin daimonion. Puede que sean cuerpos muertos que se mueven, aunque también podría ser que...

—¡Basta! ¡Parad de hablar así! —exclamó Asta.

A continuación se transformó en terrier, al igual que Ben; ambos empezaron a gruñir. Pero en ellos se podía percibir el miedo.

Después Lyra empezó a quejarse.

—Escucha, cariño, ya no hay más leche —le dijo Alice—. Ahora te daré algo especial, ¿vale? Tengo una bolsa llena de tartaletas. —Introdujo la mano en esta y sacó un trozo de tartaleta que antes había albergado un huevo de codorniz—. Cómete la pasta, que ya encontraré el huevo. Es un huevo muy pequeñito. Ya verás cómo te gusta.

Lyra tomó la tartaleta con gusto y se la llevó a la boca.

—¿Las cogiste en el jardín? —preguntó Malcolm, pese a que ya sabía la respuesta.

—Cogí un montón de cosas de los camareros que pasaban. Ellos ni se daban cuenta. Hay bastante para todos. Toma.

Se inclinó, tendiéndole algo del tamaño de la mano de Lyra, marrón y aplastado: era un pastelillo de pescado.

—Supongo que, si comemos suficientes canapés y cosas así —apuntó, con la boca llena—, no importará tanto si nos quedamos sin...

Oyó algo afuera. Era un ruido abstracto, un sonido sin significado. Era la palabra «Alice» pronunciada en un susurro, con la voz de Bonneville.

La muchacha se puso rígida. Malcolm no pudo evitar fijarse de inmediato en ella, igual que los niños de una clase miran al compañero al que el maestro ha decidido castigar. De forma instintiva, había mirado para ver su reacción. Estaba aterrorizada. Se mordía el labio, muy pálida, con los ojos desorbitados. Se arrepintió de haberla mirado así, como el niño que está a salvo de reprimendas.

—No tienes que... —susurró.

—¡Cállate! ¡Silencio!

Se quedaron escuchando, inmóviles como estatuas, esforzándose por oír algo. Lyra siguió chupando y masticando la tartaleta.

No oyeron voz alguna, solo el roce del viento entre los tejos y del agua que lamía el casco.

Le estaba ocurriendo algo extraño a la vela. La llama ardía e irradiaba luz, pero proyectaba una sombra. El proyector estaba de regreso.

Con una exclamación contenida, Alice se llevó la mano a la boca y enseguida la apartó para pegarla a la cara de Lyra, por si se ponía a llorar. Al cabo de un momento, el haz luminoso dejó de enfocarlos, pero aún había luz cerca, como si los del barco inspeccionaran con mayor detenimiento la orilla del cementerio.

—Toma —dijo Alice—. Coge a Lyra, porque yo me voy a desmayar.

Con sumo cuidado, le entregó a la niña esquivando la vela. Lyra se conformó plácidamente, satisfecha con su tartaleta. Aunque estaba pálida, Alice no parecía a punto de desmayarse.

También le pasó la bolsa con la comida. Malcolm la observaba atentamente. No solo estaba asustada por la luz, sino por aquel susurro que había sonado con la voz de Bonneville. Parecía a punto de ceder al pánico. Cuando se volvió a sentar, se giró hacia la izquierda, el lado más cercano a la orilla. Estaba escuchando algo. Malcolm captó un susurro. A Alice se le agrandaron los ojos, de pavor o de repugnancia: ya no parecía tener conciencia de su presencia ni de la de Lyra. Solo estaba pendiente de ese insistente murmullo que sonaba junto a ella, al otro lado de la lona de seda-carbón.

—Alice… —la volvió a llamar, ansioso por ayudarla.

—¡Calla!

Se llevó las manos a las orejas. Ben, aún en forma de terrier, se había puesto de pie sobre las patas traseras en su regazo; con las delanteras apoyadas en la borda, escuchaba como ella el susurro, que Malcolm también alcanzaba a oír, aunque sin distinguir las palabras.

Por la cara de Alice se sucedían las expresiones con la velocidad de las nubes en una mañana de abril. Todas eran expresiones de miedo, de asco o de horror. Mirándola, Malcolm tuvo la impresión de que nunca volvería a ver la luz del sol en una mañana de primavera. Así de profunda parecía la angustia de la chica.

Alice empezó a mover la cabeza con desesperación. Le saltaban las lágrimas de los ojos. Con gesto automático, Malcolm introdujo la mano en la bolsa y cogió otro trozo de canapé para Lyra.

La lona se onduló al lado de Alice; cuando Ben retrocedió de un salto, en la cubierta de seda-carbón apareció una raja por la que asomó la punta de un cuchillo. Después entró por ella una mano de hombre que agarró a Alice por la garganta.

La chica intentó gritar, pero se lo impidió la tenaza que le oprimía el cuello; la mano descendió hasta su regazo, buscando algo, palpando a derecha e izquierda... Estaba buscando a Lyra. Alice gemía, tratando de soportar aquel aborrecible contacto. Ben agarró la muñeca del hombre con los dientes, a pesar de la repugnancia que debía de causarle. Al no encontrar a Lyra, la mano de Bonneville cogió al pequeño daimonion y lo sacó por la rendija de la lona, hacia la oscuridad, apartándolo de Alice.

—¡Ben! ¡Ben! —gritó ella.

Se levantó tambaleante y cayó contra el asiento, con la mitad del cuerpo fuera de la canoa; después se puso en pie y se fue tras ellos. Malcolm alargó la mano para retenerla. Pero antes de que pudiera tocarla, ya se había marchado. El daimonion hiena se echó a reír, a medio metro de Malcolm, rasgando la noche con su «¡Jaajaaaajaaa!». En su risa había algo más que alegría, había algo parecido al dolor.

Aterrorizada por aquel sonido, Lyra se echó a llorar y Malcolm la meció contra su pecho mientras gritaba:

—¡Alice! ¡Alice!

Asta, transformado en gato, apoyó las patas en la borda y trató de mirar desde el borde la lona, pero Malcolm sabía que no podía ver nada. Pantalaimon revoloteaba de un lado a otro, en forma de polilla. En un momento dado, se posó en la mano de Lyra para volver a alzar el vuelo y acercarse dando tumbos a la llama de la vela. Se alejó asustado, hasta que por fin se detuvo encima del húmedo pelo de la pequeña.

Desde el lado del mausoleo llegó un agudo y desesperado quejido: no llegaba a ser un grito. A Malcolm se le encogió el corazón. Después solo oyó el sonido de la niña que lloraba en sus brazos y del vaivén del agua, así como el quedo y lúgubre sollozo de Asta, que, convertido en cachorrillo, se pegó a su lado.

«¡No soy lo bastante mayor para esto!» pensó casi en voz alta.

Después de abrazar a la pequeña, la abrigó con las mantas y la dejó entre los cojines. Se debatía entre la culpabilidad, la rabia y el miedo. Nunca había estado tan despierto en toda su vida; nunca más volvería a dormir. Pensó que aquella era la peor noche que había vivido.

Dentro de su cabeza, parecía como si unos truenos retumbaran en la noche. Por un momento, pensó que la cabeza le iba a estallar.

—Asta… —musitó—. Tengo que ir a ayudar a Alice…, pero Lyra… No la puedo dejar sola…

—¡Ve! —lo alentó—. ¡Sí, ve! Yo me quedaré…, no la dejaré…

—Va a doler mucho.

—Pero lo tenemos que hacer… Yo la protegeré… No me moveré de aquí… Lo prometo…

Con los ojos rebosantes de lágrimas, besó varias veces a Lyra y después apretó al cachorrillo Asta contra su pecho, la cara y los labios. Lo depositó al lado de la niña y entonces se transformó en un cachorrillo de leopardo tan bonito que Malcolm dejó escapar un sollozo de amor.

Se levantó con tanto cuidado y delicadeza que la canoa no se balanceó ni movió lo más mínimo, y luego cogió el remo y se bajó.

El hondo dolor de la separación se dejó sentir de inmediato. A su espalda oyó un gemido ahogado procedente de la canoa. Era como esforzarse por subir una empinada cuesta con los pulmones faltos de aire y el corazón desbocado. Y era peor porque también estaba el horrible sentimiento de culpa por causarle aquel dolor a Asta. Este temblaba de amor y de dolor. Era tan valiente... y lo miraba con tanta devoción mientras él apartaba, lenta y despiadadamente, su cuerpo como si lo abandonara para siempre. Pero tenía que hacerlo, a pesar de todo aquel sufrimiento, del desgarro que sabía que estaba experimentando bajo su forma de leopardo. Anduvo a rastras y subió la pendiente hasta el oscuro mausoleo. Bonneville le estaba haciendo algo a Alice, que gritaba fuera de sí.

El daimonion hiena, sin las dos patas de delante, estaba en la hierba, medio de pie, medio acostada. Retenía al terrier Ben entre sus horrorosas mandíbulas. Ben se retorcía, pataleaba, mordía y aullaba; las monstruosas fauces y los dientes del daimonion de Bonneville se iban cerrando, despacio y con voluptuosidad, en torno a su pequeño cuerpo.

Entonces salió la luna. Allí estaba Bonneville, que tenía a Alice agarrada por las muñecas, inmovilizada en las escaleras. La fría luz se reflejaba en los ojos de la hiena y en los de Bonneville, así como en las lágrimas que corrían por las mejillas de Alice. Era la cosa más horrenda que Malcolm había visto nunca. Luchando contra el desgarrador dolor, se precipitó a trompicones por la resbaladiza hierba. Levantó el remo y lo descargó contra la espalda del hombre, pero el golpe fue demasiado débil.

Bonneville torció el cuello. Al ver a Malcolm, soltó una risotada. Alice chilló, tratando de zafarse, pero él la tiró contra los escalones. La chica chilló de dolor. Malcolm trató de golpearlo de nuevo. La luna brillaba sobre la hierba llena de agua, mostrando las tumbas recubiertas de musgo, el vetusto mausoleo y las figuras entrelazadas en aquel espantoso abrazo entre las columnas.

Malcolm notó cómo en su interior crecía algo que no era capaz de contener ni controlar, algo parecido a una manada de perros salvajes, que corrían hacia él gruñendo y aullando, con las orejas desgarradas, los ojos ciegos y los hocicos llenos de sangre.

Enseguida lo rodearon y entraron dentro de él. Entonces volvió a hacer girar el remo y golpeó al daimonion hiena en el lomo.

—Ah —gritó Bonneville, que perdió pie.

La hiena se puso a gruñir. Malcolm la volvió a golpear en plena cabeza; se tambaleó y empezó a apartarse, deslizándose con las patas traseras sobre la hierba, descargando todo el peso del pecho y el cuello sobre el pequeño Ben. Bastó otro golpe con el remo para que Ben cayera de sus mandíbulas y se pusiera de pie para acudir al lado de Alice. Pero Bonneville lo vio y le dio una patada que lo mandó dando tumbos sobre la hierba.

Alice gritó de dolor. Los perros aullaron y enseñaron los dientes. Malcolm hizo girar el remo y lo descargó con furia sobre la nuca de Bonneville.

—Dígame… —dijo Malcolm, pero no pudo continuar.

Trató de contener a los perros con el remo, pero estos volvieron a abalanzarse. Descargó otro golpe y el hombre cayó con un largo y agónico gemido.

Malcolm se volvió hacia los perros imaginarios. Sentía que despedían fuego por los ojos. Pero, en esa fracción de segundo, también tuvo conciencia de que sin ellos acabaría cediendo a la compasión; solo con su ayuda podría castigar a quien le había hecho daño a Alice. Por otra parte, si no los mantenía a raya, nunca sabría lo que Bonneville podía decirle. A pesar de que ni siquiera sabía qué le quería preguntar. Y si los contenía demasiado tiempo, se irían y se llevarían consigo toda la fuerza. Todo aquello lo pensó en menos de un segundo.

Se volvió hacia la figura agonizante. Los perros aullaron. Malcolm le golpeó en el brazo, que había levantado como para defenderse. Jamás había golpeado nada con tanta violencia.

—¡Mátame, vamos, mocoso de mierda! —gritó la figura—. Por fin descansaré en paz.

Los perros se precipitaron otra vez. Bonneville dio un respingo antes incluso de que Malcolm se hubiera movido. Sabía que si volvía a pegarle, lo mataría. Se sentía débil por estar separado de su daimonion, que montaba guardia junto a Lyra.

—¿Qué es el campo de Rusakov? —logró decir—. ¿Por qué es importante?

—Polvo… —Esa fue la última palabra de Bonneville, poco más que un susurro.

Los perros se reunían a su alrededor. Malcolm pensó en Alice, en esa vez en que el hada la peinó, en sus mejillas acaloradas mientras dormía y también en la sensación de tener a Lyra en brazos; los perros sintieron su emoción y volvieron a la carga una vez más. Malcolm levantó el remo y lo descargó una y otra vez, hasta que la figura de Bonneville quedó inmóvil y cesaron los gemidos. Todo quedó en silencio. El daimonion hiena desapareció y Malcolm se quedó de pie junto al cadáver del hombre que había deseado a Alice.

Sintió un gran dolor en los brazos, a pesar de que después de tantas horas remando ahora eran más fuertes. El mismo peso del remo le resultó excesivo y lo dejó caer. Los perros se habían ido. De repente, se sentó en el suelo y se apoyó contra una de las columnas. El cadáver de Bonneville yacía con la mitad dentro del mausoleo; la otra la iluminaba una luna deslumbrante. Un chorrito de sangre descendía lentamente, fluyendo hacia los charcos que había dejado la lluvia en los escalones.

Alice seguía con los ojos cerrados. Tenía sangre en la mejilla, un reguero de sangre le bajaba por la pierna y había sangre en sus uñas. Estaba temblando. Se enjugó la boca y se volvió a acostar sobre la piedra, como un pájaro cansado. Ben, que había adquirido la forma de ratón, tiritaba pegado a su cuello.

—Alice —susurró.

—¿Dónde está Asta? —murmuró entre los labios magullados—. ¿Cómo…?

—Está cuidando de Lyra. Hemos tenido que sep…, separarnos…

—Ay, Mal —dijo tan solo.

Él sintió, no obstante, que había merecido la pena sufrir todo aquel dolor. Se pasó la mano por la cara.

—Tendríamos que arrastrarlo hasta el agua —dijo con voz temblorosa.

—Sí, de acuerdo. Ve despacio…

Malcolm se levantó con esfuerzo; venciendo la rigidez del cuerpo, se inclinó para coger al hombre por los pies. Después empezó a tirar. Alice también se levantó como pudo y lo ayudó, tirando de la manga. Aunque pesaba bastante, el cadáver se deslizó sin resistencia, sin ni siquiera engancharse en las lápidas medio enterradas.

Llegaron al borde del agua, donde la riada corría con fuerza. El barco de Tribunal Consistorial y su reflector no parecían estar por allí. Hicieron rodar al muerto hasta que la corriente se lo llevó; luego se quedaron de pie, abrazados, observando cómo aquella forma oscura, más oscura que el agua tenebrosa, flotaba a la deriva hasta que desapareció.

La vela todavía ardía en la canoa. Encontraron a Lyra dormida. Asta seguía acostado a su lado, al límite de sus fuerzas. Malcolm cogió a su daimonion y lo estrechó contra sí. Después ambos estallaron en sollozos.

Alice subió a la canoa y se quedó tumbada, temblando. Ben la lamía por todas partes, limpiando la sangre. Después se tapó con una manta, volvió la cabeza y cerró los ojos.

Malcolm cogió a la niña y se acostó con ella en brazos, con los dos daimonions entre ambos y envueltos con las mantas. Lo último que hizo fue apagar la vela. Se quedó dormido en el acto.

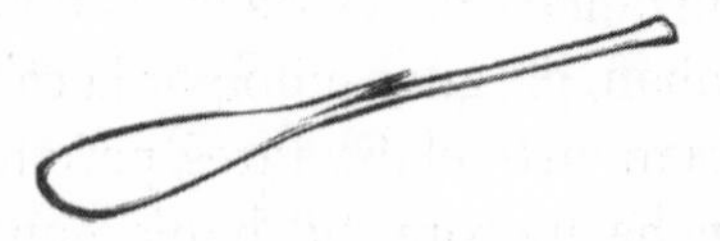

25

Una bahía tranquila

La inundación estaba en su punto culminante. Por todo el sur de Inglaterra había casas devastadas, grandes edificios arrasados, animales ahogados. En cuanto a las personas, el número de muertos y desaparecidos todavía estaba por determinar. Las autoridades locales y nacionales debían invertir hasta el último penique de sus reservas y cada minuto disponible para controlar aquel caos.

Por su parte, los dos bandos que buscaban a Malcolm y a Lyra se desplazaban río abajo hacia la capital. Seguían los rumores, que proliferaban aquí y allá. Y no hacían caso de los gritos de auxilio que les llegaban de todas partes. Solo tenían ojos para un niño y una niña que iban a bordo de una canoa con un bebé, así como para un hombre que tenía un daimonion hiena con tres patas.

Al igual que lord Nugent, George Papadimitriou había experimentado la extraña sensación de irrealidad que producía la inundación. El propietario giptano del barco en el que viajaba le explicó que, según el saber popular de su pueblo, las alteraciones extremas del tiempo tenían su propio estado de ánimo, como también lo tenía el tiempo apacible.

—¿Cómo puede tener un estado de ánimo el tiempo? —preguntó Papadimitriou.

—¿Cree que el tiempo solo está allá afuera? También está aquí dentro —afirmó el giptano señalándose la cabeza.

—¿Quiere decir que el estado de ánimo del tiempo es solo nuestro propio estado de ánimo?

—No hay nada que sea solo una cosa —replicó el giptano, que dio por terminada la conversación.

Siguieron avanzando con la riada, hablando con cuantas personas encontraban, preguntando por la canoa con el niño y la niña. Sí, los habían visto el día antes, pero no, no era una canoa, sino una lancha motora. Sí, había gente que los había visto, pero estaban muertos en la barca, o bien eran fantasmas del agua, o bien iban armados con pistolas. Recibían una respuesta recurrente: eran espíritus, traía mala suerte hablar con ellos, venían del mundo de las hadas. Papadimitriou escuchaba todos aquellos disparates con atención. Los miembros del Tribunal Consistorial que los buscaban escucharían los mismos rumores: no se trataba de evaluar su veracidad, sino de prever qué reacción podían inspirar en el otro bando. Nugent y Schlesinger se enfrentarían al mismo problema.

Y así, poco a poco, se acercaban a Londres.

La luz de la mañana, fría y despiadada como pocas, despertó a Malcolm mucho más temprano de lo que le habría gustado. Con todos los músculos doloridos y el pensamiento trastornado con las imágenes que afloraban a su recuerdo, se esforzó por levantarse y desperezarse.

Alice dormía, como Lyra, quieta y abrigada entre sus brazos. Lamentó haberse despertado; sabía que tendría que despertarlas a ellas y habría querido dejarlas dormir. Miró afuera por debajo de la lona. El cementerio tenía un aspecto aún más lúgubre que durante la noche: al menos la luna le había dado un tono plateado algo diferente. Con la cruel luz de la mañana, se veía sórdido, descuidado, invadido por las plantas. Pero lo más perturbador era la enorme mancha de sangre en las escaleras del pequeño mausoleo.

Se sintió mareado. Tuvo que cerrar los ojos. Después, moviéndose muy despacio para no despertar a Lyra, la dejó entre las mantas y salió de la canoa. Temblando sobre la hierba mojada, cogió a Asta en brazos. Al tenerlo tan cerca, se sintió conmovido; se sintió triste y culpable; se sintió mayor. Le apretó su cara de gato contra el cuello. Él también había sufrido el desgarro de la separación. Tal vez algún día podrían hablar de ello, pero, por el momento, lo que sentía era pena y cierta culpabilidad por haberlo hecho sufrir. Si Asta había sufrido como él, sabía que el dolor se habría propagado por cada átomo de su ser.

—No podíamos hacer otra cosa —le susurró Asta.

—Estábamos obligados.

—Es verdad.

¿Podría limpiar la sangre? ¿Volverían a quedar limpios los escalones? Sintió una gran aprensión.

—¿Mal? ¿Dónde estás?

Alice tenía una voz débil. Se inclinó para mirar dentro de la barca y vio su cara abotargada por el sueño: todavía conservaba restos de sangre de la noche anterior. Entrando en la canoa, cogió una de las toallas arrugadas y la arrastró sobre la hierba para humedecerla. Alice la recibió en silencio y se limpió los ojos y las mejillas con ella.

Luego salió, con gesto de dolor, temblando. Los dientes le castañeteaban cuando alargó las manos para coger a Lyra.

La pequeña necesitaba que le cambiaran el pañal. Además, estaba amodorrada; en lugar de emprender su vivaracho parloteo, tal como solía hacer, lloriqueaba. Pantalaimon, en forma de ratón, permanecía con aire mustio pegado a su cuello.

—Tiene las mejillas rojas —observó Malcolm.

—Seguramente cogió frío. Y solo nos queda un pañal. No creo que podamos resistir mucho más tiempo así.

—Ya...

—Tenemos que encender fuego, Mal. Hemos de limpiarla y darle la leche.

—Iré a buscar más leña.

Fue a coger el remo, con la intención de lavarlo primero para eliminar los restos de sangre. Entonces descubrió la catástrofe:

—¡Ay, Dios mío!

—¿Qué pasa?

El remo estaba roto. El asta y la pala aún no se habían separado del todo, pero bastaría la más mínima presión contra el agua para que se acabaran de separar. Malcolm lo hizo girar entre las manos, totalmente consternado.

—¿Mal? ¿Qué pasa? —Al verle la cara, añadió—: Dios, ¿qué ha ocurrido?

—El remo está roto. Si lo uso, se partirá. No debí… No debí… Si no hubiera… —Estaba a punto de echarse a llorar.

—¿No lo puedes arreglar?

—Sí, podría, si tuviera un taller con herramientas.

Alice se puso a mirar alrededor.

—Empecemos por el principio —determinó—. Tenemos que hacer fuego.

—Podría quemar esto —dijo con amargura él.

—No, eso no. Ve a buscar un poco de leña. Intenta encender un fuego, Mal. Es importante.

Observó a la niñita desfallecida en sus brazos y al daimonion pegado contra su cuello, con ojos entornados; parecía débil y enferma. Después dejó con cuidado el remo dentro de la canoa.

—No lo toques —recomendó—. Si se acaba de partir, será más difícil arreglarlo. Iré a buscar algo que quemar.

A regañadientes, subió la cuesta que conducía al mausoleo. Evitando pisar la sangre todavía húmeda, abrió la puerta.

—Buenos días, damas y caballeros —murmuró, mirando con respeto el ataúd que había abierto la noche anterior—. Tendrán que perdonarme otra vez. Solo hago esto porque lo necesitamos de verdad.

Otra tapa de ataúd, otro esqueleto al que pedir disculpas, otra posibilidad de encender fuego. Al cabo de unos minutos, mientras en el cazo se calentaba el último resto de agua que les quedaba, fue a buscar entre el montón de estacas algo con lo que recomponer el remo.

El problema no estaba en encontrar algo a lo que atarlo, sino con qué atarlo. Necesitaba hilo de bramante, un cordel, alguna clase de cuerda…, pero allí no había nada de eso. Lo mejor que pudo encontrar fue un trozo de alambre oxidado.

Tiró de él para sacarlo de entre el montón de estacas, soltarlo de los otros a los que estaba enganchado y se puso a arreglar el remo. El alambre era rígido y difícil de doblar, pero no tenía otra cosa. Aunque no pudo tensarlo al máximo, sí pudo darle varias vueltas, En caso de que la pala se acabara de desprender, aún seguiría sujeta por una armazón de alambre.

Acabó con las manos cortadas, arañadas y cubiertas de sangre. Cuando se las estaba limpiando en la riada, se dio cuenta de que la canoa ya no flotaba; ahora reposaba al lado del agua, en la hierba.

—Está bajando el nivel del agua —dijo.

—Ya era hora.

Estaba impaciente por marcharse, al igual que ella. En cuanto Lyra hubo tomado toda la leche que le apetecía, subieron a la canoa. Una vez que Alice y Lyra estuvieron instaladas lo más cómodamente posible, volvieron a integrarse en la corriente de la inundación.

El resto del día fue una sucesión monótona de horas transcurridas bajo un cielo frío y gris, pero recorrieron una distancia considerable, según los cálculos de Malcolm. El agua iba bajando y el paisaje que atravesaban era cada vez más urbano. Por todas partes había casas, carreteras y tiendas; incluso algunas personas que se desplazaban vadeando por las calles.

El remo no parecía que fuera a aguantar demasiado, pero no fue necesario luchar contra la corriente. Lo usaba más que nada para dirigir el rumbo, manteniéndose lo más cerca posible de la orilla, aunque evitando poner en peligro la embarcación. Tanto él como Alice observaban con atención los sitios por donde pasaban. Aunque no decían nada, sabían que Lyra no se encontraba bien.

—¡Ve por allí! —exclamó de repente Alice, señalando una calle con tiendas, en perpendicular a la corriente.

Le costó mucho hacer girar la canoa y encararla hacia allí. Todos los músculos de sus brazos tenían la conciencia exacta de la presión que ejercían sobre el remo. Al final entraron sin percance en el remanso que antes era una calle y avanzaron con esfuerzo entre los escaparates de las tiendas.

—Allí —dijo Alice, que señaló una farmacia.

Estaba cerrada y a oscuras, como era lógico, pero vieron que alguien se estaba moviendo dentro. Rezando para que no fuera un saqueador, Malcolm acercó la canoa a la puerta y llamó al cristal.

—Levántala para que pueda verla —indicó a Alice.

El hombre que había dentro acudió a la puerta. No tenía una expresión hostil, pensó Malcolm, pero sí ansiosa y preocupada.

—¡Necesitamos medicinas! —gritó, señalando a Lyra, pálida y desmayada en brazos de Alice.

El hombre la observó e inclinó la cabeza. Después indicó con un gesto que dieran la vuelta por atrás. En el callejón que separaba la farmacia de la tienda de al lado, había una puerta abierta; dentro el agua tenía el mismo nivel que fuera. Cuando se bajó y ató la amarra a una tubería, Malcolm comprobó que le llegaba hasta los muslos. Estaba tan helada que el corazón le dio un vuelco.

—Será mejor que vengas —pidió a Alice—. Tú le podrás explicar mejor lo que necesitamos.

Cogió a Lyra mientras Alice bajaba y soltaba una exclamación al notar el gélido contacto del agua; siguió con ella en brazos mientras se abrían camino hacia el interior.

—Espero que las cosas que necesitamos no estuvieran en los estantes de abajo —dijo.

El hombre los recibió dentro de una pequeña cocina.

—¿Qué ocurre? —preguntó, más bien con amabilidad.

—Es nuestra hermana pequeña —explicó Malcolm—. Está enferma. Se nos llevó la riada y hemos procurado cuidar de ella, pero…

El hombre levantó la manta de Lyra para mirarle la cara y le aplicó los dedos a la frente.

—¿Qué edad tiene? —quiso saber.

—Ocho meses —respondió Alice—. Se nos ha acabado la leche en polvo y no tenemos nada que darle. También necesitamos más pañales, de esos desechables. Todo lo que se necesita para los bebés. Y medicamentos.

—¿Adónde vais?

—Desde que se nos llevó la riada, no hemos podido volver a nuestra casa, que está en Oxford —explicó Malcolm—. Por eso intentamos llegar hasta Chelsea, donde vive su padre.

—¿Es vuestra hermana?

—Sí. Se llama Ellie. Yo me llamo Richard; ella es Sandra.

—¿Y en dónde de Chelsea?

El hombre parecía tenso, como si tratara de escuchar algo más aparte de la respuesta de Malcolm.

—En March Road —dijo Alice, adelantándose a Malcolm—. Pero ¿nos puede dar algunas cosas que necesita la niña? No tenemos dinero para pagarle. Por favor. Estamos muy preocupados por ella.

El hombre tenía más o menos la edad del padre de Malcolm; a juzgar por su aspecto, era posible que también tuviera hijos.

—Vamos a ver qué encontramos —dijo elevando la voz, como si procurase adoptar un tono más animado.

Se desplazaron chapoteando hasta la parte de delante de la farmacia, donde reinaba un caos de botellas, tubos y envases de cartón empapados que flotaban en el agua.

—No sé si nos podremos recuperar de este desastre —comentó—. Con todo el material que se ha echado a perder... Bueno, en primer lugar, dadle una cucharada de esto. —De un estante de arriba cogió una botellita de jarabe con una cucharilla.

—¿Qué es? —preguntó Malcolm.

—Con esto se mejorará. Una cucharada cada dos horas. ¿Cómo tiene los dientes? ¿Han empezado a salirle?

—Tiene dos —repuso Alice—. Me parece que le duelen las encías. A lo mejor están a punto de salirle más.

—Dejadle que mastique esto —dijo el farmacéutico, que sacó una caja de rosquillas duras de un estante que quedaba justo por encima del nivel del agua—. ¿Qué más necesitabais?

—Leche en polvo.

—Ah, sí. En eso ha habido suerte. Aquí está.

—Es distinta de la que teníamos. ¿Tienen todas lo mismo?

—Todas tienen lo mismo. ¿Cómo calentáis el agua?

—Hacemos fuego. Tenemos un cazo. Con eso calentamos también agua para lavarla.

—Ya veo que os organizáis bien. Estoy impresionado. ¿Algo más?

—¿Pañales?

—Ah, sí. Estaban abajo, por lo que han quedado inservibles. Iré a ver si quedan en la trastienda.

—¿Puedes coger a Lyra? —le pidió Malcolm a Alice, antes de verter el medicamento en la cuchara—. Hay alguien más allí —susurró—. Ha salido para hablar con él.

—Espero que tenga buen sabor, porque si no, lo va a escupir —dijo Alice, antes de murmurar—: He visto a una mujer. Intenta que no la veamos.

—Vamos, Lyra —dijo Malcolm—. Ahora ponte bien. Vamos, cielo. Abre la boca.

Le puso una gota del líquido rosado en los labios. Lyra se despertó y empezó a gemir. Luego notó un sabor extraño y se lamió los labios.

—¿Te gusta? Toma otra gota —dijo Malcolm.

Alice miraba fijamente lo que se reflejaba en una urna de medicamentos.

—Los veo. Está hablando en voz baja con ella... Ahora ella sale —murmuró—. Cerdos. Más vale que nos vayamos deprisa.

El farmacéutico regresó.

—Aquí tenéis —dijo—. Ya me parecía que me quedaba algún paquete. ¿Necesitáis algo más?

—¿Puedo coger uno de esos rollos de esparadrapo? —preguntó Malcolm.

—Serían más prácticas las tiritas, ¿no?

—Es que lo necesito para reparar algo.

—Entonces cógelo.

—Es muy amable, señor. Muchas gracias.

—¿Y qué vais a comer vosotros?

—Tenemos unas pocas galletas y otras cosas —respondió Malcolm, igual de impaciente que Alice por irse de allí.

—Voy a ir a la tienda de comestibles de al lado, a ver si encuentro algo. Estoy seguro de que al propietario no le importará. Esperad un momento aquí. Subid arriba, donde no hay agua. Así entraréis en calor.

—Muchas gracias, pero nos tenemos que ir —dijo Alice.

—Oh, no, dejad un rato a la niña aquí, protegida del frío. Me parece que todos necesitáis descansar.

—No, gracias —dijo Malcolm—. Nos vamos a ir ya. Muchísimas gracias por todo. No queremos esperar.

El farmacéutico trató de insistir, pero ellos volvieron a la canoa; a pesar del frío y de su ropa mojada, se alejaron enseguida de allí.

—Intentaba retenernos mientras su mujer iba a avisar a la policía —dijo Alice en voz baja, mirándolo por encima del hombro de Malcolm mientras el chico dirigía la canoa hacia el cauce principal—. O al Tribunal Consistorial.

Una vez que estuvieron fuera de su vista, Malcolm retiró el alambre oxidado y envolvió el remo con el esparadrapo. Aunque parecía mejor que el alambre, supo que el remiendo no duraría mucho. Aunque quizá ya no tendrían que ir mucho más lejos. Así se lo comentó a Alice.

—Ya veremos —contestó ella.

A lo largo de los siglos, los ingenieros y constructores de la Corporación de Londres habían aprendido a hacer converger sin apenas roces la corriente de la desembocadura del río y el flujo de agua que entraba hacia el interior con la marea creciente. Hasta Teddington, el nivel del agua subía con la marea alta y descendía cuando esta bajaba. Solo tomaban conciencia de ello los patronos y los armadores cuyas embarcaciones se concentraban en aquella zona y atracaban en los muelles de la ciudad.

Sin embargo, las inundaciones lo habían trastocado todo. Dos veces al día, cuando la marea subía por el estuario, el agua de la riada presionaba con toda su fuerza frente al mar, tratando de hacerlo retroceder. Hasta que llegaba la bajamar, ambas masas de agua borboteaban en una confusión violenta.

Se habían cancelado todos los trayectos en barco, salvo los más urgentes. Algunas barcazas resistían en sus puntos de amarre, aunque, en muchos casos, los cabos cedían. Entonces, a merced de las aguas, acababan estrellándose contra las orillas, los embarcaderos, los muelles o los pilares de los grandes puentes, o volcadas en el cauce o arrastradas hasta el mar.

Muchos puentes sufrieron un número considerable de destrozos. Solo el puente de Westminster y el de la Torre de Londres resistieron intactos. Los de Blackfriars, Battersea y Southwark se vinieron abajo; sus escombros no hicieron más que incrementar la turbulencia de la zona de conjunción de las aguas. Bud Schlesinger navegaba por la agitada riada en la pequeña lancha motora que había alquilado, escrutando aquel caos y tratando de apaciguar los temores del propietario de la embarcación.

—¡Hay demasiados escombros en el agua! —gritó el hombre—. ¡Es peligroso! ¡Podrían romper el casco!

—¿Dónde está Chelsea? —preguntó por su parte Schlesinger desde la proa, inclinado por la borda para impedir que le cayera la lluvia en los ojos.

—Un poco más allá —gritó el dueño de la lancha—. Tenemos que arrimar y atracar. Esto es una locura.

—Aún no. ¿Dónde queda Chelsea, en la orilla izquierda o en la derecha?

—En la izquierda —respondió a voces el hombre, antes de soltar unas cuantas maldiciones.

La lancha prosiguió su avance, cabeceando. Hasta donde alcanzaba a ver Schlesinger, las orillas de ambos lados estaban cubiertas de más de medio metro de agua. A la derecha, tras una hilera de árboles altos y desnudos, se extendía un gran parque sumergido; a la izquierda se sucedían las imponentes casas y majestuosos edificios de pisos, silenciosos y desiertos.

—Reduzca un poco la velocidad —pidió Bud, que se dirigió a la cabina de proa—. ¿Ha oído hablar de una tal October House?

—Es una casa muy grande que queda más abajo... Pero ¿qué diablos hace ese imbécil?

Un potente barco con el casco pintado de azul marino y

ocre se había abalanzado hacia ellos, rozándolos por el lado de estribor. Un marinero se inclinó por la borda e intentó golpear a Schlesinger con un bichero, pero este se echó atrás y lo evitó. El tipo estuvo a punto de caer, pero se agarró a la barandilla y volvió a descargar el bichero. Schlesinger desenfundó la pistola y disparó hacia arriba; por un golpe de suerte, acertó al bichero y el marinero tuvo que soltarlo.

—¡No pueden hacer eso! —gritó el propietario de la lancha de Bud, que retrocedió a todo gas.

Cuando volvía a precipitarse hacia ellos, el barco encontró algún obstáculo en el agua que frenó su avance. Bud vio que el timonel se esforzaba por hacer girar la embarcación a estribor, pero estaba claro que algo bloqueaba la hélice. El motor chirriaba, el barco cedía terreno; en cuestión de segundos empezó a bambolearse detrás de ellos, impotente.

—Pero ¿qué demonios...? —exclamó el timonel de Bud, confuso—. ¿No ha visto esos colores? ¿Sabe quiénes eran?

—Del Tribunal Consistorial de Disciplina —respondió Bud—. Tenemos que llegar a October House antes que ellos.

—¡Esto es de locos!

El daimonion perro de aquel hombre temblaba acurrucado entre sus piernas. El tipo sacudió la cabeza y abrió un poco el gas. Bud se enjugó la lluvia de los ojos y miró a su alrededor; en medio de la confusión y de la cortina de agua, en el río había muchas formas. Era imposible discernir cuál de ellas podía ser una canoa con un niño, una niña y un bebé a bordo.

A casi un kilómetro de distancia, río abajo, el barco de lord Nugent topó con el embarcadero que había al pie de un gran jardín de césped, en lo alto del cual se alzaba un edificio blanco de estilo clásico. El embarcadero estaba debajo de la superficie, de modo que solo el casco del barco topó con él. Tampoco había nada donde fijar las amarras. Nugent bajó enseguida y con el agua que le llegaba hasta la cintura, se fue vadeando, procurando mantener el equilibrio frente a la fuerza de la corriente, hacia lo que parecía un voluminoso cobertizo para barcas de cuyo portal, abierto a la crecida, salía una potente luz ambárica. Del interior surgían, aún audibles a pesar de la tormenta y del tumulto del agua, ruidos de martillos, taladros y turbinas.

Nugent llegó hasta allí; todavía con el agua hasta las rodillas, agarró la manija de una puerta situada del lado del jardín. La abrió de un tirón y entró. Bajo el resplandor de los focos, sin duda alimentados por el generador que despedía un ruido sordo justo al lado de la puerta, media docena de hombres trabajaban en un llamativo barco. Nugent no vio qué hacían; solo tenía ojos para el tipo que estaba agachado en la cubierta de proa, con una pistola de soldar en la mano.

—¡Asriel! —lo llamó, precipitándose por el entarimado que daba acceso al barco.

Lord Asriel se quitó la máscara y se irguió, atónito.

—¿Nugent? ¿Eres tú? ¿Qué haces aquí?

—¿Está listo para navegar este barco?

—Sí, pero...

—Si quieres salvar a tu hija, sácalo ahora mismo de aquí. Te acompañaré y te explicaré cuál es la situación. No podemos perder ni un segundo.

Mientras *La bella salvaje* entraba flotando a una velocidad cada vez mayor en Londres, la marea se aproximaba a su punto álgido. La pequeña canoa estaba sufriendo. Vapuleada en todos sentidos, baqueteada por las olas y las corrientes contrarias, mantenía mal que bien el rumbo; sin embargo, cada vez que giraba en medio de la turbulencia del agua, Malcolm oía un crujido que le hacía sospechar que la estructura estaba cediendo. Si al menos pudieran parar...

Pero no podían parar. No podían parar en ningún sitio. Como si no fuera suficiente con la marea, había empezado a soplar un viento que rizaba el agua con olas encrespadas y la levantaba en el aire empapándolo todo. Para colmo, en el cielo, que se había mantenido frío, gris y lúgubre durante todo el día, habían aparecido unos nubarrones cargados de lluvia. Malcolm no paraba de volverse a un lado y a otro en busca de un lugar donde atracar, para poder averiguar el origen de aquel horrible crujido que ya oía incluso con el fragor del viento. También lo sentía, en forma de una inquietante torsión que se hacía más y más evidente con cada bandazo y cada balanceo.

—Mal… —lo llamó Alice.

—Ya sé. Agárrate bien.

Precipitados hacia delante, pasaron delante de un gran palacio con un jardín tan inmenso que apenas lo distinguió entre la lluvia; vieron unas calles de elegantes casas de ladrillo, una bonita capilla. Siempre que pensaba que podía encontrar resguardo, hundía a fondo el remo intentando virar hacia allí, pero era inútil. Y, para colmo de males, se dio cuenta de que el remo se estaba volviendo a soltar.

Entre la oscuridad general, solo alcanzó a ver cuatro enormes chimeneas en la orilla meridional; surgían de las esquinas de un enorme edificio. ¿Estarían cerca de Chelsea? Y, en tal caso, ¿cómo iba a poder parar?

Alice mantenía abrazada a Lyra. Sintió una oleada de amor por ambas, de amor y de infinito pesar por haberlas llevado hasta aquella situación. Pero no pudo distraerse con aquel pensamiento porque entonces percibió otro sonido que se impuso al ruido del viento y de la implacable lluvia. Era una sirena o una alarma, que aullaba tras ellos chillando como una gaviota golpeada en el aire. Alice alargaba el cuello para ver algo por encima de su hombro, apretando a Lyra contra su pecho, haciendo visera con la mano… Al mismo tiempo, Malcolm oyó un repicar de campanas que venía de delante.

Hasta sus oídos llegaron otros sonidos arrastrados por las rachas de viento: el rugido de un motor, el crujido y el chirrido del choque de grandes masas de madera, gritos humanos. Malcolm no podía concentrarse en ninguno de ellos. Estaba más que preocupado por *La bella salvaje*. ¿Se estaría rompiendo?

De repente, sintió un fuerte golpe por detrás. Era una motonave… Oyó el zumbido del motor cuando la hélice salió del agua. También el grito que lanzó Alice. Luego notó que la canoa se estremecía, después de que la hélice volviera a sumergirse en el agua, impulsando el barco contra ella.

—Pero ¿qué hacen? —chillaba Alice.

Sus palabras se las llevó el viento como una hoja de papel... El casco azul marino y ocre de la motonave volvió a embestir de lado a la canoa. *La bella salvaje* se inclinó y cabalgó sobre una pesada ola antes de volver a enderezarse.

A aquellas alturas, Malcolm luchaba con todas sus fuerzas, hundiendo a fondo el remo, impulsándolo con brío..., aunque con cuidado por la zona partida, que acabó rompiéndose del todo. Arrancó la pala inservible y la lanzó por los aires... Le pareció oír un estallido de cristales rotos y un grito.

El sonido de otra motonave, con un ruido de motor más agudo, creció por la derecha, al tiempo que embestía al otro... Malcolm no logró ver nada: la lluvia inundaba sus ojos. Solo podía orientarse por la enloquecida confusión de sonidos y por los bandazos, cabeceos y balanceos de la canoa.

Y entonces sonó un disparo... Dos más... Cuatro más provenientes de otra arma... De repente, una inmensa sacudida; inmediatamente, el agua empezó a entrar por una brecha. Ya no había forma de detenerla.

La canoa, que parecía herida de muerte, recibió otro golpe: esta vez por la derecha.

—¡Dámela! —ordenó una voz potente y profunda.

Lord Asriel...

Malcolm se enjugó los ojos con la mano derecha. Alice trataba de apartar a Lyra de las manos tendidas hacia ella.

—¡Alice! ¡No te preocupes! —gritó—. ¡Dásela!

Ella lo miró, alarmada. Él asintió con la cabeza.

—¡Súbela! —insistió la misma voz, áspera y profunda.

Alice aupó a Lyra, que se puso a chillar. Unas manos la cogieron y la llevaron atrás; antes de que Alice pudiera reaccionar, la agarraron por una muñeca y la levantaron a pulso como si fuera un bebé. Ben, convertido en un mico, se aferraba a su cintura.

El primer barco volvía a la carga. Entonces se precipitó de nuevo contra la canoa y le infligió un golpe fatal: la partió como un huevo. Malcolm y Asta gritaron a la vez, como si les hubieran arrancado de su propio cuerpo.

—¡Ahora tú, chico! —dijo la voz.

Bamboleándose con el agua hasta las rodillas, Malcolm levantó la mochila. Le costó elevarla y las manos de arriba la apartaron.

—¡Tú, tú, idiota!

—¡Coja primero esto! —chilló Malcolm.

—¡Cójala! ¡Cójala! —gritó también Alice.

Se la sacaron de la mano y desapareció. Después Malcolm se irguió en la canoa, que se estaba hundiendo, con Asta en forma de serpiente enroscado en la pierna; una mano se cerró como una tenaza en torno a su brazo derecho y lo subió. Después cayó sin resuello en una cubierta de madera. Con los ojos azotados por la lluvia y anegados de lágrimas, se asomó a mirar cómo *La bella salvaje* moría reducida a astillas y se alejaba para siempre.

A continuación solo hubo ruido y el balanceo, el cabeceo y las sacudidas de la motonave en medio de aquellas aguas embravecidas. Malcolm llegó como pudo hasta Alice, arrastrando la mochila; se quedaron sentados muy juntos, con la niña entre ambos; los tres daimonions también se abrazaron. De repente, el movimiento cesó; el motor quedó en silencio. Entonces vieron que se encontraban en un gran cobertizo con unas fuertes luces ambáricas que los enfocaban.

Malcolm sintió que el agotamiento se adueñaba de él, de la cabeza a los pies.

—¿A qué diantre creíais que estabais jugando? —gritaba Asriel.

Malcolm trató de reunir fuerzas para sentarse y responder, pero ya no le quedaban. Alice, en cambio, consiguió ponerse de pie y se quedó plantada, con los puños crispados, delante de lord Asriel y de su daimonion Ben; con el pelaje de lobo erizado en actitud desafiante, enseñó los dientes a su lado. Su voz sonó como un latigazo.

—¿Jugando? ¿Cree que estábamos jugando? Fue Mal quien tuvo la idea de traer a Lyra con usted, para protegerla, porque juro por Dios que no había ningún otro sitio donde dejarla a salvo. Yo estaba en contra porque pensaba que era imposible, pero él fue más fuerte que yo. Y cuando dice que va a hacer algo, lo hace y punto. Usted no sabe nada de él como para ir haciendo preguntas estúpidas como esa. ¡Jugando! Ni se le ocurra. Si le contara la mitad de lo que ha hecho Mal para mantenernos a salvo y con vida, no podría creer que fuera verdad. No se lo puede ni imaginar. Todo lo que diga Mal, yo me lo creo, así que ya puede dejar de sonreír de esa manera.

Malcolm, a duras penas consciente, pensaba que estaba soñando. Sin embargo, la expresión risueña de Asriel, que dejaba claro que Alice le parecía una persona admirable, era demasiado real como para haberla soñado. Por fin logró ponerse en pie.

—Asilo escolástico —dijo con voz ronca—. Intentamos llevarla al Jordan College, pero la riada era demasiado fuerte. De todas formas, no conozco las palabras, esas palabras en latín, así que pensé que igual usted… —Mostró con dedos temblorosos la tarjeta que había caído en la canoa.

Lyra lloraba con fuerza. Malcolm se esforzó por mantener el equilibrio, pero le costaba mucho.

—El chico está sangrando… —oyó decir a alguien, antes de desmayarse—. Ha recibido una bala…

Cuando recobró el conocimiento, se hallaba en un espacio distinto, pequeño, caldeado, cerca del zumbido de un motor de girocóptero, iluminado por las luces de un tablero de instrumentos. Sentía un dolor atroz en el brazo. ¿Cuándo le había empezado a doler?

Alguien le dio un apretón en la mano derecha. Era Alice.

—¿Dónde está Lyra? —preguntó.

Alice señaló hacia el suelo. La niña estaba durmiendo, envuelta como una momia. Pan estaba enroscado en su cuello, en forma de serpiente.

Asta estaba acostado, transformado en gato, sobre el regazo de Malcolm. Trató de acariciarlo con la mano izquierda, pero eso intensificó el dolor en el brazo. El daimonion se irguió sobre las patas traseras y frotó la cara contra la suya.

—¿Dónde estamos? —susurró.

—En un girocóptero. Lo conduce él.

—¿Adónde vamos?

—No lo ha dicho.

—¿Dónde está la mochila?

—Detrás de tus piernas.

Palpó con la mano derecha: allí estaba, a buen recaudo. Se tocó con cuidado el brazo izquierdo y descubrió que tenía el antebrazo envuelto con una venda un tanto tosca.

—¿Qué ha pasado? —preguntó.

—Un tiro —explicó Alice.

El girocóptero se estremecía y balanceaba, pero como Alice parecía tranquila, Malcolm optó por no inquietarse. El motor estaba tan cerca y hacía tanto ruido que era difícil hablar. Se volvió a recostar en aquel asiento tan duro y se quedó dormido otra vez.

Alice lo acomodó mejor, para que no se despertara con tortícolis. Entre el estruendo del motor, oyó que Asriel gritaba algo y le pareció distinguir su nombre.

—¿Qué? —gritó, moviendo el torso—. No le oigo bien.

En el asiento del copiloto había un hombre, una especie de criado, que le entregó unos cascos para las orejas y le enseñó cómo debía ponérselos y situar el micrófono delante de la boca. De pronto, la voz de lord Asriel sonó fuerte y clara.

—Escucha con atención y no me interrumpas. Yo me voy a ir de viaje y voy a tardar un tiempo en volver. A mi regreso, quiero encontrar a la niña sana y salva. Para eso, lo mejor que podéis hacer tú y Malcolm es actuar con discreción, pasar desapercibidos. ¿Entiendes lo que quiero decir?

—¿Se cree que soy tonta o qué?

—No, solo creo que eres joven. Volved a La Trucha. Sé que trabajas allí, porque te vi. Volved y seguid con vuestra vida de antes. No le contéis nada de esto a nadie. Bueno, con Malcolm sí puedes hablar, claro, pero no hay que decirle ni una palabra del asunto a nadie, excepto al decano del Jordan College. Es una buena persona. Podéis confiar en él. Hay que tener en cuenta que una vez que pase la inundación, acecharán toda clase de peligros.

—¿Se refiere al Magisterio? ¿Para qué quieren a Lyra?

—No tengo tiempo para explicártelo. Pero, como os estarán vigilando, tanto a ti como a Malcolm, os tenéis que mantener apartados de ella un tiempo. Me la llevaría conmigo a las tierras del remoto norte, a pesar de los peligros que conlleva, de no ser por algo.

—¿El qué?

—Parece que ya ha encontrado unos buenos guardianes. Debe de ser que tiene suerte.

No añadió nada más. Después de quitarse los cascos, Alice se inclinó para tocar la frente de Lyra: dormía profundamente y no tenía fiebre. El galgo Ben lamió la cabeza de la serpiente esmeralda Pantalaimon. Alice cogió la mano derecha de Malcolm y cerró los ojos.

Casi al instante, o así les pareció, iniciaron el descenso. Malcolm notó un vuelco en el estómago y crispó los músculos. En cuestión de un momento, el aparato se había posado en el suelo. El ruido del motor perdió intensidad hasta parar del todo. Aunque le zumbaban los oídos, oyó el repiqueteo de la lluvia sobre el girocóptero y la voz de lord Asriel.

—Thorold, quédate aquí y vigila el aparato. Tardaré unos diez minutos. —Y añadió dirigiéndose a ellos—: Bajad y seguidme. Traed a la niña y esa dichosa mochila.

Alice localizó una puerta a su lado y cogió a Lyra antes de bajar. Malcolm se colgó la mochila; al salir por el mismo lado, lo recibieron el penetrante viento y la lluvia torrencial.

—Por aquí —indicó lord Asriel, poniéndose en marcha.

Con la luz de un relámpago, Malcolm vio un gran edificio de piedra rematado con una cúpula y varias torres, y las copas de unos árboles.

—¿Es…? —dijo Alice.

—¿Oxford? Esto es Radcliffe Square, me parece…

Lord Asriel esperaba en la boca de un callejón iluminado por una vacilante farola de gas. La lluvia volvía relucientes todas las superficies. El cabello negro de Asriel brillaba como el azabache.

—Yo llevaré a la niña —dijo.

Alice se la entregó con cuidado. El daimonion de lord Asriel, el poderoso leopardo de las nieves, quiso verla; él se encorvó para dejar que acercara la cara al rostro de la pequeña. Malcolm cambió la mochila de posición; entonces se le ocurrió una idea. No había conseguido darle a Lyra el juguete que le había confeccionado, pero tal vez...

—¿Es este el Jordan College? —preguntó.

—Así es. Venid.

Después de caminar unos cien metros por el callejón, se sacó una llave del bolsillo y abrió una puerta de la pared de la derecha.

Lo siguieron a través de un amplio jardín, flanqueado por edificios en ambos lados. En las ventanas góticas de uno de ellos había luz y se veían estanterías de libros antiguos. Lord Asriel se encaminó directamente a un rincón del jardín; al pie de un alto muro de piedra, prosiguió por un angosto pasaje iluminado, como el callejón de afuera, por una débil luz amarilla prendida de la pared.

Tras detenerse junto a una ancha puerta dispuesta entre dos elegantes ventanas saledizas, llamó a golpes. Haciendo caso omiso del terrible dolor que sentía en el brazo izquierdo, Malcolm empezó a revolver en el fondo de la mochila para sacar el aletiómetro. El terciopelo que lo envolvía se abrió cuando lo sacó: el oro resplandeció reflejando la tenue luz.

—¿Qué es eso? —preguntó lord Asriel.

—Es un regalo para ella —respondió Malcolm, que lo depositó entre las mantas de Lyra.

Oyeron el sonido de una llave que giraba y de unos cerrojos que se desplazaban; mientras en el cielo retumbaba un trueno, se abrió la puerta. En ella apareció un hombre de distinguida apariencia con una lámpara en la mano. Se los quedó mirando, asombrado.

—¿Asriel? ¿Eres tú, de verdad? —dijo—. Entra, rápido.

—Puede dejar la lámpara, señor decano. Encima de la mesa... Así está bien.

—Pero ¿qué diablos...?

Cuando el decano se volvió a dar la vuelta, lord Asriel le puso a la niña en los brazos sin darle tiempo a protestar.

—*Secundum legem de refugio scholasticorum, protec-*

tionem tegimentumque huius collegii pro filia mea Lyra nomine reposco —recitó Asriel—. Cuide de ella.

—¿Solicitas asilo académico? ¿Para esta niña?

—Para mi hija Lyra, tal como he dicho.

—¡Pero si no es profesora, ni estudiosa, ni erudita!

—Entonces tendrá que procurar que lo llegue a ser, ¿no?

—¿Y estos dos chicos?

Asriel se volvió para mirar a Malcolm y Alice. Estaban temblando, empapados, sucios, exhaustos y manchados de sangre.

—Cuídelos lo mejor que pueda —dijo.

Después se fue.

Malcolm no podía sostenerse más tiempo en pie. Alice lo cogió y lo acostó encima de la alfombra turca. El decano cerró la puerta. En medio de un silencio repentino, Lyra se echó a llorar.

Ahora arriad las velas marineros,
pues llegamos a una sosegada bahía
donde dejar debemos algunos pasajeros,
y liberar este fatigado bajel de su carga.
Aquí durante un tiempo tendrá segura morada,
para poder sus gastados aparejos reparar,
y reponer víveres. Y de nuevo zarpar hacia el extranjero
en el largo viaje al que está predestinado:
así veloz bogue y con bien culmine su empeño.

EDMUND SPENSER, *La reina de las hadas*, 1 xii 42

Continuará…

Este libro utiliza el tipo Aldus, que toma su nombre
del vanguardista impresor del Renacimiento
italiano Aldus Manutius. Hermann Zapf
diseñó el tipo Aldus para la imprenta
Stempel en 1954, como una réplica
más ligera y elegante del
popular tipo
Palatino

***
**
*

La bella salvaje
se acabó de imprimir
un día de otoño de 2017,
en los talleres gráficos de Liberdúplex, s.l.u.
Crta. BV-2249, km 7,4, Pol. Ind. Torrentfondo
Sant Llorenç d'Hortons (Barcelona)

***
**
*